浙江省普通高校“十三五”新形态教材
高职高专机电专业“互联网+”创新规划教材

电气安装与调试技术
（第二版）

主　编　卢　艳　郑孝怡
副主编　王　琳　孔立军
参　编　林国辉　杨盛峰　柳　峰

内 容 简 介

本书系统地介绍了电气安装与调试技术的相关内容。本书内容由简到难，并按实际工程项目的完成过程进行结构安排，使读者在学、做、练中获得电气安装与调试的必备知识，并转化为职业基本技能。

本书根据知识的难易程度及应用范围的不同，分为绪论和六个工作任务，主要内容有电工基本操作技能、照明装置的安装与调试、室内外线路的安装与调试、变配电装置的安装与调试、三相异步电动机的安装与调试、防雷和接地装置的安装与调试。

本书可作为高职高专院校的电气自动化技术、光伏应用技术等相关专业的专业教材，也可作为从事电气工作的工程技术人员的参考用书。

图书在版编目（CIP）数据

电气安装与调试技术 / 卢艳，郑孝怡主编. —2版. —北京：北京大学出版社，2023. 3

高职高专机电专业“互联网+”创新规划教材

ISBN 978-7-301-33189-7

Ⅰ. ①电…　Ⅱ. ①卢…　②郑…　Ⅲ. ①电气设备 - 设备安装 - 高等职业教育 - 教材②电气设备 - 调试方法 - 高等职业教育 - 教材　Ⅳ. ①TM05

中国版本图书馆 CIP 数据核字（2022）第 135170 号

书　　名　电气安装与调试技术（第二版）
DIANQI ANZHUANG YU TIAOSHI JISHU（DI-ER BAN）

著作责任者　卢　艳　郑孝怡　主编

策 划 编 辑　刘健军　于成成

责 任 编 辑　于成成

数 字 编 辑　蒙俞材

标 准 书 号　ISBN 978-7-301-33189-7

出 版 发 行　北京大学出版社

地　　址　北京市海淀区成府路 205 号　100871

网　　址　http://www.pup.cn　新浪微博：@北京大学出版社

电 子 信 箱　pup_6@163.com

电　　话　邮购部 010-62752015　发行部 010-62750672　编辑部 010-62750667

印 刷 者　北京市科星印刷有限责任公司

经 销 者　新华书店

787 毫米×1092 毫米　16 开本　22.5 印张　536 千字

2015 年 8 月第 1 版

2023 年 3 月第 2 版　2023 年 3 月第 1 次印刷

定　　价　63.00 元

第 2 版前言

电气工程基本技术技能是电气系统安全、稳定、可靠运行的保证，而其中最关键的则是安装调试人员的基本技术技能，作为电气工作人员，应能根据设计规程、安装要求及步骤、试验原理及方法等进行正确的电气安装与调试，要加强技术技能的学习和训练，更要注重职业道德素养的形成。因此本书在详细讲述电气安装与调试基本技术技能的同时，也在实训评分环节中加强了对职业道德素养的考核，加强和规范作业质量。

本书的内容主要针对电气安装与调试技术对应的岗位需求，密切联系电气工程实际，注重科学实用。本书紧扣电气工程施工及验收规范的要求和特种作业（高、低压电工）操作证的考试内容，为学生的职业资格考试提供参考。

本书可以帮助学生在较短时间内掌握电气工程的实际工作技术技能，使学生会解决工程实际安装、调试等技术问题；而且为工科院校电气自动化技术专业提供了一套实践读物，亦可供学生自学和今后就业参考。本书配合课程教学要求，选取既能满足职业知识的教学要求又有利于实施“做中教、做中学”的典型工作任务，作为职业能力和职业素养培养的载体。每个工作任务都是一个完整的工作过程，考虑职业能力培养的过程性和认知规律，按照从简单到复杂、从单一到综合的原则组织教材内容，将发电厂、变电站主要电气设备的作用、应用、检测，安装工具的使用，安装工艺、技术规范等专业知识和专业技能融入其中。本书将需要完成的任务和需要解决的问题，借助标准化作业流程完成，使学生熟练掌握电气安装与调试的专业知识。

本书的特点是实用性强，可操作性强，通过扫描二维码可以实现对视频、题库资源的学习，加深知识的理解及应用。本书由衢州职业技术学院卢艳、郑孝怡主编，衢州职业技术学院王琳、巨化集团有限公司孔立军副主编，浙江巨化热电有限公司林国辉、衢州市衢江村镇规划建筑设计室杨盛峰、衢州汇亮售电服务有限公司柳峰参编。

本书第一版由卢艳、江月新主编，林国辉、沈建位副主编。

由于编者水平有限，书中难免存在不足和疏漏之处，恳请读者批评指正。

编　者

2022 年 10 月

目录

绪　　论

思维导图

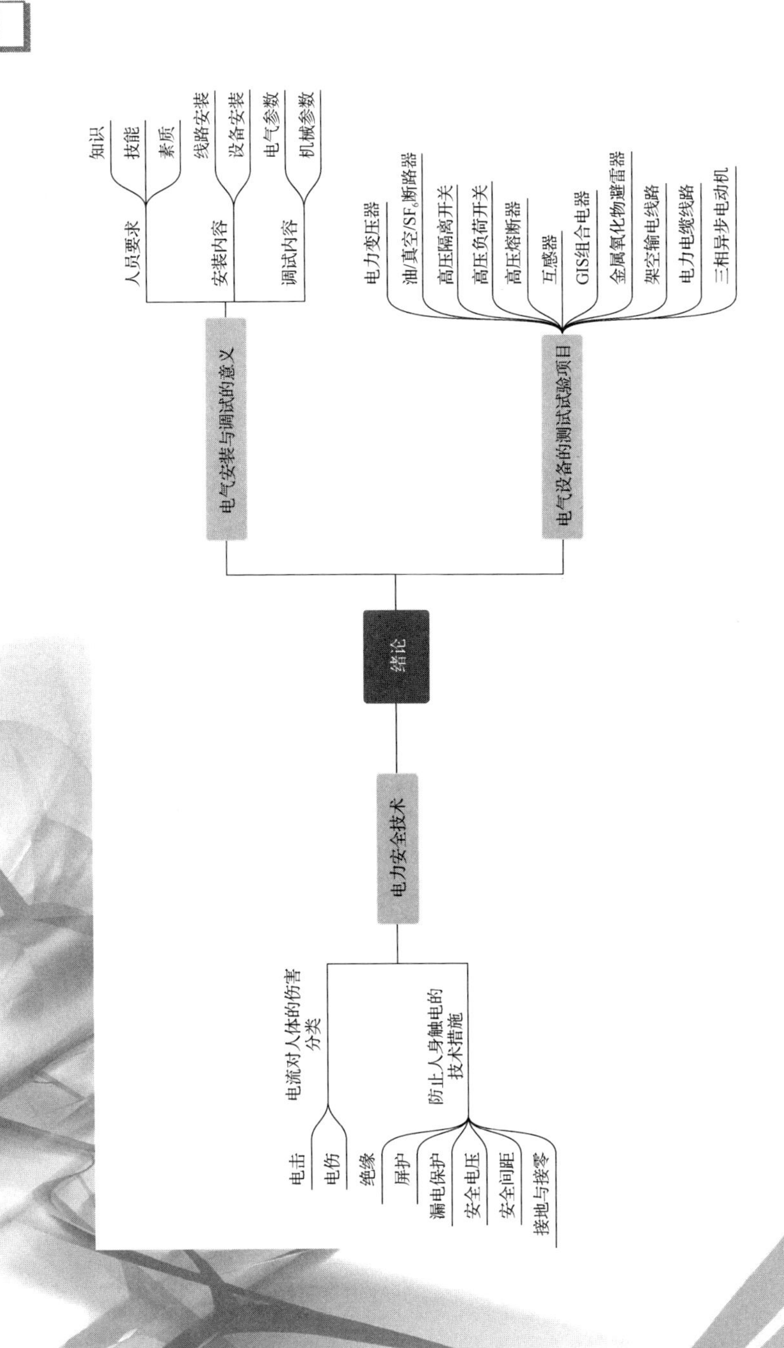

绪论
电气安装与调试的意义
人员要求
知识
技能
素质
安装内容
线路安装
设备安装
调试内容
电气参数
机械参数
电气设备的测试试验项目
电力变压器
油/真空/SF_6断路器
高压隔离开关
高压负荷开关
高压熔断器
互感器
GIS组合电器
金属氧化物避雷器
架空输电线路
电力电缆线路
三相异步电动机
电力安全技术
电流对人体的伤害分类
电击
电伤
防止人身触电的技术措施
绝缘
屏护
漏电保护
安全电压
安全间距
接地与接零

一、概述

随着科学技术的不断进步和工业生产的迅速发展，许多新技术、新工艺、新设备、新材料不断涌现，电子技术、自动化技术、控制工程技术等已与电力技术融为一体，成为推动电气系统发展的核心动力。电气系统的先进性、稳定性、可靠性、灵敏性和安全性是缺一不可的，因此电气安装与调试工作人员应该具有扎实的理论知识、精湛的技术性能、崇高的职业道德和精益求精的工作作风。

电气安装与调试是电气工程建设过程中必不可少的步骤，电气安装与调试的质量是确保电气设备的安全性和稳定性的直接影响因素。在电气设备安装与调试前，应先了解电气系统的设计原理、生产工艺和要求达到的各项指标，熟悉系统中各种元器件的性能参数和调试中使用的仪器设备的使用方法。在此基础上，制订周密的调试计划，按计划实施调试。电气安装主要包括准备工作，变压器的安装，高、低压开关设备的安装，电气线路的安装等。为了确保科学有效地安装电气设备，必须在开始正式安装工作之前进行准备工作。技术人员必须核实电气设备的质量，所有电气设备、元器件、材料必须进行检测、试验和调整，确保所有设备和材料均符合指定的型号和标准的要求，并避免出现质量问题。电气安装人员必须做好施工组织设计并组织施工，审核安装图纸，了解安装流程，深知各种电气设备的安装方法，此外还要精心施工，实施质量监督，确保工程质量。

电气安装结束后，设备投入运行前，要先进行电气参数和机械参数的调试。通过调试，可以发现安装的缺陷。电气调试包括准备工作、线路的调试、电气设备电气性能的调试、系统通断电的调试等。其中准备工作的内容主要是学习和审查图纸资料及安装记录、进行现场勘察、编制调试方案、准备仪器仪表和工具材料、进行调试人员分工及任务布置。根据电气原理图和接线图，对整个电气系统的主回路、控制回路、保护回路、信号回路、报警回路等线路进行检查，及时发现安装接线中出现的错误。按照设计要求，对各回路中的电气设备、元器件进行试验，测试其性能是否符合要求，动作是否准确可靠。在电气系统和电气设备未通电的情况下检测其性能，符合要求后，先在 80%额定电压下通电，检查各控制回路、保护回路、信号回路的元器件运行的正确性，然后在额定电压下试运行，检查设备及元器件的运行情况。

二、电气安装与调试要点

（一）准备工作

安装调试工程施工前要制订工作计划，根据施工质量、安全文件等要求编制工艺安全标准图，制定好工艺细则以便实施。

电气设备安装与调试前首先根据安装项目要求检查工器具、仪表、设备、辅助设备的外观、型号、数量、技术参数等是否符合规范要求；其次根据规范检查设备和元器件的安装质量是否符合要求，检查各动力线与控制线的规格、型号是否符合设计要求；最后检查各设备的接地线和整个接地系统是否符合规范要求。

（二）安装定位

安装定位是指把设备或材料按图纸和规范要求安装在规定的位置上。首先根据布局图划定安全基准线，确定设备具体的位置和高度；其次要检测设备基础，对其强度、位置及外观进行检测；最后将设备安全准确地移动到规定位置，完成安装定位。

（三）电气安装

电气安装内容主要包括变压器安装、配电装置安装、母线绝缘子安装、控制设备和低压电器安装、防雷和接地装置安装、架空配电线敷设、电缆敷设、照明器具安装及配管配线安装等。电气安装时按照规范和图纸要求进行设备接线、固定和连接。

（四）电气调试

电气调试是设备和材料安装工作完毕后，系统运行前的一道工序，主要是指电气设备的调整和试验，从事电气调试的工作人员应当懂得电工基本原理，明了一般电工仪器仪表、高电压试验技术、变配电系统、电机与拖动、电气传动控制系统、电气安全知识等。基本的电气调试主要包括高压设备调试、高压配电系统调试、低压配电系统调试、单机调试、系统调试等环节。

电气试验是电气安装工作的最终检验环节，是电气安装质量的有力保证。通过对电气设备和电气系统的试验，可以及时发现所安装的电气设备和电气系统本身在制造时的缺陷和在安装过程中造成的质量问题，以判断新安装的或运行中的电气设备是否能够正常投入运行。通过对电气设备和电气系统的调试，可以保证所安装的电气设备和电气系统符合设计要求，确保所安装的电气设备和电气系统能够正常投入运行。电气试验一般分为出厂前的工厂试验、现场安装后的交接试验和运行中定期预防性试验。常见的几种电气设备的测试试验项目如下。

1. 电力变压器的测试试验项目

（1）绝缘油试验。

（2）测量绕组连同套管的直流电阻。

（3）检查所有分接头的电压比。

（4）检查三相变压器的接线组别和单相变压器引出线的极性。

（5）测量与铁芯绝缘的各紧固件（连接片可拆开者）及铁芯（有外引接地线的）的绝缘电阻。

（6）非纯瓷套管的试验。

（7）有载调压切换装置的检查和试验。

（8）测量绕组连同套管的绝缘电阻、吸收比或极化指数。

（9）测量绕组连同套管的介质损耗角正切值 $\tan\delta$。

（10）测量绕组连同套管的直流泄漏电流。

（11）变压器绕组变形试验。

（12）绕组连同套管的交流耐压试验。

（13）绕组连同套管的长时感应电压试验（带局部放电测量）。

（14）额定电压下的冲击合闸试验。

（15）检查相位。
（16）测量噪声。

2. 油断路器的测试试验项目

（1）测量绝缘拉杆的绝缘电阻。
（2）测量 35kV 多油断路器的介质损耗角正切值 $\tan\delta$。
（3）测量 35kV 以上少油断路器的直流泄漏电流。
（4）交流耐压试验。
（5）测量每相导电回路的电阻。
（6）测量油断路器的分、合闸时间。
（7）测量油断路器的分、合闸速度。
（8）测量油断路器主触头分、合闸的同期性。
（9）测量油断路器合闸电阻的投入时间及电阻值。
（10）测量油断路器分、合闸线圈及合闸接触器线圈的绝缘电阻和直流电阻。
（11）油断路器操动机构的试验。
（12）油断路器均压电容器试验。
（13）绝缘油试验。
（14）压力表及压力动作阀的检查。

3. 真空断路器的测试试验项目

（1）测量绝缘拉杆的绝缘电阻。
（2）测量每相导电回路的电阻。
（3）交流耐压试验。
（4）测量真空断路器主触头的分、合闸时间，测量分、合闸的同期性，测量合闸时触头的弹跳时间。
（5）测量真空断路器分、合闸线圈及合闸接触器线圈的绝缘电阻和直流电阻。
（6）真空断路器操动机构的试验。

4. SF_6 断路器的测试试验项目

（1）测量绝缘电阻。
（2）测量每相导电回路的电阻。
（3）交流耐压试验。
（4）SF_6 断路器均压电容器试验。
（5）测量 SF_6 断路器的分、合闸时间。
（6）测量 SF_6 断路器的分、合闸速度。
（7）测量 SF_6 断路器主触头分、合闸的同期性及配合时间。
（8）测量 SF_6 断路器合闸电阻的投入时间及电阻值。
（9）测量 SF_6 断路器分、合闸线圈的绝缘电阻和直流电阻。
（10）SF_6 断路器操动机构的试验。
（11）套管式电流互感器的试验。

（12）测量 SF_6 断路器内气体的含水量。
（13）密封性试验。
（14）气体密度继电器、压力表和压力动作阀的检查。

5. 高压隔离开关的测试试验项目

（1）测量绝缘电阻。
（2）接触电阻测试。
（3）交流耐压试验。
（4）检查操动机构线圈的最低动作电压。
（5）高压隔离开关操动机构的试验。

6. 高压负荷开关的测试试验项目

（1）测量绝缘电阻。
（2）测量线圈的分、合闸电压。
（3）测量高压负荷开关导电回路的电阻。
（4）测量触点接触电阻。
（5）交流耐压试验。
（6）高压负荷开关操动机构的试验。

7. 高压熔断器的测试试验项目

（1）机械特性试验。
（2）绝缘性能试验。
（3）测量高压熔断器、快速熔断器本体和机构的绝缘电阻。
（4）测量高压熔断器电容套管的介质损耗角正切值 $\tan\delta$。
（5）高压熔断器和机构的工频耐压试验。
（6）测量每相合闸时进出线端的直流电阻。
（7）绝缘强度试验。
（8）测量高压限流熔管熔丝的直流电阻。

8. 互感器的测试试验项目

（1）测量绝缘电阻。
（2）绕组连同套管对外壳的交流耐压试验。
（3）测量绕组连同套管的介质损耗角正切值 $\tan\delta$。
（4）联结组标号和单相互感器引出线的极性检查。
（5）电流互感器的励磁特性试验。
（6）测量电压互感器一次绕组的直流电阻。
（7）局部放电试验。
（8）互感器变比的检查。
（9）测量铁芯夹紧螺栓的绝缘电阻。

9. GIS 组合电器的测试试验项目

（1）测量绝缘电阻。

（2）测量每相导电回路的电阻。
（3）交流耐压试验。
（4）测量 SF_6 气体的微水含量。
（5）局部放电试验。
（6）密封性试验。
（7）气体密度继电器、压力表和压力动作阀的检查。
（8）各组成元件试验。

10. 金属氧化物避雷器的测试试验项目

（1）测量金属氧化物避雷器及基座的绝缘电阻。
（2）测量金属氧化物避雷器的工频参考电压和持续电流。
（3）测量金属氧化物避雷器直流参考电压和 75%直流参考电压下的泄漏电流。
（4）检查放电计数器动作情况及监视电流表指示。
（5）工频放电电压试验。

11. 架空输电线路的测试试验项目

（1）测量绝缘子和线路的绝缘电阻。
（2）测量线路工频参数。
（3）检查相位。
（4）冲击合闸试验。
（5）测量杆塔的接地电阻。

12. 电力电缆线路的测试试验项目

（1）测量主绝缘及外护层的绝缘电阻。
（2）主绝缘直流耐压试验及测量泄漏电流。
（3）主绝缘交流耐压试验。
（4）外护层直流耐压试验。
（5）检查电缆线路两端相位。
（6）充油电缆的绝缘油试验。
（7）交叉互联系统试验。

13. 三相异步电动机的测试试验项目

（1）测量绕组对机壳及绕组相互间的绝缘电阻。
（2）测量绕组的直流电阻。
（3）空载试验。
（4）耐压试验。
（5）绕组对机壳及绕组相互间绝缘介电强度试验。
（6）绕组匝间绝缘介电强度试验。

（五）通电试运行

电气设备通电试运行，就是在电气设备和电气系统的绝缘性能试验、电气特性试验和系统调试工作全部完成后，电气设备和电气系统已经具备了投入使用条件的情况下，对电气设备和电气系统，通以能够保证其正常运行的额定电压和电流，以验证调试工作的质量，以及再次确认被试设备能够正常投入运行的一项工作。送电前，应检查送电线路与受电设备的连接是否正确，以免造成误送电。试运行过程中，如发现异常现象，应立即停止运行并迅速切断电源，查明故障原因并排除后，方可继续进行试运行。试运行时，应严密监视电气设备和电气系统运行中的电压、电流等各种电气参数的变化并记录，以便能够及时地发现并排除试运行过程中出现的异常现象。试运行正常后，电气设备和电气系统即可投入正常运行。

三、电力安全技术

电作为生产和生活的重要能源，在给人们带来方便的同时，也具有很大的危险性，如果操作和使用不当，都可能导致人员伤亡、设备损毁、大面积停电等严重的事故，造成严重的不良后果，甚至是严重的社会影响。因此，在电气安装与调试中，必须严格遵守规程规范，掌握电气安全技术，熟悉保证电气安装的各项措施，防止事故发生。

1. 电流对人体的伤害

电流通过人体，它的热效应、化学效应会造成人体电灼伤、电烙印和皮肤金属化，它产生的电磁场能量会导致人头晕、乏力和神经衰弱。电流通过人体头部会使人立即昏迷，通过人体脊髓会使人肢体瘫痪，通过中枢神经会导致中枢神经系统失调，通过心脏会引起心室颤动，致使心脏停止跳动。由此可以看出，电流通过人体非常危险，尤其是通过心脏、中枢神经和呼吸系统危险性更大。

电流通过人体对人的危害程度与通过人体的电流大小、电流持续时间、电压高低、电流频率，以及电流通过人体的途径、人体电阻状况和人体健康状况等因素密切相关。

1）通过人体的电流大小对人体触电的影响

通过人体的电流越大，人的生理反应越明显，人的感觉越强烈，引起心室颤动的时间越短，触电死亡的危险性就越大。按照不同大小的电流通过人体时的生理反应不同，可将电流分成以下四类。

（1）感知电流。人体能感觉到的最小电流称为感知电流。一般成年男性的感知电流为1.1mA，成年女性的感知电流为0.7mA。

（2）摆脱电流。人触电后能自主摆脱电源的最大电流称为摆脱电流。大于摆脱电流，人就无法自主摆脱了。一般成年男性的摆脱电流为16mA，成年女性的摆脱电流为10.5mA。

（3）致命电流。致命电流又称室颤电流，是指在较短时间内危及生命的最小电流。一般通过人体的工频电流超过 50mA 时，人的心脏就可能停止跳动，发生昏迷和出现致命的电灼伤。超过 50mA 的电流会导致人呼吸麻痹，心室开始颤动，严重的会导致心室 3s 以上颤动即发生停止跳动。

（4）安全电流。人体可以承受而无致命危险的电流称为安全电流，一般为 30mA。有高度触电危险的场合安全电流要小一些，一般为 10mA。在水中作业的安全电流一般为5mA。

2）电流持续时间对人体触电的影响

电流通过人体的时间越长，越容易引起心室颤动，对人体组织的破坏就越厉害，触电后果越严重。在人体心脏收缩和扩张间隙时间内触电，心脏对电流特别敏感，较小的电流也会引起心室颤动。

3）电压高低对人体触电的影响

当人体电阻一定时，作用于人体的电压越高，流过人体的电流就越大，危险性就越大。而且，随着作用于人体的电压升高，人体的电阻还会下降，致使电流更大，对人体的伤害就更严重。

4）电流频率对人体触电的影响

直流电流、工频电流、高频电流和冲击电流对人体都有伤害作用，电源频率越大或越小对人体触电危险性不一定越大或越小，对人体伤害最严重的是频率为 50～60Hz 的交流电。

5）电流通过人体的途径对人体触电的影响

人体触电的情况不同，电流通过人体的主要途径也不同，在电流从左手到脚、从右手到脚、从左手到右手等各种途径中，电流从左手到脚是最危险的途径。

6）人体电阻状况对人体触电的影响

人体触电时，流过人体的电流大小取决于接触电压和人体电阻的大小，当接触电压一定时，人体电阻越小，流过人体的电流就越大，危险性就越大。人体电阻由人体内部电阻和皮肤表面电阻两部分组成。人体内部电阻由人体自身决定，与接触电压和外界条件无关，一般为 500Ω左右。皮肤表面电阻随皮肤表面的干燥程度、有无破伤、接触电压的大小等而变化。不同情况的人，皮肤表面电阻差异很大。一般情况下，青年人体电阻小于中老年人体电阻，成年女性人体电阻小于成年男性人体电阻，儿童人体电阻小于成人人体电阻，一般人体电阻可按照 1000～2000Ω考虑。

7）人体健康状况对人体触电的影响

身体健康、精神饱满，工作时思想就可以做到集中，就不容易发生触电，万一发生触电，其摆脱电流相对也大，摆脱能力也越强。若有疾病，精力就不容易集中，自身抵抗力差，就容易发生触电事故，触电后摆脱能力相对较弱。因此，身心健康也是影响触电的重要因素。

2. 电流对人体的伤害分类

电流对人体的伤害可分为电击和电伤两大类。

1）电击

电击俗称“触电”，是由于电流通过人体所造成的伤害，电流通过身体组织产生的热量，可严重破坏人体内部机体组织，85%以上的触电死亡事故都是电击造成的。当人体在触及带电体、漏电设备的金属外壳或距离高压电太近，以及遭遇雷击、电容器放电等情况下，都可能导致电击。常见的电击分为直接接触触电、间接接触触电。

（1）直接接触触电。直接接触触电是指人体直接接触或过分靠近电气设备及线路的带电体而发生的触电现象。直接接触触电分为单相触电和两相触电。

① 单相触电。单相触电是指在地面上或其他接地导体上，人体某一部位直接触及电气

设备及线路中一相带电体，或与高压系统中的某一相带电体的距离小于该电压的放电距离而造成对人体放电，从而导致电流通过人体流入大地的触电事故，如绪图 1 所示。对于 220/380V 中性点直接接地系统，当人体电阻 R_P=1000Ω、接地电阻 $R_0 \leqslant 4\Omega$时，单相触电作用在人体上的电压为相电压，此时流过人体的电流为

$$I=\frac{U_P}{R_0+R_P}=\frac{220}{4+1000}\approx 0.219\,(A)=219mA \gg 50mA$$

此电流是致命电流的 4 倍多，足以使人致命。

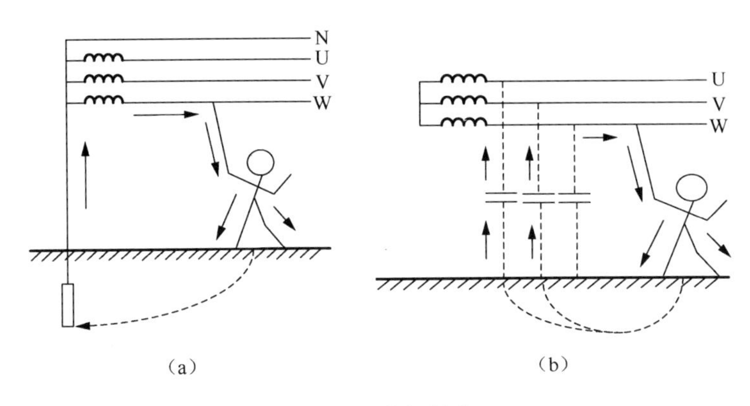

绪图 1　单相触电

② 两相触电。人体同时接触电气设备及线路中的两相带电体，或在高压系统中，人体同时接近不同相的两相带电体而发生电弧放电，电流从一相带电体通过人体流入另一相带电体，构成一个闭合回路，这种触电方式称为两相触电，如绪图 2 所示。对于 220/380V 中性点直接接地系统，当人体电阻 R_P=1000Ω时，两相触电作用在人体上的电压为线电压，此时流过人体的电流为

$$I=\frac{U_P}{R_P}=\frac{380}{1000}=0.38\,(A)=380mA \gg 50mA$$

显然，发生两相触电的危害更为严重。

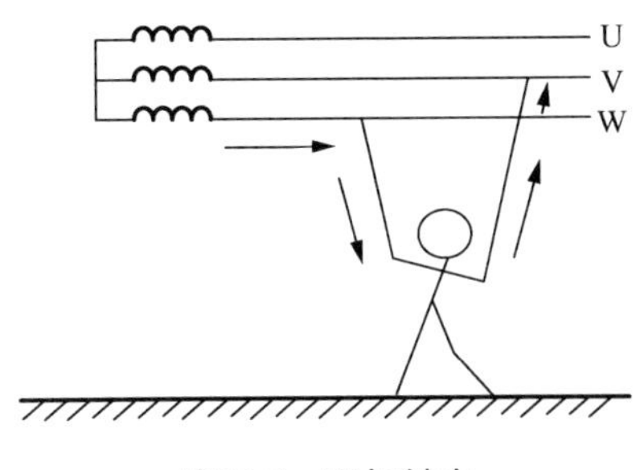

绪图 2　两相触电

当人体与带电体的距离小于安全距离时，会造成带电体对人体放电，造成直接接触触电。设备不停电时的安全距离见绪表 1。

绪表 1　设备不停电时的安全距离

电压等级/kV	10 及以下	20、35	66、110	220	330	500
安全距离/m	0.70	1.00	1.50	3.00	4.00	5.00
电压等级/kV	750	1000	±50 及以下	±500	±660	±800
安全距离/m	7.20	8.70	1.50	6.00	8.40	9.30

（2）间接接触触电。间接接触触电是指触及正常状态下不带电，而当电气设备及线路故障时意外带电的导体发生的电击，如跨步电压触电、接触电压触电等。

① 跨步电压触电。当电气设备及线路发生接地故障时，接地电流就会从接地点向四周流散，于是地面上以接地点为中心，形成了一个电势分布区域，离接地点越远，电流越分散，地面电势也越低。如果人在距离接地点 20m 内行走，其两脚之间就有电位差，这就是跨步电压，就可能发生触电事故，这种触电叫作跨步电压触电，如绪图 3 所示。人受到跨步电压时，电流虽然是沿着人的下半身，从脚经腿、胯部又到脚与大地形成通路，没有经过人体的重要器官，好像比较安全。但因为人受到较高的跨步电压作用时，双脚会抽筋，使身体倒在地上。这不仅使作用于身体上的电流增加，而且使电流经过人体的路径改变，完全可能流经人体重要器官，如从头到手或脚。经验证明，人倒地后电流在体内持续作用 2s，这种触电就会致命。

② 接触电压触电。外壳接地的电气设备，由于绝缘损坏或带电部分碰到金属外壳而造成电气设备金属外壳带电，电流就由设备外壳经接地线或接地体流入大地，如果设备接地电阻过大或接地线或接地体发生断路故障，此时人接触设备外壳就会造成触电事故，这种触电称为接触电压触电。接触电压是指人站在带电外壳旁（水平方向 0.8m 处），人手触及带电外壳时，其手、脚之间承受的电位差。离接地点越近接触电压越小。

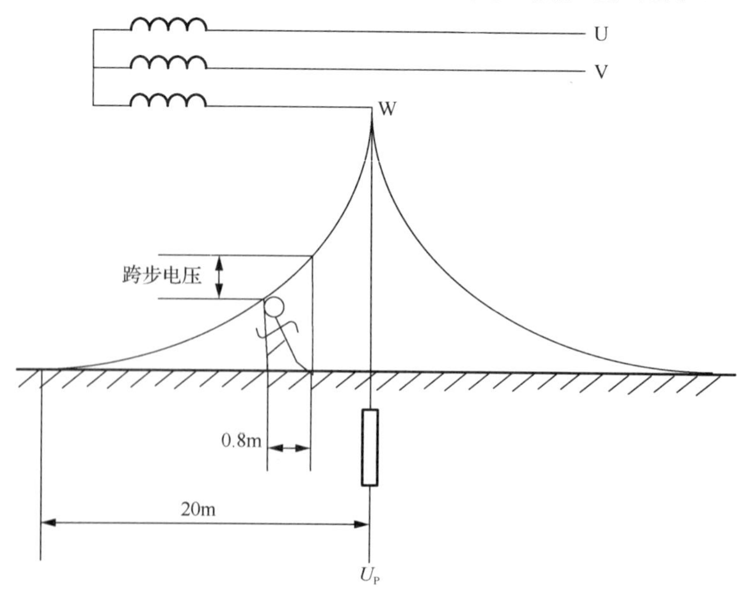

绪图 3　跨步电压触电

2）电伤

电伤是指电对人体外部造成的局部伤害，即由电流的热效应、化学效应、机械效应对人体外部组织或器官的伤害。常见的电伤有电灼伤、电烙印、机械性损伤、皮肤金属化等。

（1）电灼伤。电灼伤一般有接触灼伤和电弧灼伤两种，接触灼伤多发生在高压触电事故中，电弧灼伤是最常见也是极严重的电灼伤。在低压系统中，带负荷拉合裸露的刀开关时，产生的电弧可能会烧伤手部和面部。跌落式熔断器熔丝熔断时，炽热的金属颗粒飞溅出来也可能造成电灼伤。在高压系统中，由于误操作，带负荷拉合隔离开关、带地线合闸时产生的强烈电弧会使皮肤发红、起泡烧焦组织并坏死。

（2）电烙印。电烙印是当带电体长时间接触人体时，由于电流的热效应和化学效应，使人体不被电击的情况下，在皮肤表面留下和带电体形状相似的肿块瘢痕，一般不发炎或化脓。瘢痕处皮肤失去原有弹性、色泽，表皮坏死，失去知觉。

（3）机械性损伤。机械性损伤是电流作用于人体时，由于电流的机械效应，而使中枢神经反射和肌肉强烈收缩导致的肌体组织断裂、骨折等伤害。

（4）皮肤金属化。皮肤金属化是指在电流电弧的作用下，由于高温电弧使周围金属熔化、蒸发并飞溅渗透到皮肤表层中的现象。皮肤金属化后，表面粗糙、坚硬。根据熔化的金属不同，皮肤会呈现特殊颜色，一般铅呈现灰黄色，紫铜呈现绿色，黄铜呈现蓝绿色，金属化后的皮肤经过一段时间能自行脱离，不会有不良后果。

防止触电的措施

3. 防止人身触电的技术措施

为了达到安全用电的目的，必须采取可靠的技术措施，防止触电事故的发生。防止直接触电的技术措施有绝缘、屏护、漏电保护、安全电压、安全间距等，防止间接触电的技术措施有接地与接零。

专业电工人员在全部停电或部分停电的电气设备上工作时，在技术措施上，必须完成停电、验电、装设接地线、悬挂标志牌和装设遮栏后，才能开始工作。

1）绝缘

绝缘是用绝缘材料把带电体隔离起来，实现带电体之间、带电体与其他物体之间的电气隔离，使设备能长期安全、正常地工作，同时还可防止人体触及带电部分而发生触电事故。常用的绝缘材料有陶瓷、橡胶、塑料、云母、玻璃、木材、布、纸、矿物油，以及其他高分子合成材料等。

在一些情况下，需对带电体进行操作，此时就需要用到绝缘安全用具，常用的绝缘安全用具有绝缘手套、绝缘靴、绝缘鞋、绝缘垫和绝缘台等。绝缘安全用具分为基本安全用具和辅助安全用具，基本安全用具的绝缘强度能长时间承受电气设备的工作电压，使用时，可直接接触电气设备的带电部分，辅助安全用具的绝缘强度不足以承受电气设备的工作电压，只能加强基本安全用具的保护作用。在低压带电设备上工作时，绝缘手套、绝缘靴、绝缘鞋、绝缘垫可作为基本安全用具使用，但在高压情况下，只能用作辅助安全用具。

2）屏护

屏护是指采用遮栏、栅栏、护罩、护盖或隔离板等把带电体同外界隔绝开来，以防止人体触及或接近带电体所采取的一种安全技术措施。除防止触电的作用外，有的屏护装置还能起到防止电弧伤人、弧光短路或便利检修工作等作用。屏护装置的种类，有永久性屏

护装置，如配电装置的遮栏、开关的罩盖等；临时性屏护装置，如检修工作中使用的临时屏护装置和临时设备的屏护装置；固定屏护装置，如母线的护网；移动屏护装置，如跟随天车移动的天车滑触线的屏护装置等。使用屏护装置时，应注意屏护装置与带电体之间保持足够的安全距离，见绪表 2，并与警示标志及联锁装置配合使用。屏护装置所用材料应当有足够的机械强度和良好的耐火性能。但是金属材料制成的屏护装置，为了防止其意外带电造成触电事故，必须将其接地或接零。

绪表 2　屏护装置与带电体之间的安全距离

安全间距要求	电压等级			
	1kV 及以下	1～10kV	20～35kV	110kV
	≥0.15m	≥0.35m	≥0.60m	≥1.50m
屏护尺寸距离要求	网状遮栏高度	网状遮栏下部边缘离地高度	网状遮栏网孔大小	低压设备网状遮栏与裸导体之间的距离
	≥1.7m	≤0.1m	≤40mm×40mm	≥0.15m
	栅状遮栏高度	栅状遮栏最低栏杆至地面净距	栅状遮栏栏条间距离	低压设备栅状遮栏与裸导体之间的距离
	户内≥1.2m；户外≥1.5m	≤0.2m	≤0.2m	≥0.8m

3）漏电保护

漏电保护常用的是漏电保护器。漏电保护器是一种在规定条件下，当电路中漏（触）电流（mA）值达到或超过其规定值时能自动断开电路或发出报警的装置。漏电是指电器绝缘损坏或其他原因造成带电部分碰壳，如果电器的金属外壳是接地的，那么电就由电器的金属外壳经大地构成通路，从而形成电流，即漏电电流，也叫作接地电流。

4）安全电压

把可能加在人体上的电压限制在某一范围之内，使得在这种电压下，通过人体的电流不超过允许的范围，这种电压就叫作安全电压，也叫作安全特低电压。但应注意，任何情况下都不能把安全电压理解为绝对没有危险的电压。具有安全电压的设备属于III 类设备。我国规定的安全电压标准是 42V、36V、24V、12V、6V。特别危险环境中使用的手持电动工具应采用 42V 安全电压。有电击危险的环境中，使用的手持式照明灯和局部照明灯应采用 36V 或 24V 安全电压。金属容器内、特别潮湿处使用的手持式照明灯应采用 12V 安全电压。在水下作业等场所工作应使用 6V 安全电压。当电气设备采用超过 24V 的安全电压时，必须采取防止直接接触带电体的保护措施。

5）安全间距

安全间距是指在带电体与地面之间，带电体与其他设施、设备之间，带电体与带电体之间保持的一定安全距离，简称间距。设置间距的目的是，防止人体触及或接近带电体造成触电事故；防止车辆或其他物体碰撞或过分接近带电体造成事故；防止电气短路事故、过电压放电和火灾事故；便于操作。间距的大小取决于电压高低、设备类型、安装方式等因素。导线与建筑物和树木的间距见绪表 3，敷设方式不同时电缆与其他设备的间距见绪表 4。

绪表 3　导线与建筑物和树木的间距

项目		线路电压/kV		
		<1	10	35
导线与建筑物的最小距离/m	垂直距离	2.5	3.0	4.0
	水平距离	1.0	1.5	3.0
导线与树木的最小距离/m	垂直距离	1.0	1.5	3.0
	水平距离	1.0	2.0	

绪表 4　敷设方式不同时电缆与其他设备的间距　　单位：m

敷设条件	平行敷设	水平敷设
控制电缆之间	0.6	—
与电杆或建筑物地基之间	—	0.5
10kV 以下电缆间或其与控制电缆之间	0.1	0.5
不同部门的电缆之间	0.5	0.5
与热力管道之间	2.0	0.5
与水管、压缩空气管道之间	0.5	0.5
与可燃气体、易燃液体管道之间	1.0	0.5
与道路之间	1.5	1.0
与普通铁路路轨之间	3.0	1.0
与直流电气化铁路路轨之间	10.0	—

临时线路间距的规定是，临时线路应用电杆或沿墙用合格瓷瓶固定架设，导线距离地面的高度室内应不低于 2.5m，室外应不低于 4.5m，与道路交叉跨越时不低于 6.0m。

设备之间间距的规定是，变压器与四壁的间距应大于 1.0m，一般开关设备安装高度为 1.3～1.5m。

间隙间距的规定是，在高压无遮栏操作中，人体或工具与带电体的间距 10kV 以下应不小于 0.7m，20～35kV 应不小于 1.0m；在线路上工作时，人体或工具与带电体的间距 10kV 以下应不小于 1.0m，20～35kV 应不小于 2.5m。

6）接地与接零

在工厂里，使用的电气设备很多。为了防止触电，通常可采用绝缘、隔离等技术措施以保障用电安全。但工人在生产过程中经常接触的是电气设备不带电的外壳或与其连接的金属体，这样当设备万一发生漏电故障时，平时不带电的外壳就带电，并与大地之间存在电压，就会使操作人员触电。这种意外的触电是非常危险的。为了解决这个不安全的问题，采取的主要安全措施，就是对电气设备的外壳进行保护接地、保护接零和重复接地等。

（1）保护接地。保护接地是指将电气设备平时不带电的金属外壳用专门设置的接地装置实行良好的金属性连接。绪图 4 为变压器中性点直接接地系统保护接地，绪图 5 为变压器中性点不直接接地系统保护接地。保护接地的作用是当设备金属外壳意外带电时，将其对地电压限制在规定的安全范围内，此时人体与保护接地装置电阻并联，人体电阻为1000～2000Ω，而保护接地装置电阻小于 4Ω，因此大部分电流通过保护接地装置，仅一小部分电流通过人体，大大减轻了人体触电危险。保护接地最常用于低压不接地配电网中的电气设备。

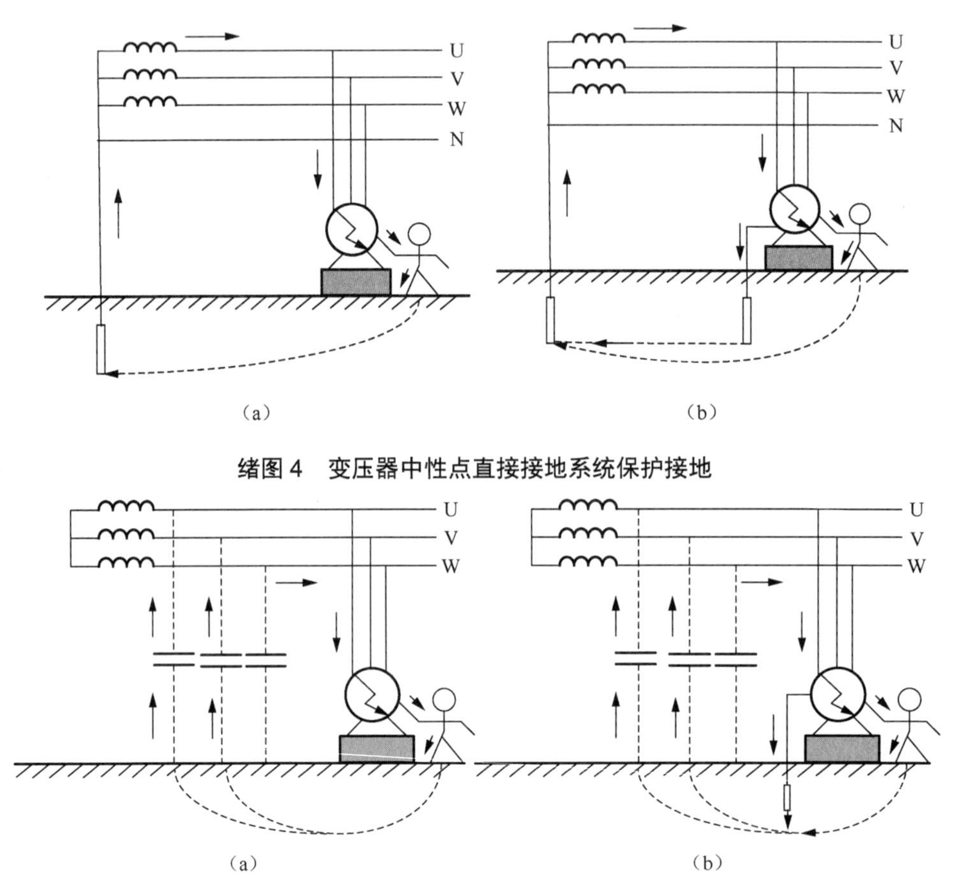

（a）　　（b）

绪图 4　变压器中性点直接接地系统保护接地

（a）　　（b）

绪图 5　变压器中性点不直接接地系统保护接地

（2）保护接零。将电气设备在正常情况下不带电的金属外壳与变压器中性点引出的工作零线或保护零线相连接，这种方式称为保护接零。当某相带电部分碰触电气设备的金属外壳时，通过设备外壳形成该相线对零线的单相短路回路，该短路电流较大，足以保证在最短的时间内使熔丝熔断、保护装置或自动开关跳闸，从而切断电流，保障人身安全。保护接零的应用范围，主要是用于三相四线制中性点直接接地系统中的电气设备，在工厂里也就是用于 380/220V 的低压设备上。绪图 6 为保护接零。

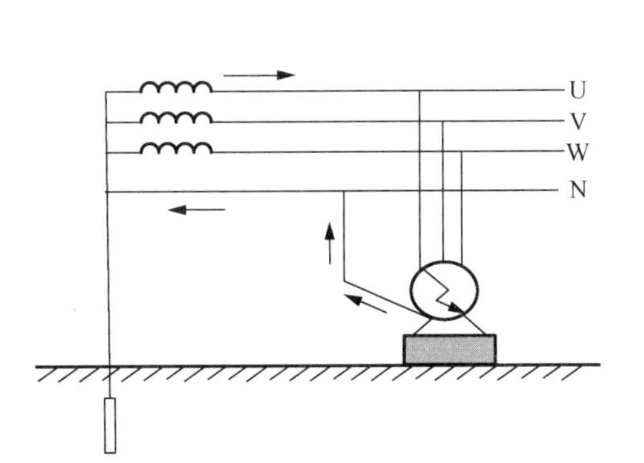

绪图 6　保护接零

（3）重复接地。在中性点直接接地的低压配电系统中，为确保保护接零方式的安全可靠，防止零线断线所造成的危害，系统中除了工作接地外，还必须在整个零线的其他部位再进行必要的接地，这种接地称为重复接地。

实施保护接零时，必须注意零线不能断线，否则，在接零设备发生带电部分碰壳或漏电时，就构不成单相短路，电源就不会自动切断，这样会产生两个后果，一是使接零设备失去安全保护，因为这时等于没有实施保护接零，二是会使后面的其他完好的接零设备外壳带电，引起大范围电气设备和移动电器外壳带电，造成触电危险。因此，为了防止变压器零线断线造成的后果，常采用两项措施：一是在三相四线制配电系统中，规定在零干线上不准装熔断器和闸刀等开关设备，因为装了熔断器就可能使熔丝熔断，装了闸刀等开关设备就有可能误拉开，造成零线断开；二是实施零线重复接地，将变压器零线或三相四线制配电系统中的零干线多点接地，防止变压器零线断线产生严重后果。重复接地的接地电阻要求小于 10Ω。采用重复接地后，如果变压器零线断线，接零设备发生带电部分碰壳或漏电时电路仍有安全保护，而且不会发生其他完好的接零设备外壳带上危险触电电压的情况，对保护人身安全有很重要的作用。重复接地如绪图 7 所示。

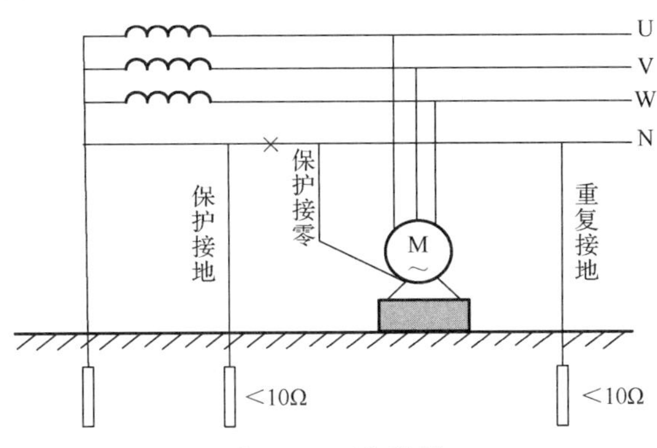

绪图 7　重复接地

（4）保护接地和保护接零注意事项。

在同一台变压器配电的低压公共电网内，不准有的设备实施保护接地，有的设备实施保护接零，假如有的设备实施保护接地，有的设备实施保护接零，当保护接地的设备发生带电部分碰壳或漏电时，会使变压器零线电位升高，造成所有采用保护接零的设备外壳带电，构成触电危险，如绪图 8 所示。

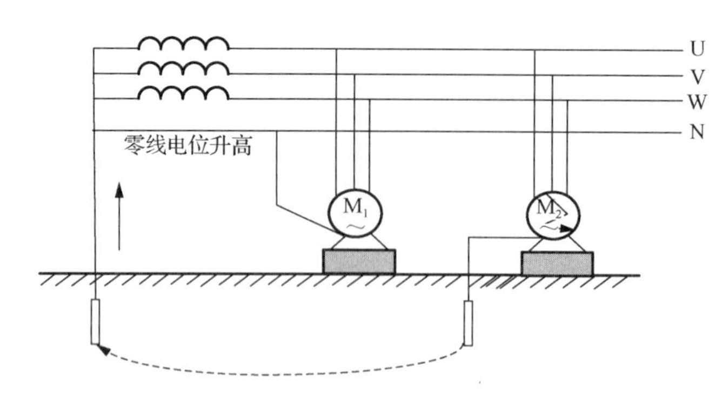

绪图 8　保护接地同时保护接零

绪图 8 中，电动机 M_1 和 M_2 接在同一配电网络中，M_1 采用保护接零保护，M_2 采用保护接地保护，这样连接会产生严重的后果。

（5）保护接地和保护接零装置的安全要求。

① 保护接地和保护接零装置的导线要连续并连接可靠。

② 保护接地和保护接零装置有足够的机械强度和防腐性能。

③ 保护接地和保护接零装置有足够的导电能力和热稳定性。

④ 保护接地和保护接零装置地下安装距离，一般与建筑物不小于 1.5m，与独立避雷针不小于 3m。

⑤ 保护接地和保护接零装置要有适当的埋设深度，一般不小于 0.6m，并在冻土层以下。

⑥ 保护接地和保护接零装置的接地支线不得串联。

⑦ 不得将 220V 两线制的零线用作设备外壳的接地线。

⑧ 保护接地和保护接零装置既要便于检查，又要防止机械损伤。

习　题

1．保护接地与保护接零的区别是什么？

2．简述保证电气操作与维修作业安全的技术措施。

3．目前我国规定的安全电压分为几个等级？分别是什么？

4．电气设备的测试试验项目包括哪些？

工作任务 1
电工基本操作技能

思维导图

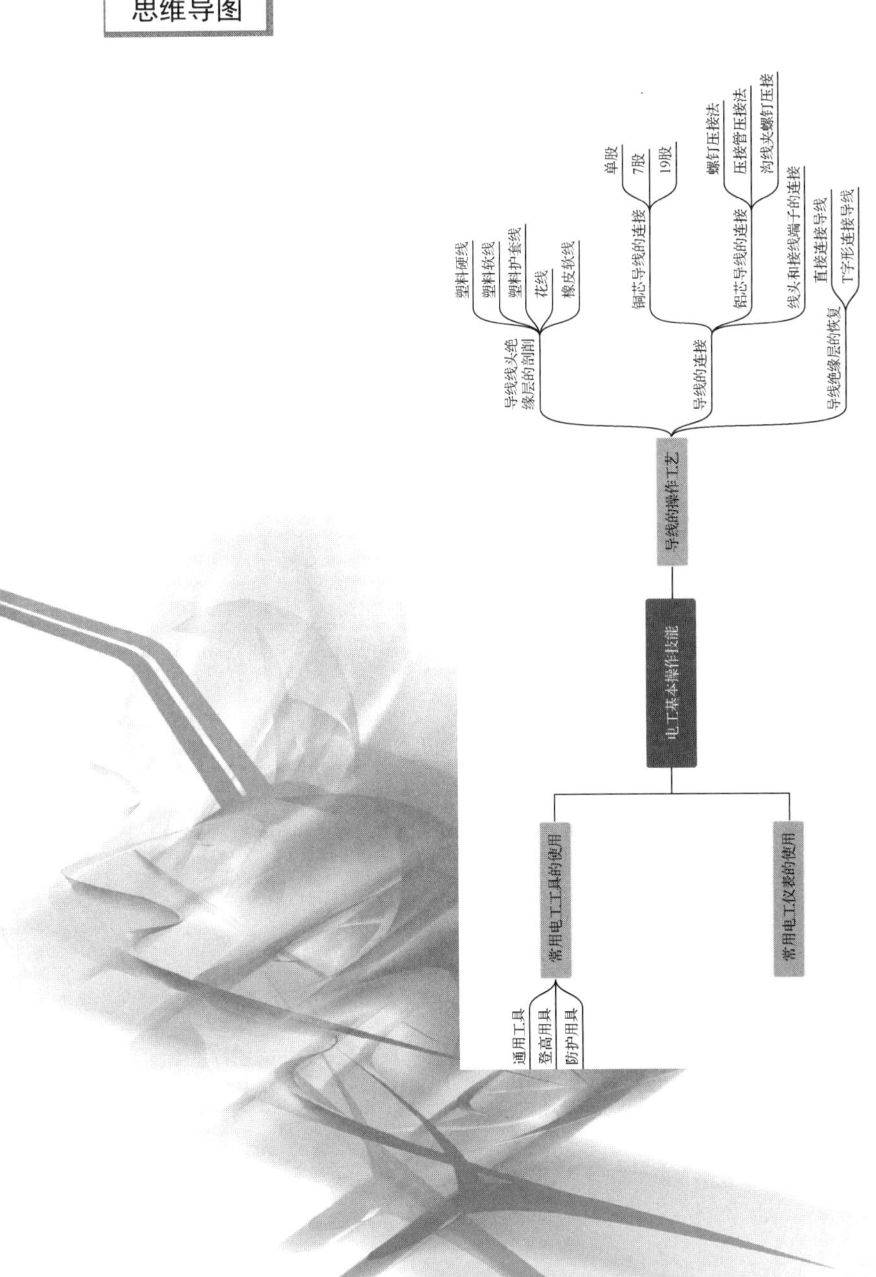

任务 1.1　常用电工工具的使用

1.1.1　通用工具

1. 钢丝钳

1）用途

钢丝钳又称老虎钳，是主要用于夹持或弯折薄片形、圆柱形金属零件及切断金属丝的电工通用工具，在工业生产、日常生活中经常用到。

2）结构

电工使用的钢丝钳是带塑料绝缘柄的，一般耐压为500V。钢丝钳由钳口、齿口、刀口、铡口和绝缘柄等部分组成，其外形如图 1.1 所示。钢丝钳钳口用来弯绞或夹持物件，齿口用来固紧或起松螺母，刀口用来剪断导线或剖切软导线绝缘层，铡口用来铡切电线线芯和钢丝、铅丝等。钢丝钳按总长度分为 150mm、175mm 和 200mm 三种规格，即 6 英寸、7 英寸、8 英寸，使用时注意根据要求选择合适的尺寸。

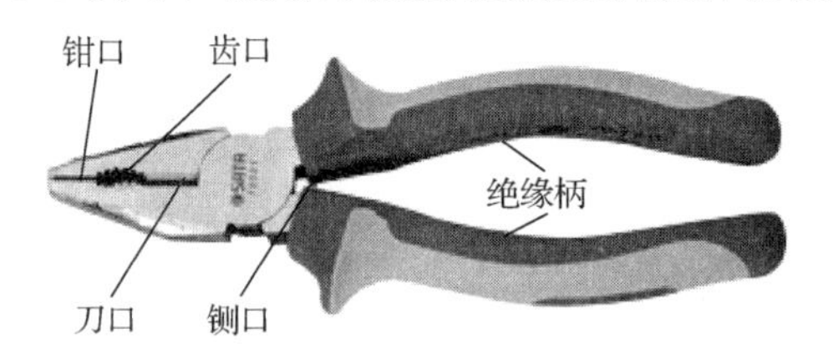

图 1.1　钢丝钳外形

3）使用

（1）钢丝钳使用前要检查绝缘柄的绝缘性能是否良好，绝缘如果损坏，进行带电作业时会发生触电事故。

（2）用钢丝钳进行带电操作时，要保证手离钢丝钳金属部分的距离应不小于 2cm，以确保人身安全。

（3）用钢丝钳剪切带电导线时，严禁用刀口同时剪切相线和中性线，或同时剪切两根相线，以免发生短路事故。

（4）钢丝钳的钳轴要经常加油，防止生锈。

2. 尖嘴钳

1）用途

尖嘴钳主要用来剪切单股和多股细线，或给单股细线接头弯圈、剥塑胶绝缘层等，可用于较窄小的工作环境，是安装维修电工常用的工具之一。

2）结构

尖嘴钳由钳口、刀口和绝缘柄等部分组成，绝缘柄耐压为 500V，其外形如图 1.2 所示。尖嘴钳头部细长呈圆锥形，根据钳头的长度可分为短钳头（钳头为钳子全长的 1/5）和长钳头（钳头为钳子全长的 2/5）两种。尖嘴钳规格按其总长度有 130mm、160mm、180mm、200mm 四种，使用时要根据使用对象及环境选择合适的尺寸。

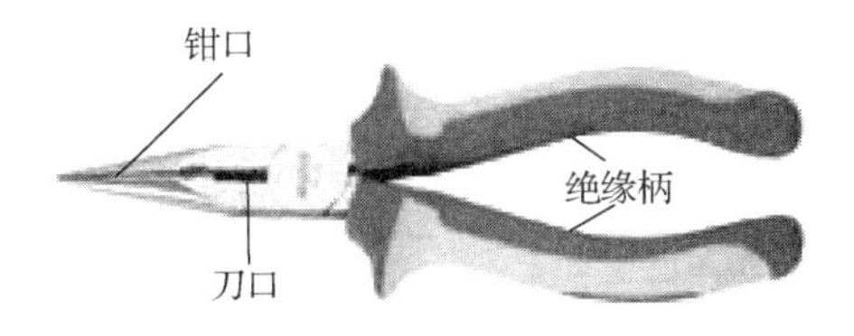

图 1.2　尖嘴钳外形

3）使用

（1）尖嘴钳绝缘柄损坏时，不可用来剪切带电导线。

（2）尖嘴钳使用时要注意安全，手离金属部分的距离应不小于 2cm。

（3）尖嘴钳钳头比较尖细，且经过热处理，所以钳夹物体不可过大，用力时不要过猛，以防损坏钳头。

（4）平时要注意防潮，尖嘴钳的钳轴要经常加油，防止生锈。

3. 斜口钳

1）用途

斜口钳用以剪切导线、元器件多余的引线和其他金属线，还常用来代替一般剪刀剪切绝缘套管、尼龙扎带等，是日常生活和工作中不可缺少的工具。

2）结构

斜口钳由刀口、钳口和绝缘柄等部分组成，其特点为剪切口与钳柄成一角度，其外形如图 1.3 所示，绝缘柄耐压为 1000V。电工常用的斜口钳有 150mm、175mm、200mm 及 250mm 等多种规格，可根据内线或外线工种需要选购。

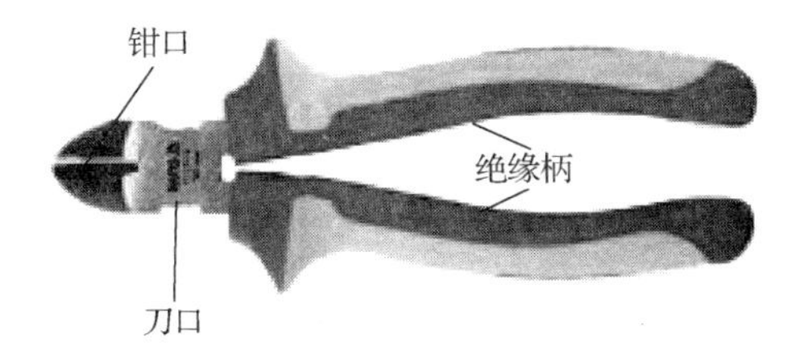

图 1.3　斜口钳外形

3）使用

（1）斜口钳使用时要将钳口朝内侧，便于控制钳切部位。

（2）不可以用斜口钳剪切钢丝、钢丝绳和过粗铁丝，否则容易导致钳子崩牙和损坏。

（3）斜口钳不宜剪切 2.5mm^2 以上的单股铜线。

4. 剥线钳

1）用途

剥线钳用来剥除导线端部的表面绝缘层，使导线被切断的绝缘皮与电线分开。剥线钳是仪器仪表电路修理、电机修理、内线电路维修的常用工具之一。

2）结构

剥线钳由刀口、压线口和绝缘柄等部分组成，压线口分为直径为 0.5～3mm 的多个切口，以适用不同规格线芯的剖削，剥线钳的钳柄上套有额定工作电压 500V 的绝缘套管。其外形如图 1.4 所示。

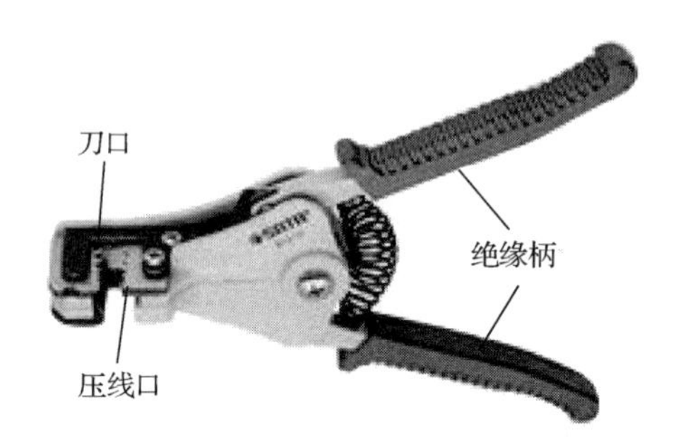

图 1.4 剥线钳外形

3）使用

（1）剥线钳使用时压线口大小应略大于导线线芯直径，否则会切断线芯。

（2）用剥线钳剥离导线绝缘层时要注意不能伤到线芯，一般剥线钳适用于线芯 $6mm^2$ 以下的绝缘导线。

（3）剥线钳使用时不允许带电剥线。

（4）不要把轻型的剥线钳当作锤子使用，或者敲击钳柄，否则会导致剥线钳开裂、折断，钳刃会崩口。

（5）经常给剥线钳上润滑油，在铰链上加点润滑油既可延长使用寿命又可确保使用省力。

5. 螺丝刀

1）用途

螺丝刀又称起子，是用来旋动、紧固或拆卸头部带一字槽或十字槽的螺钉的常用工具，通常有一个薄楔形头，可插入螺钉的槽缝或凹口内。

2）结构

螺丝刀由金属杆头和绝缘柄组成，按金属杆头部形状，其分成一字形、十字形和多用螺丝刀等，一字形、十字形螺丝刀外形如图 1.5 所示。常用的一字形螺丝刀有 50mm、100mm、150mm 和 200mm 等规格。常用的十字形螺丝刀有适用于直径为 2～2.5mm 的螺钉、3～5mm 的螺钉、6～8mm 的螺钉和 10～12mm 的螺钉等几种规格。

（a）一字形　　（b）十字形

图 1.5　一字形、十字形螺丝刀外形

3）使用

（1）电工必须使用带绝缘柄的螺丝刀。

（2）使用螺丝刀紧固或拆卸带电的螺钉时，手不得触及旋具的金属杆，以免发生触电事故。

（3）为了防止螺丝刀的金属杆触及皮肤或邻近带电体，应在金属杆上套装绝缘管。

（4）使用时应注意选择与螺钉槽相同且大小规格相应的螺丝刀。

（5）切勿将螺丝刀当作錾子使用，以免损坏螺丝刀手柄或刀刃。

6. 扳手

1）用途

扳手主要是用于旋紧六角、方头螺钉和各种螺母的工具。常见的扳手有活动扳手、开口扳手、套筒扳手、六角扳手等。活动扳手是用来紧固、装拆或旋转六角、方头螺钉和螺母的一种专用工具。开口扳手是用来装配机床或备件及机械维修必需的手动工具。套筒扳手适用于拧转位置狭小或凹陷很深的螺钉或螺母。六角扳手适用于装拆大型六角螺钉或螺母，外线电工可用它装拆铁塔之类的钢架结构。

2）结构

扳手由头部和柄部组成，其外形如图 1.6 所示。扳手通常在柄部的一端或两端制有夹持螺钉或螺母的开口或套孔，使用时沿螺纹旋转方向在柄部施加外力，就能拧转螺钉或螺母，其中活动扳手的开口宽度可在一定范围内调节。套筒扳手由多个带六角孔或十二角孔的套筒并配有手柄、接杆等多种附件组成，六角扳手两端具有带六角孔或十二角孔的工作端。

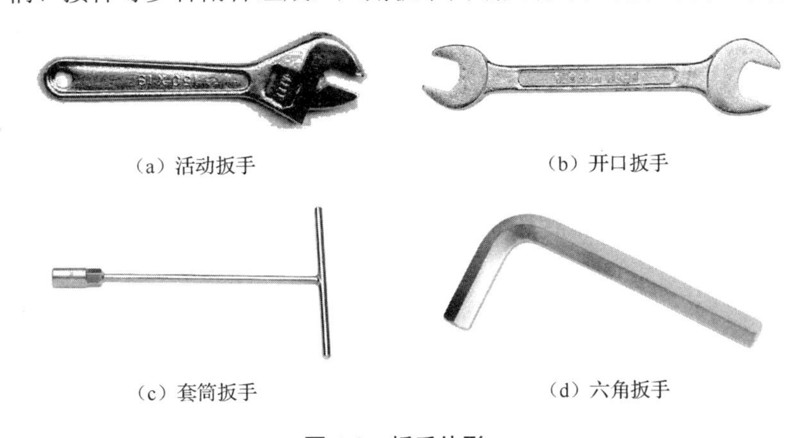

（a）活动扳手　　（b）开口扳手

（c）套筒扳手　　（d）六角扳手

图 1.6　扳手外形

3）使用

（1）使用时应按螺母大小选择适当规格的扳手。

（2）扳手不要当作撬棒和手锤使用。

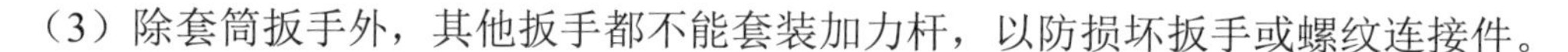

（3）除套筒扳手外，其他扳手都不能套装加力杆，以防损坏扳手或螺纹连接件。

7. 电工刀

1）用途

电工刀用于剖削导线绝缘层、切削木榫等，是一种切削工具。

2）结构

电工刀由刀片、刀刃、刀把、刀挂等组成，电工刀有一用、两用及多用等多种类型，其外形如图 1.7 所示。多用电工刀的刀片用来剖削导线绝缘层，锯片用来锯削电线槽板和圆垫木，钻子用来钻削木板眼孔。

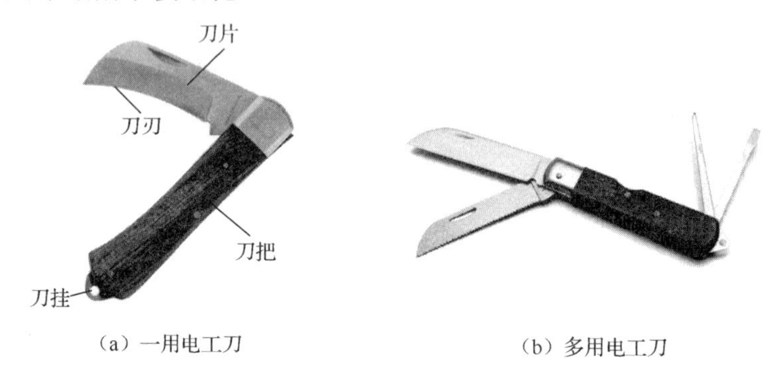

（a）一用电工刀　　（b）多用电工刀

图 1.7　电工刀外形

3）使用

（1）使用时刀刃应朝外，以免伤手。用毕，随即把刀身折入刀柄。

（2）因为刀把不带绝缘装置，所以不能带电操作，以免触电。

（3）电工刀不允许代替锤子用以敲击。

（4）电工刀的刀尖是剖削作业的必需部位，应避免在硬器上划损或碰缺，刀刃应经常保持锋利，磨刀宜用油石。

8. 低压验电器

1）用途

低压验电器又称测电笔、试电笔，是用来测试低压导体与电气设备外壳是否带电的一种安全工具，也可以用它来区分相（火）线和中性（地）线。低压验电器测试的电压范围一般是 60～500V。

2）结构

普通低压验电器前端为金属探头，后端也有金属挂钩或金属接触片等，以便使用时用手接触。中间绝缘管内装有发光氖泡、电阻及压紧弹簧，外壳为透明绝缘体。低压验电器常做成钢笔式或数字式，其外形如图 1.8 所示。

3）使用

（1）低压验电器使用前，应先在确定有电处测试，证明验电器确实良好后方可使用。

（2）用低压验电器验电时，人体的任何部位切勿触及周围的金属带电物体，低压验电器的握法如图 1.9 所示。

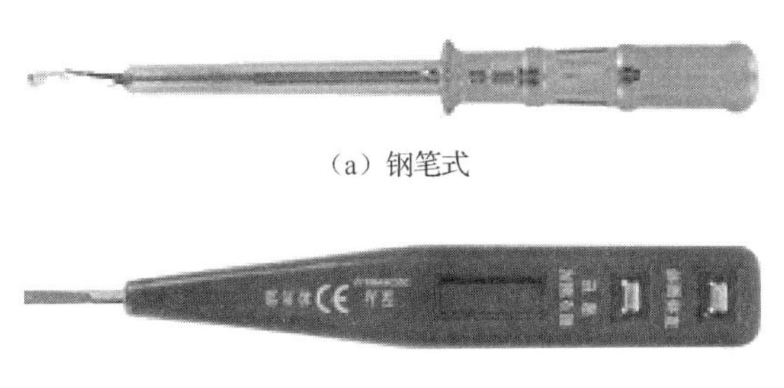

（a）钢笔式

（b）数字式

图 1.8　低压验电器外形

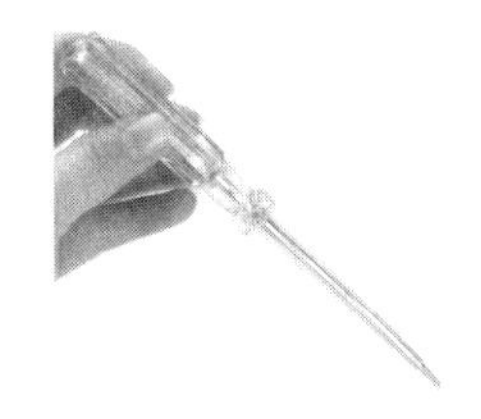

图 1.9　低压验电器的握法

（3）低压验电器顶端金属部分不能同时搭在两根导线上，以免造成相间短路。

（4）切勿用普通低压验电器测试超过 500V 的电压。

（5）验电时，氖管发红光，表明被测物体有电。测交流电时，氖管两极发光，测直流电时，氖管单极发光。电压高，亮度大。

（6）低压验电器在使用完毕后要保持清洁，放置干燥处，严防摔碰。

9. 高压验电器

1）用途

高压验电器是用来检测对地电压为 250V 以上的高压架空线路、电缆线路、高压用电设备是否带电的安全工具。

2）结构

高压验电器一般由检测部分、绝缘部分、握手部分三部分组成，检测部分指探针及指示器部分，绝缘部分指指示器下部金属衔接螺钉至罩护环的部分，握手部分指罩护环以下的部分，其外形如图 1.10 所示。高压验电器的主要类型有发光型高压验电器、声光型高压验电器、高压电磁感应旋转验电器等。

图 1.10　高压验电器外形

3）使用

（1）使用高压验电器前要先在确实带电的高压设备上验电，验证高压验电器良好后方可使用。

（2）用高压验电器测量时，要穿戴与电压相符的绝缘手套、绝缘鞋，穿长袖衣裤，并设专人监护。

（3）要注意安全，雨天不可在户外测验，要防止发生相间或相对地短路事故。人体与带电体应保持足够的安全距离。

（4）使用高压验电器时，应特别注意手握部位不得超过罩护环，高压验电器的握法如图 1.11 所示。

（5）测量时，要逐渐靠近被测物体，直到氖管发亮，只有氖管不亮时，才可直接接触被测物体。

（6）高压验电器每半年作一次定期预防性试验。

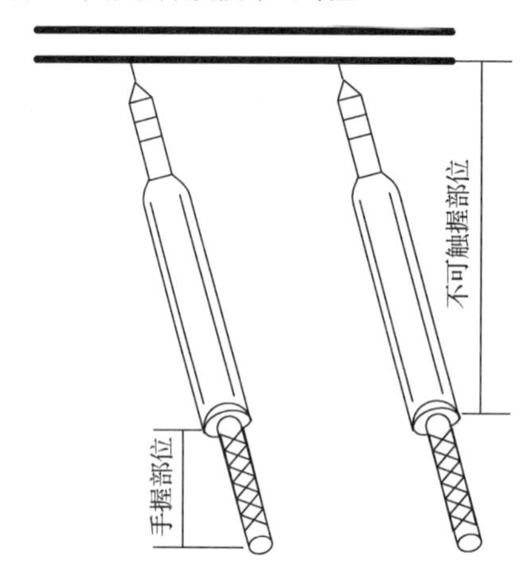

图 1.11　高压验电器的握法

10. 弯管器

1）用途

弯管器主要用于电线管的折弯排管，是弯曲圆管的专用工具，适用于铝塑管、铜管等管道，使管道弯曲工整、圆滑、快捷。

2）结构

弯管器由固定杆、活动杆、固定轮等组成，属于螺旋弹簧形状工具，其外形如图 1.12（a）所示。

3）使用

（1）使用时首先把圆管放入带导槽的固定轮与固定杆之间，再用活动杆的导槽导住圆管，用固定杆紧固住圆管，然后将弹簧放在圆管需要弯曲的部位，活动杆柄顺时针方向平稳转动。

（2）操作时用力要缓慢平稳，尽量以较大的半径加以弯曲，弹簧可以保障圆管在一定的范围内不会被弯扁，避免出现死弯或裂痕，如图 1.12（b）所示。

（3）所需弯曲管道的外径，一定要和弯管器的凹槽严密贴合，否则工件时会出现裂开的现象。

（4）焊接管的焊缝一定要处于弯曲处的正外侧或正内侧。

（5）平时做好清洁保养工作。

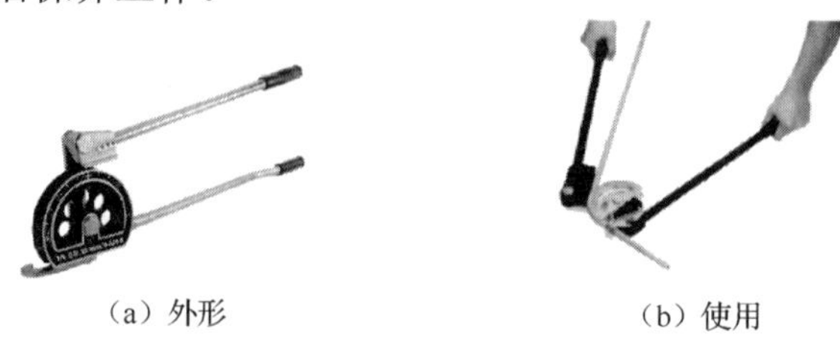

（a）外形　　（b）使用

图 1.12　弯管器

1.1.2 登高用具

1. 安全帽

1）用途

安全帽是用于防护坠落物、物体打击和碰撞及其他特定因素引起的对人头部的伤害的帽子。

2）结构

安全帽由帽壳、帽衬、下颚带及其他附件组成。其中帽壳由壳体、帽舌、帽沿、顶筋等组成，帽衬是帽壳内部部件的总称，由帽箍、吸汗带、衬带及缓冲装置等组成，下颚带是系在下巴上、起固定作用的带子，由系带和锁紧卡组成。当作业人员头部受到坠落物的冲击时，利用安全帽的帽壳、帽衬在瞬间先将冲击力分解到头盖骨的整个面积上，从而起到保护作业人员的头部不受到伤害或降低伤害的作用。安全帽外形如图 1.13 所示。

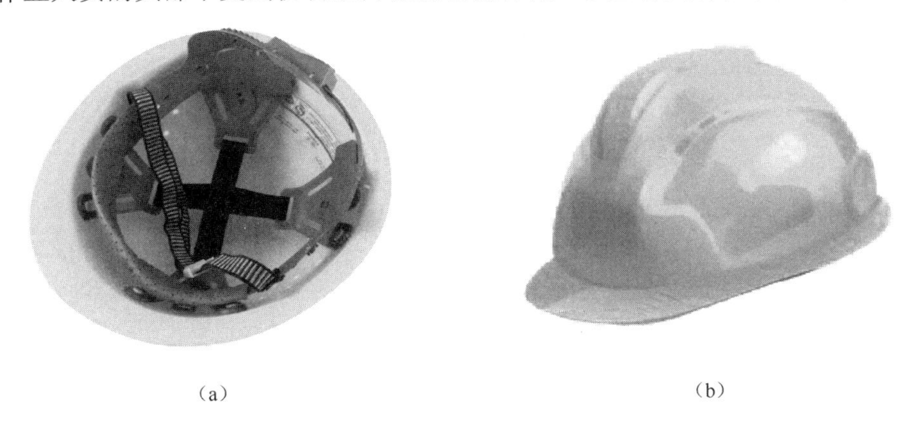

（a）　　（b）

图 1.13　安全帽外形

3）使用

（1）佩戴安全帽前，要仔细检查合格证、使用说明、使用期限，并调整帽衬尺寸，帽衬顶端与帽壳内顶之间必须保持 20～50mm 的空间。如果发现帽壳与帽衬有异常损伤、裂痕等现象，或水平、垂直间距达不到标准要求的，就不能再使用，而应当更换新的安全帽。

（2）安全帽佩戴时要注意戴正、戴牢，不能晃动，下颚带要系好，后箍要调节好，以防安全帽脱落。

（3）安全帽只要受过一次强力的撞击，就不能继续使用。

2. 安全带

1）用途

安全带是电工高空作业时防止坠落的安全用具，适用于围杆、悬挂、攀登等高空作业。

2）结构

电工常用的安全带是腰带式安全带，其实用性较强，由腰带、后背绳、自锁钩、缓冲器组成，外形如图 1.14 所示。腰带系于腰部，人体坠落时能起到主要保护的作用。后背绳是自锁钩使用的绳，要预先挂好，垂直、水平和倾斜均可。自锁钩在绳上可自由移动，能适应不同作业点工作。缓冲器是当人体坠落时，减少人体受力，吸收部分冲击能量的装置。

图 1.14　腰带式安全带外形

3）使用

（1）安全带要正确使用，拉平，不要扭曲。三点式安全带应系得尽可能低些，最好系在髋部，不要系在腰部；肩部安全带不能放在胳膊下面，应斜挂胸前。

（2）每次使用安全带时，应查看标牌及合格证，检查尼龙带有无裂纹，缝线处是否牢靠，金属件有无缺少、裂纹及锈蚀情况，安全绳应挂在连接环上使用。

（3）安全带应高挂低用，注意防止摆动碰撞，安全绳不准打结。

（4）安全带使用期一般为 3～5 年，发现异常应提前报废。

3. 登高板

1）用途

登高板又称升降板或踏板，是用来攀登电杆的登高用具，结构简单，实用可靠。

2）结构

登高板由脚板、绳索、铁钩组成。脚板由坚硬的木板制成，绳索为 16mm 多股白棕绳或尼龙绳，绳两端系结在脚板两头的扎结槽内，绳顶端系结铁钩，绳的长度应与使用者的身材相适应，一般在一人一手长左右。脚板和绳均应能承受 300kg 的质量。其外形如图 1.15 所示。

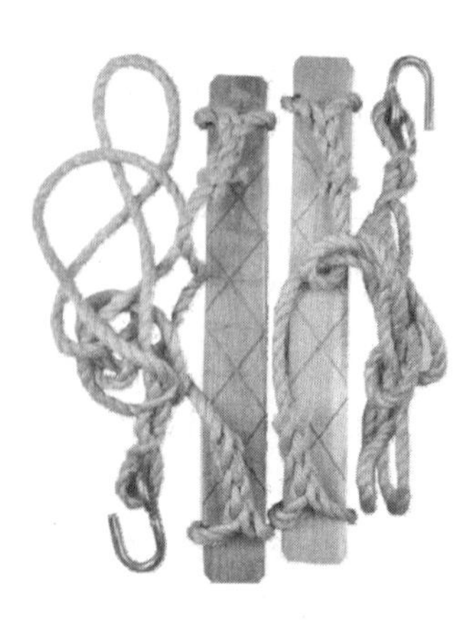

图 1.15　登高板外形

3）使用

（1）登高板使用前，要检查脚板有无裂纹或腐朽，绳索有无断股。

（2）登高板挂钩时必须正钩，勾口向外、向上，切勿反钩，以免造成脱钩事故。

（3）登杆前，应先将登高板钩挂好离地面 15～20cm，做人体冲击试验，检查登高板有无下滑、是否可靠。

（4）登杆时，左手扶住钩子下方绳子，然后必须用右脚脚尖顶住水泥杆上另一只脚，防止踏板晃动，左脚踏到左边绳子前端。

（5）为了保证在杆上作业时身体平稳，不使登高板摇晃，站立时两腿前掌内侧应夹紧电杆。

4. 脚扣

1）用途

脚扣是专门用于攀登电杆时的轻便登高用具，质轻、调节灵活、操作轻巧、安全可靠。

2）结构

脚扣有木杆和水泥杆两种形式，一般用钢或铝合金材料制作，呈近似半圆形，带皮带扣环和脚登板，其外形如图 1.16 所示。木杆脚扣的半圆环和根部均有凸起的小齿，以便登杆时刺入杆中起防滑作用。水泥杆脚扣的半圆环和根部装有橡胶或橡胶垫来防滑。脚扣有大小号之分，以适应电杆粗细不同的需要。

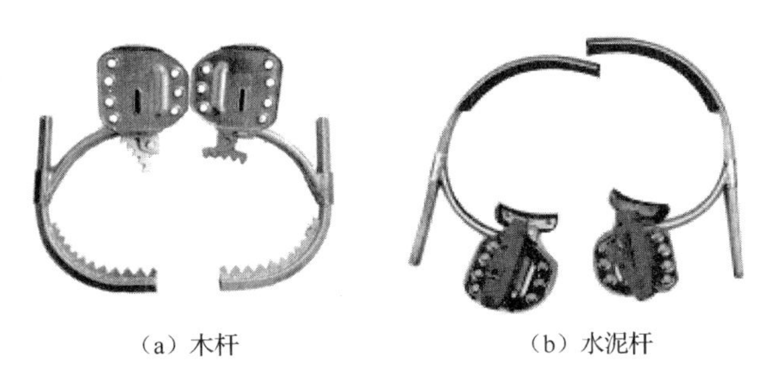

（a）木杆　　（b）水泥杆

图 1.16　脚扣外形

3）使用

（1）脚扣使用前，应进行外观检查，看各部分是否有裂纹、腐蚀、断裂等现象，若有，应禁止使用，在不用时，也应每月进行一次外观检查。

（2）脚扣的形式应与电杆的材质相适应，并要根据电杆的规格选择脚扣。禁止用木杆脚扣上水泥杆，不能用绳子代替皮带扣环系脚。

（3）登杆前，应对脚扣做人体冲击试验，以检验其强度。具体方法是，将脚扣系于水泥杆上离地 0.5m 处左右，借助人体重量猛力向下蹬踩。观察脚扣无变形及任何损坏时方可使用。

（4）脚扣不能随意从杆上往下摔扔，作业前后应轻拿轻放，并妥善保管，存放在工具柜里，放置应整齐。

5. 电工梯

1）用途

当电工施工作业高度超过 1.5m 时，必须使用电工梯或其他可靠的登高安全工具。电工梯是电工登高安装、维修电气设备的必需工具之一。不导电、质轻、耐腐蚀是电工梯的突出特点。

2）结构

电工梯有单梯、人字梯、升降梯等几种，主要由梯梁、踏板、防滑装置、铰链、撑杆、挂钩等部件组成，大多采用毛竹、硬质木材、铝合金等材料制作而成，多为黄色，其外形如图 1.17 所示。

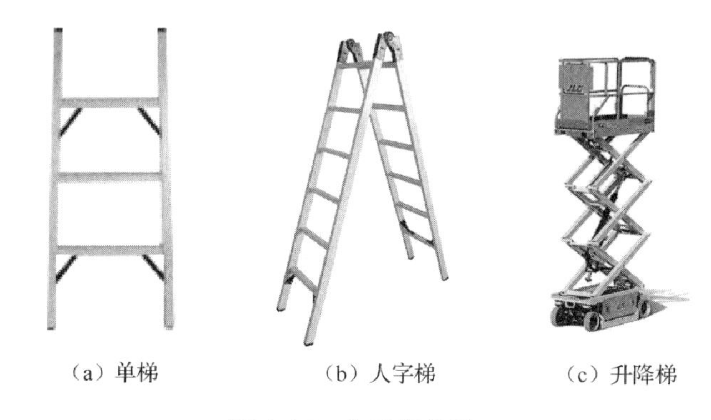

（a）单梯　（b）人字梯　（c）升降梯

图 1.17　电工梯外形

3）使用

（1）电工梯使用时必须为两人在场，一人使用，一人扶梯。

（2）禁止两人同时在梯上作业。

（3）上下梯子，必须面向梯子，不得手持器物。

（4）梯脚底部应结实，不得垫高、缺挡使用，梯子的上端应有固定措施并扎牢，下端采取防滑措施。

（5）上下梯时应穿着安全鞋，确保鞋底干爽防滑。

（6）单梯与墙根夹角应维持在 45°～75°之间，人字梯的两腿应加装拉绳，其张开长度不得大于梯长的 1/2，防止滑塌。

1.1.3 防护用具

1. 绝缘棒

1）用途

绝缘棒又称绝缘拉杆，用于闭合或拉开高压隔离开关，装拆携带式接地线，以及进行测量和试验时使用。绝缘棒采用绝缘性能及机械强度好、质轻、经防潮处理的优质环氧树脂管加工而成，携带方便。

2）结构

绝缘棒主要由工作头、绝缘杆和握柄三部分构成。握柄采用硅橡胶护套及硅橡胶伞裙粘接，绝缘性能极佳，安全可靠。工作头采用内嵌式结构更牢固、安全可靠，扩展连接方便，选择性强。其外形如图 1.18 所示。

图 1.18　绝缘棒外形

3）使用

（1）绝缘棒使用前必须进行外观检查，不得有裂纹、划痕等外部损伤，校验合格，与操作设备的电压等级相符。

（2）操作时应戴绝缘手套，穿绝缘靴或站在绝缘垫（台）上，操作者的手握部位不得越过隔离环。

（3）在下雨、下雪或潮湿的天气，室外使用绝缘棒时，棒上应装有伞形罩，使绝缘棒的伞下部分保持干燥。

（4）绝缘棒应存放在干燥的地方，不得与墙或地面接触，以免碰伤其绝缘表面。

（5）每半年要对绝缘杆进行一次交流耐压试验，不合格的要立即报废，不可降低标准使用。

2. 绝缘夹钳

1）用途

绝缘夹钳是用来安装和拆卸高压熔断器或执行其他类似工作的工具，主要用于 35kV 及以下的电力系统中。

2）结构

绝缘夹钳由工作部分、绝缘部分和握手部分三部分组成，各部分都用绝缘材料制成，所用材料与绝缘棒相同，只是工作部分是一个坚固的夹钳，并有一个或两个管型的开口，用以夹紧高压熔断器。其外形如图 1.19 所示。

图 1.19　绝缘夹钳外形

3）使用

（1）绝缘夹钳操作时要戴绝缘手套、穿绝缘靴及戴护目镜，并必须在切断负载的情况下进行操作。

（2）使用绝缘夹钳时不允许装接地线。

（3）绝缘夹钳应每年进行一次预防性试验。

（4）绝缘夹钳应保存在特制的箱子内，以防受潮。

（5）在潮湿天气时，只能使用专用的防雨绝缘夹钳。

3. 绝缘手套

1）用途

绝缘手套用绝缘性良好的特种橡胶制成，既薄又柔软，并有足够的绝缘强度和机械性能，在电工操作时使人的两手与带电体绝缘，起到对手或者人体的保护作用。

2）结构

绝缘手套规格有12kV和5kV两种。12kV绝缘手套是在1kV及以上电压作业区进行操作时使用的辅助安全用具，在1kV以下电压作业区可作为基本安全用具。5kV绝缘手套在250V到1kV电压作业区为辅助安全用具，250V以下电压作业区为基本安全用具。其外形如图1.20所示。

图1.20　绝缘手套外形

3）使用

（1）绝缘手套使用前，应根据所操作电压范围合理选择12kV或5kV的绝缘手套，并检查是否在有效期范围内。

（2）绝缘手套使用前，应进行外观检查，表面应无磨损、破漏、划痕等。

（3）戴上绝缘手套应将外衣袖口放入手套伸长部分内。

（4）绝缘手套使用后，应内外擦净，晾干再撒上一些滑石粉，以免粘连。

（5）绝缘手套不允许放在过冷、过热、阳光直射或有酸、碱药品的地方，以防胶质老化，降低绝缘性能。

（6）绝缘手套应每半年进行一次预防性试验。

4. 绝缘靴（鞋）

1）用途

绝缘靴（鞋）的作用是使人体与地面进行隔离，防止电流通过人体与大地之间构成通路，对人体造成电击伤害，把触电时的危险降低到最低程度。在高压系统倒闸操作、高压验电、放电、装设和拆除接地线、分合接地开关等情况时，都需要穿绝缘靴（鞋）。

2）结构

绝缘靴（鞋）按耐电压高低分为低压绝缘靴（鞋）和高压绝缘靴（鞋）两类。低压绝缘靴（鞋）是在交流50Hz、1000V及以下或直流1500V及以下电气设备上工作时，作为辅助安全用具和劳动时穿的防护鞋。高压绝缘靴（鞋）可作为各类高压电气设备（对地电压250V 以上）工作时的辅助安全用具，在 1kV 以下可作为基本安全用具。其外形如图 1.21 所示。

图 1.21　绝缘靴（鞋）外形

3）使用

（1）应根据作业场所电压高低正确选用绝缘靴（鞋），不论是穿低压绝缘靴（鞋）还是高压绝缘靴（鞋），均不得直接用手接触电气设备。

（2）布面绝缘靴（鞋）只能在干燥环境下使用，避免布面潮湿。

（3）穿绝缘靴时，应将裤管套入靴筒内。穿绝缘鞋时，裤管不宜长及鞋底外沿条高度，更不能长及地面。

（4）绝缘靴（鞋）应每半年进行一次预防性试验。

5. 携带型短路接地线

1）用途

携带型短路接地线又称携带型接地线，是电力行业在设备或线路断电后进行检修之前要挂接的一种安全短路装置，用来预防突然来电对操作人员或设备造成伤害。当高压线路或设备检修时，应将电源侧的三相架空线或母线用接地线临时接地。在停电后的设备上作业时，也应用接地线将设备上的剩余电荷释放。

2）结构

携带型短路接地线由导线端线夹、短路线、汇夹、接地线、接线鼻、接地端线夹或临时接地极，以及接地操作棒等组成，外形如图 1.22 所示。导线端和接地端的线夹采用铝合金压铸，与其配套的金属紧固件均经镀镍处理，确保接地线与导体和接地装置接触良好，装拆方便，有足够的机械强度，并在大短路电流通过时不致松动。接地操作棒采用绝缘性能与机械强度俱佳的环氧树脂、玻璃纤维精制而成，同时对操作手柄加装硅橡胶护套，绝缘更为安全可靠。短路线与接地线采用多股软铜线绞合而成，截面积不得小于 25mm^2，并外覆柔软、耐高温的透明绝缘护层，护层厚度大于 1mm，可以防止使用中对短路线与接地线的磨损，确保作业人员在操作中的安全。接线鼻和汇夹与接地线及外护套连接时采用压接新工艺，软连接可有效地防止使用时连接处铜线断股，提高了接地线的可靠性和使用寿命。

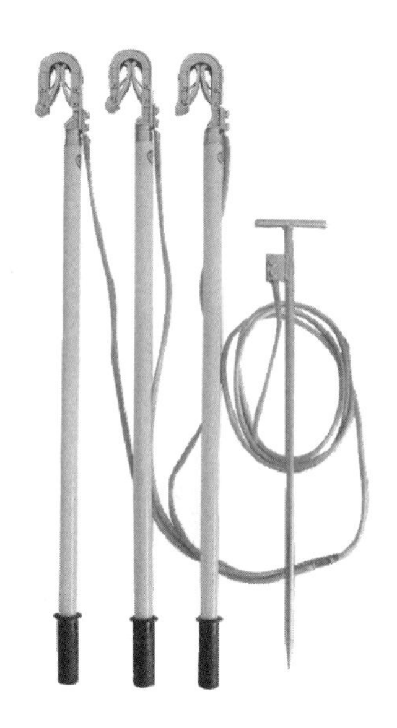

图 1.22 携带型短路接地线外形

3）使用

（1）挂携带型短路接地线时，先接接地端线夹，后接导线端线夹，拆除接地线时操作顺序相反。

（2）安装携带型短路接地线时，应将接地线分相上的双眼铜鼻子固定在接地操作棒的接电夹相应位置上，将接地线合相上的单眼铜鼻子固定在接地夹或地针上，构成一套完整的接地线。

（3）使用前，应核实接地操作棒的电压等级与操作设备的电压等级是否一致，是否处于运行使用的合格期内。

（4）使用前，应检查携带型短路接地线的外观，如发现绞线松散、断股、护套严重破损、夹具断裂松动等不得使用。

（5）携带型短路接地线要在确保设备或线路断电后使用。

（6）使用过程中操作人员应该佩戴相关防护器具，如绝缘靴、绝缘手套及安全帽，并在有专人监护的情况下进行使用。

任务 1.2 常用电工仪表的使用

1.2.1 电流表

电流表是指用来测量交、直流电路中电流的仪表，阻值很小，在电路中理想认为是短路。在电路图中，电流表的符号为Ⓐ。电流值以“安”或“A”为标准单位。直流电流表的符号下面会有直流“—”符号，交流电流表的符号下面会有交流“～”符号，电流表的表盘如图 1.23 所示。

（a）直流电流表

（b）交流电流表

图 1.23　电流表的表盘

1. 直流电流表的使用

直流电流表主要采用磁电系或电动系测量机构，用来测量直流电路中电流强度，对于大量值的直流电流，磁电系测量机构要使用分流器，分流器的作用是将大部分被测电流分流，直流电流表的电路连接如图 1.24 所示。

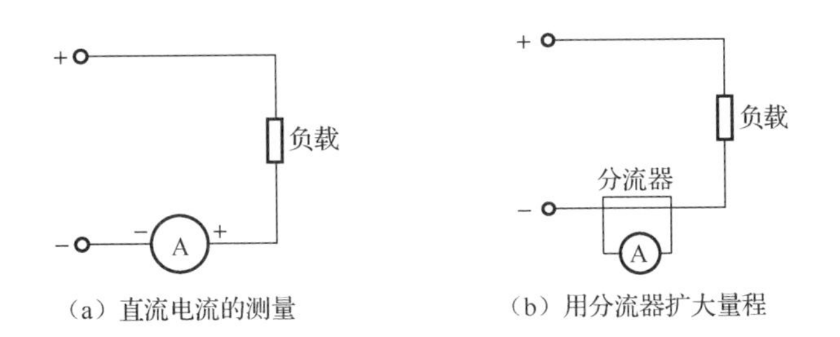

（a）直流电流的测量　　（b）用分流器扩大量程

图 1.24　直流电流表的电路连接

直流电流表的使用内容如下。

（1）使用前先检查指针是否指零，如有偏差则要用螺丝刀旋转表盘上的调零螺钉，将指针调至零位。

（2）直流电流表必须与被测电路串联。

（3）接线时要注意电流的正负，电流从正接线柱流入，从负接线柱流出。

（4）绝对不允许把直流电流表直接接到电源的两极，防止过电流烧坏直流电流表。

（5）被测电路的电流大小不能超过直流电流表的量程。使用时一般先选大量程，若直流电流表示数在小量程范围内，再改用小量程。

（6）直流电流表的指针指在所选量程的 1/2 或 2/3 位置处才能进行精确测量。

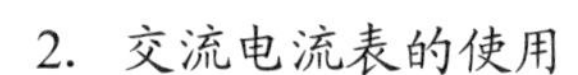

2. 交流电流表的使用

交流电流表主要采用电磁系或电动系测量机构，电磁系测量机构的量程为几十毫安，为提高量程，要按比例减少线圈匝数，并加粗导线。在电力系统中使用的大量程交流电流表通常配以适当电流变比的电流互感器。交流电流表的电路连接如图 1.25 所示。

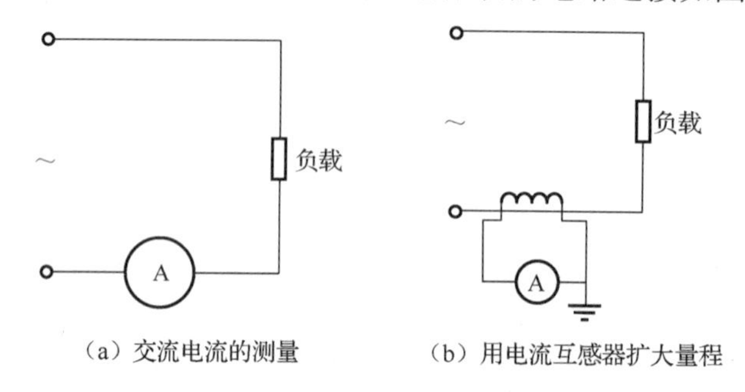

（a）交流电流的测量　　（b）用电流互感器扩大量程

图 1.25　交流电流表的电路连接

交流电流表的使用内容如下。

（1）使用前先检查指针是否指零，如有偏差则要用螺丝刀旋转表盘上的调零螺钉，将指针调至零位。

（2）交流电流表必须与被测电路串联。

（3）绝对不允许把交流电流表直接接到电源的两极，防止过电流烧坏交流电流表。

（4）被测电路的电流大小不能超过交流电流表的量程。使用时一般先选大量程，若交流电流表示数在小量程范围内，再改用小量程。

（5）交流电流表的指针指在所选量程的 1/2 或 2/3 位置处才能进行精确测量。

1.2.2 电压表

电压表是测量交、直流电路中电压的仪表，阻值很大，在电路中理想认为是断路。在电路图中，电压表的符号为Ⓥ。电压值以“伏”或“V”为标准单位。直流电压表的符号下面会有直流“—”符号，交流电压表的符号下面会有交流“～”符号，电压表的表盘如图 1.26 所示。

（a）直流电压表

（b）交流电压表

图 1.26　电压表的表盘

1. 直流电压表的使用

直流电压表主要采用磁电系或电动系测量机构，用来测量直流电路中元件两端的电压，对于大量值的直流电压，可在表头上串联高阻值电阻制成倍压器，直流电压表的电路连接如图 1.27 所示。

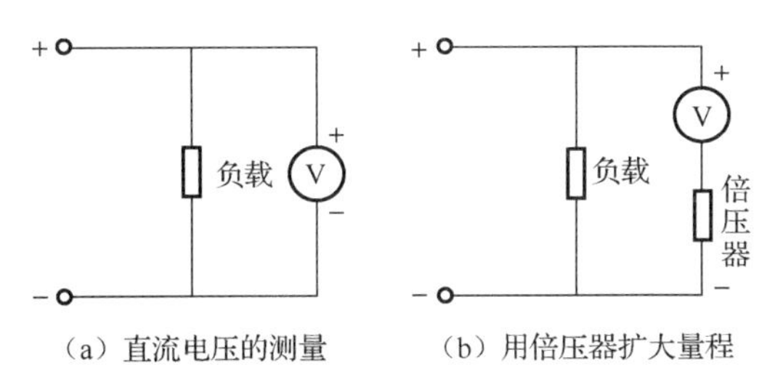

图 1.27　直流电压表的电路连接

直流电压表的使用内容如下。

(1) 使用直流电压表前要调零，如有偏差则要用螺丝刀旋转表盘上的调零螺钉，将指针调至零位。

(2) 直流电压表与被测元件并联，连接时注意电流的流向，要让电流从直流电压表的正极（红色接线柱）进入，再从负极（黑色接线柱）流出。

(3) 直流电压表的量程应大于被测元件的电压值。测量前先估测被测电压的大小，再选择合适的量程。无法估测时，利用试触法选量程。

(4) 直流电压表可以直接连在电源两极，测出的数值即为电源的电动势。

(5) 直流电压表测量时要确保指针指在所选量程的 1/2 或 2/3 位置处。

2. 交流电压表的使用

交流电压表主要采用电磁系或电动系测量机构，当需要测量高电压时，由于仪表的量程不可能做得很大，就需要选用按一定比例变化的电压互感器，将高电压变换为低电压进行测量，同时应使仪表的电压与所配用的电压互感器二次电压相符才行。在电力系统中使用的大量程交流电压表是用电压互感器来扩大量程的，交流电压表的电路连接如图 1.28 所示。

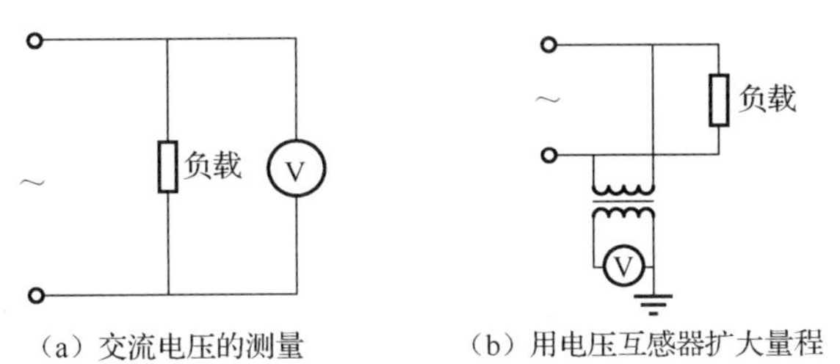

图 1.28　交流电压表的电路连接

交流电压表的使用内容如下。

(1) 使用交流电压表前要调零，如有偏差则要用螺丝刀旋转表盘上的调零螺钉，将指针调至零位。

（2）交流电压表与被测元件并联，测量时仪表显示的数值为所测交流电压的有效值。

（3）交流电压表的量程应大于被测元件的电压值。测量前先估测被测电压的大小，再选择合适的量程。无法估测时，利用试触法选量程。

（4）交流电压表测量时要确保指针指在所选量程的 1/2 或 2/3 位置处。

1.2.3 钳形电流表

钳形电流表一般由“穿心式”电流互感器和电流表组成，电流互感器的铁芯在捏紧扳手时可以张开，被测电流所通过的导线不必切断就可穿过铁芯张开的缺口，当放开扳手后铁芯闭合。钳形电流表可做成既能测交流电流，又能测直流电流的形式。互感器式钳形电流表只能测交流电流，电磁式钳形电流表只能测直流电流，交直流钳形电流表可以测直流电流和交流电流，使用时要注意合理地选择。其外形如图 1.29 所示。

图 1.29　钳形电流表外形

钳形电流表的使用内容如下。

（1）钳形电流表在使用之前，应检查仪表指针是否处于零位，如不在零位，用调零电位器将指针调至零位。

（2）测量前要先估计一下被测电流值在什么范围，然后选择好量程转换开关位置（一般有 5A、10A、25A、50A、250A），或者先用大量程测量，然后逐渐减小量程以适应实际电流大小。

（3）测量电流时旋转开关把量程调到合适位置，然后握紧扳手，使铁芯张开，让被测的载流导线卡在钳口中间，然后放开扳手，使铁芯闭合，则钳形电流表会测出导线的电流值。要注意被测载流体的位置应放在钳口中央，以免产生误差。

（4）在测量 5A 以下的电流时，为了测量准确，应该绕圈测量。测出的实际电流应除以绕的圈数。

（5）钳形电流表不能测量裸导线的电流，以防触电和短路。

（6）为了使读数准确，应保持钳口干净无损，如有污垢时，应用汽油擦洗干净再进行测量。

（7）测量完后一定要将量程转换开关调到最大量程位置上，保证下次测量时使用安全。

1.2.4 万用表

万用表是一种可以测量多种电量的多量程便携式仪表，可以测量直流电压、直流电流、交流电压、交流电流、电阻等电量，主要有指针式和数字式两种，其外形如图 1.30 所示。

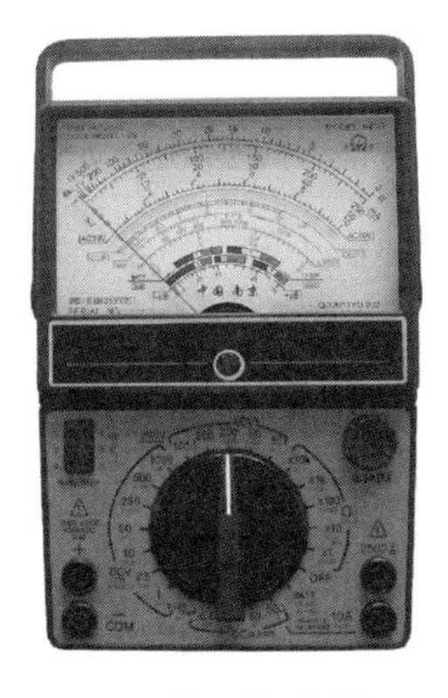

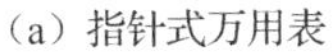

（a）指针式万用表　　（b）数字式万用表

图 1.30　万用表外形

万用表的使用内容如下。

（1）万用表使用时，首先要选好插孔和转换开关的位置，红色测棒为“+”，黑色测棒为“-”，测棒插入插孔时，一定要严格按颜色和正负插入。测量直流电量时，要注意正负极性；测量电流时，测棒与电路串联；测量电压时，测棒与电路并联。根据测量对象，将转换开关旋至所需位置。量程的选择应使被测值指示在万用表量程的 2/3 以上，这样测量误差较小。在测量的量大小不详时应先用高挡试测，然后改用合适量程。

（2）指针式万用表有多条标尺，一定要认清所对应的读数标尺。

（3）万用表每当测量完毕，将转换开关置于空挡或是最高电压挡，不可将开关置于电阻挡上，以免两根测棒被其他金属短接而使表内电池耗尽。

（4）用万用表测量电阻时，严禁在被测电阻带电的状态下测量。

（5）用万用表测量容量较大的电容时，应先将被测电容放电，保证测量安全。

1.2.5 绝缘电阻表

绝缘电阻表又称兆欧表，是用来检测电气设备、供电线路的绝缘电阻的一种可携式仪表。常用的绝缘电阻表有 500V、1000V、2500V 三种规格，根据电气设备和线路电压等级来选择绝缘电阻表的规格。一般的绝缘电阻表主要由手摇式发电机、比率型磁电系测量机构及测量电路等组成，其外形如图 1.31 所示。

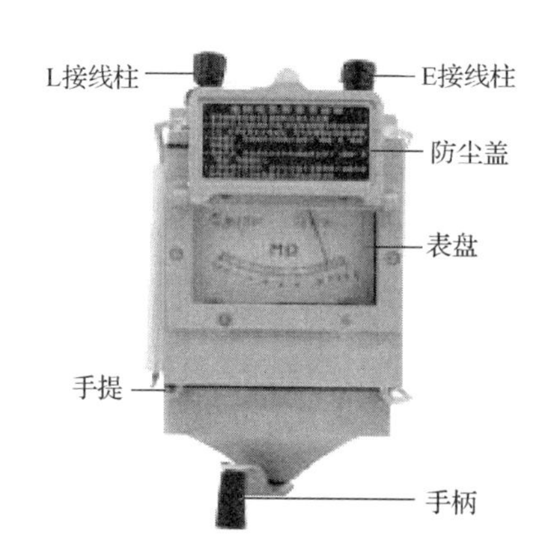

图 1.31　绝缘电阻表外形

对不同的测试对象，应选择不同电压等级的绝缘电阻表，绝缘电阻表的选用见表 1-1。

表 1-1　绝缘电阻表的选用

被测对象	被测设备或线路额定电压	选用的绝缘电阻表/V
线圈的绝缘电阻	500V 及以下	500
	500V 以上	1000
电动机绕组的绝缘电阻	500V 及以下	1000
	500V 以上	1000～2500
电气设备和线路的绝缘电阻	500V 及以下	500～1000
	500V 以上	2500～5000

绝缘电阻表的使用内容如下。

（1）在进行测量前，应先切断被测设备或线路的电源，并进行充分放电（需 2～3min），以保证设备及人身安全。

（2）被测设备表面应擦拭干净，以消除被测设备表面放电带来的误差。

（3）测量时绝缘电阻表要放在平稳的地方，摇动手柄时，要用另一只手扶住表，以防表身摆动而影响读数。

（4）测量前要对绝缘电阻表做开路和短路试验，检查仪表的功能是否正常。做开路试验时，将绝缘电阻表的 L、E 接线柱隔开（开路），用右手摇动手柄，摇动手柄的转速一般为 120r/min，正常时表的指针指向“∞”处说明开路试验合格。然后把表的 L、E 接线柱合在一起（短路），缓慢摇动手柄，正常时绝缘电阻表指针应指向“0”处，如果摇几下，指针便指零，要马上停止摇动手柄，此时表明短路试验合格，如果再继续摇下去，会损坏仪表。如果上面两个试验不合格，则说明绝缘电阻表异常，需修理好之后再使用。

（5）摇动手柄时要先慢后渐快，控制在（120±24）r/min 的转速，当指针指示稳定时，切忌摇动的速度忽快忽慢，以免指针摆动。一般摇动 1min 时作为读数标准。

（6）测量时，绝缘电阻表的接地端“E”接于被测设备的接地端，火线端“L”接于被测设备的高压端，摇动手柄至额定转速，待指针稳定后，读取绝缘电阻表的数值。测量完毕后，在手柄未完全停止转动及被测设备没有放电之前，切不可用手触及被测设备的测量部分及拆线，以免触电。

（7）测量完毕后，应先将连线端从被测设备移开，再停止摇动手柄。测量后要将被测设备对地充分放电。

（8）测量电容器及较长电缆等设备的绝缘电阻时，一旦测量完毕，应立即将“L”端的连线断开，以免绝缘电阻表向被测设备放电而损坏被测设备。

1.2.6 接地电阻测量仪

接地电阻测量仪用于测量电力系统、电气设备中的各种接地装置的电阻值，一般有指针式和数字式两种类型，常见的 ZC 型接地电阻测量仪就是指针式仪表，借助倍率开关，可得到三个不同的量限（0～2Ω，0～20Ω，0～200Ω）。其外形如图 1.32 所示。

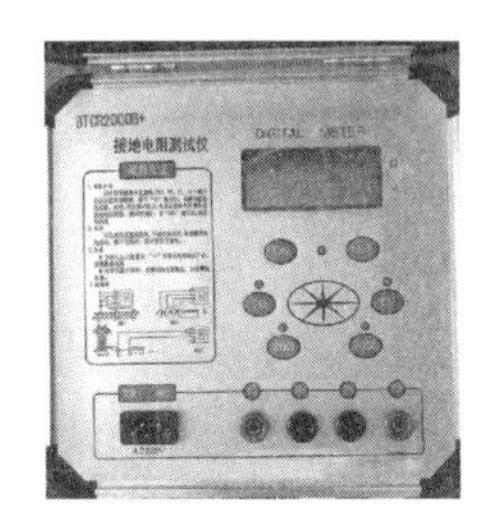

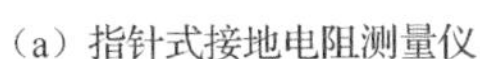

（a）指针式接地电阻测量仪　　（b）数字式接地电阻测量仪

图 1.32　接地电阻测量仪外形

接地电阻测量仪的使用内容如下。

（1）将两个接地探针沿接地体辐射方向分别插入距接地体 20m、40m 的地下，插入深度为 400mm。将接地电阻测量仪平放于接地体附近，并进行接线。用最短的专用导线（一般为黑色）将接地体与三端钮测量仪的接线端“E”或四端钮测量仪的接线端“C_2、P_2”短接后的公共端相连。用最长的专用导线将距接地体 40m 的接地探针（电流探针，一般为红色）与测量仪的接线端“C(C_1)”相连。用余下的长度居中的专用导线将距接地体 20m 的接地探针（电位探针，一般为黄色）与测量仪的接线端“P(P_1)”相连。测试结果是用接地电阻测量仪的“倍率标度×测量标度盘的读数”来表示的。其测试电路如图 1.33 所示。

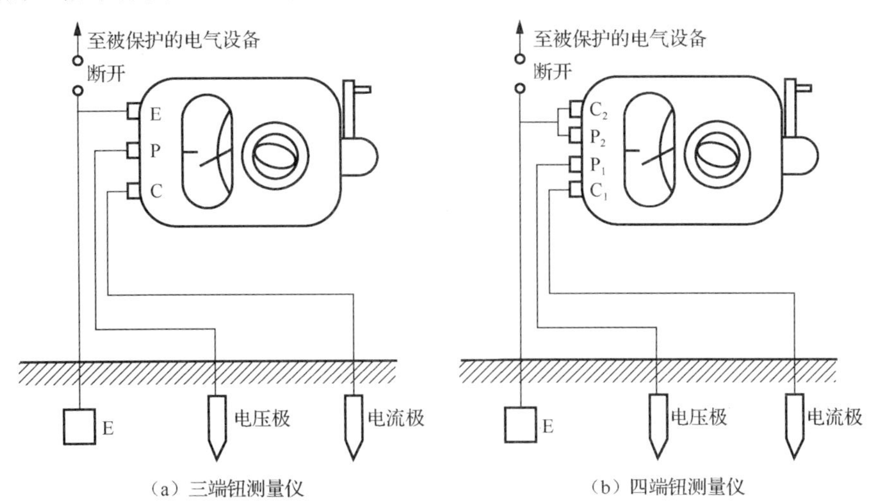

（a）三端钮测量仪　　（b）四端钮测量仪

图 1.33　接地电阻测量仪测试电路

（2）存放时，应注意环境温度、湿度，放在干燥通风的地方，避免受潮，并防止酸碱及腐蚀性气体。

（3）测量保护接地电阻时，一定要断开电气设备与电源的连接，禁止在有雷电或被测物带电时进行测量。

（4）为避免测试误差，将探针改变不同地点，重复测试 3～5 次，计算出平均值作为测试最终结果。

1.2.7 电能表

电能表又称电度表，是用来测量电路消耗电能多少的仪表。常用家用电能表种类很多，按用途可分为有功电能表和无功电能表，按结构可分为单相电能表和三相电能表，按工作原理可分为感应式电能表、电子式电能表和机电一体式（混合式）电能表等。常见电能表外形如图 1.34 所示。

（a）单相感应式有功电能表

（b）单相电子式有功电能表

（c）三相有功电能表

（d）三相无功电能表

图 1.34　常见电能表外形

电能表的使用内容如下。

（1）应根据线路性质合理选择电能表的类型。

（2）应根据负载电压、电流选择电能表的额定电压、电流，必须使负载电压、电流等于或小于其额定电压、电流。

（3）电能表通常与配电装置安装在一起，一般安装在配电装置的下方，必须使表身与地面垂直，否则会影响其准确度。其中心距地面 1.5～1.8m，并列安装多只电能表时，两表间距不得小于 200mm，不同电价的用电线路应该分别装表，同一电价的用电线路应该合并装表。要根据说明书的要求和接线图把进线和出线依次对号接在电能表的出线头上。接线完毕后，要反复查对无误后才能合闸使用。有功电能表的接线图如图 1.35 所示。

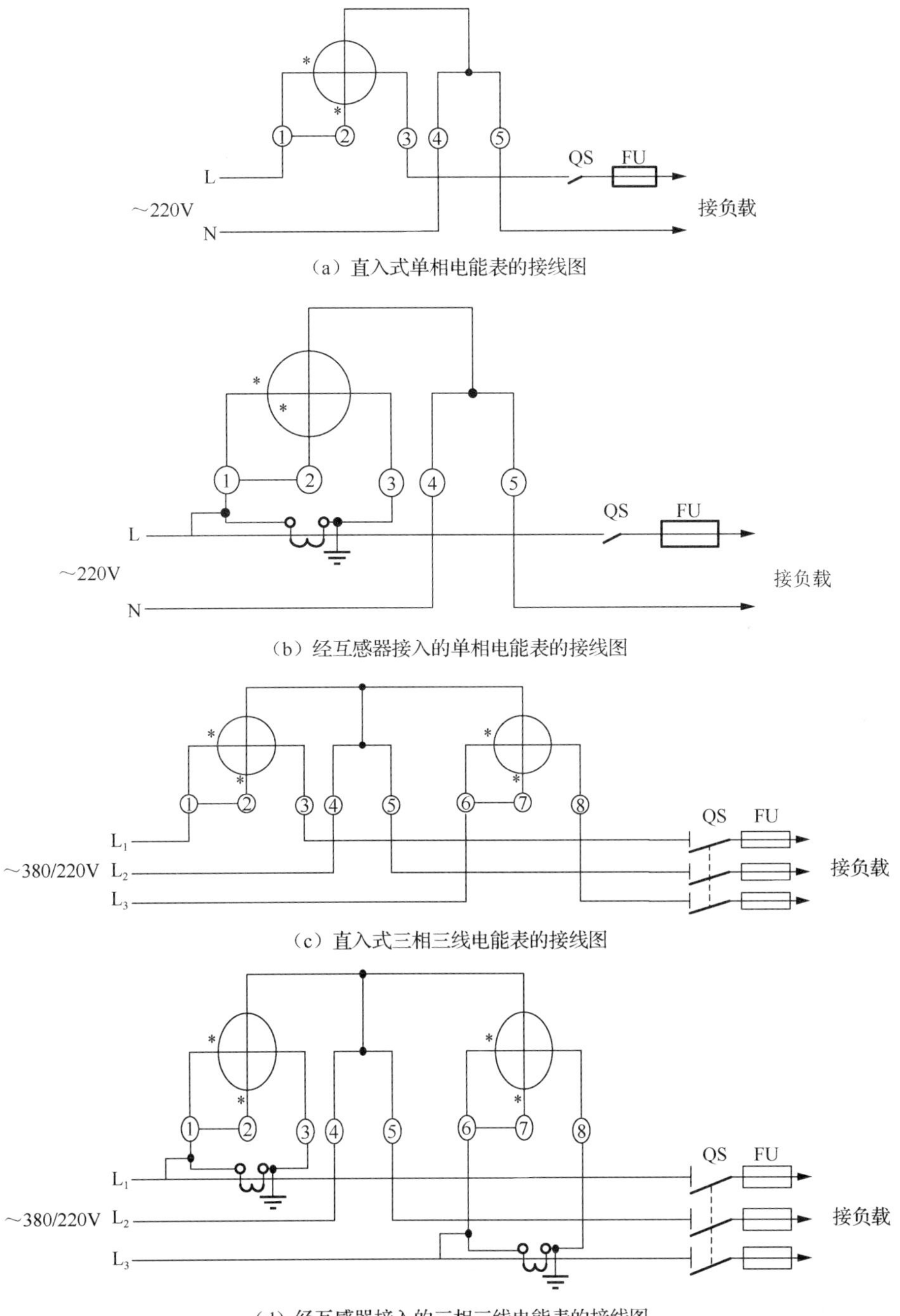

（a）直入式单相电能表的接线图

（b）经互感器接入的单相电能表的接线图

（c）直入式三相三线电能表的接线图

（d）经互感器接入的三相三线电能表的接线图

图 1.35　有功电能表的接线图

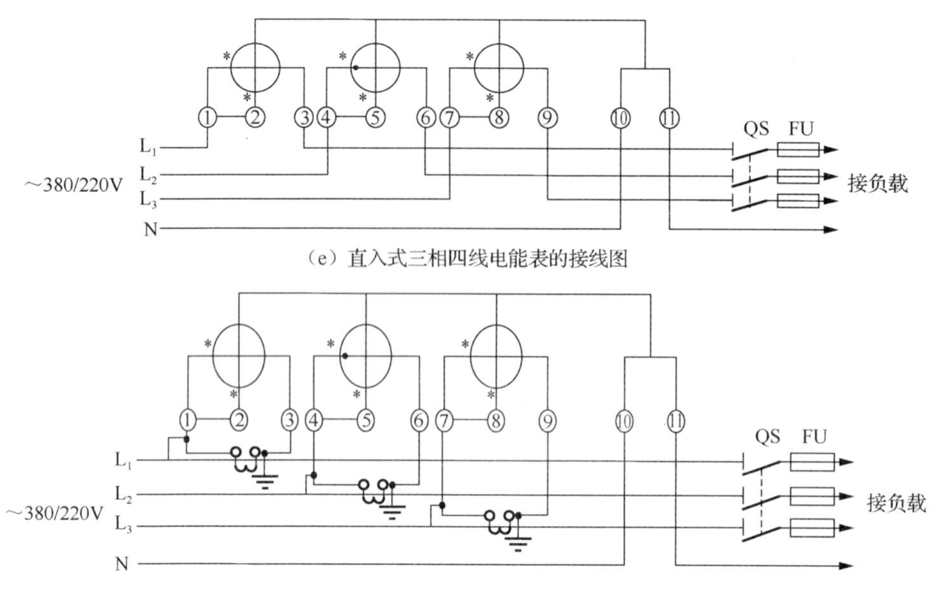

（e）直入式三相四线电能表的接线图

（f）经互感器接入的三相四线电能表的接线图

图 1.35　有功电能表的接线图（续）

任务 1.3　导线线头绝缘层的剖削和连接

1.3.1 导线线头绝缘层的剖削

1. *塑料硬线线头绝缘层的剖削*

塑料硬线如图 1.36 所示，它的线头绝缘层剖削有两种方式。

1）用钢丝钳剖削塑料硬线线头绝缘层

线芯截面积在 $4mm^2$ 及以下的塑料硬线，一般可用钢丝钳剖削，如图 1.37 所示。

操作步骤如下。

（1）在线头所需长度交界处，用钢丝钳刀口轻轻切破绝缘层表皮。

（2）左手拉紧导线，右手适当用力捏住钢丝钳头部，向外用力勒去绝缘层。在勒去绝缘层时，不可在钳口处加剪切力，这样会伤及芯线，甚至将导线剪断。

2）用电工刀剖削塑料硬线线头绝缘层

对于截面积大于 $4mm^2$ 的塑料硬线，直接用钢丝钳剖削较为困难，可用电工刀剖削，如图 1.38 所示。

图 1.36　塑料硬线

图 1.37　用钢丝钳剖削塑料硬线线头绝缘层

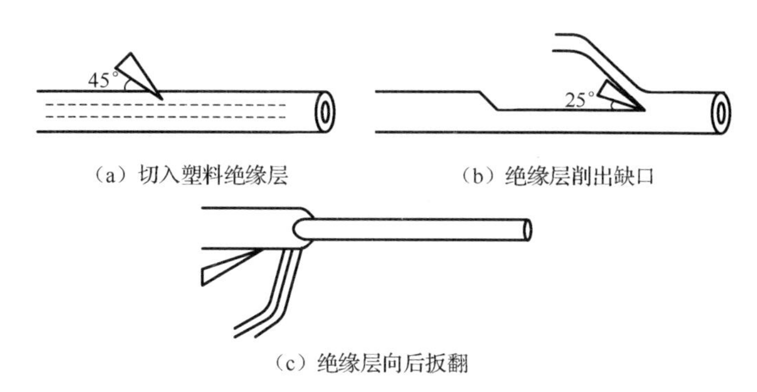

（a）切入塑料绝缘层

（b）绝缘层削出缺口

（c）绝缘层向后扳翻

图 1.38　用电工刀剖削塑料硬线线头绝缘层

操作步骤如下。

（1）根据线头所需长度，用电工刀刀口对导线呈 45° 切入塑料绝缘层，注意掌握刀口刚好削透绝缘层而不伤及芯线，如图 1.38（a）所示。

（2）调整刀口与导线之间的角度为 25° 向前推进，将绝缘层削出一个缺口，如图 1.38（b）所示。

（3）将未削去的绝缘层向后扳翻，再用电工刀切齐，如图 1.38（c）所示。

2. 塑料软线线头绝缘层的剖削

塑料软线如图 1.39 所示，其绝缘层的剖削除用剥线钳外，也可用钢丝钳直接剖削。方法与用钢丝钳剖削塑料硬线线头绝缘层相同。

图 1.39　塑料软线

3. 塑料护套线线头绝缘层的剖削

塑料护套线如图 1.40 所示，塑料护套线只允许进行导线端部的连接，不允许进行中间连接。其绝缘层分为外层的公共护套层和内部芯线的绝缘层。公共护套层通常都采用电工刀进行剖削。

操作步骤如下。

（1）先按线头所需长度，将刀尖对准两股芯线的中缝划开护套层，如图 1.41（a）所示。

（2）将护套层向后扳翻，用电工刀齐根切去，如图 1.41（b）所示。

（3）用钢丝钳或电工刀剖削每根芯线的绝缘层，切口应离护套层 5～10mm。

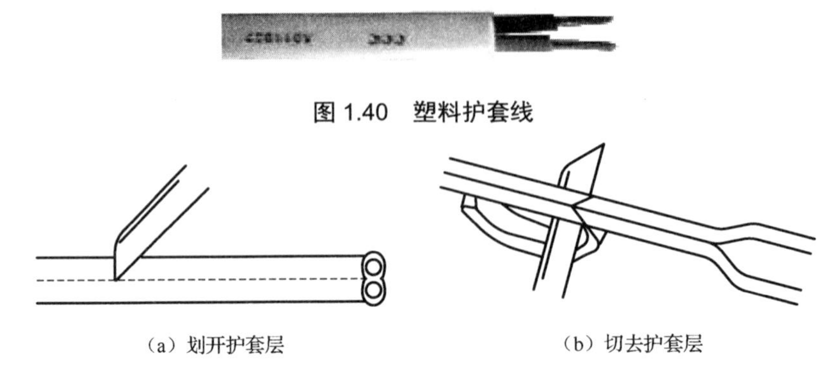

图 1.40　塑料护套线

（a）划开护套层　　（b）切去护套层

图 1.41　用电工刀剖削塑料护套线线头绝缘层

4. 花线线头绝缘层的剖削

花线是由许多根铜质细芯线合为一股，用绝缘材料套起来后，再将两股或三股拧在一起，外面多包有彩色花纹的绝缘层的软线，其外形如图 1.42 所示。花线多用来作为各种家用电热器具的电源引线。

图 1.42　花线外形

操作步骤如下。

（1）根据所需剖削长度，用电工刀在导线的织物保护层切割一圈，并将其剥离。

（2）距织物保护层 10mm 处，用钢丝钳刀口切割橡皮绝缘层，如图 1.43（a）所示。注意不能损伤芯线，拉下橡皮绝缘层。

（3）将露出的棉纱层松散开，用电工刀割断，如图 1.43（b）所示。

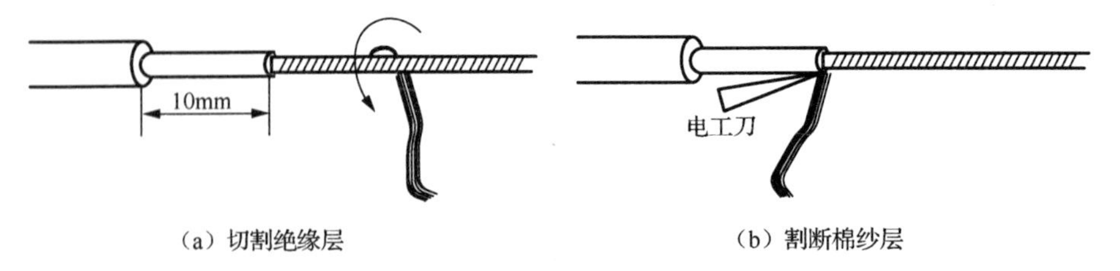

（a）切割绝缘层　　（b）割断棉纱层

图 1.43　用电工刀剖削花线线头绝缘层

5. 橡皮软线线头绝缘层的剖削

橡皮软线又称橡套软电缆，应用于电动机械、电工装置等电气设备，如图 1.44 所示，因为它的护套层呈圆形，所以不能按照塑料护套线的方法剖削线头。

图 1.44　橡皮软线

操作步骤如下。

（1）用电工刀从橡皮软线端头任意两个芯线缝隙中割破部分橡皮护套层。

（2）把已分成两半的橡皮护套层反向分拉，撕破护套层，当撕拉难以破开护套层时，再用电工刀补割，直到所需长度为止，如图 1.45（a）所示。

（3）扳翻已被割开的橡皮护套层，在根部分别切断。

（4）由于这种橡皮软线一般均作为电源引线，受外界的拉力作用较大，故在护套层内除有芯线外，还有 2～5 根加强麻线，这些麻线不应在橡皮护套层切去根部时剪去，应扣接加固。

（5）每根芯线的绝缘层按所需长度用塑料软线线头绝缘层的剖削方法进行剖削，如图 1.45（b）所示。

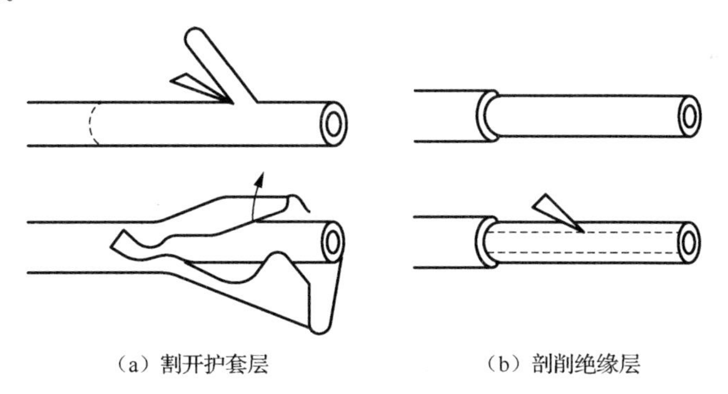

（a）割开护套层　　（b）剖削绝缘层

图 1.45　用电工刀剖削橡皮软线线头绝缘层

1.3.2 导线的连接

1. 导线连接的基本要求

（1）接触紧密，接头电阻小，稳定性好，与同长度、同截面积导线的电阻比应不大于 1 。

（2）接头的机械强度应不小于导线机械强度的 80%。

（3）接头的绝缘强度应与导线的绝缘强度一样。

2. 铜芯导线的连接

当导线不够长或要采用分接支路时，就将导线与导线进行连接。常见铜芯导线的线芯有单股、7 股和 19 股等多种，连接方法随芯线股数的不同而不同。

1）单股铜芯导线的直接连接（绞接）

单股铜芯导线的直接连接（绞接）方法如下。

（1）将除去绝缘层和氧化层的两根线头呈“×”形相交，互相绞合 2～3 圈，如图 1.46（a）、（b）所示。

（2）扳直两个线头的自由端，如图 1.46（c）所示。

（3）将每个线头围绕芯线紧密缠绕 6 圈，并用钢丝钳把余下的芯线切去，最后钳平芯线的末端，如图 1.46（d）、（e）所示。

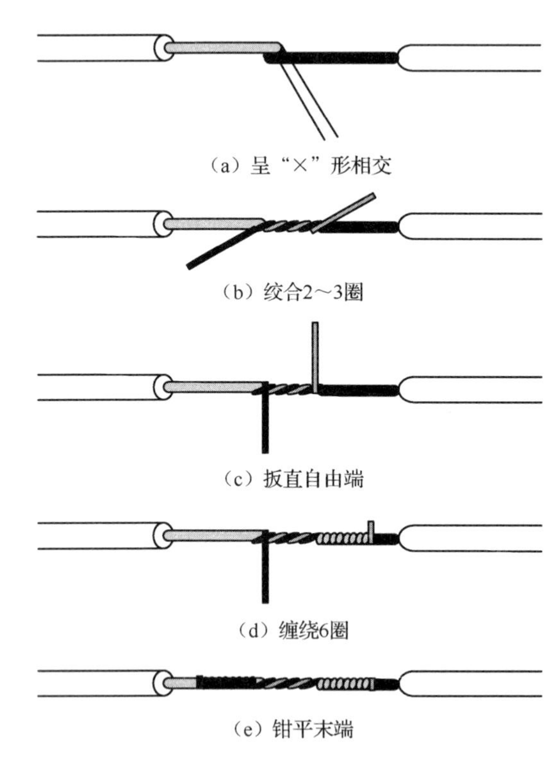

图 1.46　单股铜芯导线的直接连接（绞接）

2）单股铜芯导线的 T 字形分支连接

单股铜芯导线的 T 字形分支连接方法如下。

（1）将除去绝缘层和氧化层的线头与干路剖削处的芯线十字相交，注意在支路芯线根部留出 3～5mm 裸线，如图 1.47（a）所示。

（2）按顺时针方向将支路芯线在干路芯线上紧密缠绕 6～8 圈。剪去多余线头，修整好毛刺，如图 1.47（b）所示。

较小截面单股铜芯导线的 T 字形分支连接可按图 1.48 所示方法操作，在支路芯线根部留出 3～5mm 裸线，把支路芯线在干路芯线上缠绕成结状。然后把支路芯线线头抽紧并扳直，紧密缠绕在干路芯线上 6～8 圈，剪去多余线头，钳平切口毛刺。

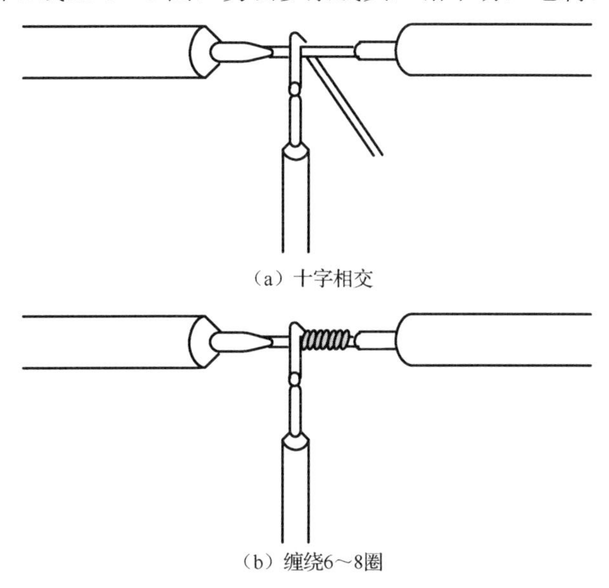

（a）十字相交

（b）缠绕6～8圈

图 1.47　单股铜芯导线的 T 字形分支连接

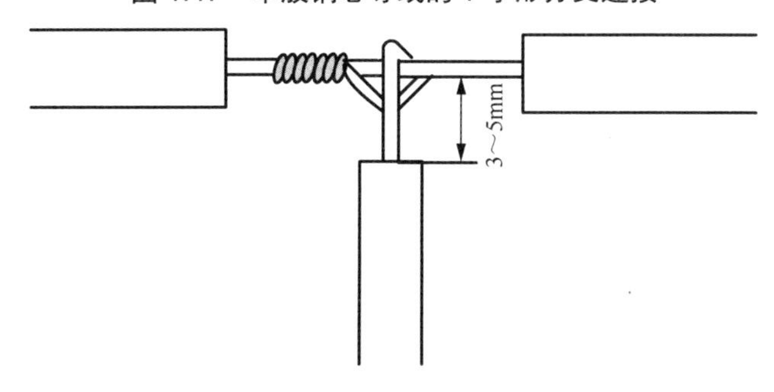

图 1.48　较小截面单股铜芯导线的 T 字形分支连接

3）单股铜芯导线与多股铜芯导线的 T 字形分支连接

单股铜芯导线与多股铜芯导线的 T 字形分支连接方法如下。

（1）按单股铜芯导线芯线直径约 20 倍的长度剖削多股铜芯导线端的绝缘层，并在离多股铜芯导线的左端绝缘层切口 3～5cm 处的芯线上，用螺丝刀把多股铜芯导线分成均匀的两组，如图 1.49（a）所示。

（2）按多股铜芯导线的单根铜芯导线芯线直径约 100 倍的长度剖削单股铜芯导线端的绝缘层，并勒直芯线，把单股铜芯导线插入多股铜芯导线的两组芯线中间，但单股铜芯导线不可插到底，应使绝缘层切口离多股铜芯导线 5mm 左右，如图 1.49（b）所示。

（3）用钢丝钳把多股铜芯导线的插缝钳平钳紧，并把单股铜芯导线按顺时针方向紧密缠绕在多股铜芯导线上，务必要使每圈直径垂直于多股铜芯导线的内轴心，并应圈圈紧挨密排，绕足 10 圈，钳断余端，钳平切口毛刺，如图 1.49（c）所示。

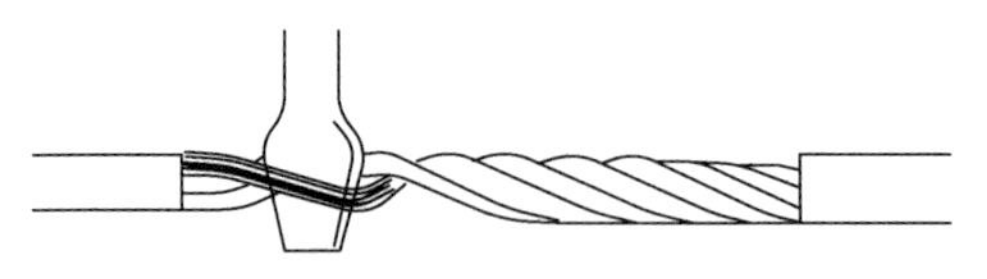

（a）用螺丝刀把多股铜芯导线分成两组

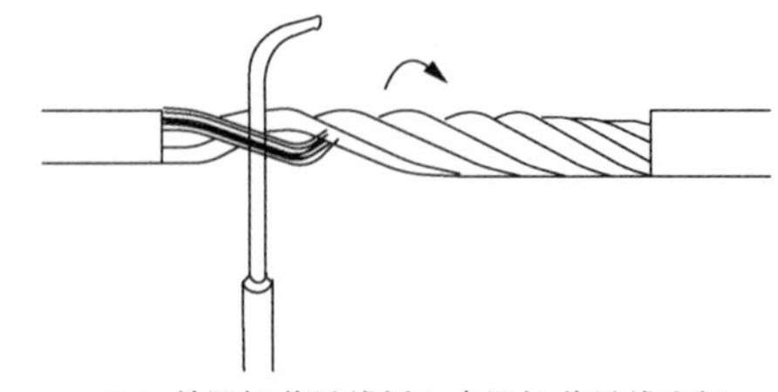

（b）单股铜芯导线插入多股铜芯导线中间

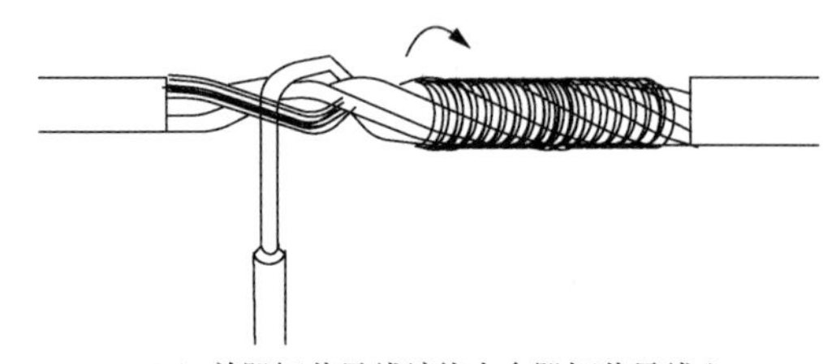

（c）单股铜芯导线缠绕在多股铜芯导线上

图 1.49　单股铜芯导线与多股铜芯导线的 T 字形分支连接

4）7 股铜芯导线的直接连接

7 股铜芯导线的直接连接方法如下。

（1）先将剖去绝缘层的芯线头散开并拉直，然后把靠近绝缘层约 1/3 线段的芯线绞紧，接着把余下 2/3 线段的芯线分散成伞状，并将每根芯线拉直，如图 1.50（a）所示。

（2）把两个伞状芯线隔根对叉，并将两端芯线拉平，如图 1.50（b）、（c）所示。

（3）把其中一端的 7 股芯线按 2 根、3 根分成三组，把第一组 2 根芯线扳起，垂直于芯线紧密缠绕，如图 1.50（d）所示。

（4）缠绕两圈后，把余下的芯线向右拉直，如图 1.50（e）所示，再把第二组的 2 根芯线扳直，与第一组芯线的方向一致，压着前 2 根拉直的芯线紧密缠绕，如图 1.50（f）所示。

（5）缠绕两圈后，也将余下的芯线向右拉直，把第三组的 3 根芯线扳直，与前两组芯线的方向一致，压着前 4 根拉直的芯线紧密缠绕，如图 1.50（g）所示。

（6）缠绕三圈后，切去每组多余的芯线，钳平线端，如图 1.50（h）所示。

（7）用同样方法向相反的缠绕方向缠绕另一端芯线即可。

5）7 股铜芯导线的 T 字形分支连接

7 股铜芯导线的 T 字形分支连接方法如下。

（1）把分支芯线散开并钳直，接着把离绝缘层最近的 1/8 处线段的芯线绞紧，把支线线头 7/8 处线段的芯线分成两组，一组 4 根，另一组 3 根，并排齐，如图 1.51（a）所示。然后用螺丝刀把干路芯线撬分两组，再把支线中 4 根芯线的一组插入干路芯线两组芯线中间，而把 3 根芯线的一组放在干路芯线的前面，如图 1.51（b）所示。

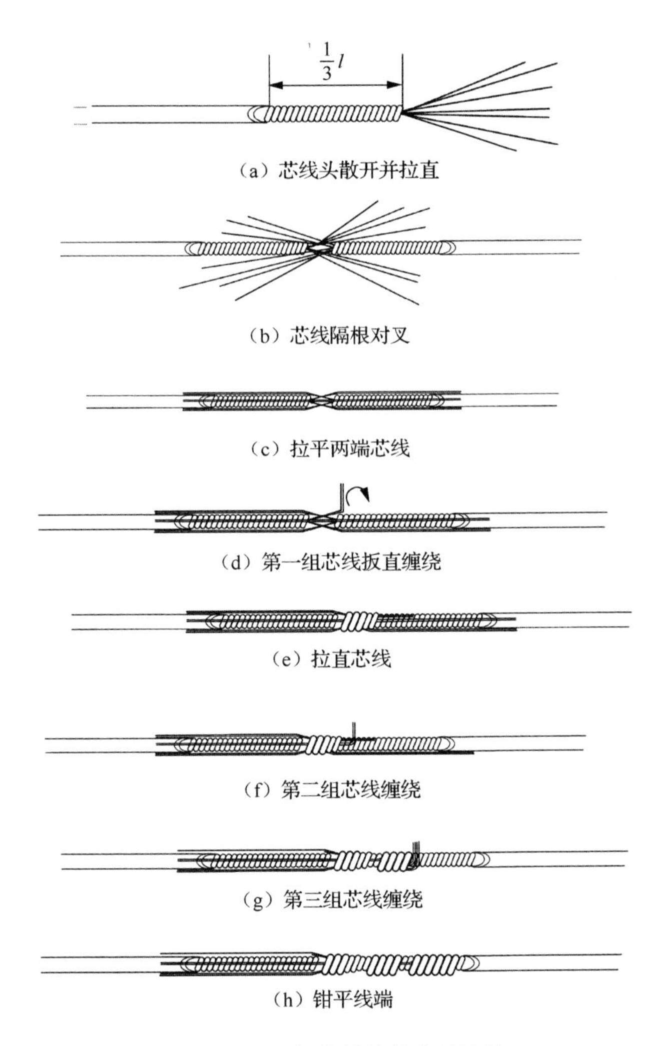

（a）芯线头散开并拉直

（b）芯线隔根对叉

（c）拉平两端芯线

（d）第一组芯线扳直缠绕

（e）拉直芯线

（f）第二组芯线缠绕

（g）第三组芯线缠绕

（h）钳平线端

图 1.50　7 股铜芯导线的直接连接

（2）把右边 3 根芯线的一组在干路芯线上按顺时针方向紧紧缠绕 4～5 圈，钳平线端，如图 1.51（c）所示。再把左边 4 根芯线的一组在干路芯线上按逆时针方向缠绕 4～5 圈，如图 1.51（d）所示，钳平线端。

6）19 股铜芯导线的直接连接

19 股铜芯导线的直接连接方法与 7 股铜芯导线基本相同。连接后，在连接处还需进行钎焊，以增加其机械强度，并改善导电性能。

7）19 股铜芯导线的 T 字形分支连接

19 股铜芯导线的 T 字形分支连接方法与 7 股铜芯导线基本相同。只是将支线的芯线分成 9 根和 10 根，并将 10 根芯线插入干路芯线中，各向左右缠绕。

8）瓷接头的连接

这种方法适用于截面积为 4mm^2 及以下的导线，如图 1.52 所示。

（1）把削去绝缘层的铝芯线头用钢丝刷刷去表面的氧化膜，并涂上中性凡士林，如图 1.52（a）所示。

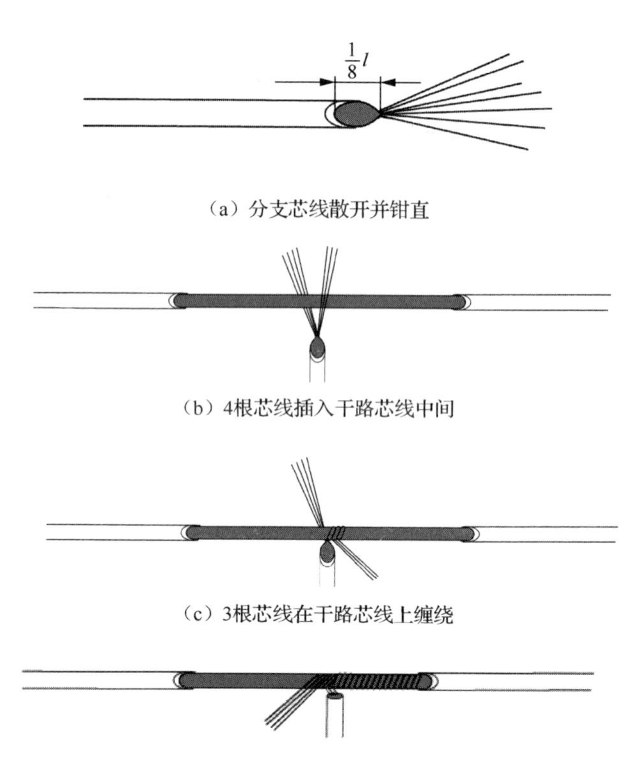

（a）分支芯线散开并钳直

（b）4根芯线插入干路芯线中间

（c）3根芯线在干路芯线上缠绕

（d）4根芯线在干路芯线上缠绕

图 1.51　7 股铜芯导线的 T 字形分支连接

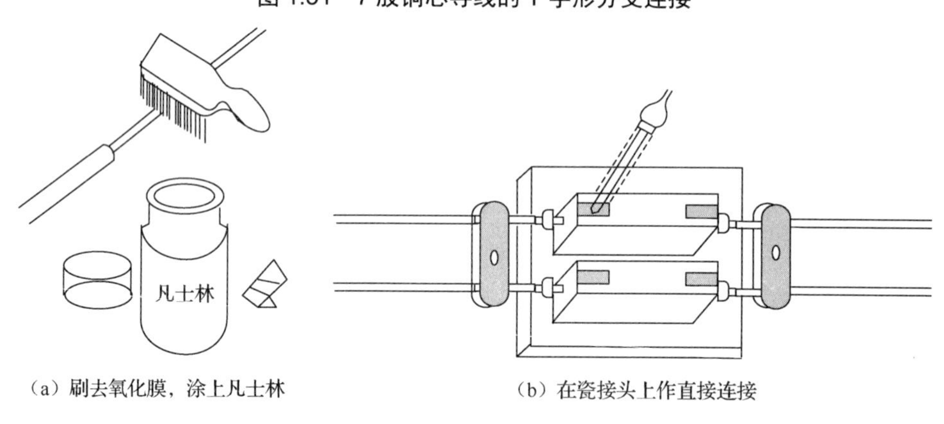

（a）刷去氧化膜，涂上凡士林　　（b）在瓷接头上作直接连接

图 1.52　瓷接头的连接

（2）作直接连接时，先把每根铝芯导线在接近线端处卷上 2～3 圈，以备线头断裂后再次连接用，然后把四个线头两两对插，插入两只瓷接头（又称为接线桥）的四个接线柱上，然后旋紧螺钉，如图 1.52（b）所示。

（3）若要作分支连接，则要把支线的两个芯线头分别插入两只瓷接头的两个接线柱上，然后旋紧螺钉即可。

（4）最后在瓷接头上加罩铁皮盒盖或木盒盖。

如果连接处在插座或熔断器附近，则不必用瓷接头，可用插座或熔断器上的接线端子进行过渡连接。

3. 铝芯导线的连接

由于铝极易氧化，且氧化膜的电阻率极高，因此铝芯导线不宜采用铜芯导线的方法进行连接，否则容易发生事故。铝芯导线的连接方法如下。

1）螺钉压接法连接

螺钉压接法连接适用于小负荷的单股铝芯导线的连接，在线路上可通过开关、灯头和瓷接头上的接线端子螺钉进行连接。连接前用钢丝刷刷去铝芯线头表面的氧化膜，并涂上中性凡士林，然后方可进行螺钉压接。若是两个或两个以上线头共同接在一个接线端子上时，则应先把几个接头拧成一体，然后压接。

2）压接管压接法连接

压接管压接法连接适用于负荷较大的多根铝芯导线的连接。选用适合导线规格的压接管，清除掉压接管内孔和线头表面的氧化膜，并涂上中性凡士林，按图 1.53（a）所示的方法和要求，把两个线头插入压接管内，并使线端穿出压接管 25～30mm，用压接钳进行压接。若是钢芯铝绞线，则两线之间应衬垫一条铝质垫片，如图 1.53（b）所示。

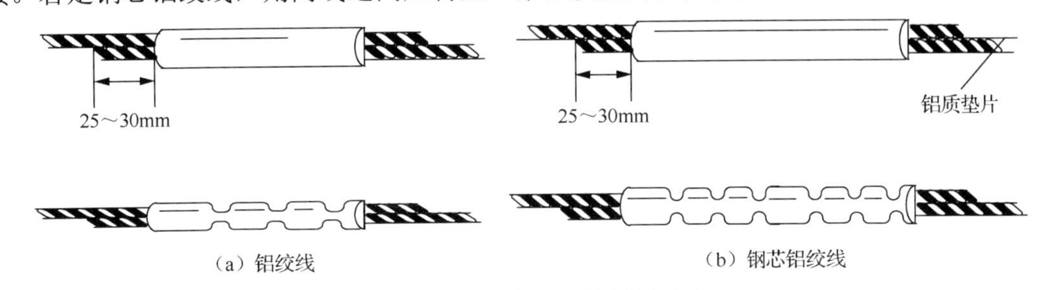

图 1.53　压接管和导线插入要求

3）沟线夹螺钉压接的分支连接

沟线夹螺钉压接的分支连接适用于架空线路的分支连接。对导线截面积在 75mm^2 及以下的，用一副小型沟线夹把分支线头末端与干线进行绑扎，如图 1.54 所示。对导线截面积在 75mm^2 以上的，需用两副大型沟线夹把分支线头末端与干线进行绑扎。

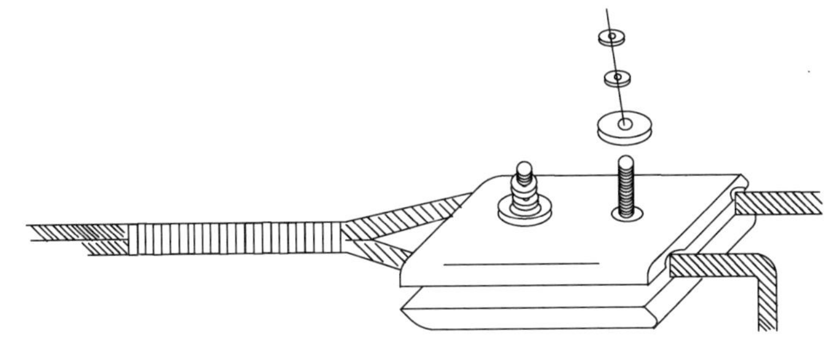

图 1.54　小型沟线夹的安装方法

4）线头和接线端子的连接

各种电气设备、电气装置和电器用具均设有供连接导线用的接线端子，常用的接线端子有针孔式（又称柱型）接线端子和螺钉平压式（又称螺钉型）接线端子两种。

（1）线头和接线端子连接时的基本要求如下。

① 应将多股导线的线头绞紧，再与接线端子连接。

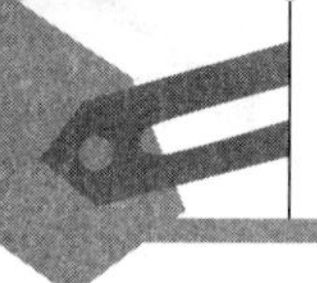

② 需分清相位的接线端子，必须先分清导线相序，然后方可连接。单相电路必须分清相线和中性线，并应按电气装置的要求进行连接（如安装照明电路时，相线必须与开关的接线端子连接）。

③ 小截面的铝芯导线与铝接线端子连接时，必须留有再剖削 2～3 次线头的保留长度，否则线头断裂后将无法再与接线端子相连。留出余量的导线盘成弹簧状，如图 1.55 所示。

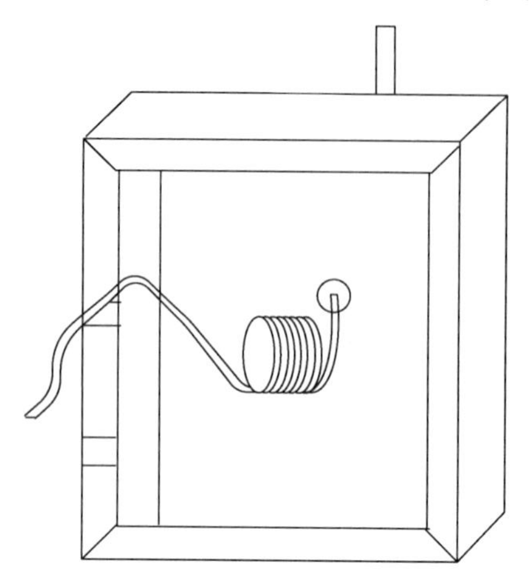

图 1.55　余量导线的处理方法

④ 小截面的铝芯导线与铝接线端子连接前，必须先清除氧化膜再涂上凡士林锌粉膏或中性凡士林。大截面的铝芯导线与铜接线端子连接时，应采用铜铝过渡接头。

⑤ 导线绝缘层与接线端子之间，应保持适当距离，绝缘层既不可贴着接线端子，也不可离接线端子太远，使芯线裸露得太长。

⑥ 软线线头与接线端子连接时，不允许出现多股细芯线松散、断股和外露等现象。

⑦ 线头与接线端子必须连接平整、紧密和牢固可靠，使连接处的接触电阻减小到最低限度。

（2）线头与针孔式接线端子的连接方法如下。

这种接线端子是依靠置于孔顶部的压紧螺钉压住线头（线芯端）来完成电连接的。电流容量较小的接线端子，一般只有一个压紧螺钉；电流容量较大的或连接要求较高的，通常有两个压紧螺钉。连接时的操作要求和方法如下。

① 单股导线线头的连接方法。通常情况下，只将芯线插入孔内，如芯线较细则可将线头的芯线折成双股并列后插入孔内，并应使压紧螺钉顶在双股芯线的中间，如图 1.56 所示。

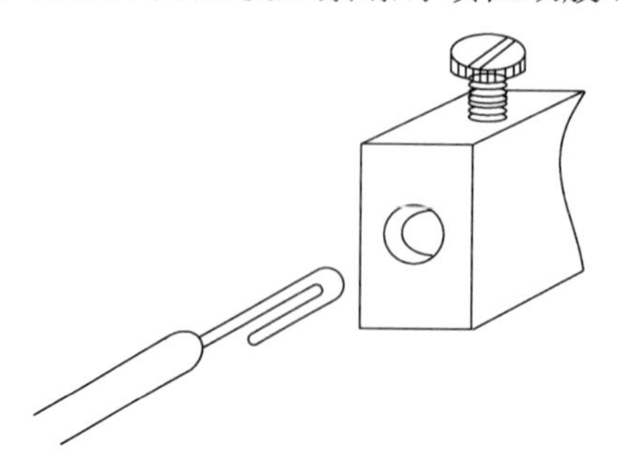

图 1.56　单股导线线头与针孔式接线端子的连接方法

② 多股导线线头的连接方法。连接时，必须把多股导线的芯线按原拧绞方向用钢丝钳进一步绞缠紧密，要保证多股导线的芯线受压紧螺钉顶压时不松散。由于多股导线的芯线载流量较大，孔上部往往有两个压紧螺钉，连接时应先拧紧第一个近端口的压紧螺钉，后拧第二个，然后加拧第一个及第二个，要反复加拧两次。在连接时，芯线直径与孔径的匹配一般应比较对称，尽量避免出现孔过大或过小的现象。三种情况下的工艺处理方法如下。

a. 在芯线直径与孔径大小较匹配时，在一般用电场所，把芯线进一步绞紧后装入孔中即可，如图 1.57（a）所示。

b. 在孔径过大时，可用一根单股芯线在已做进一步绞紧后的芯线上紧密地排绕一层，如图 1.57（b）所示，然后进行连接。

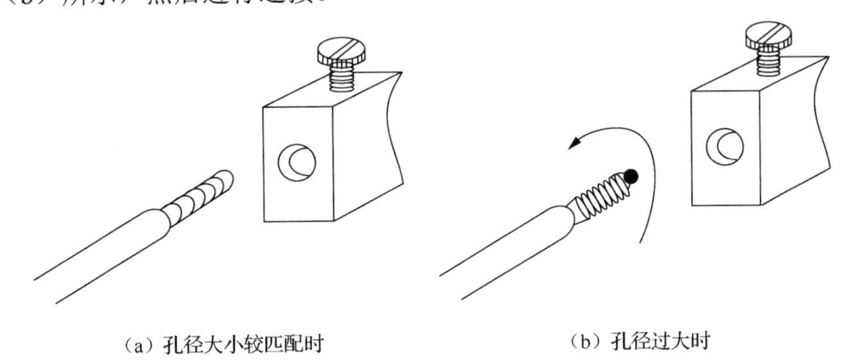

（a）孔径大小较匹配时　　（b）孔径过大时

图 1.57　多股导线线头与针孔式接线端子的连接方法

c. 在孔径过小时，可把多股导线处于中心部位的芯线剪去（7 股芯线剪去 1 股，19 股芯线剪去 1～7 股），然后重新绞紧，进行连接。

特别提示

不管是单股导线还是多股导线的线头，在插入孔时必须插到底。同时，导线绝缘层不得插入孔内。

（3）线头与螺钉平压式接线端子的连接方法如下。

这种接线端子是依靠开槽盘头螺钉的平面，并通过垫圈紧压导线芯线来完成电连接的。对于电流容量较小的单股导线，在连接前，应把芯线弯成压接圈（俗称“羊眼圈”）。对于电流容量较大的多股导线，在连接前，一般都应在线头上安装接线耳。但在电流容量不太大且芯线截面积不超过 $10mm^2$ 的 7 股导线连接时，也允许把芯线头弯成 7 股芯线的压接圈进行连接。各种连接的工艺要求和操作方法如下。

① 连接的工艺要求为，压接圈和接线耳必须压在垫圈下面，压接圈的弯曲方向必须与螺钉旋紧方向保持一致，导线绝缘层切不可压进垫圈内，螺钉必须旋得足够紧，但不得用弹簧垫圈来防止松动。连接时，应清除垫圈、压接圈和接线耳上的油污。

② 单股导线与螺钉平压式接线端子的连接方法。

在螺钉平压式接线端子接线时，要先用尖嘴钳把芯线弯成一个圆圈，套在螺钉上，芯线的弯曲方向和螺钉旋紧方向保持一致，再旋紧螺钉，压接圈的弯法如图 1.58 所示。

如果是多根细丝的软导线，则要把芯线绞紧后顺着螺钉旋紧方向绕螺钉一圈，再在线头的根部绕一圈，然后旋紧螺钉，剪去余下的芯线，如图 1.59 所示。

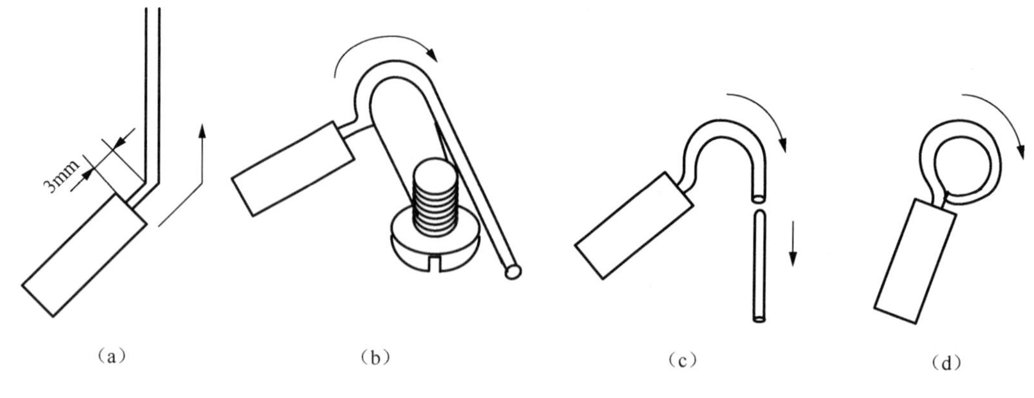

图 1.58 压接圈的弯法

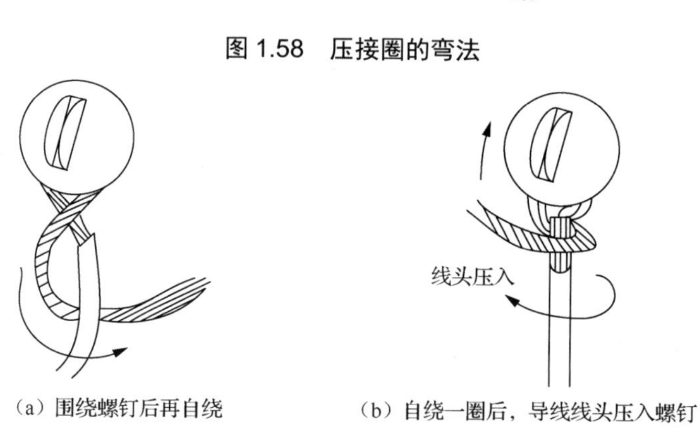

图 1.59 软导线线头与螺钉平压式接线端子的连接方法

连接时要注意芯线不可太长或太短，弯的圆圈不可太大或不圆，芯线根部不能太长或太短，圆圈弯曲方向不可反向，芯线旋紧时不可露出细丝。

③ 7 股导线压接圈的弯法如下。

a. 把距离绝缘层根部约 1/2 处线段的芯线重新绞紧，越紧越好，如图 1.60（a）所示。

b. 把重新绞紧部分芯线，在 1/3 处向左外折角约 45°，然后开始弯曲成圆弧状，如图 1.60（b）所示。

c. 当圆弧弯曲将成圆圈（剩下 1/4）时，应把余下的芯线一根根理直，并紧贴根部芯线，使之成圆，如图 1.60（c）所示。

d. 把弯成压接圈后的线端翻转 180°，然后将处于最外侧且邻近的两根芯线扳成直角，如图 1.60（d）所示。

e. 在离圈外约 5mm 处进行缠绕，缠绕方法与 7 股导线直接连接方法相同，如图 1.60（e）所示。

f. 缠绕后的压接圈如图 1.60（f）所示，并使压接圈及根部平整挺直。对于载流量较大的导线，应在弯成压接圈后再进行搪锡处理。

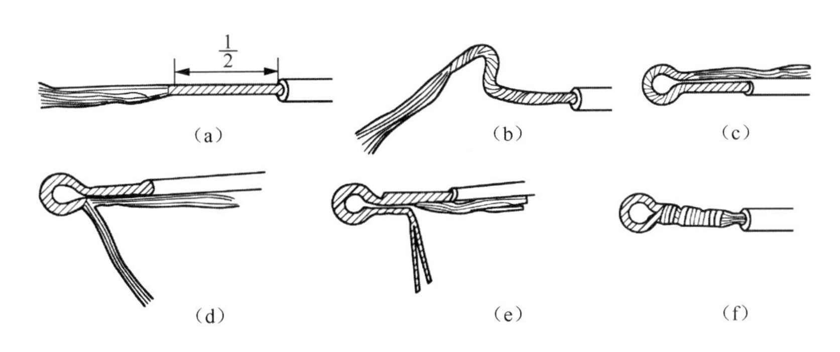

图 1.60　7 股导线压接圈的弯法

1.3.3 导线绝缘层的恢复

绝缘导线的绝缘层，因连接需要被剥离后，或遭到意外损伤后，均需恢复绝缘层，而且经恢复的绝缘性能不能低于原有的标准。在低压电路中，常用的恢复材料有黄蜡带、聚氯乙烯塑料带和黑胶布等多种。一般选择 20mm 宽的黄蜡带和黑胶布，包缠也较为方便。

1. 直接连接的导线绝缘层的恢复

直接连接的导线绝缘层的恢复，要先将黄蜡带从导线左边完整的绝缘层开始包缠，包缠两根带宽后方可进入无绝缘层的芯线部分，如图 1.61（a）所示。包缠时，黄蜡带与导线保持约 45° 的倾斜角，每圈压叠带宽的 1/2，如图 1.61（b）所示。

包缠一层黄蜡带后，将黑胶布放在黄蜡带的尾端，按另一斜叠方向包缠一层黑胶布，也要每圈压叠带宽的 1/2，如图 1.61（c）、（d）所示。

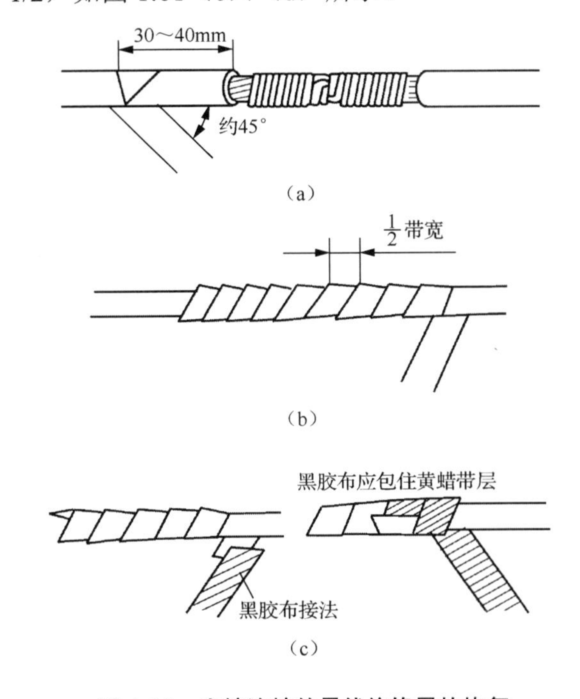

图 1.61　直接连接的导线绝缘层的恢复

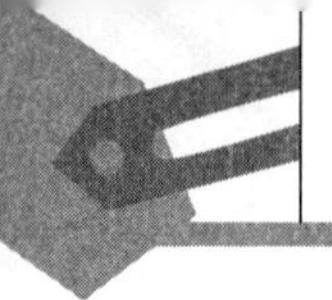

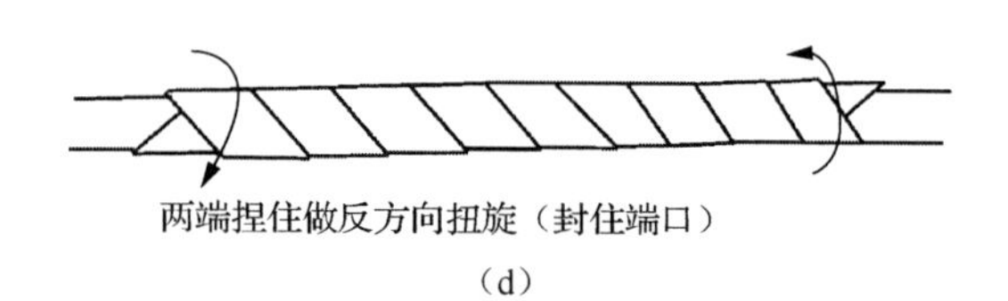

图 1.61　直接连接的导线绝缘层的恢复（续）

2. T 字形分支导线接头绝缘层的恢复

T 字形分支导线接头绝缘层的恢复基本方法同上，如图 1.62 所示，走一个 T 字形的来回，使每根导线上都包缠两层绝缘胶带，每根导线都应包缠到完好绝缘层的两倍带宽处。

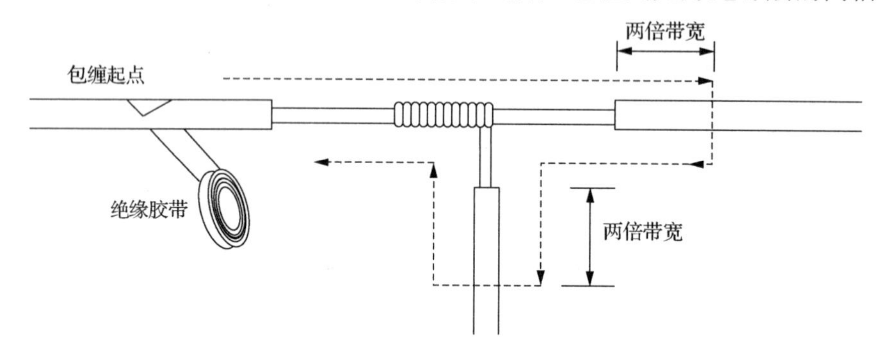

图 1.62　T 字形分支导线接头绝缘层的恢复

3. 十字形分支导线接头绝缘层的恢复

十字形分支导线接头进行绝缘层的恢复时，包缠方向如图 1.63 所示，走一个十字形的来回，使每根导线上都包缠两层绝缘胶带，每根导线也都应包缠到完好绝缘层的两倍带宽处。

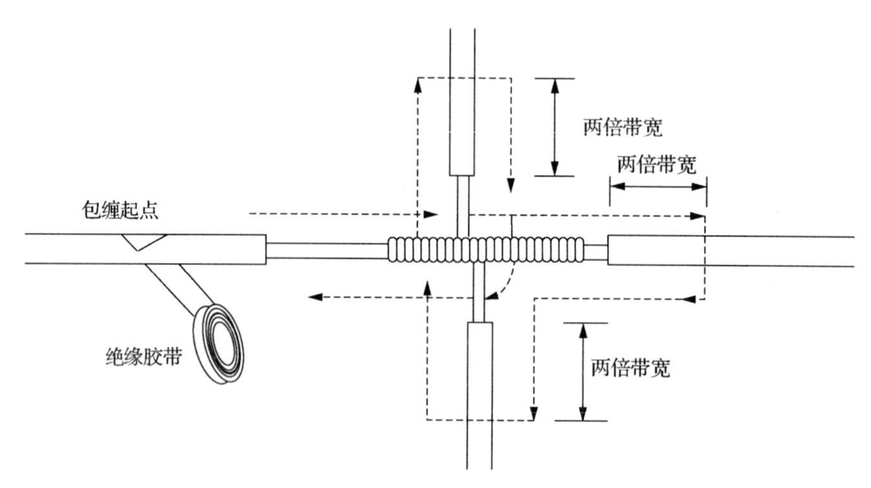

图 1.63　十字形分支导线接头绝缘层的恢复

4. 注意事项

（1）用在 380V 线路上的导线恢复绝缘层时，必须包缠 1～2 层黄蜡带，然后包缠一层黑胶布。

（2）用在 220V 线路上的导线恢复绝缘层时，可包缠 1～2 层黄蜡带，然后包缠一层黑胶布，也可只包缠两层黑胶布。

（3）绝缘胶带包缠时，不能过疏，更不允许露出芯线，以免造成触电或短路事故。

（4）绝缘胶带平时不可放在温度高的地方，也不可浸染油类。

综合实训一　单股和 7 股导线的连接

一、工具、仪器和器材

单股导线、7 股导线、绝缘胶带、电工工具。

二、工作程序及要求

（1）单股导线直接连接。

（2）单股导线 T 字形连接。

（3）7 股导线直接连接。

（4）正确使用电工仪表与工具。

三、评分标准

评分标准见表 1-2。

表 1-2　评分标准（一）

项目内容	配分	评分标准		得分
导线剖削	20	导线剖削方法不正确扣 5 分		
		导线损伤	刀伤：每根扣 5 分	
			钳伤：每根扣 5 分	
导线连接	60	导线缠绕方法不正确每处扣 10 分		
		导线缠绕不整齐每处扣 10 分		
		导线连接不紧、不平直、不圆每处扣 10 分		
绝缘层的恢复	10	绝缘胶带包缠不均匀每处扣 5 分		
		绝缘胶带包缠不紧密每处扣 5 分		
		绝缘胶带包缠有露出芯线部分每处扣 10 分		

续表

项目内容	配分	评分标准			得分
文明生产	10	每违反一次扣 10 分			
考核时间	40min	每超过 5min 扣 5 分，不足 5min 以 5min 计			
起始时间		结束时间		实际时间	
备注	除超时扣分外，各项内容的最高扣分不得超过配分数			成绩	

综合实训二　三相异步电动机绝缘电阻的测试

一、工具、仪器和器材

绝缘电阻表（2500V）、绝缘电阻表（1000V）、绝缘电阻表（500V）三块，计时表，验电器，标示牌，电工工具，额定电压 380V 三相异步电动机一台，测量用的绝缘线、接地线。

二、工作程序及要求

绝缘电阻表测量线路对地的绝缘电阻的接线图如图 1.64 所示，绝缘电阻表接线端 L 接线路的导线，接线端 E 接地。绝缘电阻表测量电动机绕组对地（外壳）的绝缘电阻的接线图如图 1.65 所示，绝缘电阻表接线端 L 与绕组接线端子连接，接线端 E 接电动机外壳，测量电动机或电气的相间绝缘电阻时，L 和 E 分别与两部分的接线端子相连。

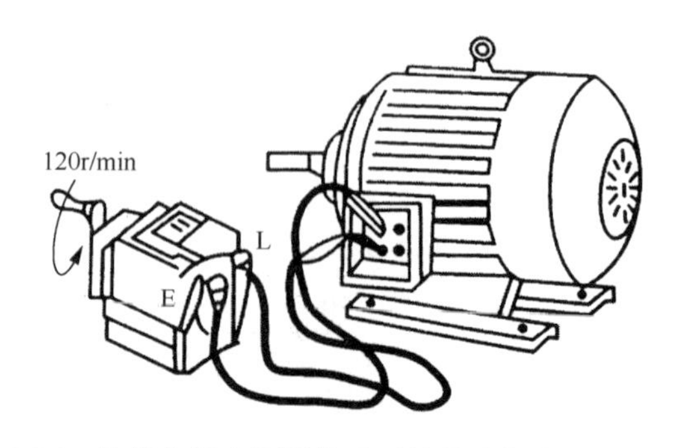

图 1.64　绝缘电阻表测量线路对地的绝缘电阻的接线图

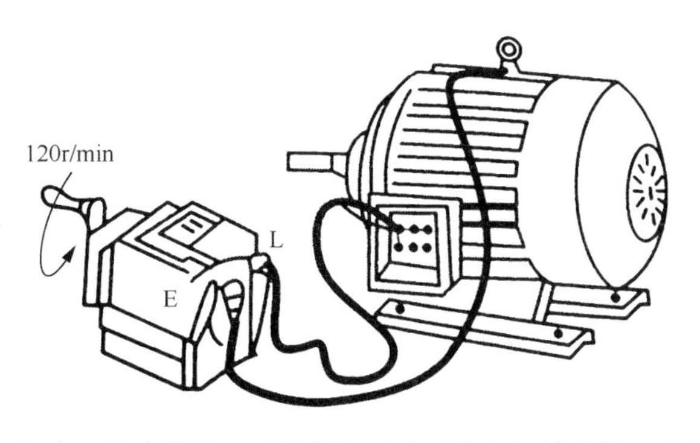

图 1.65　绝缘电阻表测量电动机绕组对地（外壳）的绝缘电阻的接线图

（1）打开电动机接线盒，松开端接片。

（2）按规定校对绝缘电阻表。绝缘电阻表在使用前，应首先把其放在水平位置上，将接线端 E、L 开路，以额定转速 120r/min 摇动手柄，观察指针是否在无穷大（∞）位置，然后将接线端 E、L 短路，慢慢摇动手柄，看指针是否指零，同时应检查绝缘电阻表指针有无卡阻现象。

（3）测试定子、转子绕组之间的绝缘电阻。将绝缘电阻表的接线端 E、L 分别接被测电动机的两个绕组，以 120r/min 的速度匀速摇动绝缘电阻表的手柄，待指针稳定后，读取读数并记录。用同样的方法测量其他绕组间的绝缘电阻。

（4）测试每相绕组对地的绝缘电阻。将绝缘电阻表的接线端 E 与电动机的接地端子相连，接线端 L 接任意相绕组的一端，摇动绝缘电阻表的手柄，读取读数并记录。

（5）将测量值与规定值进行比较，若小于规定值，必须对绕组进行干燥处理或检修处理。

三、评分标准

评分标准见表 1-3。

表 1-3　评分标准（二）

项目名称	配分	评分标准	得分
对电动机进行接地	5	未对被测电动机做接地安全措施扣 5 分	
安全	5	未做安全措施扣 5 分	
表计选择	10	绝缘电阻表电压范围选择错误扣 10 分	
检查表计	10	未对绝缘电阻表做开路和短路试验扣 10 分	
转动绝缘电阻表	10	未达到所要求的转速（120r/min）扣 5 分	
		摇速不稳定扣 5 分	
测量	20	未逐相测试扣 5 分	
		未做测试记录扣 5 分	
		测试其中一相时其他两相未做接地扣 5 分	
		不能正确读数扣 5 分	

续表

项目名称	配分	评分标准			得分
对测试相放电	20	绝缘电阻表未离开测试相就开始放电扣 10 分			
		摇测后未放电和接地扣 10 分			
收拾仪表、材料、清理现场	5	未收拾现场或不干净扣 5 分			
安全措施及工作结束	15	未撤遮栏扣 6 分			
		未向工作负责人汇报扣 8 分			
考核时间	20min	每超过 5min 扣 5 分，不足 5min 以 5min 计			
起始时间		结束时间		实际时间	
备注	除超时扣分外，各项内容的最高扣分不得超过配分数			成绩	

习　题

1．导线连接的基本要求是什么？
2．导线连接有哪些连接方法？
3．导线绝缘层恢复时，应注意的事项有哪些？
4．试列举五种常用电工工具，并说明其主要用途。
5．低压验电器使用中是如何区分电压高低、直流与交流电的？
6．按照被测量的性质，电工仪表常分为哪几种类型？
7．用数字式万用表测量电阻和交流、直流电时应注意哪些问题？
8．使用钳形电流表应注意哪些事项？
9．简述使用绝缘电阻表时的注意事项有哪些？
10．电能表和一般指示仪表的主要区别是什么？

工作任务 2
照明装置的安装与调试

思维导图

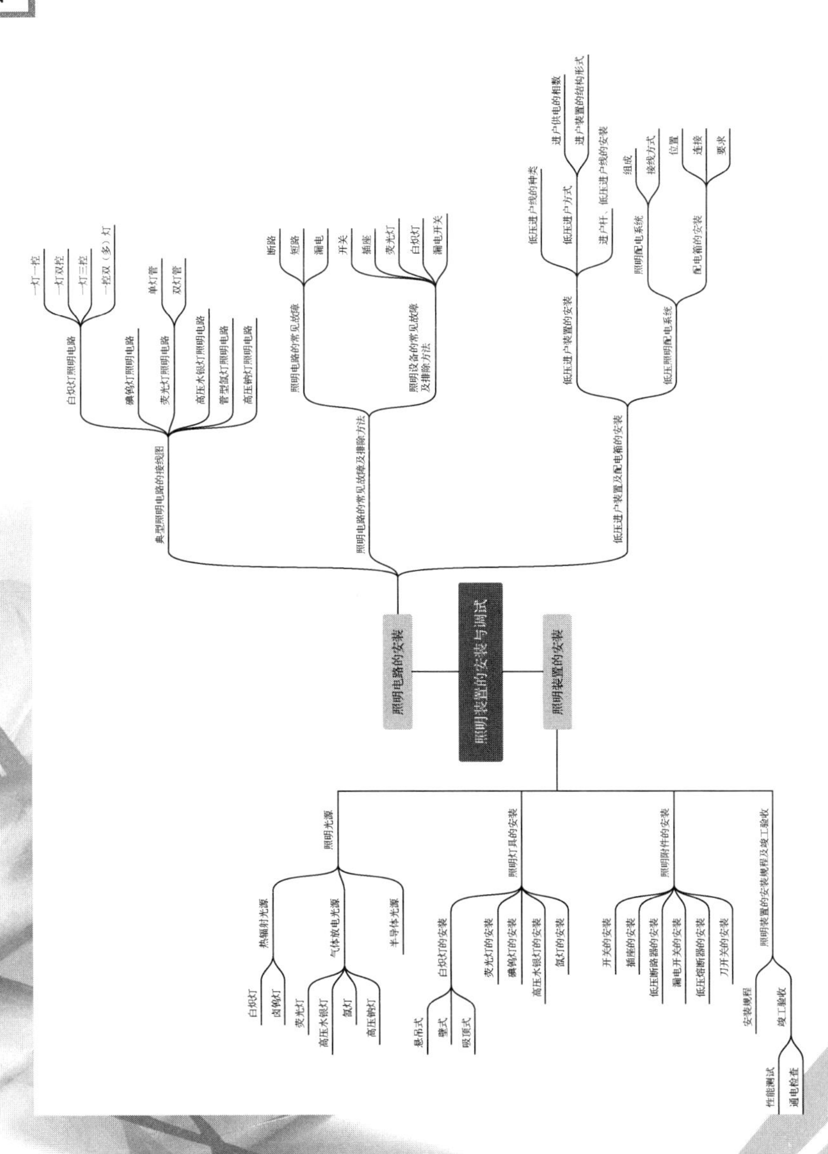

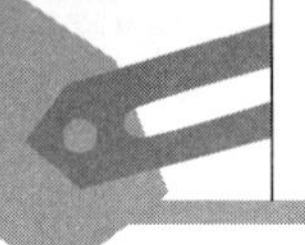

任务 2.1 照明装置的安装

2.1.1 照明光源

照明光源是指用于建筑物内外照明的人工光源。照明光源主要采用电光源（即将电能转换为光能的光源），一般分为热辐射光源、气体放电光源和半导体光源三大类。

1. 热辐射光源

热辐射光源也称白炽光源，是利用电能使材料加热到白炽程度而发光的光源，如白炽灯、卤钨灯等。

1）白炽灯

白炽灯是一种应用最为广泛的热辐射光源，是利用灯丝电阻的电流热效应使灯丝温度上升到白炽程度而发光的，其结构如图 2.1 所示。由于高温灯丝的升华，遇到温度低的玻璃泡壳又凝华了，在白炽灯玻璃泡壳内易产生沉积物而发黑，使其透光性能降低而影响发光效率，并且输入的电能大多转换为热能，因此白炽灯的发光效率较低，能耗较大，但其显色性能好，安装简便。其用于室内外照度要求不高且开关频繁的场合。

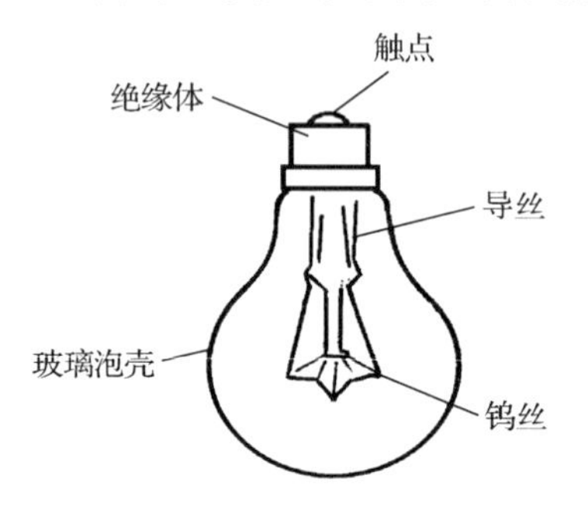

图 2.1 白炽灯结构

2）卤钨灯

卤钨灯（有碘钨灯和溴钨灯之分）在灯内充入微量的卤族元素，使蒸发的钨与卤素不断发生化学反应，从而弥补了普通白炽灯玻璃泡壳发黑的缺陷，碘钨灯结构如图 2.2 所示。管型卤钨灯的工作原理与白炽灯相似，也属于热辐射光源。碘钨灯在工作时温度很高，安装时要考虑散热，使用专用的灯架。其主要特点是发光强度大、光色好、辨色率高。卤钨灯灯管必须水平安装，倾斜度小于 4°，灯管表面温度高，可达 500～700℃，不耐振，适用于广场、体育场、游泳池、车间、仓库等照度要求高，照射距离远的场合。

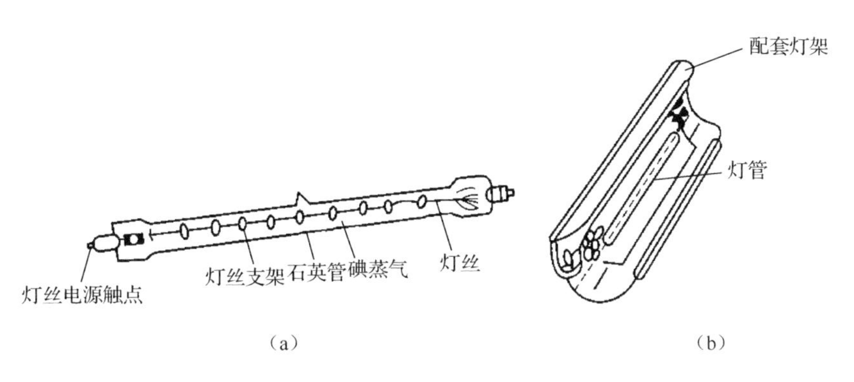

图 2.2　碘钨灯结构

2. 气体放电光源

气体放电光源是利用气体或蒸气放电而发光的光源，如荧光灯、高压水银灯、氙灯、高压钠灯等。

1）荧光灯

荧光灯（俗称“日光灯”）是目前使用最为广泛的气体放电光源，具有发光效率高、显色性能较好、表面亮度低等优点，其结构如图 2.3 所示。荧光灯的灯管是一个抽成真空后再充入一定量氩气和少量水银的玻璃管，在灯管两端各装有一个通电时能发射大量电子的灯丝，灯管内涂有荧光粉。当灯管的两个电极通电后便加热灯丝发射电子，电子在电场的作用下逐渐达到高速碰撞汞原子，使其产生紫外线。紫外线照射到管壁的荧光粉上，使其激发出可见光。荧光灯的发光效率比白炽灯约高四倍，使用寿命长。

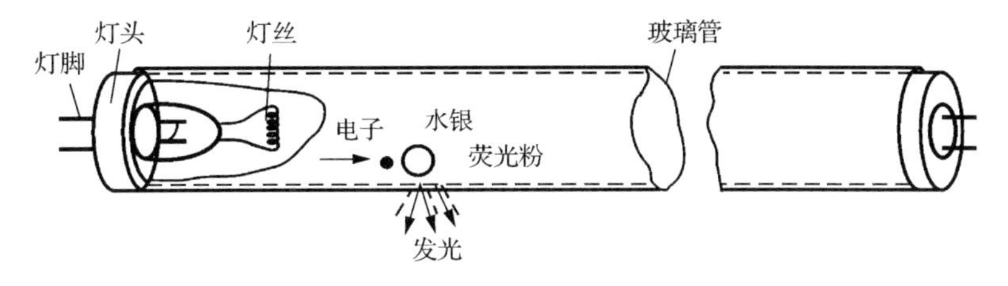

图 2.3　荧光灯结构

常见的荧光灯有如下几种类型。

① 直管型荧光灯。这种荧光灯属于双端荧光灯。常见标称功率有 4W、6W、8W、12W、15W、20W、30W、36W、40W、65W、80W、85W 和 125W。管径用 T5、T8、T10、T12，灯头用 G5、G13 表示。直管型荧光灯适用于宾馆、办公室、商店、医院、图书馆及家庭等色彩朴素但要求亮度高的场合。为了安装方便、降低成本和安全起见，许多直管型荧光灯的镇流器都安装在支架内，构成自镇流荧光灯。

② 彩色荧光灯。常见标称功率有 20W、30W、40W。管径用 T4、T5、T8，灯头用 G5、G13 表示。彩色荧光灯的光通量较低，适用于商店橱窗、广告牌或类似场所的装饰和色彩显示。

③ 环形荧光灯。除形状外，环形荧光灯与直管型荧光灯没有太大差别。常见标称功率有 22W、32W、40W。灯头用 G10Q 表示。其主要提供给吸顶灯、吊灯等作配套光源，供家庭、商场等照明用。

④ 紧凑型荧光灯。这种荧光灯的灯管、镇流器和灯头紧密地联成一体（镇流器放在灯头内），除了破坏性打击，无法把它们拆卸，故被称为紧凑型荧光灯。由于无须外加镇流器，驱动电路也在镇流器内，故这种荧光灯也是自镇流荧光灯和内起动荧光灯。整个灯通过 E27 等灯头直接与供电网连接，可方便地直接取代白炽灯。这种荧光灯大多使用稀土元素三基色荧光粉，因而具有节能功能。

2）高压水银灯

高压水银灯又称荧光高压汞灯，是普通荧光灯的改进型，由于工作时灯内的气压可达 2～6 个大气压，故称“高压”，有镇流式和自镇流式两种类型。镇流式高压水银灯是先经过主极 2、起动电极间的辉光放电，再逐步过渡到主极 1 和 2 间的弧光放电而发光的，管内充有一定量的水银和少量氩气，使用时需要串接一个镇流器，其结构如图 2.4（a）所示，主要特点是光效高、寿命长。自镇流式高压水银灯是通过灯泡内部结构实现镇流作用的，其结构如图 2.4（b）所示，特点是安装方便、效率高、光色好，但寿命短、不耐振，广泛应用于广场、大车间、车站、码头、街道和仓库等场所。

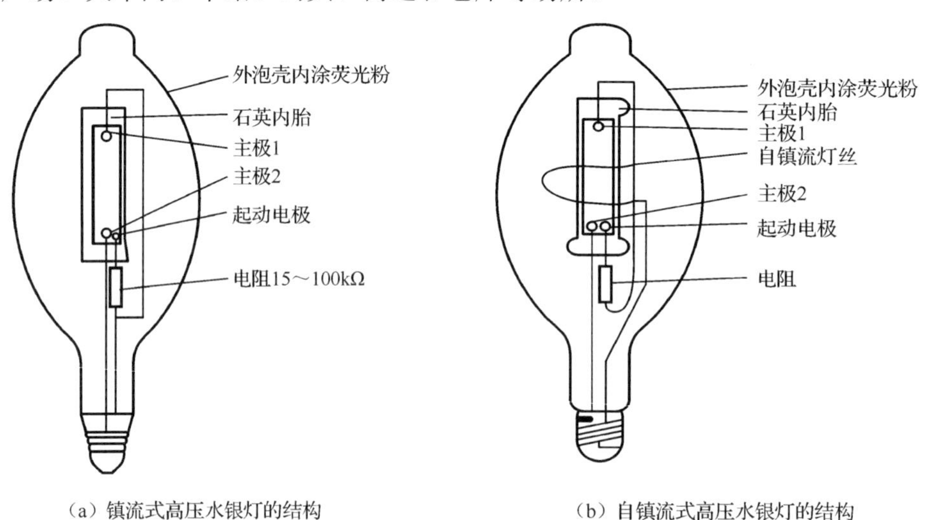

（a）镇流式高压水银灯的结构　　（b）自镇流式高压水银灯的结构

图 2.4　高压水银灯

3）氙灯

氙灯属于高气压自持放电灯，由优质石英玻璃吹制成的泡壳，在其内封有一对电极，并充入一定压力的惰性气体氙气而成，结构如图 2.5 所示。当接通电源时，电路中的触发器产生一个高频高压信号加于灯的两端，使灯管内的气体激发电离产生弧光放电，其辐射出的光谱分布近似于日光，故氙灯也称小太阳。其光效极高，功率可达 1kW 到几十万瓦，但起动装置复杂，需用触发器起动，灯在点燃时有大量紫外线辐射，适用于广场、公园、体育场、大型建筑工地、露天煤矿、机场等场所的大面积照明。

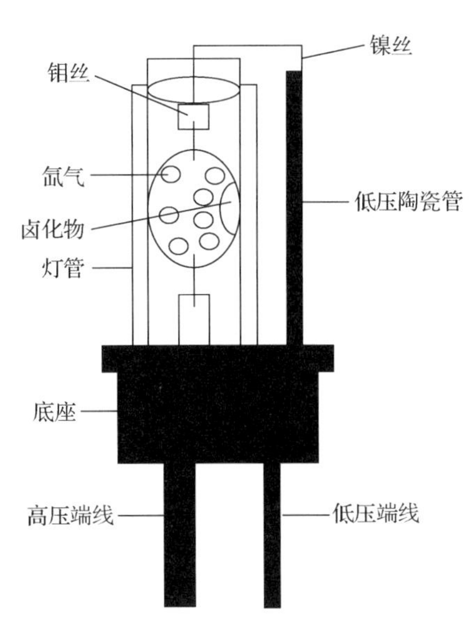

图 2.5 氙灯结构

4）高压钠灯

钠灯是利用钠蒸气放电产生可见光的光源，分为低压钠灯和高压钠灯。低压钠灯的工作蒸气压不超过几个帕。低压钠灯光效极高，但单色性太强，显色性很差。高压钠灯与低压钠灯不同，它的光谱不再是单色的黄光，而是在相当宽的频率范围内。通过谱线的放宽，高压钠灯发出金白色的光，这就可进行颜色的区别。高压钠灯具有光效高、寿命长，可接受的显色性，以及不诱虫、不易使被照物褪色等特点，但其起动时间为 4～8min，再起动需 10～20min。高压钠灯被广泛地应用于道路、机场、码头、船坞、车站、广场、街道交汇处、工矿企业、公园、庭院照明及植物栽培等场所。其结构如图 2.6 所示。

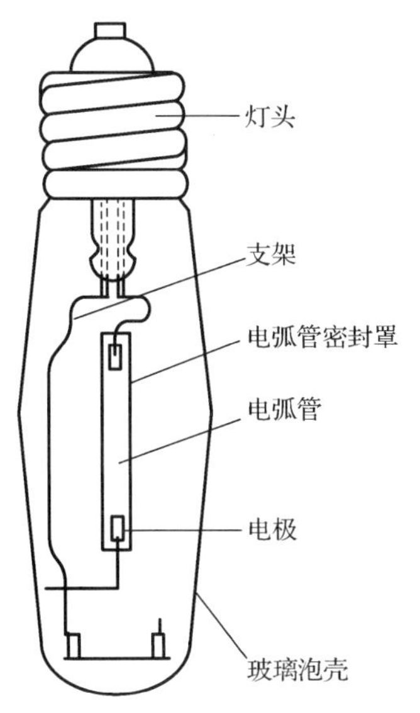

图 2.6 高压钠灯结构

3. 半导体光源

半导体发光二极管是半导体光源照明的核心，发光原理是在 PN 结正向偏置的条件下，通过注入到器件有源区的电子与空穴的辐射复合发光，是自发辐射发光，将电能转换为光能。现在已有红外、红、黄、绿及蓝光发光二极管，发光二极管抗冲击和抗震性能好，可靠性高、寿命长，广泛应用于夜景装饰、交通信号指示、汽车照明、大屏幕全彩显示等。

拓展讨论

党的二十大报告中指出，加快发展方式绿色转型，发展绿色低碳产业。照明节能是低碳节能的重要组成部分，而照明光源的选择是照明节能的范畴之一，那么，我们目前优选的节能光源有哪些？普通光源是如何实现智能化节能的？

2.1.2 照明灯具的安装

照明灯具是由包括光源在内的照明器具等组成的照明装置，主要作用是将光通量进行重新分配，以合理地利用光通量和避免由光源引起的眩光，达到固定光源，保护光源免受外界环境影响和装饰美化的效果。

1. 白炽灯的安装

白炽灯的安装通常有悬吊式、壁式和吸顶式三种类型，其安装方法有所不同。

1）悬吊式

悬吊式白炽灯的结构如图 2.7 所示。

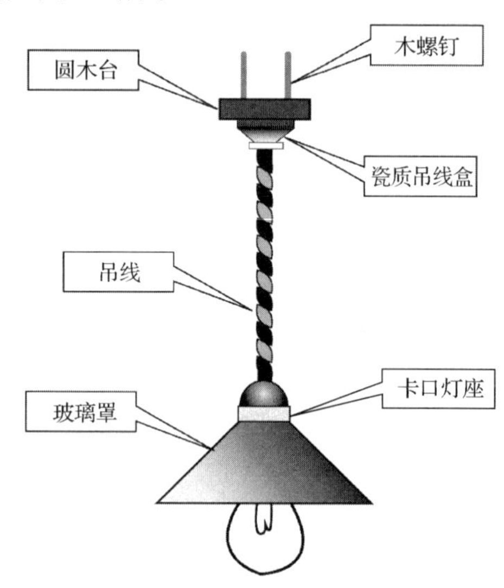

图 2.7　悬吊式白炽灯的结构

悬吊式白炽灯的安装包括圆木台的安装、吊线盒的安装、灯头的安装和开关的安装。

（1）圆木台的安装。先在准备安装吊线盒的地方打孔，预埋膨胀螺栓，如图 2.8（a）所示。然后在圆木台底面刻两条槽嵌入导线，中间钻三个小孔，分别将电线从两边小孔穿出，中间小孔穿螺钉固定圆木台，如图 2.8（b）、（c）所示。

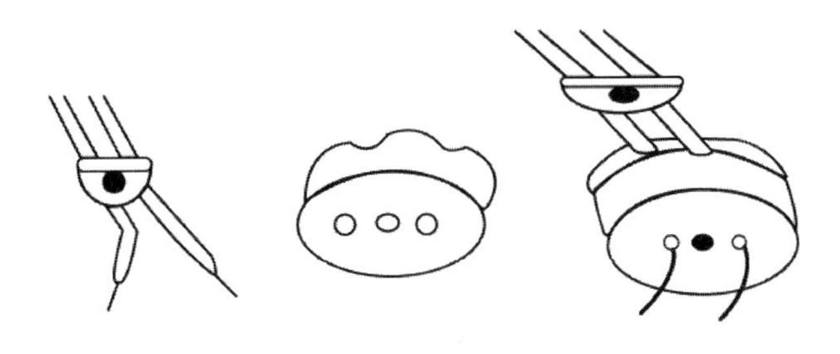

（a）预埋膨胀螺栓　（b）圆木台中间钻孔　（c）导线嵌入圆木台槽

图 2.8　圆木台的安装

（2）吊线盒的安装。将电线从吊线盒的引线孔穿出，确定好吊线盒在圆木台上的位置后，进行安装。先将圆木台上的电线从吊线盒底座孔中穿出，然后把吊线盒紧固在圆木台上，如图 2.9（a）所示。接着将电线的两个线头分别旋紧在吊线盒的接线柱上，如图 2.9（b）所示。最后按灯的安装高度（一般为离地面 2.5m），取一股软电线作为吊线盒的灯头连接线，上端接吊线盒的接线柱，下端接灯头。为了使吊线盒能承受灯具的质量，在连接的电线上端打一个结，如图 2.9（c）所示，使其卡在吊线盒盖的线孔里，最后盖上吊线盒盖。

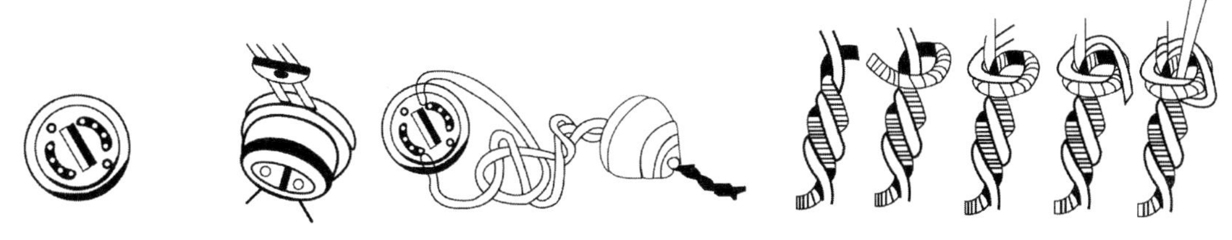

（a）吊线盒紧固在圆木台上　（b）线头旋紧在接线柱上　（c）出线孔处打结

图 2.9　吊线盒的安装

（3）灯头的安装。旋下灯头盖子，把两个线头分别接在灯头的接线柱上，如图 2.10 所示，然后旋上灯头盖子。

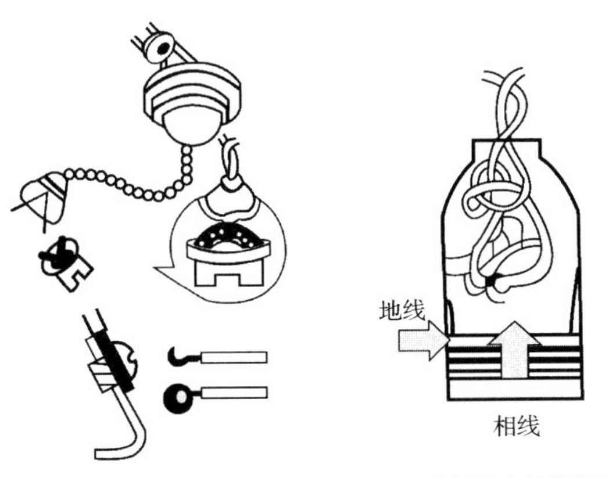

（a）线头接在接线柱上　（b）相线接在接线柱上

图 2.10　灯头的安装

（4）开关的安装。首先在准备安装开关的地方打孔，预埋木枕；再安装圆木，刻槽打孔，将两根电线嵌入槽内，经两旁小孔穿出，用木螺钉紧固在木枕上，然后在圆木上安装开关底座；最后将相线接头、灯头与开关连接的那头分别接在开关底座的两个接线柱上，旋上开关盖。

安装过程要注意，一般拉线开关的安装高度距地面 2.5m，扳把开关距地面 1.4m，安装扳把开关时，开关方向要一致，一般向上扳为“合”，向下扳为“断”。安装完成的悬吊式白炽灯如图 2.11 所示。

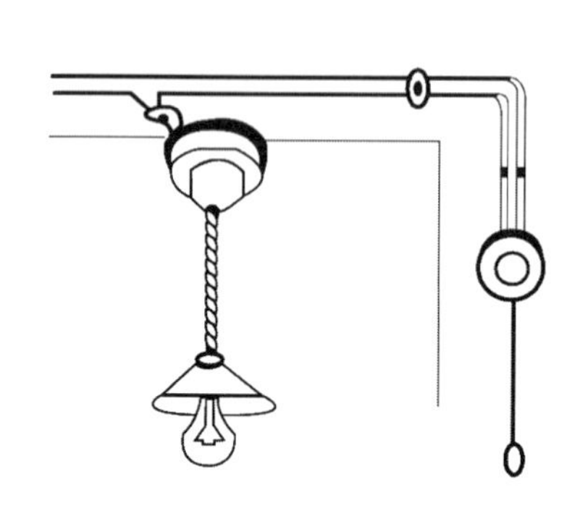

图 2.11　安装完成的悬吊式白炽灯

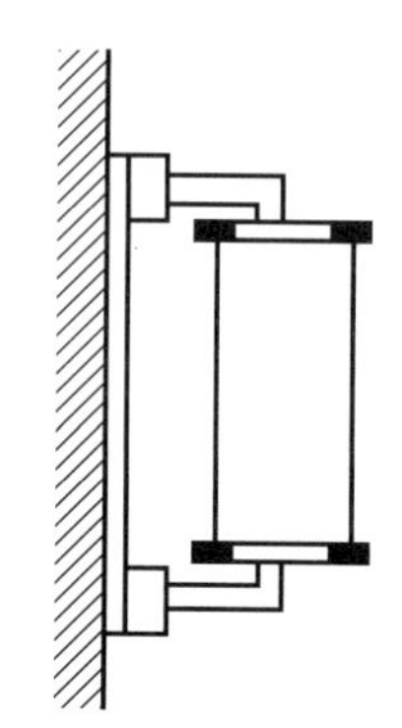

图 2.12　壁式白炽灯的安装

2）壁式

壁式白炽灯一般安装在公共建筑楼梯、门厅、浴室、厨房等地方，如图 2.12 所示，具体安装部位均为墙面和柱面。壁式白炽灯的灯具不重，通常由灯罩、灯座和灯具基座三部分组成。其中灯具基座既是固定在建筑面上的支撑件，又是承装灯罩和灯座的连接件。壁式白炽灯的安装方法比较简单，首先在距地面 1.8m 左右位置安装灯座，采用预埋件或打孔方法，再塞进膨胀管用螺钉固定支架，最后把线路接好即可。

3）吸顶式

吸顶式白炽灯可直接装在天花板上，安装简易。首先把吸顶式白炽灯灯罩拆开，把灯管取出来，如图 2.13（a）所示；然后按照吸顶式白炽灯的安装位置在天花板上钻孔并连接电源，如图 2.13（b）所示；在打好眼的地方打入膨胀螺钉，用以固定底座，把底座放上去，转个角度，旋紧螺钉，安装过程中要注意接线牢固，以免以后松动，如图 2.13（c）所示；最后把灯管和灯罩装上去即可，如图 2.13（d）所示。

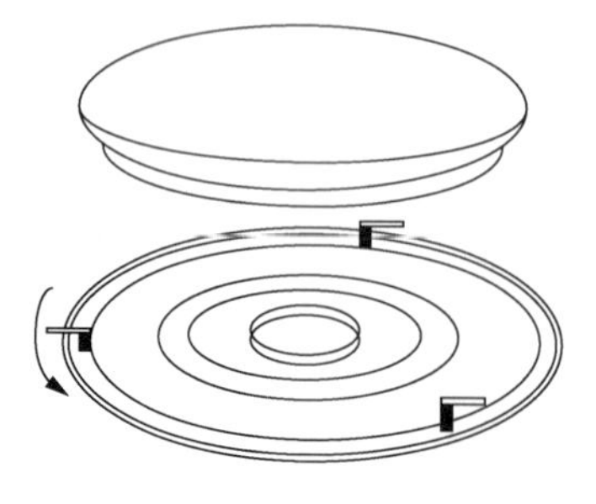

（a）拆开吸顶式白炽灯灯罩

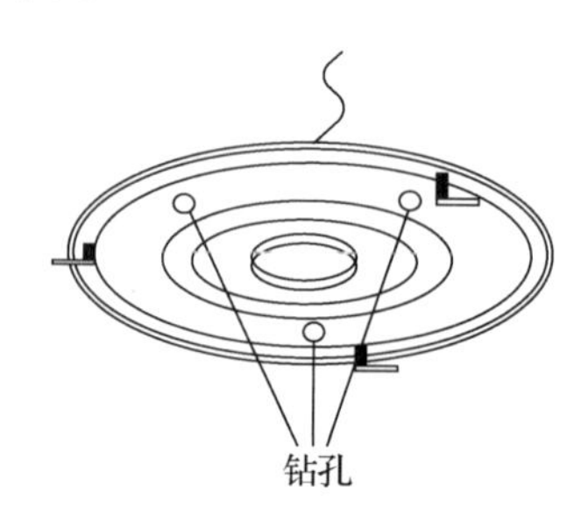

（b）钻孔并连接电源

图 2.13　吸顶式白炽灯的安装

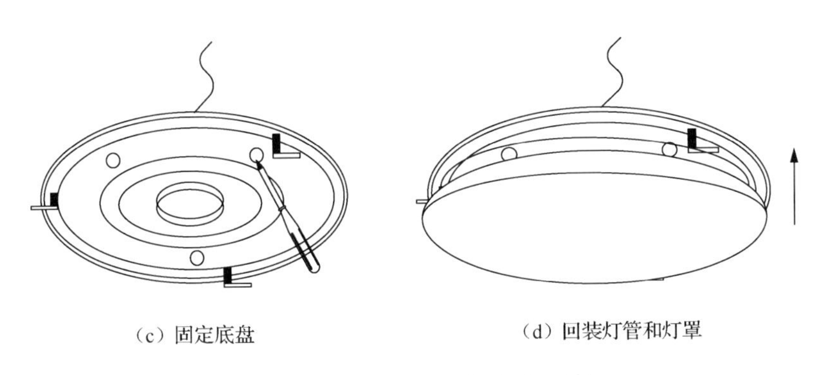

（c）固定底盘　　（d）回装灯管和灯罩

图 2.13 吸顶式白炽灯的安装（续）

2. 荧光灯的安装

荧光灯的安装方式有悬吊式和吸顶式。吸顶式安装时，灯架与天花板之间应留 15mm 的间隙，以利于通风。现在我们常见的荧光灯灯架都是铁皮制作的，灯架的两头有接触头用于装入灯管，而镇流器通常用螺钉安装在灯架的中间层里。灯架的一头有一个圆孔，用于插入启辉器，如图 2.14 所示。

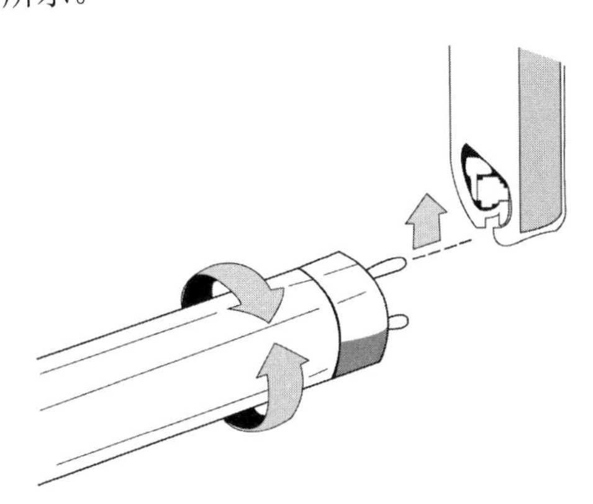

图 2.14 灯架与启辉器的连接

荧光灯安装时先将灯架、启辉器和镇流器等配件位置确定好后再进行接线，将镇流器接至灯管一头的灯丝一端，再由灯丝另一端接至启辉器，然后又由启辉器另一端连接至灯管另一头的灯丝一端，最后将灯丝的另一端接至电源中性线，镇流器的另一端接至开关处，开关接至电源相线。荧光灯安装接线图如图 2.15 所示。最后将灯管两头的接触头对准灯架两头的接触头，划入其中，然后转动灯管即可完成荧光灯的安装。

3. 碘钨灯的安装

（1）碘钨灯安装时，必须保持水平位置，倾斜度应小于 4°，否则会破坏碘钨循环，缩短灯管的使用寿命。

（2）碘钨灯发光时，灯管周围的温度很高，因此灯管必须安装在专用的有隔热装置的金属灯架上，切不可安装在易燃的木制灯架上，同时，不可在灯管周围放置易燃物品，以免发生火灾。

（3）灯架离可燃建筑面的净距不得小于 1m，以免出现烤焦现象或引燃事故。

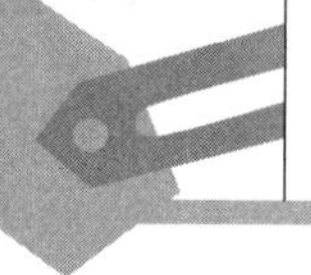

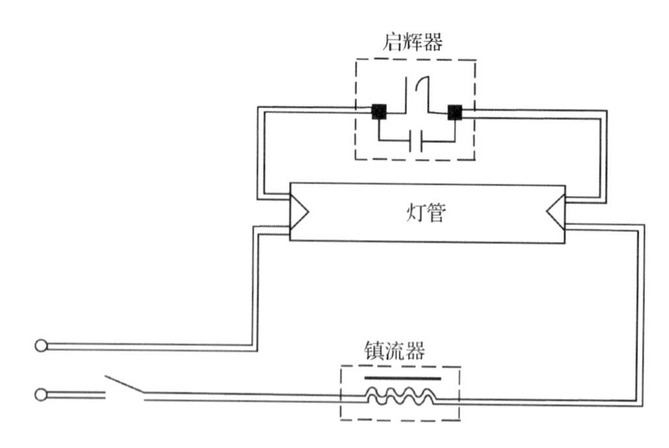

图 2.15 荧光灯安装接线图

（4）灯架离地垂直高度不宜低于 6m（指固定安装的灯架），以免产生眩光。

4. 高压水银灯的安装

（1）高压水银灯功率在 125W 及以下的，应配用 E27 型瓷质灯座；功率在 125W 以上的，应配用 E40 型瓷质灯座。

（2）镇流器的规格必须与高压水银灯灯泡的功率一致，镇流器宜安装在灯具附近，并应装在人体触及不到的位置，并在镇流器上覆盖保护物。镇流器装在室外时应有防雨措施。

（3）当外壳玻璃破碎后，高压水银灯虽能点亮，但大量的紫外线会烧伤人的眼睛，所以应立即停止使用并调换灯泡。

（4）供高压水银灯线路的电压应尽可能稳定。因为当电压降低 5%时，灯泡会自灭，需隔 10～15min 灯泡冷却后才能再起动，所以高压水银灯不宜装在电压波动较大的线路上。

（5）高压水银灯一般应垂直安装。如水平安装点亮时，其输出的光通量会减少 7%，而且容易自灭。

5. 氙灯的安装

（1）灯管悬挂高度视灯泡功率大小而定，10kW 不宜低于 20m，20kW 不宜低于 25m。

（2）触发器与灯管间的距离不宜超过 3m，以减少高频能量在线路中的损耗；触发器接线应牢固，以防发热烧坏触发器；触发器高压出线端不应碰到金属外壳，位置固定时，必须用 30kV 耐压的绝缘子绝缘，以防高压对地击穿。

（3）灯管安装完毕后，要用棉花蘸四氯化碳溶液擦拭灯管表面，去掉污垢，以免影响使用效果。

（4）用触发器引燃时，如发现灯管内有闪光，但没有形成一条充满管径的电弧通道时，首先检查一下电源电压是否太低（一般不宜低于 210V），然后适当调节触发器内放电火花间隙的距离，使其控制在 0.5～2mm。

2.1.3 照明附件的安装

照明附件的种类较多，常用的有开关、插座及保护设备等。

照明附件的安装要求是正规、合理、牢固和整齐。正规是指各种附件必须按照有关规范、规程和工艺标准进行安装，达到质量标准的规定；合理是指选用的各种照明附件必须适用、经济、可靠，安装的地点位置应符合实际需要，使用要方便；牢固是指各种照明附件安装应牢固、可靠，达到安全运行和使用的功能；整齐是指照明附件要安装得横平竖直，品种规格要整齐统一，以达到形色协调和美观的要求。在安装的过程中，还要注意保持建筑物顶棚、墙壁、地面不被污染和损伤等。

1. 开关

开关的作用是控制电路的通断，它分为明装式和暗装式两种。

1）开关的外形

（1）明装式开关。明装式开关应用最普遍的有拉线式和扳把式两种，均适用于户内，其外形如图 2.16 所示。

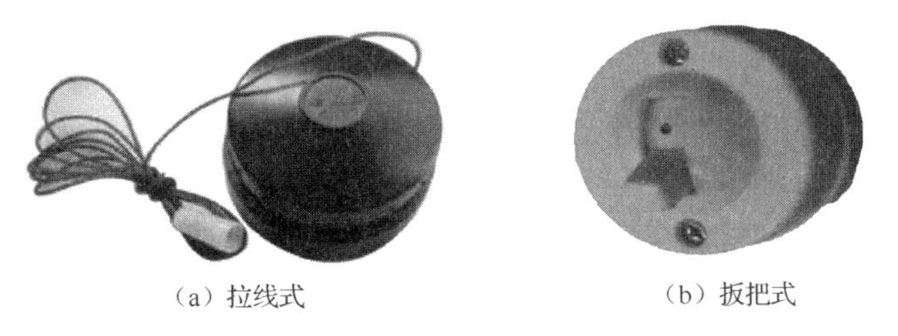

（a）拉线式　　（b）扳把式

图 2.16　明装式开关外形

（2）暗装式开关。暗装式开关适用于一般户内环境，常用的有跷板式（又称键式）和扳把式，其外形如图 2.17 所示。

单联　　双联　　三联

（a）跷板式

单联　　双联　　三联

（b）扳把式

图 2.17　暗装式开关外形

暗装跷板开关的面板是开关按键，板后装有开关动、静触头和接线柱。面板分为单联、双联和三联等多种。单联开关有一对按键（一个下按键，一个上按键），双联开关有两对按键（两个下按键，两个上按键），三联开关有三对按键（三个下按键，三个上按键）。

暗装扳把开关由盖板和开关两部分组成。开关安装在一块桥板上，桥板上有承装盖板的螺栓，暗装扳把开关也分为单联、双联和三联等多种。

2）开关的选择

照明电源一般为220V电压，可选择额定电压为250V的开关，开关的额定电流由负载的额定电流来决定。用于普通照明时，可选用2.5～10A的开关；用于大功率负载时，应计算出负载电流，再按两倍负载电流的大小选择开关的额定电流。

3）开关的安装

（1）明装式开关的安装。明装拉线开关的安装步骤如图2.18所示。

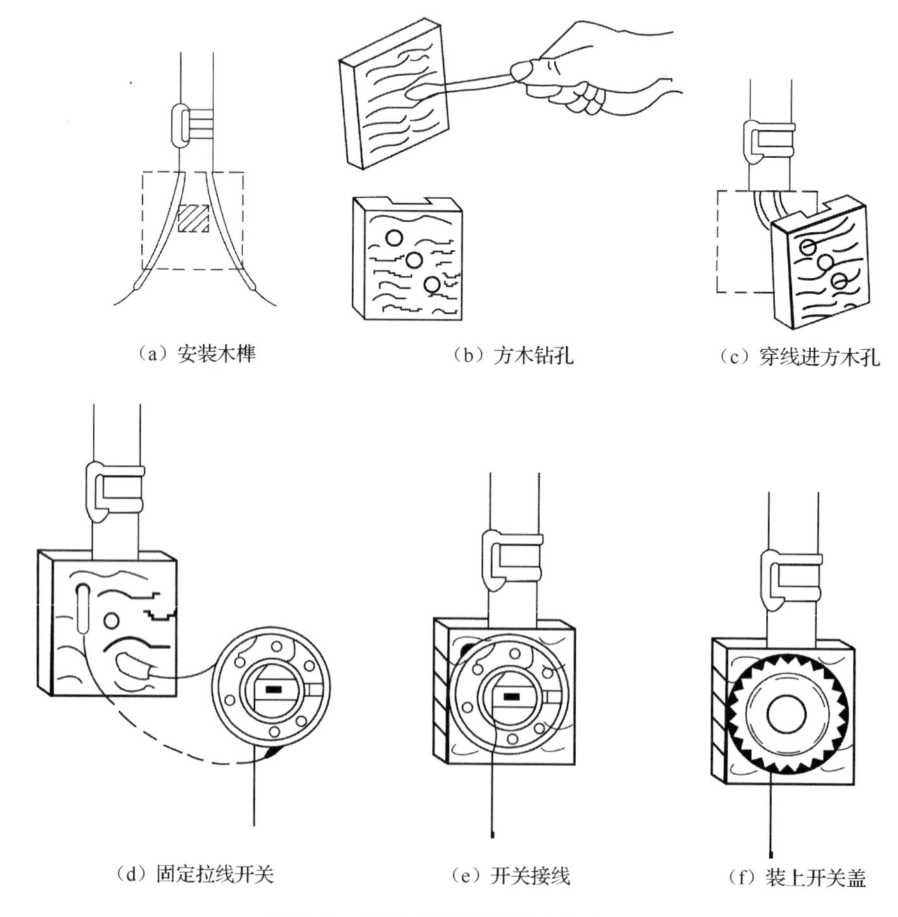

图2.18　明装拉线开关的安装步骤

① 在固定拉线开关的中间位置，用冲击电钻打一个孔，安装木榫，供固定方木用，如图2.18（a）所示。

② 将方木钻三个孔，其中中间的孔是固定螺钉用孔，其余两孔作电线穿入孔，如图2 .18（b）所示。

③ 将电线穿入方木孔，把方木用螺钉固定在木榫上，如图 2 .18（c）所示。

④ 把方木的两根电线穿过拉线开关的引线孔后，摆正拉线开关位置固定好，如图 2 .18（d）所示。

⑤ 剥去线头的绝缘层，将两个线头分别拧装在开关的两个接线端子上，如图 2.18（e）所示。

⑥ 接好电线，拉动线绳，合格的开关应能听到清脆的响声，且动作灵活，安装完毕，装上开关盖，如图 2.18（f）所示。

扳把开关的安装方法与拉线开关相似，只是安装高度不同。

（2）暗装式开关的安装。暗装扳把开关安装在铁皮盒内，暗装跷板开关一般安装在塑料盒内，如图 2.19 所示。

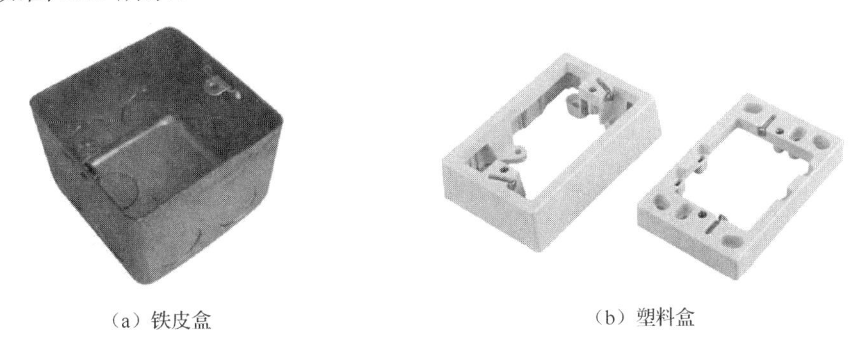

（a）铁皮盒　　（b）塑料盒

图 2.19　暗装式开关的底盒

电线管内穿线时，开关盒内应留有足够长度的导线。开关接线时，将电源相线接到一个静触头接线端子上，另一个动触头接线端子接来自灯具的导线，在接线时应接成开关向上时开灯、向下时关灯的形式，常见开关的接线方法如图 2.20 所示。开关连同支架应固定到预埋在墙内的盒中，线路接好，开关固定好后盖好开关盖板，盖板应紧贴墙面，最后用螺栓将盖板固定牢。

2. 插座

插座是台灯、台扇、电视机、电冰箱、电钻等各种电气设备的电源引接点。插座有明装插座和暗装插座，有单相两孔式、单相三孔式和三相四孔式，有扁孔插座、圆孔插座和扁孔、圆孔通用插座，有一位式（一个面板上一个插座）、多位式（一个面板上 2～4 个插座），有普通型和防溅型等。

1）插座的外形

（1）明装插座。明装插座带后罩盒子，后罩盒子直接连接电缆或尼龙管子的索头孔，一般工厂配电安装于墙壁上，明装插座位置一般不应低于 1.3m。常用明装插座的外形如图 2.21 所示。

（2）暗装插座。暗装插座相对于明装插座就是没有后罩盒子，一般用于机械设备或工程供电，安装在面板上，一般五金面板都先开好安装槽，插座供电从面板里面走线，暗装插座用于生活场所的不应低于 0.15m，用于公共场所的不应低于 1.3m，并与开关并列安装。常用暗装插座的外形如图 2.22 所示。

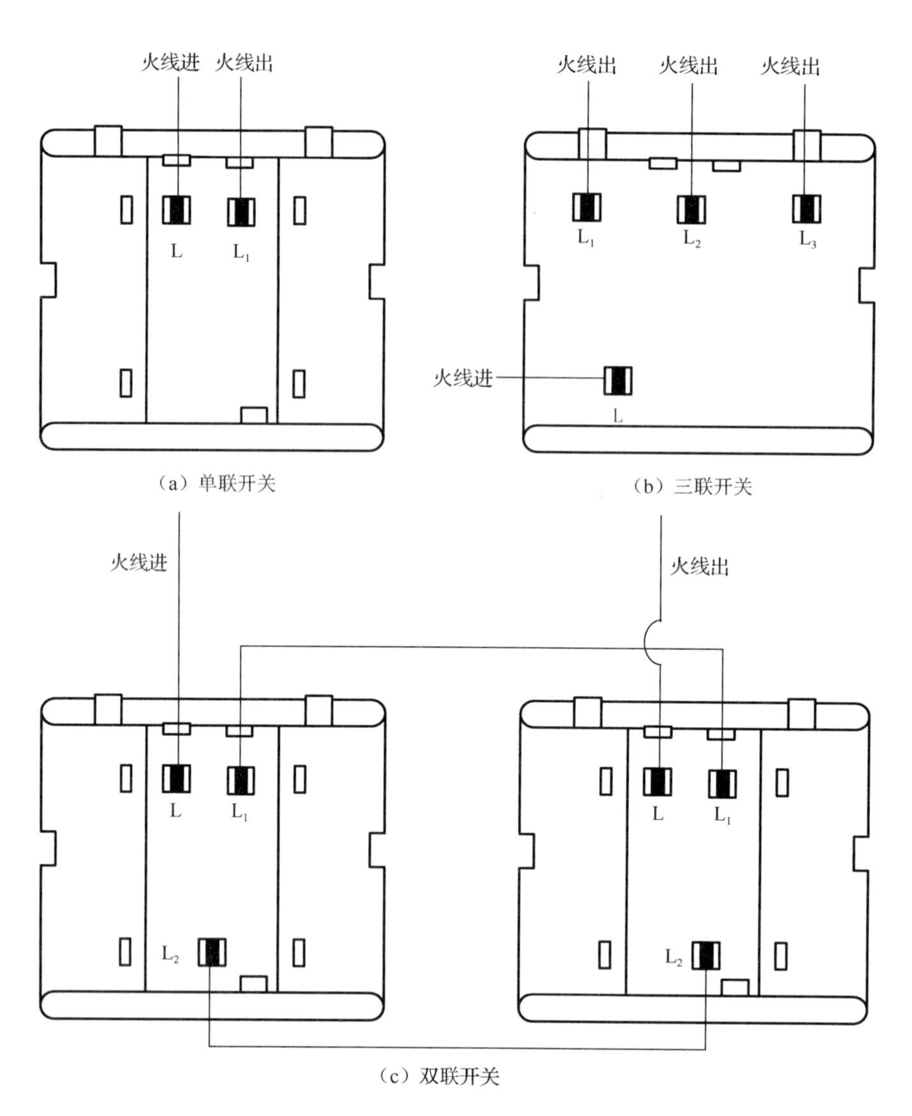

图 2.20　常见开关的接线方法

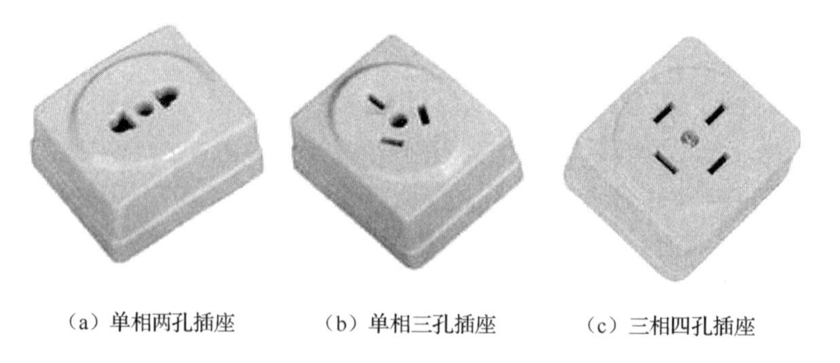

（a）单相两孔插座　（b）单相三孔插座　（c）三相四孔插座

图 2.21　常用明装插座的外形

（a）单相两孔插座

（b）单相三孔插座

（c）双联插座

图 2.22　常用暗装插座的外形

2）插座的选择

（1）插座质量的选择。插座的塑料零件表面应无气泡、裂纹，无明显的擦伤和毛刺等缺陷，并具有良好的光泽。

（2）插座类型的选择。两孔插座是不带接地（接零）端子的单相插座，用于不需接地（接零）保护的电气设备和家用电器；三孔插座是带接地（接零）端子的单相插座，用于需要接地（接零）保护的电气设备和家用电器。

（3）插座额定电流的选择。插座额定电流应根据负载电流来选择，一般应按两倍负载电流的大小来选择。

3）插座的安装

（1）明装插座的安装。明装插座的安装方法与明装开关相似。两孔明装插座的安装步骤如图 2.23 所示。

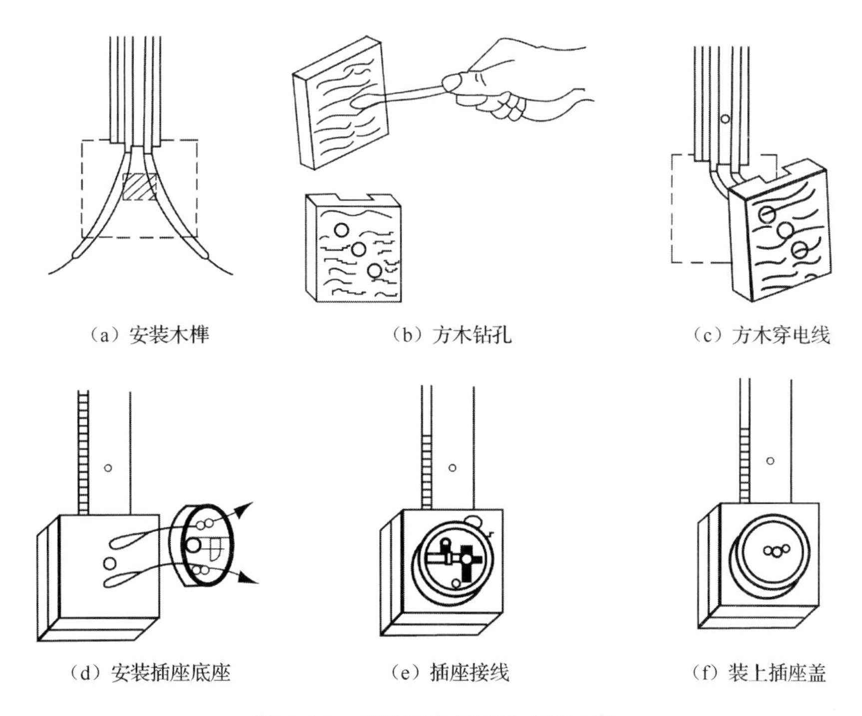

（a）安装木榫　（b）方木钻孔　（c）方木穿电线

（d）安装插座底座　（e）插座接线　（f）装上插座盖

图 2.23　两孔明装插座的安装步骤

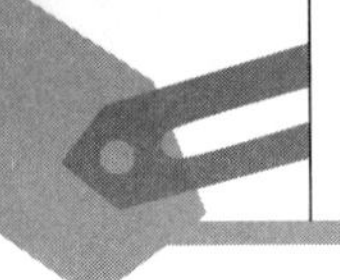

（2）暗装插座的安装。暗装插座必须安装在墙体内的插座盒内，不应直接装入墙体内的埋盒空穴中，插座面板应与墙面齐平，不应倾斜。面板四周应紧贴墙面无缝隙、孔洞，固定插座面板的螺钉应凹进面板表面的安装孔内，并装上装饰帽，以增加美观。

暗装插座安装时，需先在插座芯的接线端子上接线，再将固定插座芯的支持架安装在预埋墙体内的插座盒上，然后将盖板拧牢在插座芯的支持架上。

（3）插座安装接线。插座的接线孔都有一定的排列位置，不能接错，尤其是单相带保护接地（接零）的三孔插座，一旦接错，就容易发生触电事故。插座接线时，应仔细辨别盒内分色导线，正确地与插座进行连接。

插座接线时应面对插座。单相两孔插座在垂直排列时，上孔接相线（L 线），下孔接中性线（N 线，也称工作零线），如图 2.24（a）所示；水平排列时，右孔接相线，左孔接中性线，如图 2.24（b）所示。

单相三孔插座接线时，上孔接保护地线或保护零线（PE 线），右孔接相线（L 线），左孔接中性线（N 线），如图 2.24（c）所示。

三相四孔插座接线时，上孔接保护地线或保护零线（PE 线），左孔接相线（L_1线），右孔接相线（L_2线），下孔接相线（L_3线），如图 2.24（d）所示。

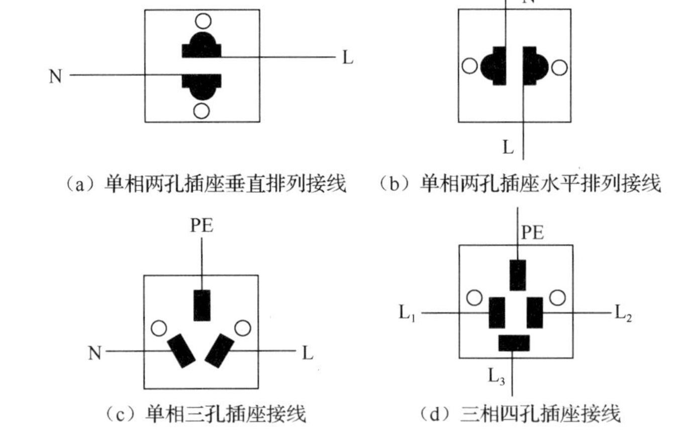

（a）单相两孔插座垂直排列接线　（b）单相两孔插座水平排列接线

（c）单相三孔插座接线　（d）三相四孔插座接线

图 2.24　插座安装接线

开关与插座的安装

3. 低压断路器

低压断路器是一种既可以接通和分断正常负荷电流和过负荷电流，又可以接通和分断短路电流的开关电器，也称自动空气开关。它是一种既有手动开关作用，又能自动进行失压、欠压、过载和短路保护的电器。

1）低压断路器的分类

低压断路器有多种分类方式，按结构形式分为塑壳式、万能式、限流式、直流快速式、灭磁式、漏电保护式；按操作方式分为人力操作式、动力操作式、储能操作式；按极数分为单极式、二极式、三极式、四极式；按安装方式分为固定式、插入式、抽屉式；按断路器在电路中的用途分为配电用断路器、电动机保护用断路器、其他负载用断路器等。其外形及电气符号如图 2.25 所示。

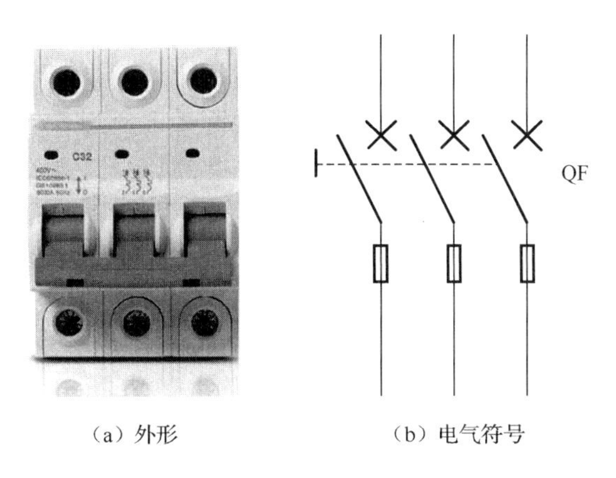

（a）外形　　（b）电气符号

图 2.25　低压断路器外形及电气符号

2）低压断路器的型号

低压断路器的型号由七部分组成，各部分含义如下。

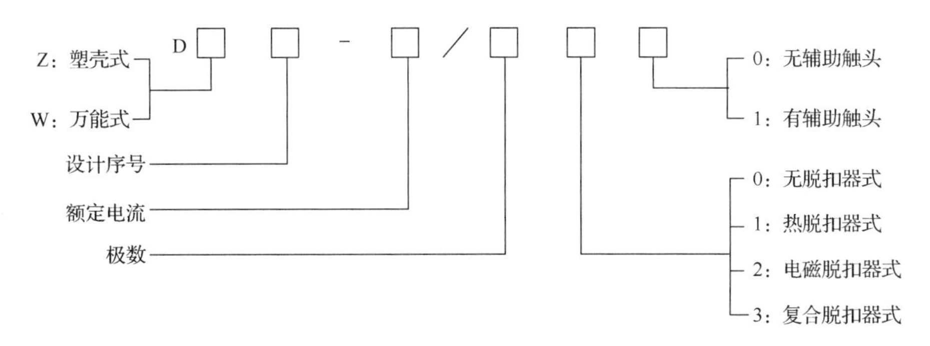

例如，型号 DZ47-20/330 表示的是设计序号为 47、额定电流为 20A、极数为 3、复合脱扣器式无辅助触头的塑壳式低压断路器；DW17-400/3 表示的是设计序号为 17、额定电流为 400A、极数为 3 的万能式低压断路器。

3）低压断路器的选用

（1）根据负荷的容量进行选择，低压断路器的额定电流大于负荷的工作电流。

（2）根据短路电流进行选择，低压断路器的额定运行短路分断能力应大于线路预期短路电流值。低压断路器的额定运行短路分断能力决定了断路器的可靠性，但在保证线路安全性的情况下，不必一味追求高分断性，以免造成浪费。

（3）在照明供电中通常把低压断路器当作总电源保护开关或分支线保护开关用。如果照明线路或负载发生短路或过载时，低压断路器能自动跳闸，切断电源，从而有效地保护这些设备免受损坏，将事故危害缩减到最小范围内。一般用单极（1P）断路器作分支线保护，用二极（2P）断路器作总电源保护。

4）低压断路器的安装

（1）低压断路器应垂直安装，电源线应接在上端，负载接在下端。

（2）低压断路器用作总电源开关或电动机的控制开关时，在电源进线侧必须加装刀开关或熔断器等，以形成明显的断开点。

（3）低压断路器使用前应将脱扣器工作面上的防锈油脂擦净，以免影响其正常工作，同时应定期检修，清除断路器上的积尘，给操作机构添加润滑剂。

（4）各脱扣器的动作值调整好后，不允许随意变动，并应定期检查各脱扣器的动作值是否满足要求。

（5）低压断路器的触头使用一定次数或分断短路电流后，应及时检查触头系统，如果触头表面有毛刺、颗粒等，应及时维修或更换。

4. 漏电开关

漏电开关又称为漏电保护器，当电气线路或电气设备发生单相接地短路故障时会产生剩余电流，其利用剩余电流来控制开关动作，切断故障线路或电气设备电源。漏电开关是在低压断路器的基础上增加了漏电保护附件，从而实现漏电保护的。漏电开关与低压断路器的区别一是容量不同，低压断路器容量大于漏电开关；二是按钮数量不同，漏电开关相较于低压断路器会增加一个复位按钮和一个测试按钮；三是作用不同，漏电开关主要是保护电器，低压断路器为跳闸功能，两者不可替换使用。

1）漏电开关的分类

漏电开关的分类有多种划分方法，按检测信号分为电压型和电流型，按放大机构分为电磁式和电子式，按极数分为单极、二极、三极和四极，按相数分为单相和三相，按漏电动作电流分为高灵敏度、中灵敏度和低灵敏度，按动作时间分为快速型、定时限型和反时限型。其外形及电气符号如图 2.26 所示。

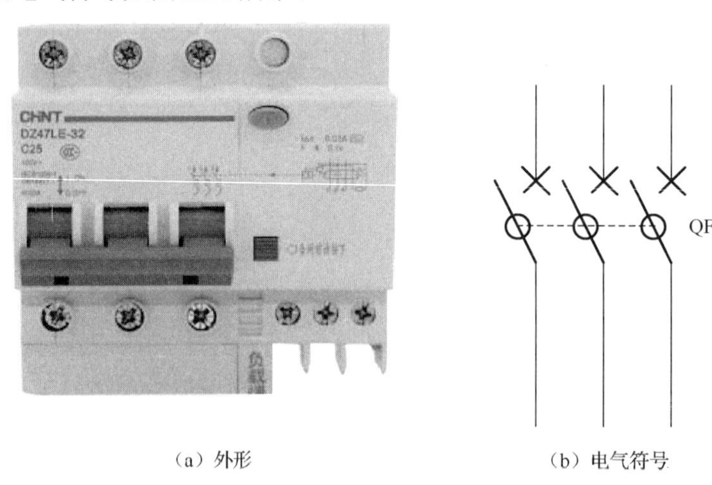

（a）外形　　（b）电气符号

图 2.26　漏电开关外形及电气符号

2）漏电开关的型号

漏电开关的型号由九部分组成，各部分含义如下。

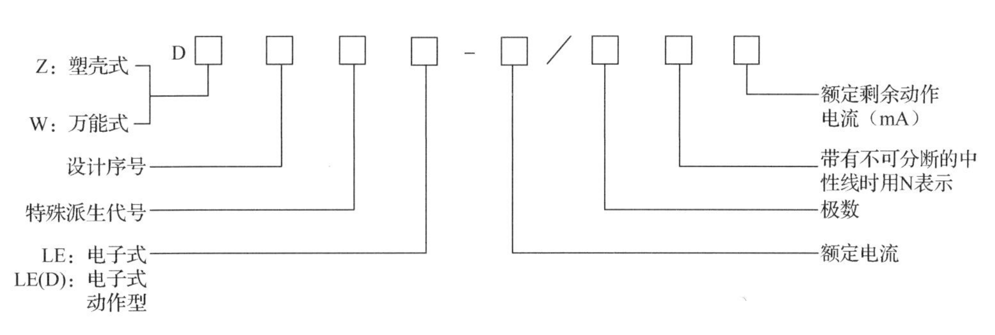

例如，DZ47LE-16　2P　C16A 表示的是设计序号为 47、2 极、额定电流为 16A 的塑壳式漏电开关。

3）漏电开关的选择

（1）根据极数进行选择。

① 单相 220V 电源供电的电气设备，应选用二极二线式或单极二线式漏电开关。

② 三相三线制 380V 电源供电的电气设备，应选用三极式漏电开关。

③ 三相四线制 380V 电源供电的电气设备，或单相设备与三相设备共用的电路，应选用三极四线式或四极四线式漏电开关。

（2）根据额定动作电流的快速性进行选择。漏电开关的额定动作电流是指人体触电后流过人体能使漏电开关动作的电流。额定动作电流在 30mA 以下，属高灵敏度；30～1000mA 属中灵敏度；1000mA 以上属低灵敏度。对于采用额定电压为 220V 的办公室和家用电器设备，一般选用额定动作电流不大于 30mA，额定动作时间在 0.1s 以内的快速型漏电开关。

（3）用于分支线保护的漏电开关采用快速型，动作时间小于 0.1s；用于总电源保护的漏电开关采用延时型，动作时间大于 0.2s。保证分支线发生故障时不会越级跳闸。

4）漏电开关的安装

（1）下列场所应优先安装漏电开关。

① 俱乐部、幼儿园、重要建筑物及其他防火要求较高的场所和触电危险性大的用电设备，均应安装漏电开关。

② 潮湿、高温、金属占有比例大及其他导电良好的场所，用电设备必须安装独立的漏电开关。

③ 建筑施工场所、临时线路的用电设备，必须安装漏电开关。

④ 新制造的低压配电柜（箱、屏）、操作台、试验台，以及机床、起重机械、各种传动机械等设备的动力配电箱，应优先采用具有漏电开关的电气设备。

（2）漏电开关一般安装在配电板上的总开关和电能表后面、熔断器之前，电源进线必须接在漏电开关的正上方，即外壳上标有“电源”或“进线”端；出线均接在下方，即标有“负载”或“出线”端。若把进线、出线接反了，将导致漏电开关动作后烧毁线圈或影响漏电开关的接通、分断能力。所有照明线路导线（包括中性线在内），均须通过漏电开关，且中性线必须与地绝缘。漏电开关应垂直安装，倾斜度不得超过 5°，安装漏电开关后，不能拆除单相闸刀开关或熔断器等。这样一是维修设备时有一个明显的断开点；二是闸刀开关或熔断器起着短路或过负荷保护作用。

（3）安装接线的规定如下。

① 漏电开关标有负载侧和电源侧时，应按规定接线，不得接反。

② 接线时必须严格区分中性线与保护线，三相四线漏电开关的中性线应接入漏电开

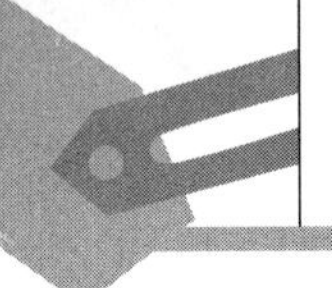

关，经过漏电开关的中性线不得作为保护线，不得重复接地或连接设备外露的导电部分。保护线不得接入漏电开关。

（4）安装接线时的注意事项如下。

① 带有短路保护的漏电开关，必须保证在电弧喷出方向有足够的飞弧距离。飞弧距离大小按漏电开关生产厂的规定。

② 安装漏电开关后，被保护电气设备的金属外壳，建议仍采用保护接地或保护接零，这样做安全性更好。专用保护地线或保护零线不应通过漏电开关的零序电流互感器，以免漏电开关丧失漏电保护功能。

③ 已通过熔断器或漏电开关零序电流互感器的工作零线，不能兼作保护零线，以免漏电开关不起漏电保护功能。

④ 漏电开关安装完毕后，应进行试验，试验项目如下。

a. 开关机构有无卡阻、滑扣。

b. 测试相线与端子间，相线与外壳（地）间的绝缘电阻，其测量值不应低于 2MΩ。对于电子式漏电开关，不能在极间测量绝缘电阻，以免损坏电子元器件。

c. 在接通电源无负载的条件下，用试验按钮试验三次，不应有误动作。

d. 带负载分合漏电开关或交流接触器三次，不应有误动作。

e. 各相分别用 3kΩ试验电阻进行接地试验。

5. 低压熔断器

低压熔断器是低压配电网络和电力拖动系统中主要用作短路保护的电器。低压熔断器主要由熔体、安装熔体的熔管和熔座三部分组成。使用时，低压熔断器应串联在被保护的电路中。正常情况下，低压熔断器的熔体相当于一段导线，而当电路发生短路故障时，熔体能迅速熔断分断电路，起到保护线路和电气设备的作用。

1）低压熔断器的分类

低压熔断器的种类较多，有瓷插式、螺旋式、封闭管式、快速式、自复式等，其外形如图 2.27 所示。

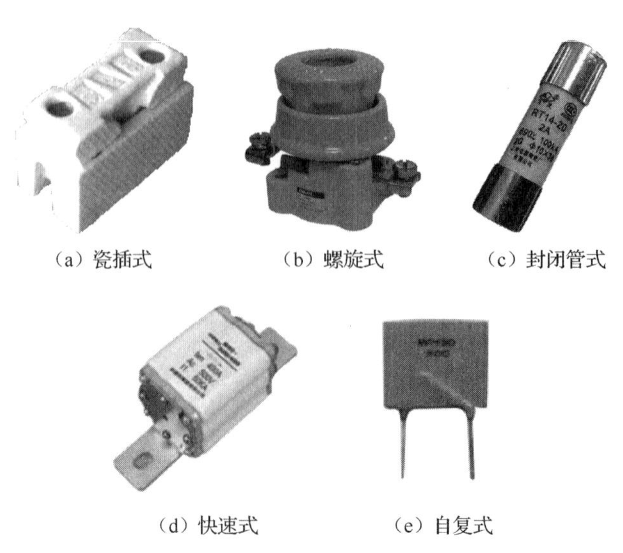

（a）瓷插式　（b）螺旋式　（c）封闭管式

（d）快速式　（e）自复式

图 2.27　低压熔断器外形

熔体是低压熔断器的核心，常做成丝状、片状或栅状，制作熔体的材料一般有铅锡合金、锌、铜、银等。熔管是熔体的保护外壳，用耐热绝缘材料制成，在熔体熔断时兼有灭弧作用。熔座是低压熔断器的底座，作用是固定熔管和外接引线。低压熔断器的电气符号如图 2.28 所示。

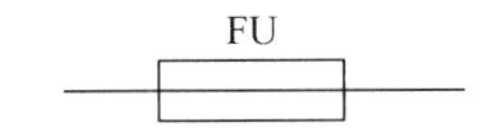

图 2.28　低压熔断器的电气符号

2）低压熔断器的型号

低压熔断器的型号由五部分组成，各部分含义如下。

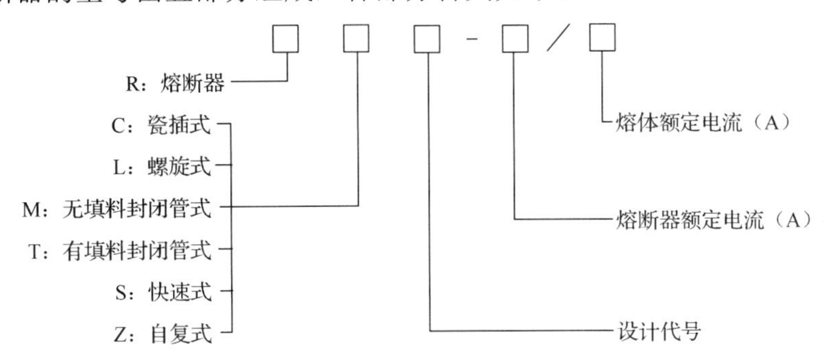

例如，RL1-60/300 表示的是螺旋式、设计代号为 1、熔断器额定电流为 60A、熔体额定电流为 300A 的低压熔断器。

3）低压熔断器的选择

低压熔断器的选择主要包括熔断器类型的选择和熔体额定电流的确定。对低压熔断器的选择要求是，在电气设备正常运行时，低压熔断器不应熔断；在出现短路时，低压熔断器应立即熔断；在电流发生正常变动（如电动机起动过程）时，低压熔断器不应熔断；在用电设备持续过载时，低压熔断器应延时熔断。低压熔断器的额定电压要大于或等于电路的额定电压。低压熔断器选择的基本原则如下。

（1）根据线路要求和安装条件选择熔断器的型号。容量小的电路选择半封闭管式或无填料封闭管式；短路电流大的选择有填料封闭管式；半导体元件保护选择快速式熔断器。

（2）根据负载特性选择熔断器的额定电流。

（3）选择各级熔体需相互配合，后一级要比前一级小，进线（总闸）和各分支线路上的电流不一样，选择的熔丝也不一样。

（4）根据线路电压选择熔断器的额定电压。

（5）交流异步电动机保护熔体电流不能选择太小（通常为 2～2.5 倍电动机的额定电流）。如选择过小，易出现一相熔断器熔断后，造成电动机缺相运转而被烧坏，此时必须配套热继电器作过载保护。

特别提示

熔断器的额定电流包括两方面，一是熔断器安装熔体的座子、壳架的额定电流，二是熔体的额定电流，二者不可混淆。

4）低压熔断器的安装

（1）用于安装使用的熔断器应完整无损。

（2）熔断器安装时应保证熔体与夹头、夹头与夹座接触良好。

（3）熔断器内要安装合格的熔体。

（4）更换熔体或熔管时，必须切断电源。

（5）对于 RM10 系列熔断器，在切断过三次相当于分断能力的电流后，必须更换熔管。

（6）熔体熔断后，应分析原因排除故障后，再更换新的熔体。

（7）熔断器兼作隔离器件使用时，应安装在控制开关的电源进线端。

6. *刀开关*

刀开关又称闸刀开关或隔离开关，它是手控电器中最简单而使用又较为广泛的一种低压电器，一般用于不需经常切断与闭合的交、直流低压（不大于 500V）电路，在额定电压下其工作电流不能超过额定值。

1）刀开关的分类

刀开关的种类很多，按触刀的极数可分为单极、双极和三极，按触刀的转换方向可分为单投（HD）和双投（HS），按操作方式可分为直接手柄操作式和远距离连杆操纵式，按灭弧情况可分为有灭弧罩和无灭弧罩。带有杠杆操作机构的刀开关，用于切断不大于额定电流的负荷，均装有灭弧罩，以保证在分断电流时的安全可靠性。刀开关的操作机构具有明显的分合指示和可靠的定位装置，其型号如下。

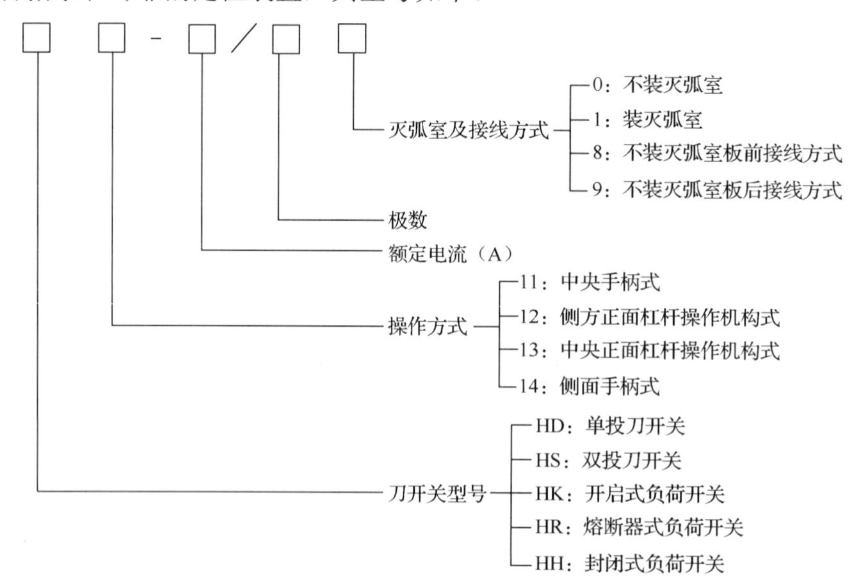

中央手柄式的单投和双投刀开关主要用于变电站，不切断带有电流的电路，作隔离开关之用。侧面手柄式刀开关，主要用于动力箱中。中央正面杠杆操作机构式刀开关主要用于正面操作、后面维修的开关柜中，操作机构装在正前方。侧方正面杠杆操作机构式刀开关主要用于正面两侧操作、前面维修的开关柜中，操作机构可以在柜的两侧安装。装有灭弧室的刀开关可以切断电流负荷，其他系列刀开关只作隔离开关使用。

（1）单投刀开关适用于交流电压低于 380V、直流电压低于 440V、额定电流低于 1500A 的成套配电装置，作为不频繁地手动接通和分断交、直流电路或隔离开关用。其外形及电气符号如图 2.29 所示。

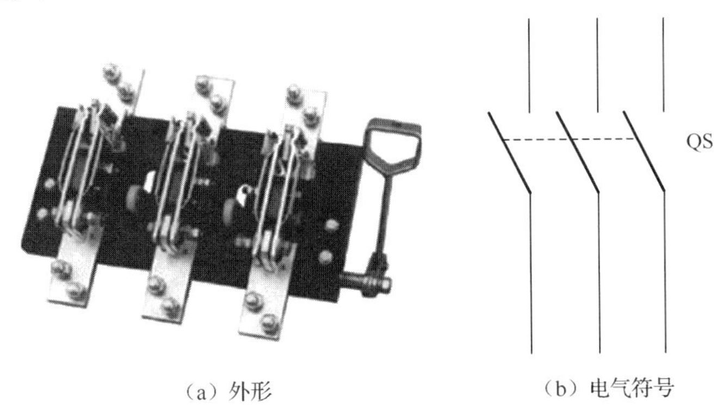

（a）外形　　（b）电气符号

图 2.29　单投刀开关外形及电气符号

（2）双投刀开关也称转换开关，其作用与单投刀开关类似，常用于双电源的切换或双供电线路的切换等，其外形及电气符号如图 2.30 所示。

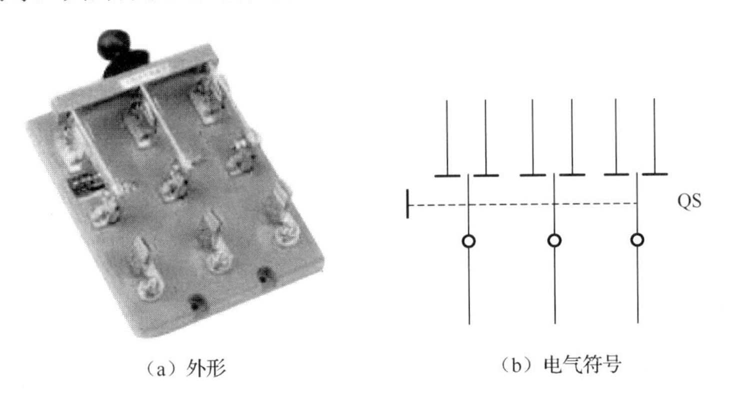

（a）外形　　（b）电气符号

图 2.30　双投刀开关外形及电气符号

由于双投刀开关具有机械互锁的结构特点，因此可以防止双电源的并联运行和两条供电线路同时供电。

（3）开启式负荷开关又称胶盖闸刀开关，一般用于不需经常切断与闭合的交、直流低压（不大于 500V）电路，在额定电压下其工作电流不能超过额定值。开启式负荷开关分单极、双极和三极，双极刀开关用在照明电路或其他单相电路上，三极开关在小电流配电系统中用来接通和切断电路，也可用于小容量三相异步电动机的全压起动操作。开启式负荷开关外形及电气符号如图 2.31 所示。

（4）熔断器式负荷开关作为线路或用电设备的电源隔离开关及严重过载和短路保护用，在回路正常供电的情况下接通和切断电源由刀开关来承担，当线路或用电设备过载和短路时，熔断器的熔体熔断，及时切断故障电流。熔断器式负荷开关外形及电气符号如图 2.32 所示。

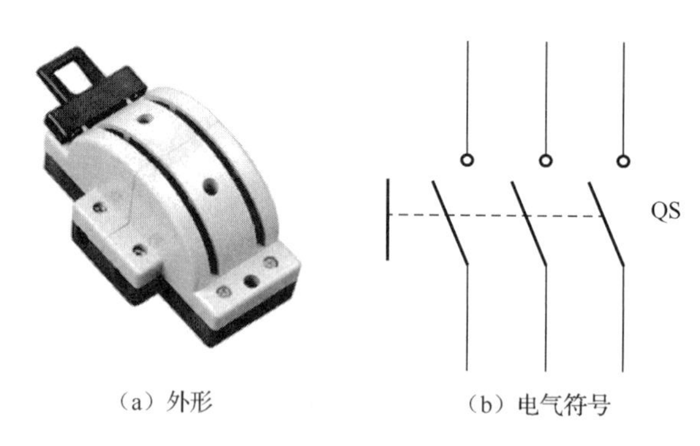

（a）外形　　（b）电气符号

图 2.31　开启式负荷开关外形及电气符号

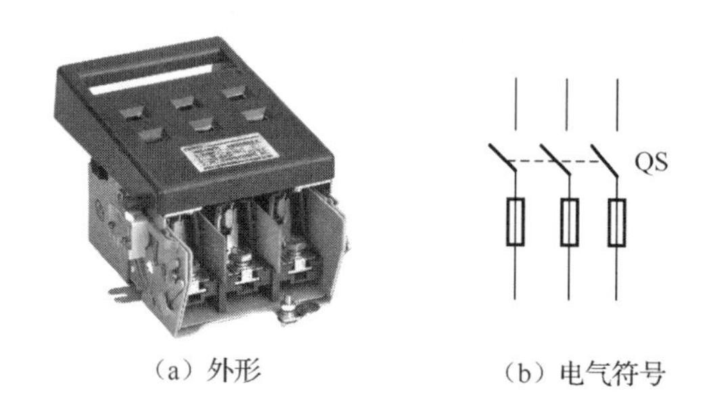

（a）外形　　（b）电气符号

图 2.32　熔断器式负荷开关外形及电气符号

（5）封闭式负荷开关又称铁壳开关，适用于各种配电设备及不需频繁接通和分断负荷的电路。封闭式负荷开关主要由刀开关、熔断器和铁质外壳组成。在闸刀断开处有灭弧罩，其断开速度比开启式负荷开关快，灭弧能力强，并具有短路保护功能。封闭式负荷开关外形及电气符号如图 2.33 所示。

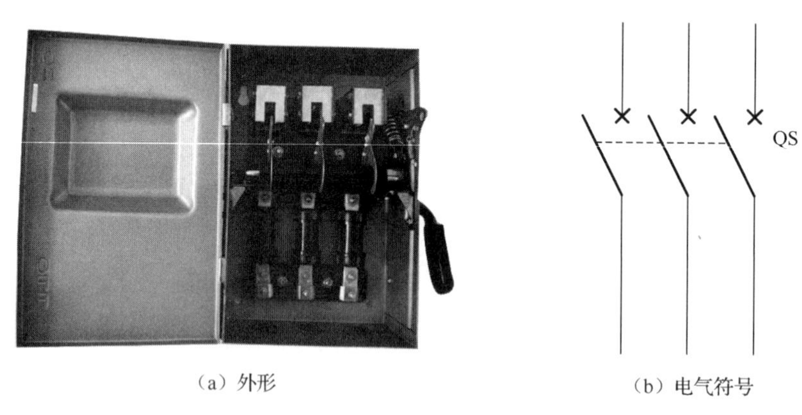

（a）外形　　（b）电气符号

图 2.33　封闭式负荷开关外形及电气符号

2）刀开关的选择

（1）应根据刀开关的作用和装置的安装形式来选择是否带灭弧装置，若分断负载电流时，应选择带灭弧装置的刀开关。根据装置的安装形式来选择正面、背面或侧面操作，直接操作或杠杆传动，板前接线或板后接线等结构形式。

（2）选择刀开关的额定电流一般应不小于所分断电路中各个负载额定电流的总和。

（3）刀开关用在低压配电中，带有明显断口，常用于楼层配电箱、计量箱、终端组电器中。熔断器式负荷开关具有刀开关和熔断器的双重功能，用在低压配电屏上。开启式负荷开关用作电源开关和小容量电动机非频繁起动的操作开关。封闭式负荷开关的操作机构具有速断弹簧与机械联锁，用于非频繁起动、28kW 以下的三相异步电动机。

3）刀开关的安装

（1）刀开关的刀片应垂直安装，手柄向上为合闸状态，向下为分闸状态。只有在不切断电流的情况下，才允许水平安装。

（2）电源进线应接在静触头一边的进线端，进线座应在上方，用电设备应接在动触头一边的出线端，这样当开关断开时，闸刀和熔体均不带电，以保证更换熔丝时的安全。

（3）刀开关的动、静触头应有足够大的接触压力，接触良好，以免过热损坏。

（4）刀开关各相分闸动作应一致。

（5）有灭弧触头的刀开关，各相分闸动作应迅速一致。

（6）双投刀开关在分闸位置时，刀片应能可靠固定，不得使刀片有自行合闸的可能。

（7）封闭式负荷开关外壳应可靠接地，防止意外漏电造成触电事故。操作时人要在封闭式负荷开关的手柄侧，不要面对开关，以免意外故障使开关爆炸，铁壳飞出伤人。

（8）刀开关应按照产品使用说明书中规定的分断负载能力使用，分断严重过载将会引起持续燃弧，甚至造成相间短路，损坏开关。

（9）无灭弧罩的刀开关不应分断带电流的负载，只能作为隔离开关用，合闸顺序要先合上刀开关，再合上控制负载的开关电器，分闸顺序则相反，要先使控制负载的开关电器分闸，然后拉开刀开关。

2.1.4 照明装置的安装规程及竣工验收

1. 照明装置的安装规程

（1）所有的白炽灯、荧光灯、高压水银灯、碘钨灯等灯具、开关、插座、吊线盒和附件等必须安装可靠、完整无缺，所有灯具、开关、插座应视工作环境的需要进行安装，如在特别潮湿、有腐蚀性蒸气和气体的场所，易燃、易爆的场所和户外等处，应分别采用合适的防潮、防爆、防雨的灯具和开关。

（2）壁式白炽灯、吸顶式白炽灯应装牢在敷设面上，吊灯应装有吊线盒，每一只吊线盒只可装一盏电灯（多管荧光灯和特殊灯具除外）。吊灯线的绝缘必须良好，并不得有接头。在吊线盒内的接线应打好结扣，防止接线处受力使灯具跌落。超过 1kg 的灯具需用金属链条吊装或用其他方法支持，使吊灯线不受力。

（3）各种吊灯离地面距离不应低于 2m，潮湿、危险场所和户外应不低于 2.5m，低于 2.5m 的灯具外壳应妥善接地，最好是用 12～36V 的安全电压。

（4）各种照明开关必须串接在相线上，开关和插座离地面高度一般不低于 1.3m。特殊情况，插座可以装低，但离地面不低于 150mm，幼儿园、托儿所等处不允许装设低位插座。

（5）明装的开关、插座和吊线盒，应装牢在合适的绝缘底座上；暗装的开关和插座应装牢在出线盒内，出线盒要有完整的盖板。

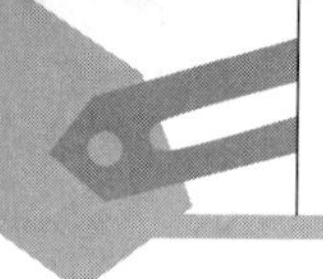

2. 照明装置的竣工验收

照明装置安装竣工以后，就要进行验收，在验收之前，安装人员必须对线路进行绝缘性能测试，然后对线路进行通电检查，最后对照明装置和线路的质量、安全进行竣工验收。

（1）对线路进行绝缘性能测试。线路的绝缘性能一般用 ZC25 系列 500V 绝缘电阻表进行测试。

① 单相线路需用绝缘电阻表测量相线与中性线间的绝缘电阻、相线与大地间的绝缘电阻及相线与用电设备外壳间的绝缘电阻。

② 三相四线制线路中，需要分别测量四根导线间的绝缘电阻及每根相线与大地间的绝缘电阻。

③ 在进行线路绝缘性能测试前，应取下线路上所有的熔断器插座及接在线路上所有的用电设备和器具，然后在每段线路熔断器的接线端子上进行测试。

④ 测量线路的绝缘电阻值，不应低于 0.5MΩ。

（2）对线路进行通电检查。通电前，需要安装好用电器具（如灯泡、家用电器或电气设备），并关断各用电器具的开关，插上各路熔断器的熔丝，合上总开关及分路开关，用验电器检查各用电器具是否带电，相线是否进开关，插座接线是否准确。

① 检查相线是否进开关。为了安全用电，相线必须进开关，以便调换灯泡等用电器具时不带电。

a. 开关接在相线上。若开关已接在相线上，如图 2.34 所示。

检查时，合上开关 SA，灯泡亮，然后用验电器分别测试开关 SA 两个接线端子 A 和 B，验电器的氖泡均应亮；断开开关 SA 时，灯泡不亮，然后用验电器分别测试开关 SA 两个接线端子 A 和 B，如果测得接相线的端子 A 上的氖泡亮，而接灯泡线的端子 B 上的氖泡不亮，此时说明相线是进开关的。

b. 开关接在中性线上。若开关错接在中性线上，如图 2.35 所示。

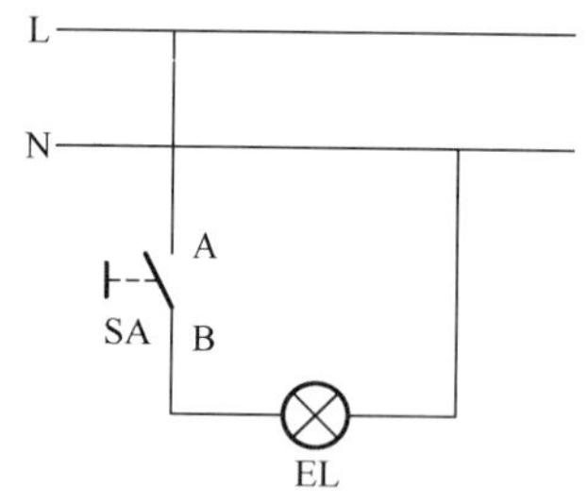

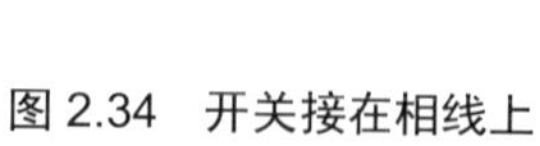
图 2.34　开关接在相线上

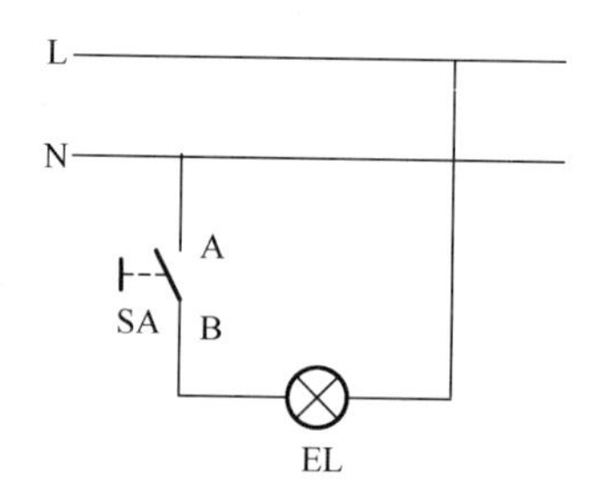

图 2.35　开关接在中性线上

检查时，合上开关 SA，灯泡亮，然后用验电器分别测试开关 SA 两个接线端子 A 和 B，验电器的氖泡均不亮；断开开关 SA 时，灯泡不亮，然后用验电器分别测试开关 SA 两个接线端子 A 和 B，如果测得接中性线的端子 A 上的氖泡不亮，而接灯泡线的端子 B 上的氖泡亮，此时说明中性线进开关，而相线进灯头，应将相线改接进开关。

② 检查插座接线。先用校灯对所有的插座进行检查，如所有插座检查时校灯均亮，然后用验电器检查相线是否按规定接入插座，如接错应改接过来。若不改过来，虽然对正常用电不会有影响，但这是技术规程所规定的，对以后检修插座及使用家用电器和电气设备有利。

对于单相两孔和单相三孔插座的相线是否接线正确，只要用验电器即可测试出来，而对于单相三孔插座左孔的中性线与上孔的保护地线或保护零线是否接线正确，可以打开插座盒盖，查看三根引入线的颜色即可判断。一般规定，相线的引入线为红色（其余两相为黄色和绿色），中性线为淡蓝色，保护地（零）线为黄绿双色线。单相三孔插座的接线如图 2.36 所示。

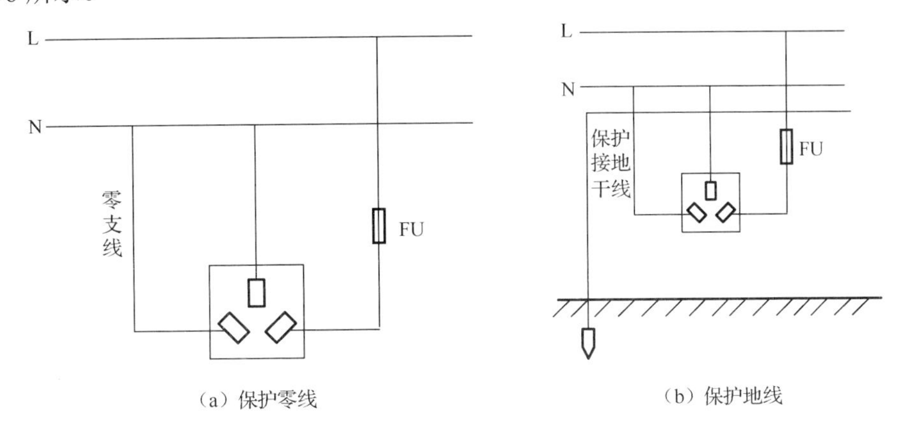

图 2.36　单相三孔插座的接线

图 2.37 所示为三相五线制供电时的单相三孔插座的接线。这种供电方式下的插座接线就非常方便，用户能省去许多麻烦，而且安全可靠，是一种正在推广的供电方式，尤其对于高层住宅楼内有变压器或变压器距住宅很近的场合，三相五线制是非常容易实现的。接线时将单相三孔插座的右面端子接相线，左面端子接工作零线，上面一个端子接专用保护零线。

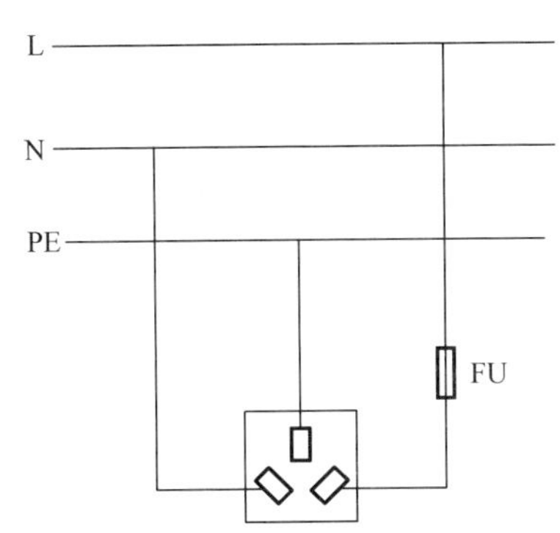

图 2.37　三相五线制供电时的单相三孔插座的接线

图 2.38 所示为单相三孔插座的两种错误接法。

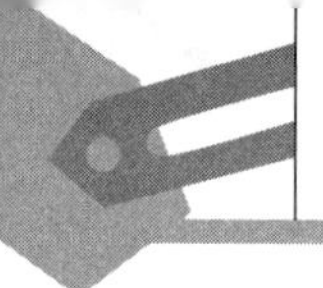

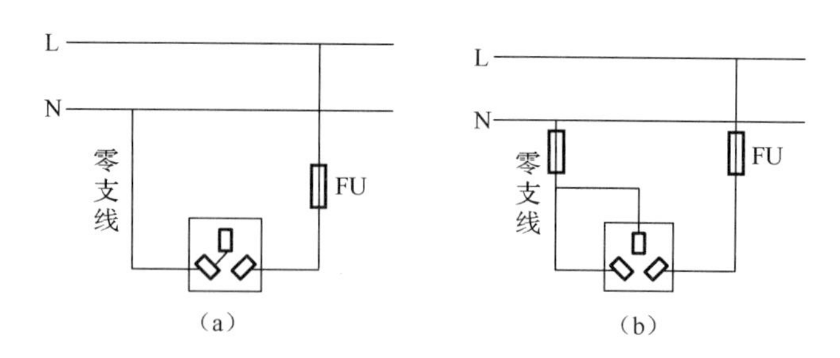

图 2.38　单相三孔插座的两种错误接法

图 2.38（a）所示为单相三孔插座的保护接地（接零）端子与工作零线端子连接后和零支线连接；图 2.38（b）所示为单相三孔插座的保护接地（接零）端子和工作零线端子均与零支线连接。若零支线断路，则接在单相三孔插座上的电气设备外壳将带 220V 电压，人体触及就会触电。

当图 2.38（a）中的零支线断路时，电气设备外壳带 220V 电压的通路如图 2.39 所示。

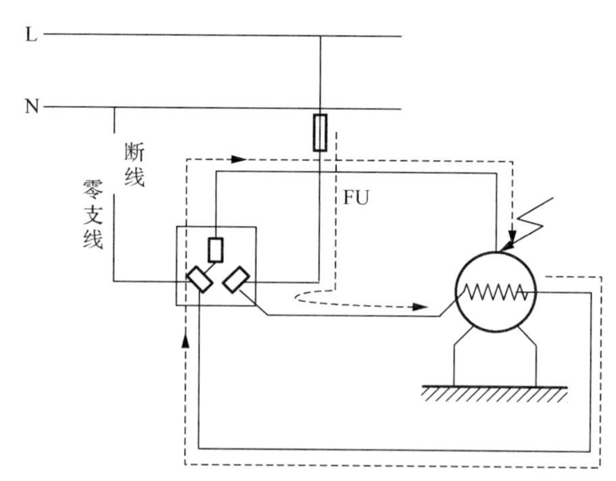

图 2.39　电气设备外壳带 220V 电压的通路

（3）竣工验收内容如下。

① 检查电气器具及支架安装是否牢固，是否安装在圆木、方木和梁的中心位置。

② 观察灯具、开关及插座安装是否平正、牢固，高度是否符合要求。其垂直度偏差应不大于 1.5mm/m，相邻高度差不能大于 2mm。

③ 选用的导线、支持物和器材是否符合技术要求的规定。

④ 照明配电箱安装是否平正，位置是否偏差，部件是否齐全，暗装配电箱的箱盖是否紧贴墙面，垂直度偏差应不大于 1.5mm/m。

⑤ 接线是否牢固，绝缘缠绕包带是否符合要求。

⑥ 电气器具和配电箱的接地线安装是否牢固、有效，接地线与相线及中性线是否有明显区分。

任务 2.2　照明电路的安装

2.2.1 典型照明电路的接线图

1. 白炽灯照明电路

1）一灯一控照明电路

一灯一控照明电路就是用一只单联开关控制一盏灯的照明电路，如图 2.40 所示，安装接线时要注意通过开关的电流值不能超过该开关允许的范围。

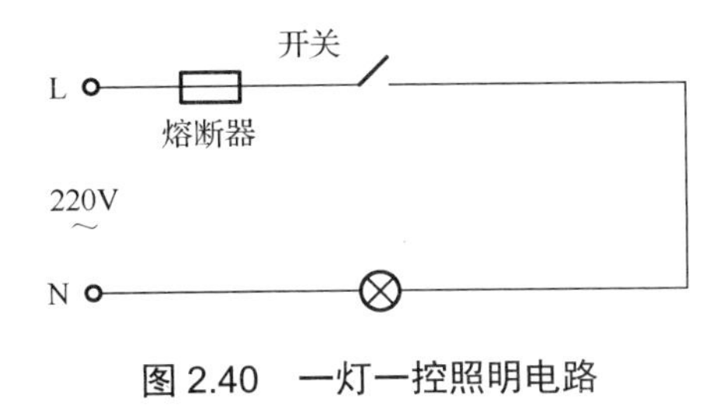

图 2.40　一灯一控照明电路

2）一灯双控照明电路

在日常生活中，经常需要用两个开关来控制一盏灯，如楼梯上有一盏灯，要求上、下楼梯口处各安装一个开关，使人员上、下楼时都能开灯或关灯，这就需要一灯双控照明电路，如图 2.41 所示。

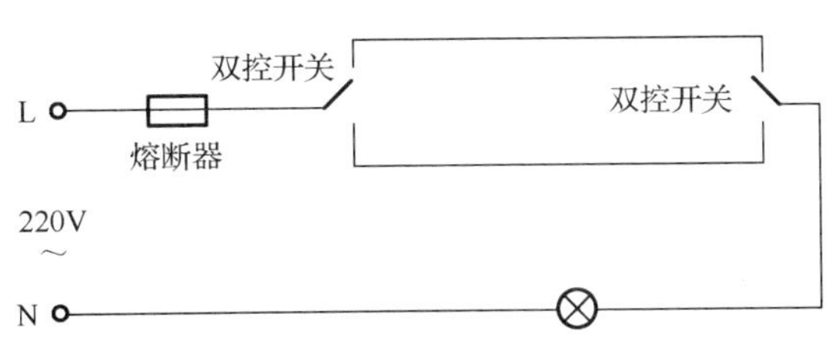

图 2.41　一灯双控照明电路

3）一灯三控照明电路

一灯三控照明电路是指用三个开关来控制一盏灯的电路，如图 2.42 所示。两个开关用单联双控开关，一个开关用双联双控开关。三个开关中的任何一个都可以独立地控制电路通断。

4）一控双（多）灯照明电路

一控双（多）灯照明电路是指用一只单联开关控制两盏及两盏以上灯的照明电路，此时两盏或多盏灯是并联的，如图 2.43 所示。在其他照明电路的并联连接中，如灯与插座的并联连接，也可采用类似方法。

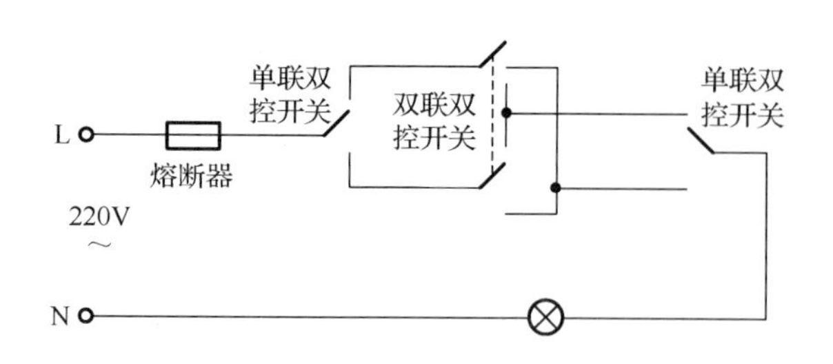

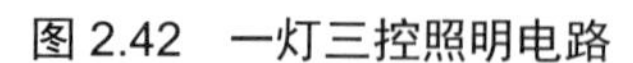
图 2.42　一灯三控照明电路

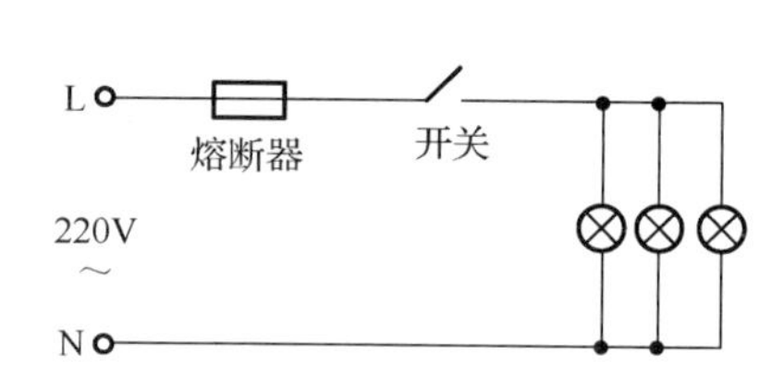

图 2.43　一控双（多）灯照明电路

2. 碘钨灯照明电路

当碘钨灯通电后，管内温度升高，碘和灯丝蒸发出来的钨化合成挥发性的碘化钨。碘化钨在靠近灯丝的高温处又分解为碘和钨，钨留在灯丝上，而碘又回到温度较低的位置，依此循环，从而提高了灯的发光效率和灯丝寿命。碘钨灯照明电路如图 2.44 所示。

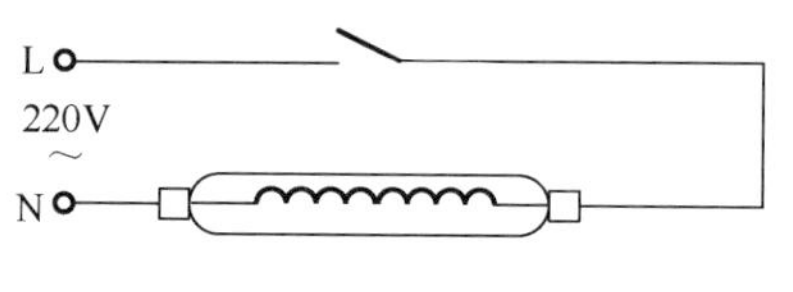

图 2.44　碘钨灯照明电路

3. 荧光灯照明电路

1）单灯管荧光灯照明电路

单灯管荧光灯照明电路如图 2.45 所示。当荧光灯接入电路以后，启辉器两个电极间开始辉光放电，于是电源、镇流器、灯丝和启辉器构成一个闭合回路。电流使灯丝预热，当受热时间 1～3s 后，启辉器两个电极间的辉光放电熄灭，当两个电极断开的瞬间，电路中的电流突然消失，于是镇流器产生一个高压脉冲，它与电源叠加后，加到灯管两端，使灯管内的惰性气体电离而引起弧光放电。

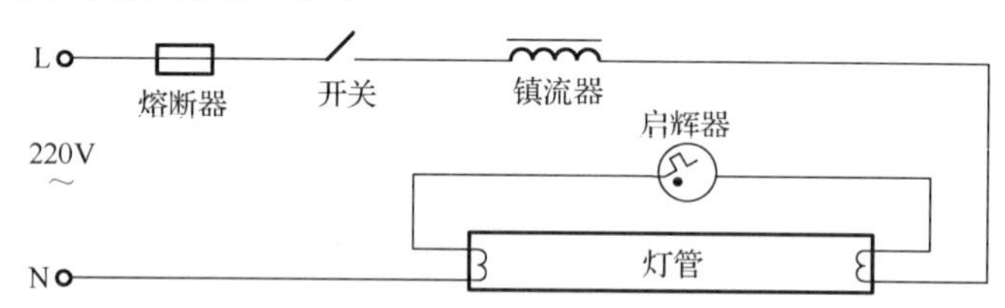

图 2.45　单灯管荧光灯照明电路

2）双灯管荧光灯照明电路

为了获得更好的照明，可以采用两根灯管共同照明的方式，双灯管荧光灯照明电路如图 2.46 所示。这些荧光灯必须为每根灯管配备单独的镇流器和启辉器。一般在接线时应尽可能减少外部接头。安装荧光灯时，镇流器、启辉器必须和电源电压、灯管功率相配合。这种电路一般用于厂矿和户外广告等要求照明度较高的场景。

4. 高压水银灯照明电路

高压水银灯有镇流式和自镇流式两种类型，其通常采用并联补偿电容的电感镇流器，如果是自镇流式高压水银灯，由于在外泡壳内安装了一根钨丝作为镇流器，因此不必再外接镇流器。高压水银灯照明电路如图 2.47 所示。

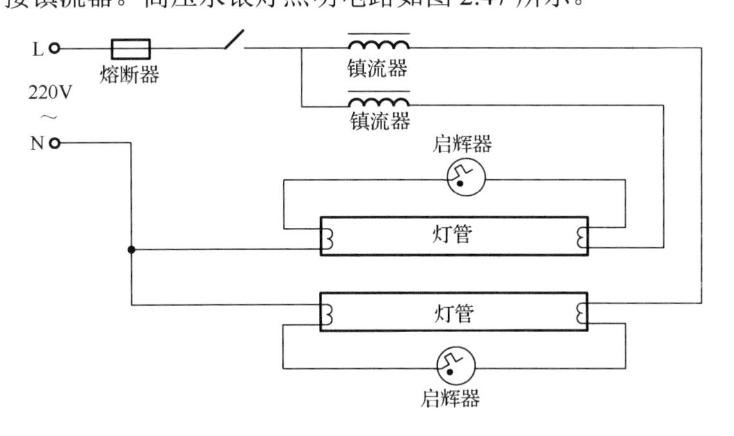

图 2.46　双灯管荧光灯照明电路

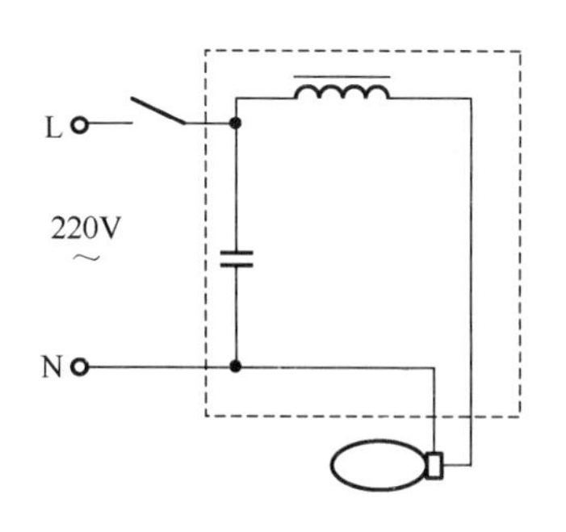

图 2.47　高压水银灯照明电路

5. 管型氙灯照明电路

管型氙灯属于高气压自持弧光放电灯，所以在起动时，钍钨电极的温度为周围大气温度，没有发射电子，灯管内氙气也没有电离，因此需要用专门的起动装置“触发器”进行引燃。起动时按下按钮 SB，接触器 KM 线圈获电，KM 常开触点闭合，触发控制端被接通，产生高压，导致氙灯内的氙气电离发光。管型氙灯照明电路如图 2.48 所示，其中ϕ_1 是高压输出端，应注意绝缘。

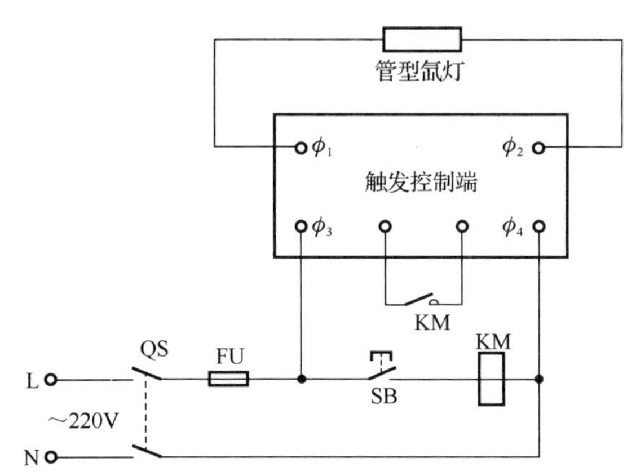

图 2.48　管型氙灯照明电路

6. 高压钠灯照明电路

高压钠灯起动需要 1000～2500V 的起动电压，点燃后在较低电压下工作，因此，高压钠灯照明电路包括镇流器和产生高压脉冲的附加起动装置。电路中供起动用的是热继电器的双金属片热控开关，起动时，电流经过双金属片的常闭触点和加热线圈，加热线圈产生的热量使常闭触点受热断开，镇流器产生的高压脉冲使钠蒸气击穿放电。起动后，借助放电管的高温使双金属片保持断开状态。高压钠灯照明电路如图 2.49 所示。

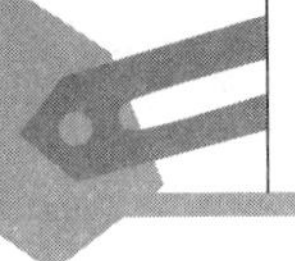

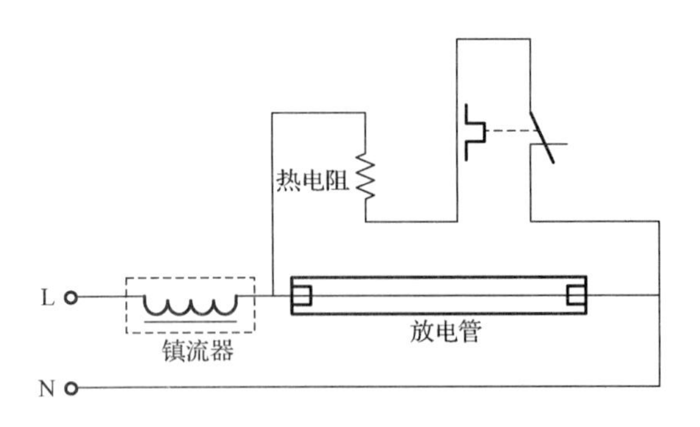

图 2.49　高压钠灯照明电路

2.2.2 照明电路的常见故障及排除方法

1. 照明电路的常见故障

照明电路的常见故障主要有断路、短路和漏电三种。

1）断路

相线、零线均可能出现断路。断路故障发生后，负载将不能正常工作。三相四线制供电线路负载不平衡时，如零线断线会造成三相电压不平衡，负载大的一相相电压降低，负载小的一相相电压增高，如负载是白炽灯，则一相灯光会变得暗淡，而接在另一相上的灯会变得很亮，同时零线断路负载侧将出现对地电压。

产生断路的原因主要是熔丝熔断、线头松脱、断线、开关没有接通、铝线接头腐蚀等。

如果一个灯泡不亮而其他灯泡都亮，应首先检查灯丝是否烧断；若灯丝未断，则应检查开关和灯头是否接触不良、有无断线等。为了尽快查出故障点，可用验电器测灯座（灯头）的两极是否有电，若两极都不亮（带灯泡测试）说明相线断路；若两极都亮，说明中性线（零线）断路；若一极亮一极不亮，说明灯丝未接通。对于荧光灯来说，应对启辉器进行检查。如果几个灯泡都不亮，应首先检查总保险丝是否熔断或总闸是否接通，也可用上述方法及验电器判断故障。

2）短路

短路故障表现为熔断器熔丝爆断；短路点处有明显烧痕、绝缘碳化，严重的会使导线绝缘层烧焦甚至引起火灾。

造成短路的原因主要是用电器具接线不好，以致接头碰在一起；灯座或开关进水，螺口灯头内部松动或灯座顶芯歪斜碰及螺口，造成内部短路；导线绝缘层损坏或老化，并在零线和相线的绝缘处碰线。

当发现短路打火或熔丝熔断时应先查出发生短路的原因，找出短路故障点，处理后更换熔丝，恢复送电。

3）漏电

漏电不但造成电力浪费，还可能造成人身触电伤亡事故。

产生漏电的原因主要有相线绝缘损坏而接地、用电设备内部绝缘损坏而使外壳带电等。

漏电保护装置一般采用漏电开关。当漏电电流超过整定电流值时，漏电开关动作切断电路。若发现漏电开关动作，应查出漏电接地点并进行绝缘处理后再通电。照明线路的接

地点多发生在穿墙部位和靠近墙壁或天花板等部位。漏电检查应按以下步骤操作。

（1）判断是否漏电。在被检查建筑物的总开关上接一只电流表，接通全部电灯开关，取下所有灯泡，进行仔细观察。若电流表指针摇动，则说明漏电。指针偏转的多少，取决于电流表的灵敏度和漏电电流的大小。若偏转多则说明漏电大，确定漏电后可按下一步继续进行检查。

（2）判断漏电类型。判断是相线与零线间的漏电，还是相线与大地间的漏电，或者是两者兼而有之。以接入电流表检查为例，切断零线，观察电流表的变化，电流表指示不变，是相线与大地间的漏电；电流表指示为零，是相线与零线间的漏电；电流表指示变小但不为零，则表明相线与零线、相线与大地间均有漏电。

（3）确定漏电范围。取下分路熔断器或拉下闸刀开关，电流表若不变化，则表明是总线漏电；电流表指示为零，则表明是分路漏电；电流表指示变小但不为零，则表明总线与分路均有漏电。

（4）找出漏电点。按前面介绍的方法确定漏电的线段后，依次拉断该线路灯具的开关，当拉断某一开关时，电流表指针回零则这一分路漏电，电流表指针变小则说明除该分路漏电外还有其他漏电处。若所有灯具的开关都拉断后，电流表指针仍不变，则说明该段总线漏电。

2. 照明设备的常见故障及排除方法

1）开关的常见故障及排除方法

开关的常见故障及排除方法见表 2-1。

表 2-1 开关的常见故障及排除方法

故障现象	产生原因	排除方法
开关操作后电路不通	压线螺钉松脱，导线与开关导体不能接触	打开开关盖，紧固压线螺钉
	内部有杂物，使开关触片不能接触	打开开关盖，清除杂物
	机械卡死，拨不动	给机械部位加润滑油，机械部分损坏严重时，应更换开关
接触不良	压线螺钉松脱	打开开关盖，压紧压线螺钉
	开关触头上有污物	断电后，清除污物
	拉线开关触头磨损、打滑或烧毛	断电后修理或更换开关
开关烧坏	负载短路	处理短路点，并恢复供电
	长期过载	减轻负载或更换容量大一级的开关
漏电	开关盖损坏或开关内部接线头外露	重新配全开关盖，并接好开关的电源连接线
	受潮或雨淋	断电后进行烘干处理，并加装防雨措施

2）插座的常见故障及排除方法

插座的常见故障及排除方法见表 2-2。

表 2-2　插座的常见故障及排除方法

故障现象	产生原因	排除方法
插头插上后不通电或接触不良	插头压线螺钉松动，连接导线与插头片接触不良	打开插头，重新压接导线与插头压线螺钉
	插头根部电源线在绝缘皮内部折断，造成时通时断	剪断插头根部一段导线，重新连接
	插座口过松或插座触片位置偏移，使插头接触不上	断电后，将插座触片收拢一些，使其与插头接触良好
	插座引线与插座压线螺钉松开，引起接触不良	重新连接插座电源线，并旋紧压线螺钉
插座烧坏	插座长期过载	减轻负载或更换容量大的插座
	插座连接线处接触不良	紧固压线螺钉，使导线与触片连接好并清除生锈物
	插座局部漏电引起短路	更换插座
插座短路	导线接头有毛刺，在插座内松脱引起短路	重新连接导线与插座，在接线时要注意将接线毛刺清除
	插座的两个插口相距过近，插头插入后碰连引起短路	断电后，打开插座修理
	插头内部压线螺钉脱落引起短路	重新把压线螺钉旋进螺母位置，固定紧
	插头负载端短路，插头插入后引起弧光短路	消除负载短路故障后，断电更换同型号的插座

3）荧光灯的常见故障及排除方法

荧光灯的常见故障及排除方法见表 2-3。

表 2-3　荧光灯的常见故障及排除方法

故障现象	产生原因	排除方法
荧光灯不能发光	停电或熔丝烧断导致无电源	找出断电原因，检修好故障后恢复送电
	灯管漏气或灯丝断	用万用表检查或观察荧光粉是否变色，如确认灯管坏，可换新灯管
	电源过低	不必修理
	新装荧光灯接线错误	检查线路，重新接线
	电子镇流器整流桥开路	更换整流桥
荧光灯灯光抖动或两端发红	接线错误或灯座的灯脚松动	检查线路或修理灯座
	电子镇流器的谐振电容器容量不足或开路	更换谐振电容器
	灯管老化，灯丝上的电子发射将尽，放电作用降低	更换灯管
	电源电压过低或线路电压降过大	升高电压或加粗导线
	气温过低	用热毛巾对灯管加热

续表

故障现象	产生原因	排除方法
灯光闪烁或管内有螺旋滚动光带	电子镇流器的大功率晶体管开焊接触不良或整流桥接触不良	重新焊接
	新灯管暂时现象	使用一段时间，会自行消失
	灯管质量差	更换灯管
灯管两端发黑	灯管老化	更换灯管
	电源电压过高	调整电源电压至额定电压
	灯管内水银凝结	灯管工作后即能蒸发或将灯管旋转180°
灯管光度降低	灯管老化	更换灯管
	灯管上积垢太多	清除灯管积垢
	气温过低或灯管处于冷风直吹位置	采取遮风措施
	电源电压过低或线路电压降过大	调整电压或加粗导线
灯管寿命短或发光后立即熄灭	开关次数过多	减少不必要的开关次数
	新装灯管接线错误将灯管烧坏	检修线路，改正接线
	电源电压过高	调整电源电压
	受剧烈振动，使灯丝振断	调整安装位置或更换灯管
断电后灯管仍发微光	荧光粉余辉特性	过一会儿将自行消失
	开关接到了零线上	将开关改接至相线上
灯管不亮，灯丝发红	高频振荡电路不正常	检查高频振荡电路，重点检查谐振电容器

4）白炽灯的常见故障及排除方法

白炽灯的常见故障及排除方法见表 2-4。

表 2-4　白炽灯的常见故障及排除方法

故障现象	产生原因	排除方法
灯泡不亮	灯泡钨丝烧断	更换灯泡
	开关触点接触不良	把接触不良的触点修复，无法修复时，应更换完好的触点
	停电或电路开路	修复线路
	电源熔断器熔丝烧断	检查熔丝烧断的原因并更换熔丝
灯泡强烈发光后瞬时烧毁	灯丝局部短路（俗称“搭丝”）	更换灯泡
	灯泡额定电压低于电源电压	换用额定电压与电源电压一致的灯泡
灯光忽亮忽暗或忽亮忽熄	灯座、开关触点或接线松动，或因表面存在氧化层（铝质导线、触点易出现）	修复松动的触点或接线，去除氧化层后重新接线，或去除触点的氧化层

续表

故障现象	产生原因	排除方法
灯光忽亮忽暗或忽亮忽熄	电源电压波动（通常附近有大容量负载经常起动）	更换配电所变压器，增加容量
	熔断器熔丝接头接触不良	重新安装，或加固压紧螺钉
	导线连接处松散	重新连接导线
开关合上后熔断器熔丝烧断	灯座或吊线盒连接处两线头短路	重新接线头
	螺口灯座内中心铜片与螺旋铜圈相碰、短路	检查灯座并扳准中心铜片
	熔丝太细	正确选用熔丝规格
	线路短路	修复线路
	用电器发生短路	检查用电器并修复
灯光暗淡	灯泡内钨丝挥发后积聚在玻璃泡壳内表面，透光度降低，同时由于钨丝挥发后变细，电阻增大，电流减小，光通量减小	正常现象
	灯座、开关或导线对地严重漏电	更换完好的灯座、开关或导线
	灯座、开关接触不良，或导线连接处接触电阻增加	修复接触不良的触点，重新连接接头
	线路导线太长太细，线路压降太大	缩短线路长度或更换较大截面的导线
	电源电压过低	调整电源电压

5）漏电开关的常见故障

漏电开关的常见故障有拒动作和误动作。拒动作指线路或设备已发生预期的触电或漏电时漏电保护装置拒绝动作；误动作指线路或设备未发生触电或漏电时漏电保护装置动作。

漏电开关的常见故障见表 2-5。

表 2-5　漏电开关的常见故障

故障现象	产生原因
拒动作	漏电动作电流选择不当。选用的漏电开关动作电流过大或整定过大，而实际产生的漏电值没有达到规定值，使漏电开关拒动作
	接线错误。在漏电开关后，如果把保护线（PE 线）与中性线（N 线）接在一起，发生漏电时，漏电开关将拒动作
	产品质量低劣，零序电流互感器二次电路断路、脱扣元件故障
	线路绝缘阻抗降低

续表

故障现象	产生原因
误动作	接线错误，误把保护线（PE 线）与中性线（N 线）接反
	在照明和动力合用的三相四线制电路中，错误地选用三极漏电开关，负载的中性线直接接在漏电开关的电源侧
	漏电开关后方有中性线与其他回路的中性线连接或接地，或后方有相线与其他回路的同相相线连接，接通负载时会造成漏电开关误动作
	漏电开关附近有大功率电器，当其开合时产生电磁干扰，或附近装有磁性元件或较大的导磁体，在互感器铁芯中产生附加磁通量而导致误动作
	当同一回路的各相不同步合闸时，先合闸的一相可能产生足够大的泄漏电流
	漏电开关质量低劣，元件质量不高或装配质量不好，降低了漏电开关的可靠性和稳定性，导致误动作
	环境温度、相对湿度、机械振动等超过漏电开关设计条件

任务 2.3　低压进户装置及配电箱的安装

2.3.1 低压进户装置的安装

进户装置是建筑内部线路的电源引接点。进户装置由进户线杆或角钢支架上装的绝缘子、进户线（从用户外第一支持点到户内第一支持点之间的连接绝缘导线）和进户管几部分组成。

低压进户线

1. 低压进户线的种类

低压进户线是从低压配电线路的接户线末端至用户受电设备之间的一段线路，进户线通过穿墙套管引入户内，进户线归用户运行维护。其一般分为低压单相进户线、低压单相单独进户线、低压单相单体进户线和低压三相进户线几种类型，如图 2.50 所示。

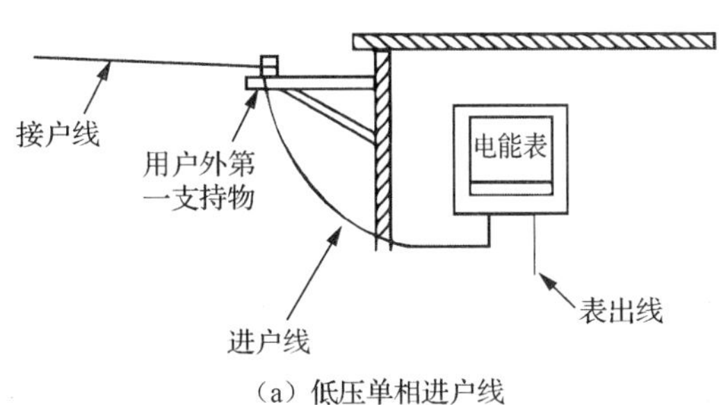

（a）低压单相进户线

图 2.50　低压进户线的种类

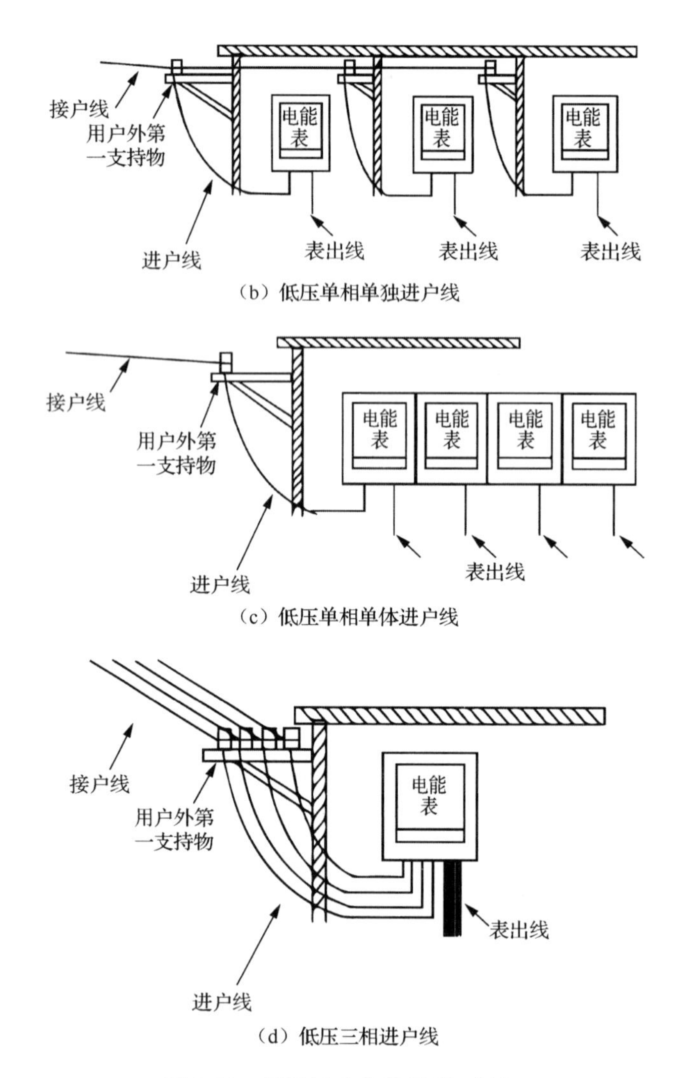

图 2.50　低压进户线的种类（续）

2. 低压进户方式

低压进户方式包括进户供电的相数、进户装置的结构形式。

（1）进户供电的相数。电业部门根据低压用户的用电申请，将根据用户所在地的低压供电线路容量和用户分布等情况决定给以单相两线、两相三线、三相三线或三相四线制的供电方式。凡兼有单相和三相用电设备的用户，以三相四线制供电，能分别为单相 220V 和三相 380V 的用电设备提供电源。凡只有单相用电设备的用户，在一般情况下，申请用电在 30A 及以下的（申请临时用电为 50A 及以下）通常均以单相两线制供电；若申请用电在 30A 以上的（申请临时用电为 50A 以上）应以三相四线制供电。因为这样能避免公共配电变压器出现严重的三相负载不平衡现象，所以用户必须把单相负载平均分接在三个单相回路上。

（2）进户装置的结构形式（也称进户方式）。进户方式由用户建筑结构、进户供电的相数和供电线路状况等因素决定，几种常用的进户方式如图 2.51 所示。

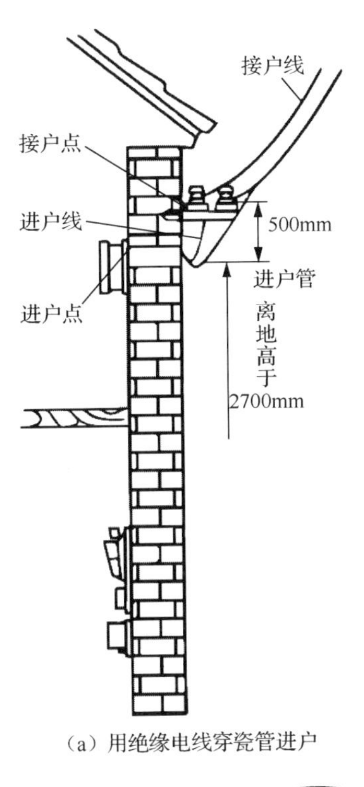

（a）用绝缘电线穿瓷管进户

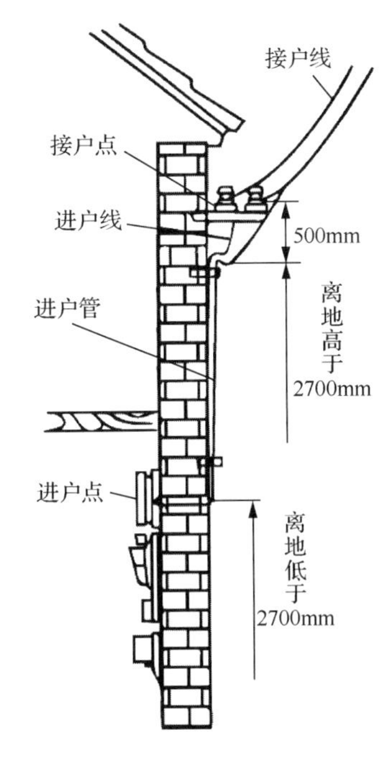

（b）用绝缘电线穿线管或用塑料护套线穿钢管进户

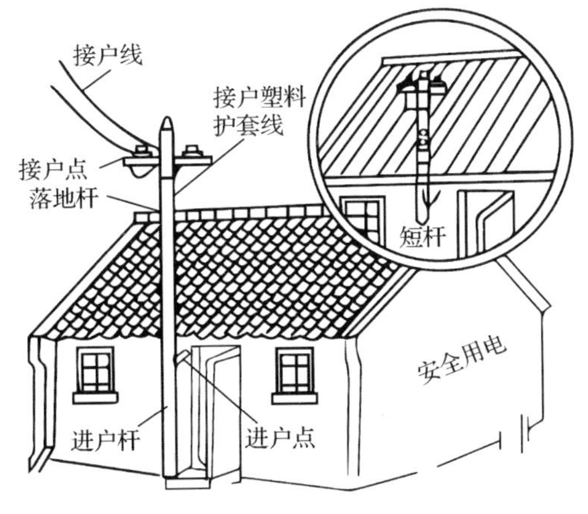

（c）用绝缘电线穿线管或用塑料护套线穿瓷管进户

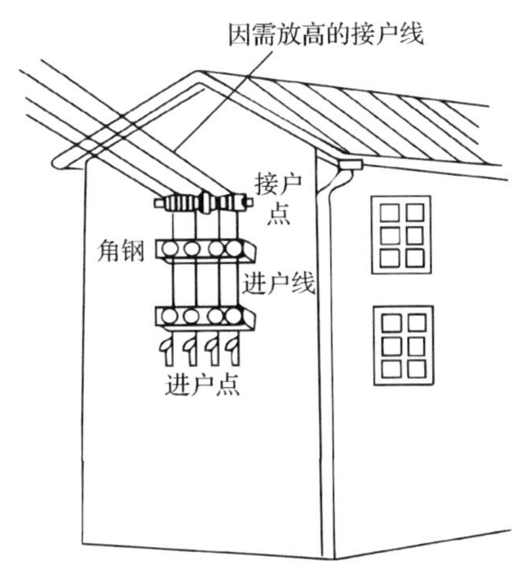

（d）固定安装进户

图 2.51　几种常用的进户方式

用绝缘电线穿瓷管进户，进户点离地垂直高度不低于 2700mm，如图 2.51（a）所示。用绝缘电线穿线管或用塑料护套线穿钢管进户，进户点离地垂直高度低于 2700mm，而接户点高于 2700mm，如图 2.51（b）所示。用绝缘电线穿线管或用塑料护套线穿瓷管进户，进户点离地垂直高度低于 2700mm，接户点加装进户杆后高于 2700mm，如图 2.51（c）所示。进户点离地垂直高度高于 2700mm，而接户线因需跨越路面、河道或其他障碍物而放高，此时进户点与接户点之间的距离拉长，进户线需做固定安装进户，如图 2.51（d）所示。

3. 进户杆的安装

凡是进户点低于 2700mm 或从架空配电线路的电杆至用户外第一支持点间的导线因安全需要而升高等原因，都需加装进户杆来支持接户线和进户线。进户杆一般采用混凝土杆或木杆，可分为长杆和短杆两种，如图 2.52 所示。

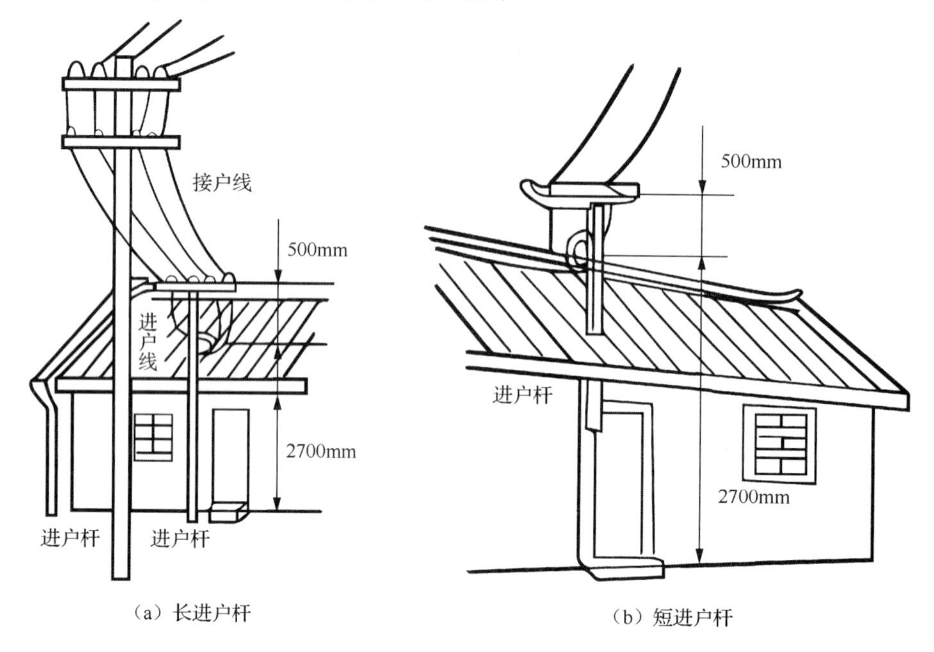

（a）长进户杆　　（b）短进户杆

图 2.52　进户杆

（1）混凝土杆安装前，应检查有无弯曲、裂缝或疏松等情况。

（2）木杆埋入地面深度应按表 2-6 的规定。埋入地下前，应对地面以上 300mm 和地下 500mm 的一段，采用烧根或涂柏油等方法进行防腐处理。如用短木杆与建筑物连接时，应用两道通墙螺栓或抱箍等紧固，两道紧固点的中心距离不应小于 500mm。

表 2-6　木杆埋入地面深度

杆类别	杆长/m										
	4	5	6	7	8	9	10	11	12	13	15
混凝土杆	—	—	—	1.4	1.5	1.6	1.7	1.8	1.9	2.0	2.5
木杆	1.0	1.0	1.1	1.2	1.4	1.5	1.7	1.8	1.9	2.0	—

（3）进户杆顶端应安装横担，横担上安装低压瓷绝缘子。常用的横担由镀锌角钢制成，若用来支持单相两线，一般规定角钢的规格不应小于 40mm×40mm×5mm；若用来支持三相四线，一般规定角钢的规格不应小于 50mm×50mm×6mm。两个瓷绝缘子在角钢上的距离不应小于 150mm。

（4）用角钢支架加装瓷绝缘子来支持接户线和进户线的安装形式如图 2.53 所示。

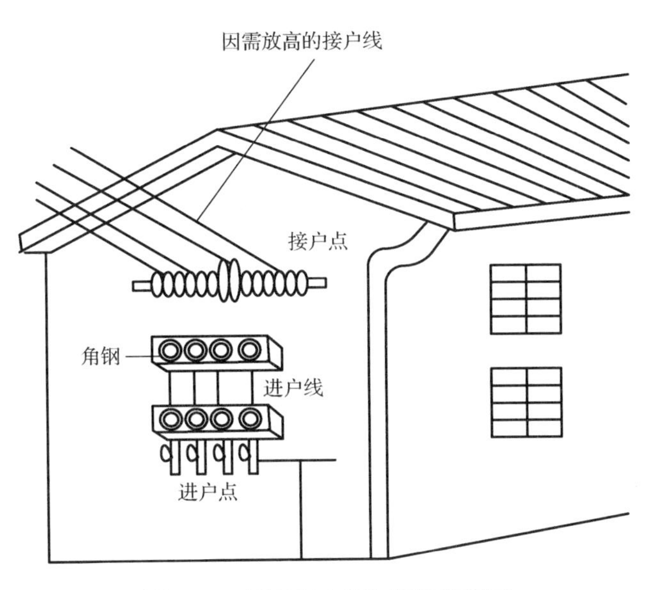

图 2.53　用角钢支架加装瓷绝缘子

4. 低压进户线的安装

（1）低压进户线必须选用绝缘良好的铝芯或铜芯导线，铝芯导线截面积不得小于 $2.5mm^2$，铜芯导线截面积不得小于 $1.5mm^2$，进户线之间不得有接头。进户线穿墙时，应套上绝缘子、塑料管或钢管。进户线安装形式如图 2.54 所示。

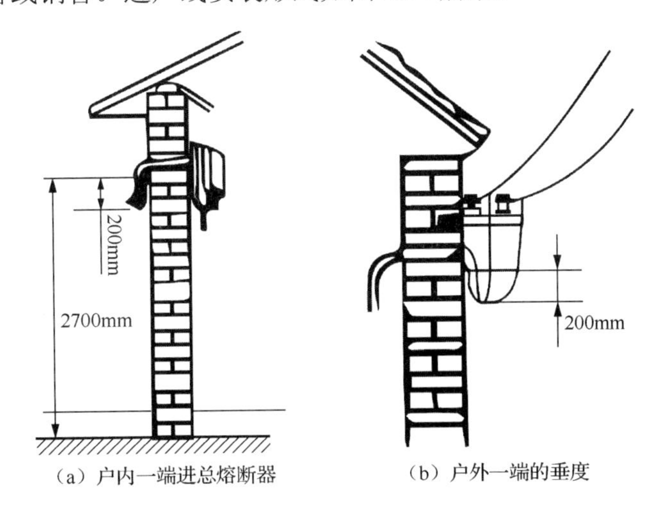

图 2.54　进户线安装形式

（2）进户线安装时应有足够的长度，户内一端一般接于总开关盒或熔丝盒内，户外一端与接户线连接后应保持 200mm 的垂度。

低压进户线的安装注意点如下。

① 常用的进户管有瓷管、塑料管和钢管三种，瓷管又分为弯口和反口两种。

② 进户管的管径应根据进户线的根数和截面积来决定，管内导线（包括绝缘层）的总面积不得大于管子有效截面积的 40%，最小管径不应小于 $\phi15mm$。

③ 进户瓷管必须每线一根且采用弯口瓷管，户外一头弯头朝下，以便防雨。当进户线截面积在 50mm^2 以上时，宜用反口瓷管。

④ 当一根瓷管的长度不大于进户墙壁的厚度时，可用两根瓷管紧密相连，或用塑料管代替瓷管。

⑤ 进户钢管必须使用镀锌钢管或经过涂漆的黑铁管。钢管两端应装护圈，户外一端必须有防雨弯头，进户线必须全部穿入一根钢管内，钢管外层必须有良好的保护接零。

2.3.2 低压照明配电系统

1. 照明配电系统

照明配电系统一般由馈电线、干线和分支线组成，如图 2.55 所示。馈电线是将电能从变配电所低压配电屏送至总配电箱的线路；干线是将电能从总配电箱送至各个分配电箱的线路（主干线），以及由分配电箱引出的供给多个照明电器的线路（支干线）；分支线是将电能从分配电箱或各个支干线送至各个照明装置的线路。

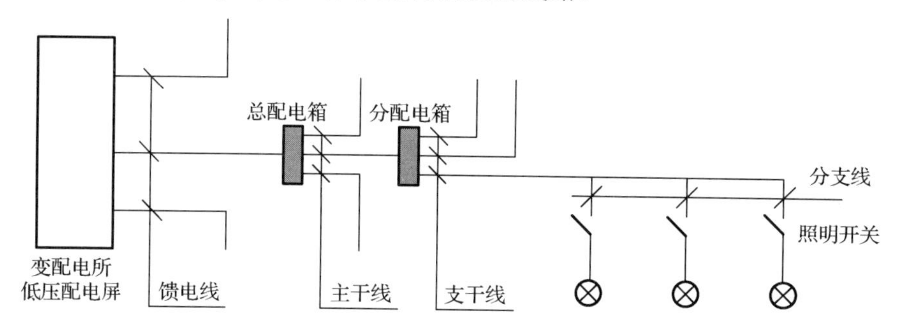

图 2.55 照明配电系统

照明配电系统由电表箱和开关箱组成，其基本结构如图 2.56 所示。

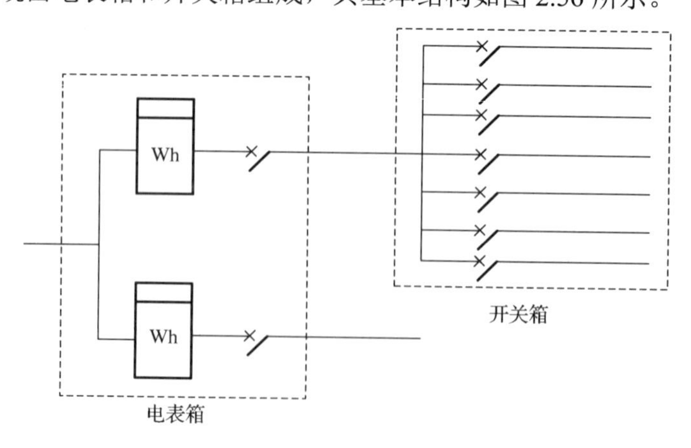

图 2.56 照明配电系统基本结构

2. 照明配电系统常用的接线方式

接线方式是指配电箱之间的连接方式，照明配电系统的接线方式，根据馈电线、干线和分支线的连接情况通常可分为以下四种。

（1）放射式接线。如图 2.57 所示，放射式接线用的导线较多，占用的低压配电回路较多，有色金属消耗量大，投资费用较高，但当线路发生故障时，受影响停电的范围较小。因此，对于较重要的负荷多采用放射式接线。图 2.57 所示的低压配电屏至总配电箱的配电均为放射式接线。

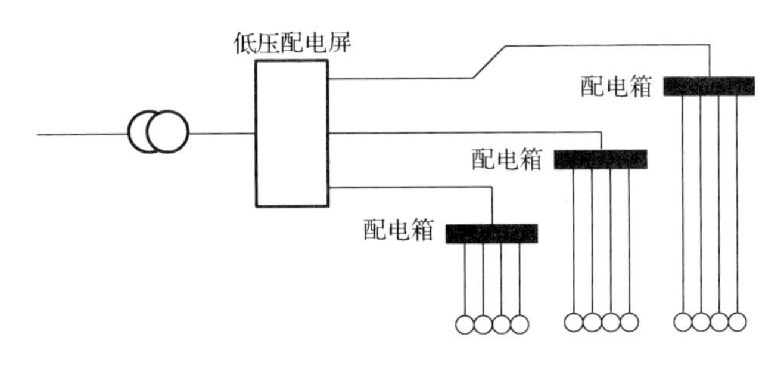

图 2.57　放射式接线

（2）树干式接线。如图 2.58 所示，树干式接线方式结构简单，投资费用和有色金属用料均较省，但在供电可靠性方面不如放射式接线，在一般性照明配电系统中应用较广泛。图 2.58 中由分配电箱引出的支干线也为树干式接线。

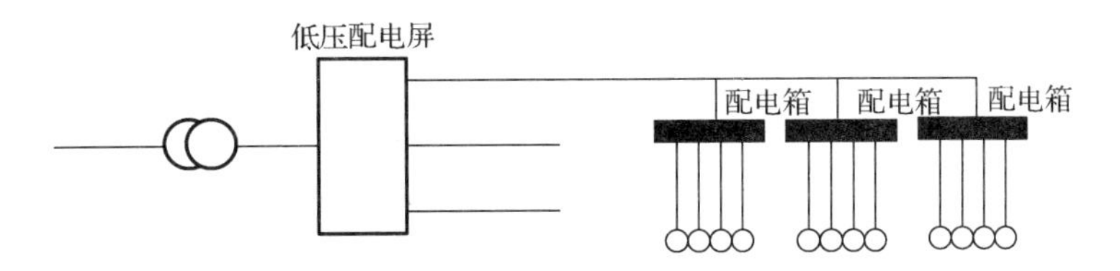

图 2.58　树干式接线

（3）链式接线。如图 2.59 所示，链式接线原理与树干式接线相同，二者的区别仅在于树干式接线的干线没有中间断点，而链式接线的干线在中间配电箱处是断开的。这种接线方式的投资费用和有色金属用料比树干式接线更省，但供电可靠性也比树干式接线更低，通常应用于干线敷设较困难的场合。

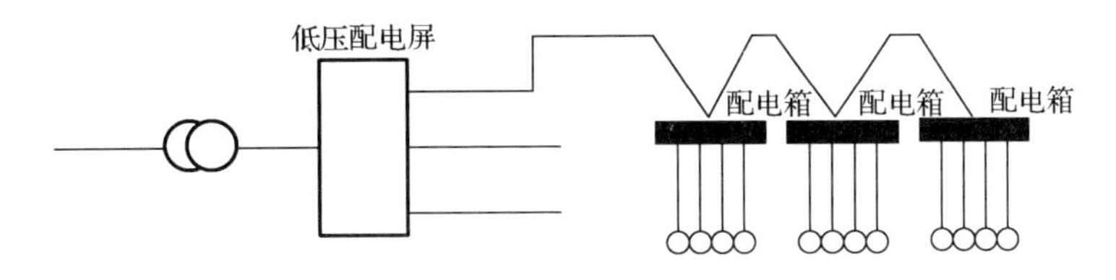

图 2.59　链式接线

（4）混合式接线。混合式接线是放射式接线和树干式（或链式）接线的组合使用方式，如图 2.60 所示。这种接线方式可根据配电箱的布置位置、容量、线路走向等综合考虑。在当前的照明设计中这种方式用得最为普遍。图 2.60 中由分配电箱至各个照明电器的配电即为放射式与树干式组成的混合式接线。

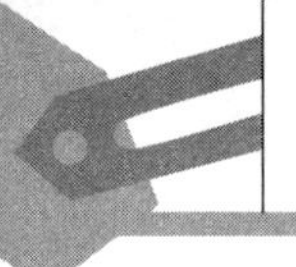

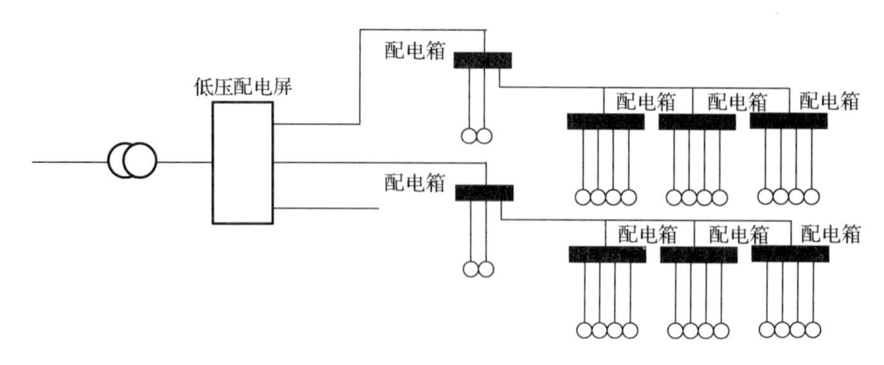

图 2.60 混合式接线

3. 配电箱的安装

低压配电箱按用途不同分为动力配电箱和照明配电箱两种；按安装方式分为明装（悬挂式）和暗装（嵌入式）；按制作材质分为铁质、木质及塑料制品配电箱；还有标准与非标准之分，标准箱系由工厂成套生产组装的，非标准箱是根据实际需要自行设计、制作或定制加工而成的。

（1）配电箱的位置应根据设计图样要求确定，当设计图样无明确要求时，一般应按以下原则确定。

① 配电箱应安装在靠近电源的进口处，以使电源进户线尽量短些，并应在尽量接近负荷中心的位置上，配电箱的供电半径一般为 30m 左右。

② 配电箱应装在清洁、干燥、明亮、不易受损、不易受振、无腐蚀性气体及便于抄表、维护和操作的地方。

③ 配电箱不宜设在建筑物的纵横墙交接处，建筑物外墙内侧，楼梯踏步的侧墙上，散热器的上方，水池或水门的两侧。如果必须安装在水池或水门的两侧时，其垂直距离应保持在 1m 以上，水平距离不得小于 0.7m。

④ 现场安装的配电箱（板）一般都是成套装置，主要是进行箱体预埋、管路与配电箱的连接、导线与盘面器具的连接及调试等工作。

（2）箱体的预埋及安装。

由于箱体预埋和进行箱内盘面安装接线的时间间隔较长，箱体应先和箱盖（门）、盘面解体，并做好标记存放，以防盘内电器元件及箱盖（门）损坏或油漆剥落。要按其安装位置和先后顺序分别存放好，待安装时对号入座。

在土建施工中，到达配电箱（板）安装高度（箱底边距地面高度宜为 1.5m，照明配电板底边距地面高度不宜低于 1.8m）时将箱体埋入墙内。箱体放置要平正、垂直（偏差应不大于 3mm），四周应无空隙，其面板四周边缘应紧贴墙面，不能缩进抹灰层内，也不得凸出抹灰层。配电箱外壁与墙有接触的部分均须涂防腐漆。

配电箱的宽度超过 500mm 时，要求土建时在其顶部安装混凝土过梁，以使箱体本身不受压。箱体周围应用水泥砂浆填实。

在厚度为 240mm 的墙上安装配电箱时，要将箱后背凹进墙内不小于 20mm，后壁要用

10mm 厚的石棉板或网孔为 10mm×10mm 的钢丝（直径为 2mm）网钉牢，再用 1∶2 的水泥砂浆抹好，以防墙面开裂。

挂墙式（明装式）终端组合电器按其安装尺寸先钻出螺栓孔或预埋木砖，然后打开电器箱上盖，按实际需要将箱体上的敲落孔敲穿，不用预埋箱体即可将其固定。对嵌墙式终端组合电器，当不用预埋套箱时，应根据外形尺寸的大小在墙上留预置孔，安装方法同挂墙式；当用预埋套箱时，应将套箱直接砌于墙内，并根据实际需要将套箱上的敲落孔敲穿，要求套箱与粉刷层平并，不得歪斜，然后固定箱体。在安装初期套箱内应撑以木条，以免墙砖荷重压坏套箱，影响终端电器箱的安装。采用预埋套箱后，可以保证产品的整洁、美观，开关元件不散落。故安装嵌墙式终端组合电器时应优先选用预埋套箱。

（3）管路与配电箱的连接。

配电箱箱体埋设后应进行管路与配电箱的连接。

① 钢管与铁质配电箱进行连接时，应先将管口套上螺纹，拧入锁紧螺母（根母），然后插入箱体内，再拧上锁紧螺母，露出 2～4 牙的长度拧上护圈帽（护口）即可，并焊好跨接接地线。

② 暗配钢管与铁质配电箱进行连接时，可以用焊接方法固定，管口露出箱体长度应小于 5mm，把管与跨接接地线先做横向焊接连接，再将跨接接地线与配电箱焊接牢固。

③ 塑料管进入配电箱时应保持顺直，长短一致，一管一孔。

④ 箱体严禁开长孔和用电、气焊开孔，要做到开口合适，切口整齐。

（4）配电箱内设备的检查及其与导线的连接。

① 箱内设备的检查。

a. 根据设计图样要求检查盘内的元器件规格选用是否正确，数量是否齐全，安装是否牢固。

b. 检查盘内导线引出面板的面板线孔是否光滑、无毛刺，金属面板应装设绝缘保护套加强绝缘。

c. 检查照明配电箱（板）内的零线和保护线汇流排是否分开设置，且零线和保护线在汇流排上应采用螺栓连接，并应有编号。

d. 检查盘内设备是否齐全，安装是否有歪斜处，固定是否牢固，瓷插式熔断器底座和瓷插件有无裸露金属螺钉，螺旋式熔断器电源线是否接在底座中心触头的端子上，负荷线是否接在螺纹壳的端子上。刀开关的动、静触头接触是否良好。

e. 检查电流互感器（一般负荷电流在 30A 及以上时应装电流互感器）的二次线是否采用单股铜芯导线，电流回路的导线截面积应不小于 4mm，电压回路的导线截面积应不小于 2.5mm。

电能表用的二次回路的连接导线中间不应有接头，导线与电器元件的压线螺钉要牢固，压线方向要正确。电能表的电流线圈必须与相线连接。三相电能表的电压线圈不能虚接。二次线必须排列整齐，导线两端应有明显标记和编号。

② 箱内设备与导线的连接。

a. 箱内设备与导线连接之前，应对箱体的预埋质量、线管配置情况进行检查，确认符合设计要求及施工验收规范的规定后，先清除箱内杂物，再进行安装接线。

b. 整理好配管内的电源线和负荷导线，引入、引出线应有适当余量，以便检修。管内导线引入盘面时应理顺整齐。多回路之间的导线不应有交叉现象。导线应以一线一孔穿过盘面，并一一对应于器具的端子等，盘面上接线应整齐美观，同一端子上的导线应不超过两根，导线芯线压头应牢固。

工作零线经过汇流排（或零线端子板）后，其分支回路排列位置应与开关或熔断器位置对应，面对配电箱从左到右编排为 1，2，3…，零母线在配电箱内不得串联。

凡多股铝芯线和截面积超过 2.5mm^2 的多股铜芯线与电气器具的端子连接时，应焊接或压接端子后再连接。

c. 开关、互感器、熔断器等应由上端接电源、下端接负荷或左侧接电源、右侧接负荷。排列相序时，面对开关从左侧起应为 L_1、L_2、L_3 或 L_1（L_2、L_3）、N。相线（L_1、L_2、L_3）颜色依次为黄、绿、红色，保护地线为黄绿相间色，工作零线为淡蓝色。开关及其他元件的导线连接应牢固，芯线无损伤。

d. 漏电开关前端零线上不应装设熔断器，防止熔体熔断后，相线漏电开关不动作。

（5）配电箱的安装工艺要求如下。

① 断路器按照照明配电系统的要求进行选项配置。

② 各断路器导线线径及线色选择要正确。

③ 各支路断路器出线端应套号码管，并标回路号。

④ 安装位置正确、部件齐全，箱体开孔与套管管径适配。

⑤ 箱内接线整齐，无绞接现象，回路编号齐全，标识正确。

⑥ 导线连接紧密，不伤芯线，不断股，同一端子接线不多于两根。

⑦ 箱内断路器开关动作灵活可靠，带有漏电保护回路，保护装置动作电流要求不大于 30mA，动作时间不大于 0.1s。

⑧ 箱内零线和保护地线必须分开，零线接零排，保护地线接地排。

⑨ 箱体安装牢固，垂直度允许偏差为 1.5%，底边距地面不小于 1.5m。

⑩ 通电检测时输出电压均应正常。

综合实训一　灯具、开关及插座安装

一、工具、仪器和器材

PVC 管（ϕ16、ϕ25）、PVC 杯疏（ϕ16、ϕ25）、PVC 直通（ϕ16、ϕ25）、暗盒（86 型）、照明配电箱、漏电开关、空气开关、管卡、螺口平灯座、白炽灯、荧光灯、启辉器、镇流器、荧光灯管座、一位双控荧光大板开关、单相三芯暗插座、手动弯管器、弯管弹簧、钢卷尺、水平尺、手锯弓、锯条。

二、工作程序及要求

1. 白炽灯照明线路（其原理图如图 2.61 所示）

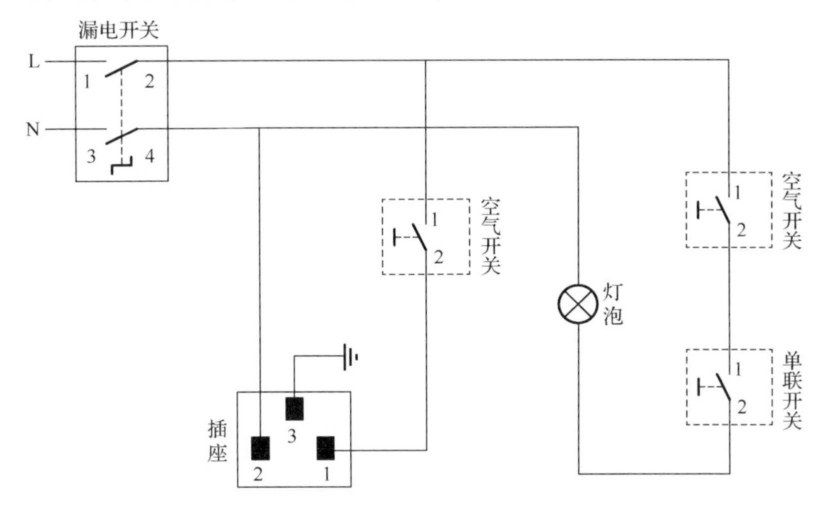

图 2.61　白炽灯照明线路原理图

（1）根据图纸确定电器安装的位置、导线敷设途径。

（2）在安装板上，将所有的固定点打好安装孔眼。

（3）装设管卡、PVC 管及各种安装支架等。

（4）根据白炽灯照明线路原理图接线。

（5）安装灯具和电器，将灯泡、开关及插座等安装固定好。

（6）检查接线正确的情况下，合上漏电开关的空气开关，合上插座的空气开关，用万用表测量插座的电压应为交流 220V。

（7）合上白炽灯的空气开关，再合上白炽灯的单联开关，白炽灯应点亮。

安装注意事项如下。

（1）使用的灯泡电压必须与电源电压相符，同时最好根据照度安装反光适度的灯罩。

（2）大功率白炽灯在安装使用时，要保证通风良好，避免灯泡过热而引起外壳与灯头松脱。

（3）对白炽灯的拆换和清洁工作，应关闭灯具开关后进行，注意不要触及灯泡螺口部分，以免触电。照明附件必须安装牢固，开关和灯座等应安装在木台的中央且不能倾斜。

（4）开关、插座的安装、接线应符合相关规定，以免出现质量事故。

2. 荧光灯照明线路（其原理图如图 2.62 所示）

（1）根据图纸确定电器安装的位置、导线敷设途径。

（2）在安装板上，将所有的固定点打好安装孔眼。

（3）装设管卡、PVC 管及各种安装支架等。

（4）根据荧光灯照明线路原理图接线。

（5）检查接线正确的情况下，合上漏电开关的空气开关，合上插座的空气开关，用万用表测量插座的电压应为交流 220V。

（6）合上荧光灯的空气开关，再合上荧光灯的触摸开关，荧光灯应点亮。

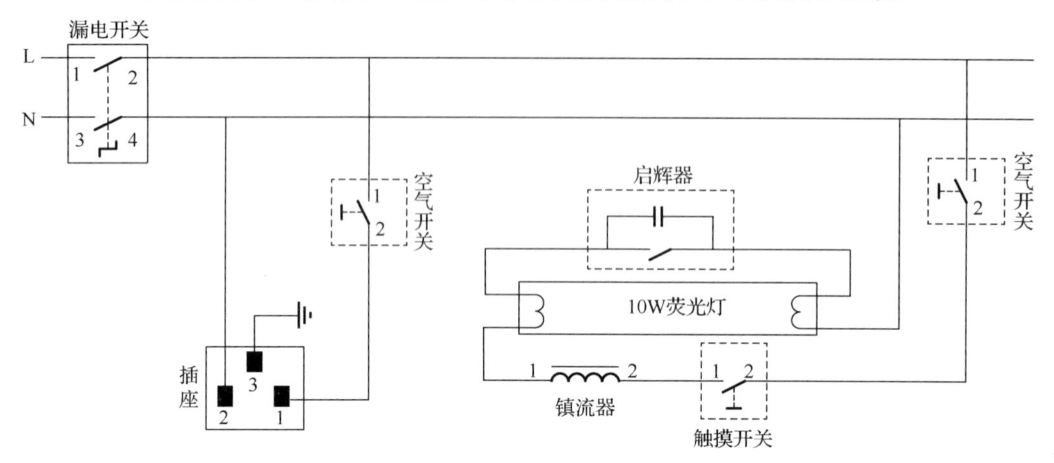

图 2.62　荧光灯照明线路原理图

3. 双控照明线路（其原理图如图 2.63 所示）

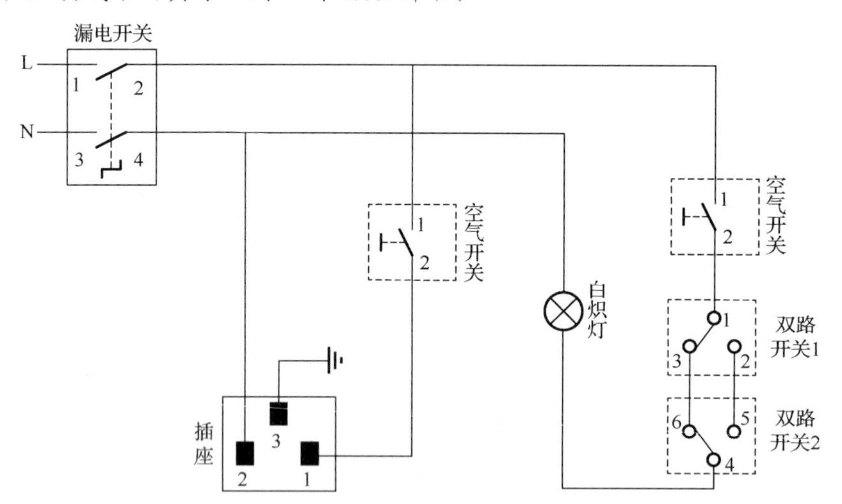

图 2.63　双控照明线路原理图

（1）根据图纸确定电器安装的位置、导线敷设途径。

（2）在安装板上，将所有的固定点打好安装孔眼。

（3）装设管卡、PVC 管及各种安装支架等。

（4）根据双控照明线路原理图接线。

（5）安装灯具和电器，将白炽灯、开关及插座等安装固定好。

（6）检查接线正确的情况下，合上漏电开关的空气开关，合上插座的空气开关，用万用表测量插座的电压应为交流 220V。

（7）合上白炽灯的空气开关，再合上白炽灯的双路开关，灯泡应点亮。

4. 节能灯、插座线路（其原理图如图 2.64 所示）

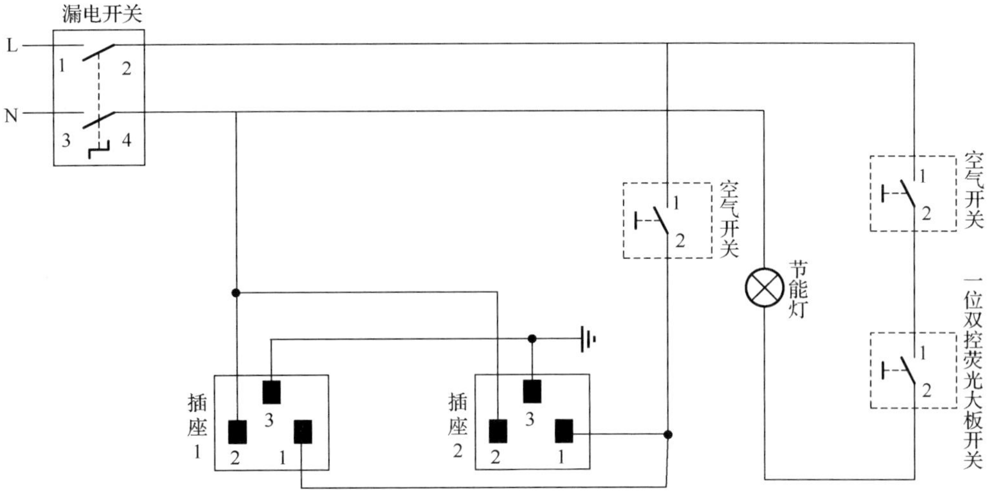

图 2.64　节能灯、插座线路原理图

（1）根据图纸确定电器安装的位置、导线敷设途径。

（2）在安装板上，将所有的固定点打好安装孔眼。

（3）装设管卡、PVC 管及各种安装支架等。

（4）根据节能灯、插座线路原理图接线。

（5）安装灯具和电器，将节能灯、开关及插座等安装固定好。

（6）检查接线正确的情况下，合上漏电开关的空气开关，合上插座的空气开关，用万用表测量插座的电压应为交流 220V。

（7）合上节能灯的空气开关，再合上节能灯的一位双控荧光大板开关，节能灯应点亮。

5. 吸顶灯、白炽灯控制线路（其原理图如图 2.65 所示）

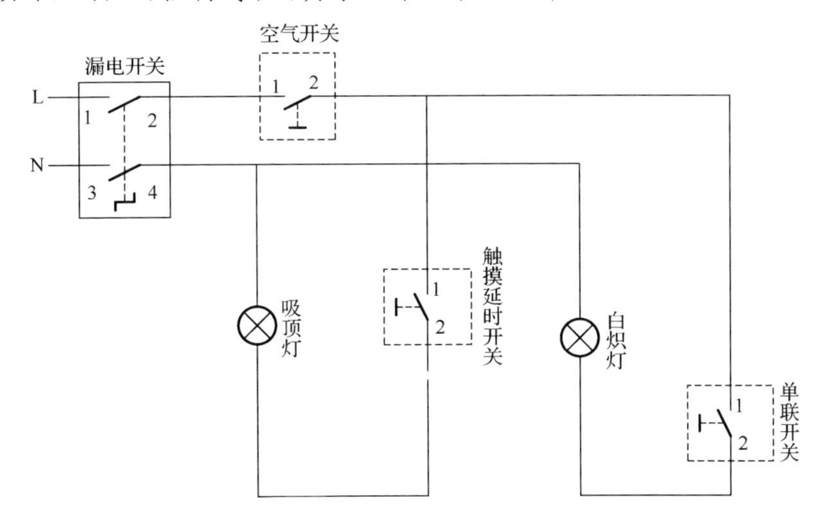

图 2.65　吸顶灯、白炽灯控制线路原理图

（1）根据图纸确定电器安装的位置、导线敷设途径。

（2）在安装板上，将所有的固定点打好安装孔眼。

（3）装设管卡、PVC 管及各种安装支架等。

（4）根据吸顶灯、白炽灯控制线路原理图接线。

（5）安装灯具和电器，将白炽灯、吸顶灯及开关等安装固定好。

（6）检查接线正确的情况下，合上漏电开关的空气开关，再合上单联开关，白炽灯点亮。再合上吸顶灯的触摸延时开关，吸顶灯应点亮。

三、评分标准

评分标准见表 2-7。

表 2-7　评分标准（一）

项目内容	考核内容			配分	扣分	得分
准备工作	未按规定穿戴安全护具（帽、工作服、安全鞋）的，主要看学生是否穿拖鞋来实验等，全扣 5 分			15		
	没有准备好工具的，扣 5 分；每缺一种，扣 2 分					
	未检查工具不扣分，但因工具故障影响实验，更换工具后才能完成的，全扣 5 分					
工艺要求	接线松动、露铜线过长（1mm）、压绝缘层，每处扣 2 分			50		
	损伤导线绝缘或芯线每处扣 2 分					
	损坏元件每处扣 5 分					
	一、二次线交叉，每处扣 1 分					
	横不平、竖不直、高低不平，每根扣 1 分					
	接线完毕未清理盘面扣 2 分					
	导线接线错误，扣 5 分					
	未完成主电路接线，扣 5 分，取消通电测试资格					
	接线明显错误，扣 5 分，取消通电测试资格					
检查程序及通电试车	到时间未能通电测试，此项不得分			15		
	未经教师同意独自通电测试扣 2 分					
	通电测试功能不全扣 2 分					
拆线结束	拆线不认真，造成元器件损坏，扣 5 分			10		
	场地未清扫扣 5 分；清扫（桌面、地面）不干净，各扣 2.5 分					
安全文明生产	每违反一项规定从总分中扣 5 分			10		
	严重违规者停止操作					
	考试过程中出现短路、人为损坏设备，该项目不得分					
考核时间	每超过 5min 扣 5 分，不足 5min 以 5min 计			120min		
起始时间		结束时间		实际时间		
备注	除超时扣分外，各项内容的最高扣分不得超过配分数		成绩			

综合实训二　简单照明电路的安装

一、工具、仪器及器材

照明电器控制线路的连接

数字万用表、单相电能表、剥线钳、电工刀、螺钉旋具、钢丝钳、斜口钳、尖嘴钳、验电器、开关、插座、漏电开关、熔断器、白炽灯、荧光灯管、节能灯、导线。

二、工作程序及要求

1. 照明电路安装的技术要求

（1）灯具安装的高度，室外一般不低于 3m，室内一般不低于 2.5m。

（2）照明电路应有短路保护。照明灯具的相线必须经开关控制，螺口灯头中心处应接相线，螺口部分与零线连接。不准将电线直接焊在灯泡的接点上使用。绝缘损坏的螺口灯头不得使用。

（3）室内照明开关一般安装在门边便于操作的位置，拉线开关一般应离地 2～3m，暗装跷板开关一般离地 1.3m，与门框的距离一般为 0.15～0.20m。

（4）明装插座的安装高度一般应离地 1.3～1.5m。暗装插座一般应离地 0.3m，同一场所暗装的插座高度应一致，其高度相差一般应不大于 5mm，多个插座成排安装时，其高度差应不大于 2mm。

（5）照明装置的接线必须牢固，接触良好，接线时，相线和零线要严格区别，将零线接灯头上，相线须经过开关再接到灯头。

（6）应采用保护接地（接零）的灯具金属外壳，要与保护接地（接零）干线连接完好。

（7）灯具安装应牢固，灯具质量超过 3kg 时，必须固定在预埋的吊钩或螺栓上。软线吊灯的质量限于 1kg 以下，超过时应加装吊链。固定灯具需用接线盒及木台等配件。

（8）照明灯具须用安全电压时，应采用双圈变压器或安全隔离变压器，严禁使用自耦（单圈）变压器。安全电压额定值的等级为 42V、36V、24V、12V、6V。

（9）灯架及管内不允许有接头。

（10）导线在引入灯具处应有绝缘保护，以免磨损导线的绝缘，也不应使其承受额外的拉力，导线的分支及连接处应便于检查。

2. 照明电路安装的具体要求

（1）布局：根据设计的照明电路图，确定各元器件安装的位置。要求符合要求，布局合理，结构紧凑，控制方便，美观大方。

（2）固定器件：将选择好的器件固定在网板上，排列各个器件时必须整齐。固定的时候，先对角固定，再两边固定。要求元器件固定可靠，牢固。

（3）布线：先处理好导线，将导线拉直，消除弯、折，布线要横平竖直、整齐，转弯成直角，并做到高低一致或前后一致，少交叉，应尽量避免导线接头。多根导线并拢平行走，而且在走线的时候紧紧地记着“左零右火”的原则（即左边接零线，右边接火线）。

（4）接线：由上至下，先串后并；接线正确、牢固，各接点不能松动，敷线平直整齐，无反圈、压胶，每个接线端子上连接的导线根数一般不超过两根，绝缘性能好，外形美观。红色线接电源火线（L 线），黑色线接零线（N 线），黄绿双色线专做地线（PE 线）。火线过开关，零线一般不过开关。电源火线进线接单相电能表端子“1”，电源零线进线接端子“3”，端子“2”为火线出线，端子“4”为零线出线。进出线应合理汇集在端子排上。

（5）检查线路：用肉眼观看电路，看有没有接出多余线头。参照设计的照明电路安装图检查每条线是否严格按要求来接，每条线有没有接错位，注意电能表有无接反，漏电开关、熔断器、开关、插座等元器件的接线是否正确。

（6）通电：由电源端开始往负载依次顺序送电。先合上漏电开关的开关，然后合上白炽灯的开关，白炽灯正常发亮；合上荧光灯的开关，荧光灯正常发亮；插座可以正常工作，电能表根据负载大小决定表盘转动快慢，负载大时，表盘就转动快，用电就多。

（7）故障排除：操作各功能开关时，若不符合要求，应立即停电，判断照明电路的故障，可以用万用表欧姆挡检查线路，要注意人身安全和万用表挡位。

3. 照明电路原理图和安装图

（1）照明电路原理图如图 2.66 所示。

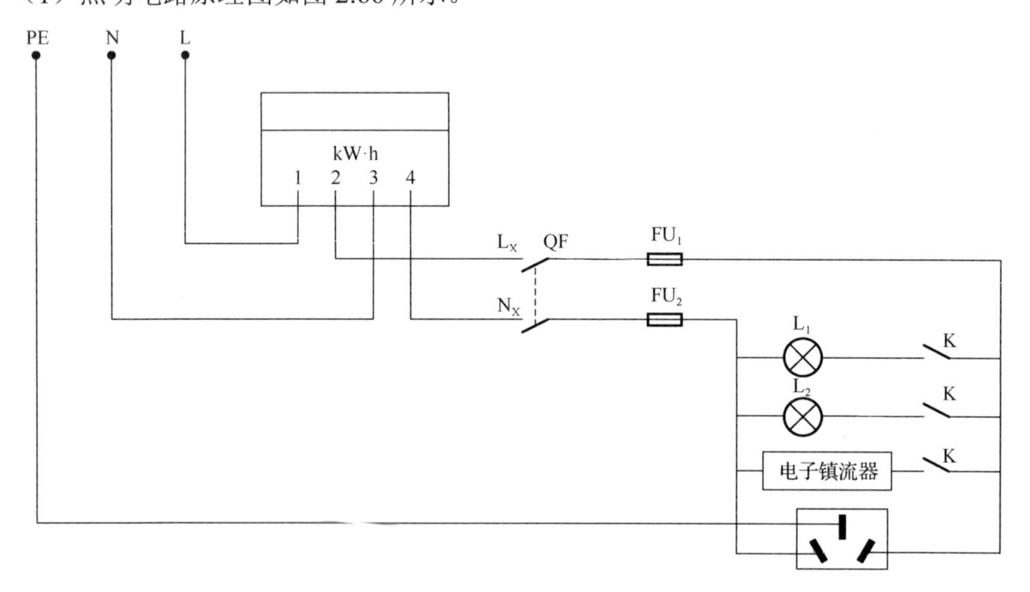

图 2.66　照明电路原理图

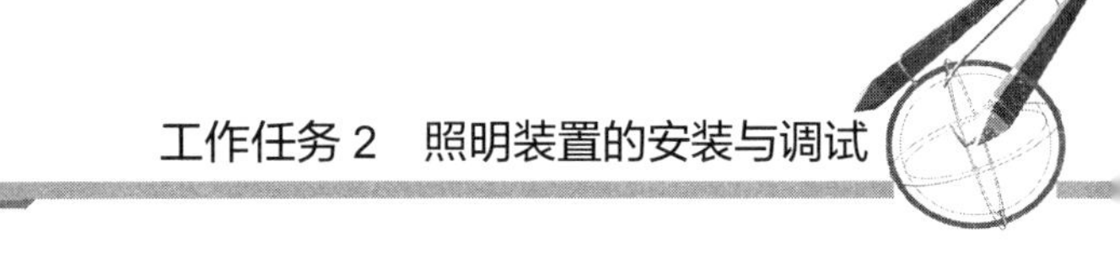

（2）照明电路安装图如图 2.67 所示。

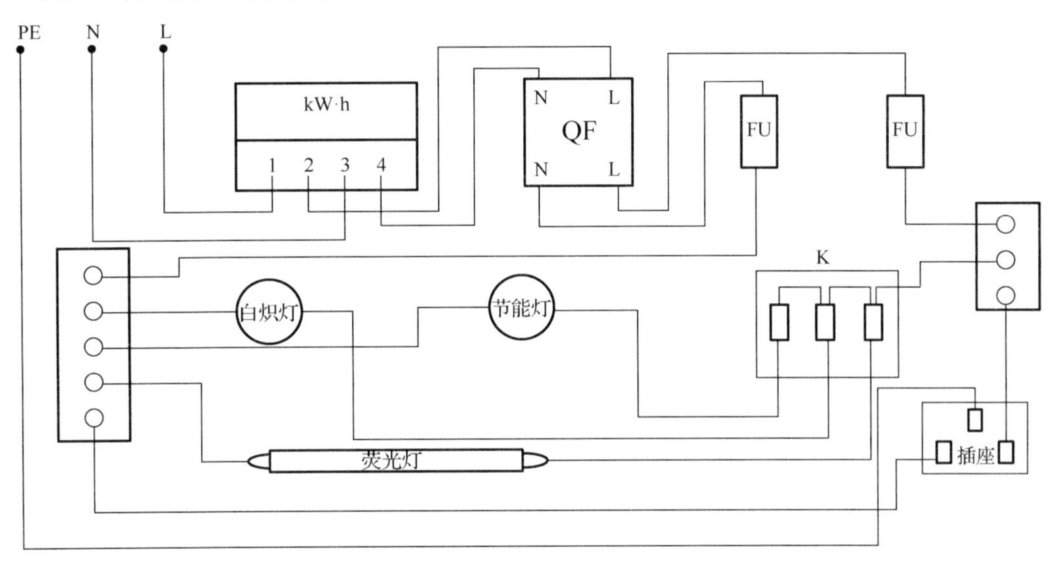

图 2.67　照明电路安装图

三、评分标准

评分标准见表 2-8。

表 2-8　评分标准（二）

项目内容	考核内容	配分	扣分	得分
布局和结构	布局混乱扣全分 10 分	10		
	结构松散、不紧凑扣 5 分			
	控制烦琐扣 5 分			
元器件的排列和固定	元器件安装不正确每处扣 5 分	10		
	元器件排列混乱扣全分 10 分			
	元器件固定的不可靠扣 5 分			
布线	横平竖直，转弯成直角，少交叉，不符合规定的每处扣 2 分	5		
	多根导线未并拢平行走的每处扣 2 分			
接线	接线正确、牢固，敷线平直整齐，无反圈、压胶，绝缘性能好，外形美观，不符合规定的每处扣 5 分	10		
整个电路	没有接出多余线头，每条线严格按要求来接，每条线都没有接错位，不符合规定的每处扣 5 分	20		
照明电路是否可以正常工作	开关、插座、白炽灯、荧光灯、电能表都正常工作，不能工作任一个扣 5 分	20		

续表

<table>
<tr><th>项目内容</th><th colspan="4">考核内容</th><th>配分</th><th>扣分</th><th>得分</th></tr>
<tr><td>专用仪表检查电路</td><td colspan="4">用万用表检查照明线路和元器件的安装是否正确，方法错误扣 2 分</td><td>5</td><td></td><td></td></tr>
<tr><td>故障排除</td><td colspan="4">能够排除照明电路的常见故障，故障分析错误扣 5 分，排除错误扣 5 分</td><td>10</td><td></td><td></td></tr>
<tr><td rowspan="3">工具的使用和原材料的用量</td><td colspan="4">工具使用不合理扣 2 分</td><td rowspan="3">5</td><td></td><td></td></tr>
<tr><td colspan="4">摆放不整齐扣 1 分</td><td></td><td></td></tr>
<tr><td colspan="4">原材料使用浪费扣 2 分</td><td></td><td></td></tr>
<tr><td>安全用电</td><td colspan="4">注意安全用电，不带电作业</td><td>5</td><td></td><td></td></tr>
<tr><td>考核时间</td><td colspan="4">每超过 5min 扣 5 分，不足 5min 以 5min 计</td><td>180min</td><td></td><td></td></tr>
<tr><td>起始时间</td><td></td><td>结束时间</td><td></td><td>实际时间</td><td colspan="3"></td></tr>
<tr><td>备注</td><td colspan="3">除超时扣分外，各项内容的最高扣分不得超过配分数</td><td>成绩</td><td colspan="3"></td></tr>
</table>

1．照明装置的安装要求是什么？
2．什么是照明光源？常用的照明光源可分为哪几类？
3．刀开关的安装应注意什么？
4．灯具的安装一般有哪几种形式？
5．漏电开关的作用是什么？
6．三线插头是如何起到保护作用的？
7．空气开关安装在家庭电路的哪个部位？为什么要这样？
8．电灯的开关为什么要接在火线和灯泡之间？接在零线和灯泡之间有什么危险？
9．对单相两孔和三孔插座的接线有何要求？
10．照明配电线路应设哪些保护？各起什么作用？

工作任务 3
室内外线路的安装与调试

思维导图

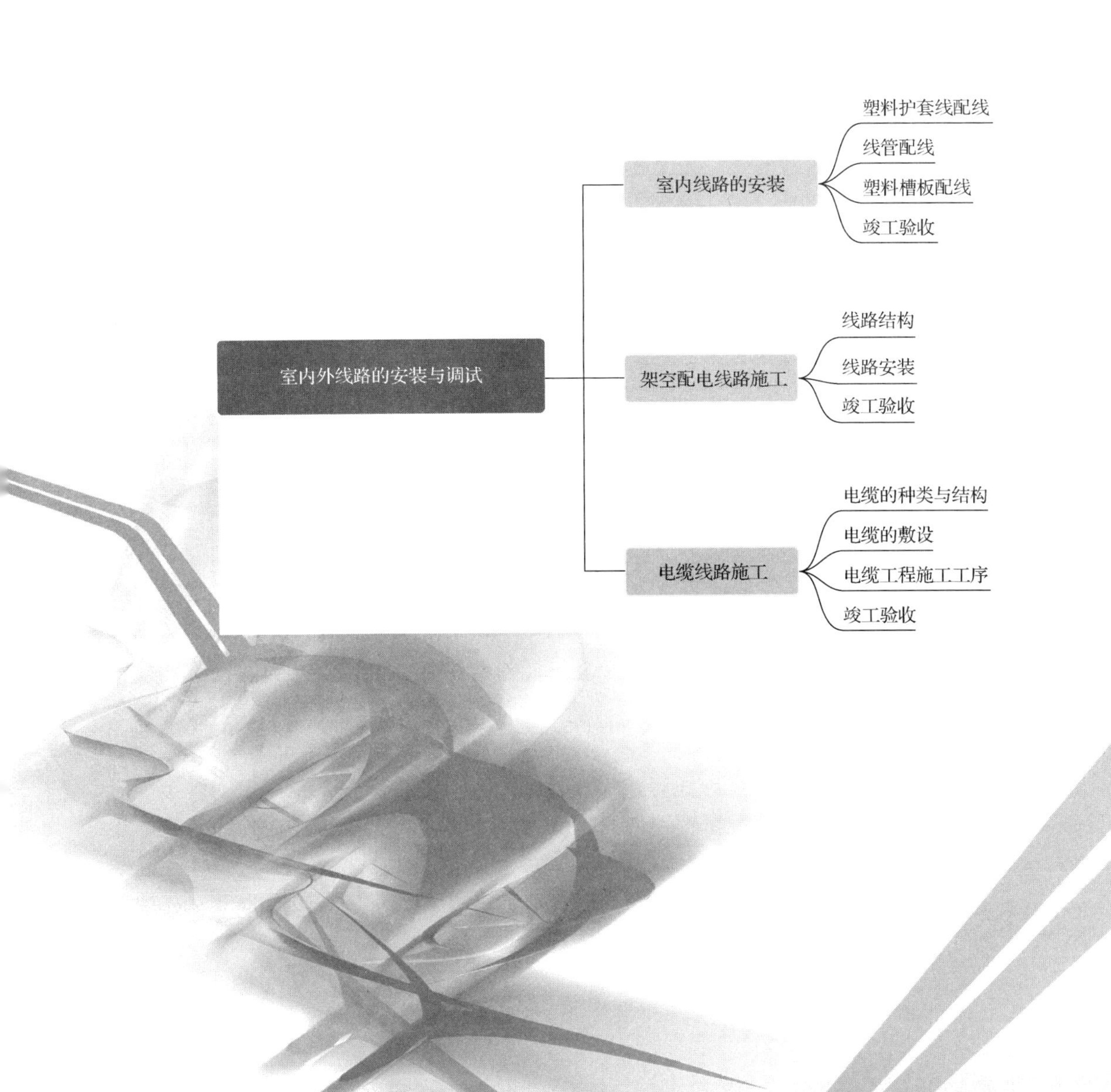

任务 3.1 室内线路的安装

室内线路通常由导线、导线支持物和用电器具等组成。室内线路的安装有明线安装和暗线安装两种。导线沿墙壁、天花板、梁及柱子等明线敷设称为明线安装；穿管导线埋设在墙内、地坪内或装设在顶棚里称为暗线安装。按配线方式分，室内线路的安装有瓷（塑料）夹板配线、绝缘子配线、塑料护套线配线、线管配线及塑料槽板配线等。

室内线路的安装

3.1.1 室内线路的安装要求与工序

1. 室内线路的安装要求

室内线路的安装方式和导线的选择，一般应根据周围环境的特征及安全要求等因素决定，见表 3-1。

表 3-1 室内线路的安装方式和导线的选择

环境特征	配线方式	常用导线
干燥环境	瓷（塑料）夹板、铝片线卡明配线	BLV、BLVV、BLXF、BLX
	绝缘子明配线	BLV、LJ、BLXF、BLX
	穿管明敷或暗敷	BLV、BLXF、BLX
潮湿和特别潮湿的环境	绝缘子明配线（敷设高度>3.5m）	BLV、BLXF、BLX
	穿塑料管、钢管明敷或暗敷	
多尘环境（不包括火灾及爆炸危险尘埃）	绝缘子明配线	BLV、BLXF、BLX
	穿管明敷或暗敷	BLV、BLXF、BLX
有腐蚀性的环境	绝缘子明配线	BLV、BLVV
	穿塑料管明敷或暗敷	BLV、BV、BLXF
有火灾危险的环境	绝缘子明配线	BLV、BLX
	穿钢管明敷或暗敷	
有爆炸危险的环境	穿钢管明敷或暗敷	BV、BX

所使用导线的额定电压应大于线路工作电压，明线敷设导线应采用塑料或橡皮绝缘导线，其最小截面积和敷设距离见表 3-2。

室内线路安装时要注意以下几点。

（1）线路安装时，应尽量避免导线有接头，若必须有接头时，应采用压接或焊接。但穿在电线管内的导线，在任何情况下都不能有接头。必要时，可把接头放在接线盒或灯头盒内。

（2）当导线穿过楼板时，应装设钢管套加以保护，钢管长度应从离楼板面 2m 高处，到楼板下出口处为止。

表 3-2　明线敷设导线最小截面积和敷设距离

<table>
<tr><th rowspan="3">配线方式</th><th colspan="2" rowspan="2">绝缘导线最小截面积/mm²</th><th colspan="6">敷设距离</th></tr>
<tr><th colspan="2">绝缘导线截面积/mm²</th><th rowspan="2">前后支持物间最大距离/m</th><th rowspan="2">线间最小距离/mm</th><th colspan="2">与地面最小距离/m</th></tr>
<tr><th>铜芯</th><th>铝芯</th><th>铜芯</th><th>铝芯</th><th>水平敷设</th><th>垂直敷设</th></tr>
<tr><td rowspan="2">瓷夹板配线</td><td rowspan="2">1.0</td><td rowspan="2">1.5</td><td>1.0～2.5</td><td>1.0～2.5</td><td>0.6</td><td rowspan="2">—</td><td rowspan="2">2.0</td><td rowspan="2">1.3</td></tr>
<tr><td>4.0～10</td><td>4.0～10.0</td><td>0.8</td></tr>
<tr><td rowspan="2">绝缘子配线</td><td rowspan="2">2.5</td><td rowspan="2">4.0</td><td></td><td>1.0</td><td>6.0（吊灯为 3.0）</td><td>100.0</td><td rowspan="2">2.0</td><td rowspan="2">1.3</td></tr>
<tr><td>≥2.5</td><td>≥6.0</td><td>10.0（吊灯为 3.0）</td><td>150.0</td></tr>
<tr><td>塑料护套线配线</td><td>1.0</td><td>1.5</td><td></td><td></td><td>0.2</td><td>—</td><td>0.15</td><td>0.15</td></tr>
</table>

（3）导线穿墙要用瓷管保护，瓷管的两端出线口，伸出墙面的距离不小于 10mm，除穿向室外的瓷管应一根线一个瓷管外，同一回路的几根导线可以穿在一个瓷管内，但管内导线的总面积（包括外绝缘层）不应超过管内总面积的 40%。

（4）当导线通过建筑物伸缩缝时，导线敷设应稍有松弛。钢管线路安装时，应装设补偿盒，以适应建筑物的伸缩。

（5）当导线互相交叉时，为避免碰线，在每根导线上应套以塑料管或其他绝缘管，并将套管固定，不使其移动。

2. 室内线路的安装工序

室内线路的安装工序如下。

（1）按施工图样确定灯具、插座、开关、配电箱和起动设备等装置。

（2）沿建筑物确定导线敷设的路径及穿过墙壁或楼板的位置。

（3）在土建未抹灰前，将安装线路所需的全部固定点打好孔眼，预埋木榫或膨胀螺栓的套筒。

（4）装设瓷夹板、铝片或电线管。

（5）敷设导线。

（6）处理导线的连接、分支和封端，并将导线的出线线头与灯具、插座、开关、配电箱等设备相连接。

3.1.2 塑料护套线配线

塑料护套线是一种具有塑料保护层的双芯或多芯绝缘导线，具有防潮、耐酸和耐腐蚀、线路造价较低和安装方便等优点，广泛应用于家庭、办公室等室内配线中。塑料护套线可以直接敷设在空心楼板、墙壁及其他建筑物表面，一般用铝片或塑料线卡作为导线的支持物。

1. 塑料护套线的配线方法

1）确定导线和设备的位置

塑料护套线的定位方法是根据布置图确定导线的走向和各个电器的安装位置，并做好记号。

2）划线

根据定位记号确定的位置和线路的走向进行划线，一般用弹线袋划线，划线时要做到横平竖直。

3）确定线卡的位置

根据每一条线上导线的数量选择合适型号的铝片或塑料线卡，常见的铝片线卡有小铁钉固定式和黏结剂固定式，塑料线卡有塑料卡钉固定式，如图 3.1 所示。线卡的位置要求是，线卡之间的距离为 150～200mm，开关、插座和灯具与线卡的距离为 50mm，导线转弯两边与线卡的距离为 80mm，如图 3.2 所示。

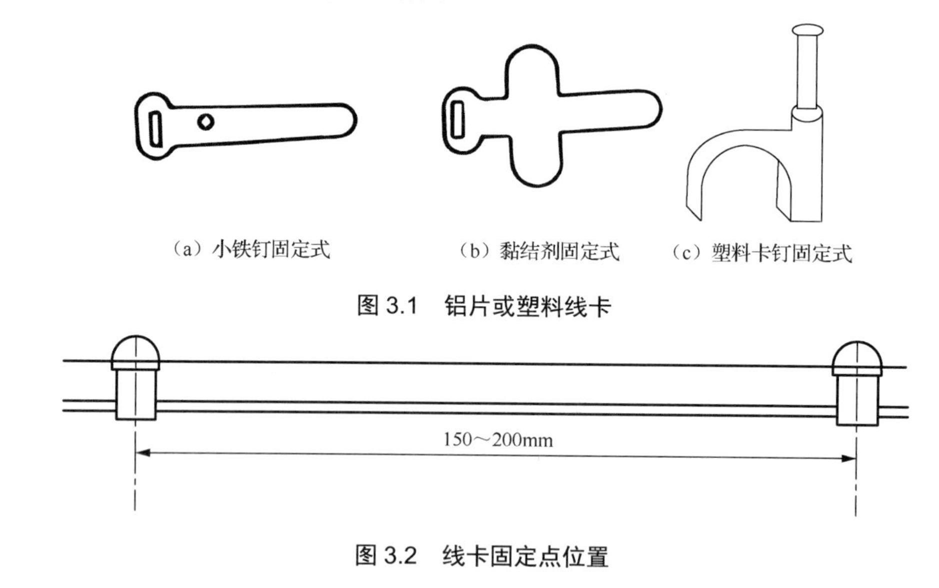

图 3.1　铝片或塑料线卡

图 3.2　线卡固定点位置

4）固定线卡

铝片或塑料线卡的固定点应根据具体情况而定。

① 在木质结构或抹灰浆的墙上，可选择合适的小铁钉或小水泥钉插入小孔处，将线卡牢固钉好。

② 在砖墙和混凝土墙上可用小铁钉或环氧树脂黏结剂固定线卡。

5）敷设导线

塑料护套线的敷设必须横平竖直。敷设时用一只手拉紧导线，另一只手将导线固定在线卡上，在弯角处应按最小弯曲半径来处理，这样可使布线更美观。对于截面较粗的塑料护套线，为了敷直，可在直线部分的两端各装一副瓷夹板，敷设时，先把塑料护套线的一端固定在瓷夹板内，然后勒直并在另一端收紧塑料护套线后固定在另一副瓷夹板中，最后把塑料护套线依次夹入线卡板中，如图 3.3 所示。

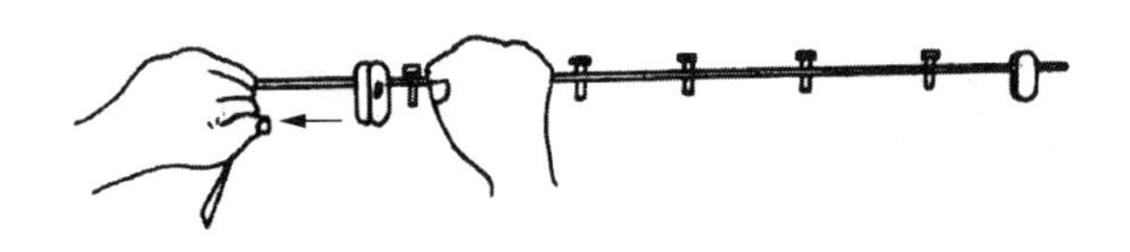

图 3.3　塑料护套线的敷直

6）线卡的夹持

塑料护套线均置于线卡的定位孔后，调整好铝片或塑料线卡，确保塑料护套线夹持牢固，如图 3.4 所示。塑料护套线转弯时应完成小弧形，不能用力强硬扭成直角。

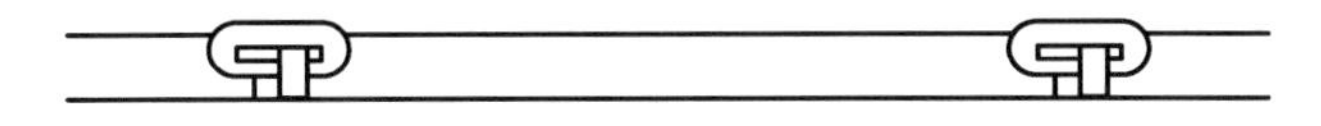

图 3.4　线卡的夹持

2. 塑料护套线配线时的注意事项

（1）室内使用塑料护套线配线时，其截面积的规定为，铜芯不得小于 0.5mm^2，铝芯不得小于 1.5mm^2。

室外使用塑料护套线配线时，其截面积的规定为，铜芯不得小于 1.0mm^2，铝芯不得小于 2.5mm^2。

（2）塑料护套线在线路上必须通过接线盒或借用其他电器的接线端子来连接线头。

（3）塑料护套线转弯时，弯曲半径不得小于导线直径的 4 倍，转弯前后应各用一个铝片线卡夹住。

（4）塑料护套线应尽量避免交叉，若两根交叉时，交叉处要用四个铝片或塑料线卡夹住。

（5）户内塑料护套线的离地距离不得小于 0.15m，穿越楼板及离地小于 0.15m 的一般塑料护套线，应加电线管保护。户外塑料护套线水平敷设时离地高度不小于 2.5m，垂直高度不小于 1.3m。

3.1.3 线管配线

1. 线管配线的方法

线管配线是指把绝缘导线穿在管内的配线方式，一般有钢管配线和塑料管配线两种方式。

1）钢管配线

在干燥的环境中进行配线常用的钢管是薄壁钢管，又称电线管。对潮湿、易燃、易爆场所和地下埋设时，用的是厚壁钢管。

（1）除锈和涂漆。

钢管配线前，应进行除锈和涂漆处理，主要是将钢管内外的灰渣、油污与锈块等清除。为了防止钢管除锈后重新氧化，应迅速涂漆。除锈常采用圆形钢丝刷，两头各绑一根铁丝穿过线管，来回拉动钢丝刷进行管内除锈，或者在铁丝上扎上适量的布条，如图 3.5（a）

所示。管外可用钢丝刷刷锈，如图 3.5（b）所示。管子除锈后，可在内外表面涂以油漆或沥青漆，但埋设在混凝土中的电线管外表面不要涂漆，以免影响混凝土的结构强度。

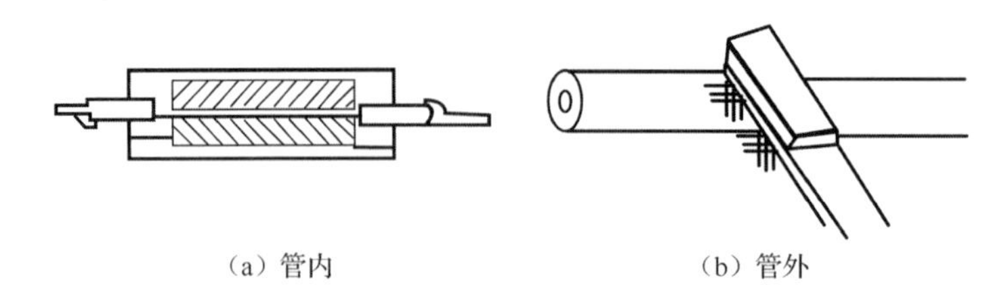

图 3.5　钢管除锈

（2）套螺纹。

为了使钢管与钢管之间或钢管与接线盒之间连接起来，需要在连接处套螺纹，钢管套螺纹时，可用管螺纹套丝机进行操作。套螺纹时，应先将钢管夹在管钳或台虎钳上，然后用套丝机绞出螺纹。

（3）钢管的锯削。

敷设电线的钢管一般用钢锯锯削。锯削时注意钢锯用力要适度，锯断后需要用半圆锉锉掉管口内侧的棱角，以免穿线时割伤导线。

（4）弯管。

弯管常用的主要有弯管器弯管和电动液压顶弯机弯管。弯管器弯管适用于直径 50mm 以下的管子。弯管时，要逐渐移动弯管器棒，且一次弯曲的弧度不可过大，否则可能会弯裂或弯瘪线管。电动液压顶弯机适用于直径 15～100mm 钢管的弯制，弯管时选择合适的弯管模具装入机器中，穿入钢管即可弯制。

为了便于线管穿线，管子的弯曲角度一般不应小于 90°。明管敷设时，管的弯曲半径 $R \geqslant 4d$；暗管敷设时，管的弯曲半径 $R \geqslant 6d$，如图 3.6 所示。

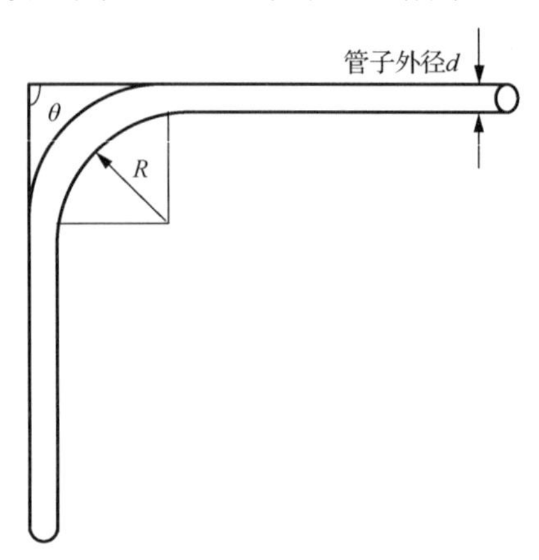

图 3.6　弯曲半径

（5）钢管的连接。

①钢管与钢管之间的连接。为了保证管接口的严密性，管子的螺纹部分，应顺螺纹方向缠上麻丝，并在麻丝上涂层白漆，再用管子钳拧紧，并使两端吻合，如图 3.7 所示。

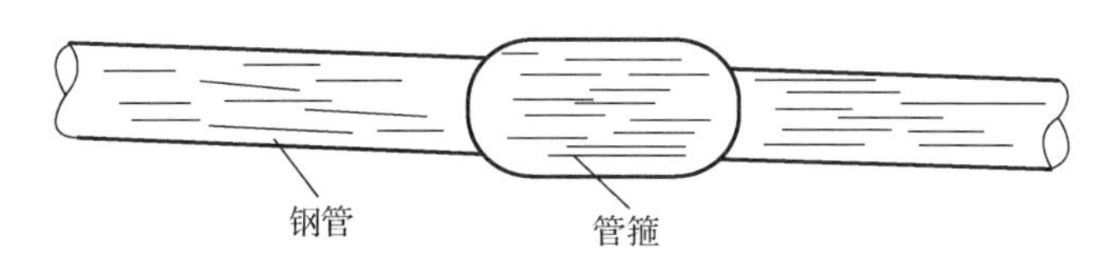

图 3.7　钢管与钢管之间的连接

②钢管与接线盒之间的连接。钢管的端部与各种接线盒连接时，应采用在接线盒内外各用一个薄形螺母（又称锁紧螺母）夹紧线管的方法，如图 3.8 所示。安装时，先在线管管口拧入一个螺母，管口穿入接线盒后，在盒内再套拧一个螺母，然后用两把扳手，把两个螺母反向拧紧。如果需要密封，则在两个螺母之间垫入封口垫圈。

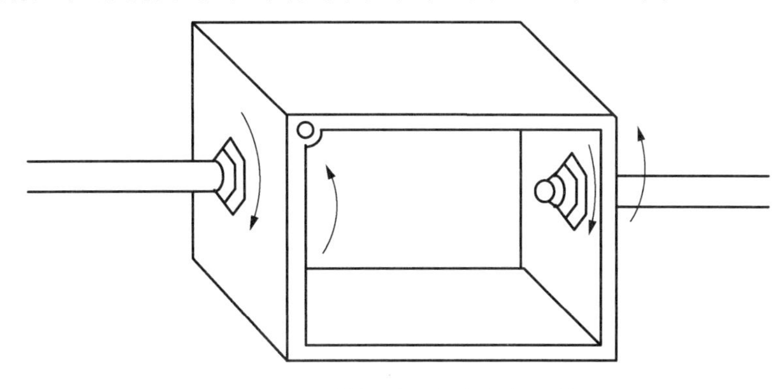

图 3.8　钢管与接线盒之间的连接

（6）钢管的接地。

钢管配线必须可靠接地。为此，在钢管与钢管、钢管与配电箱及接线盒等连接处，用直径为 6～10mm 的圆钢制成跨接线连接，如图 3.9 所示。在干线始末端和分支线上分别与接地体可靠连接，使线路上的所有钢管都可靠接地。

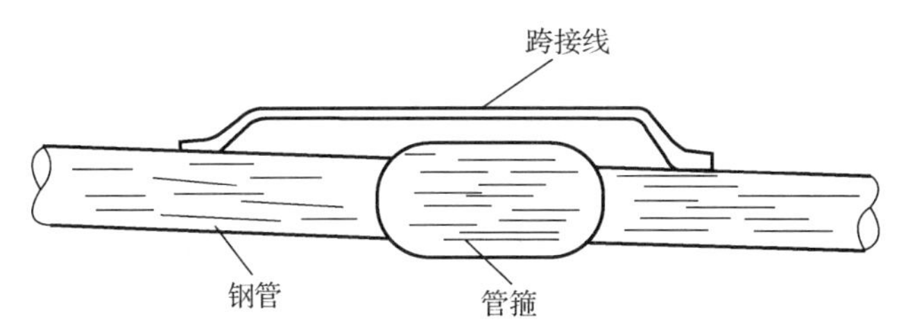

图 3.9　钢管连接处的跨接线

（7）钢管的敷设。

① 明管敷设。明管敷设的形式随着建筑物结构和形状的不同而不同，一般的敷设步骤为

明管敷设沿建筑物要横平竖直，固定点之间距离应均匀，一般为 1.0～2.5m。管卡距始端、终端、转角中点及接线盒边沿的距离和跨越电气器具的距离为 150～500mm。

② 暗管敷设。暗管敷设的步骤为

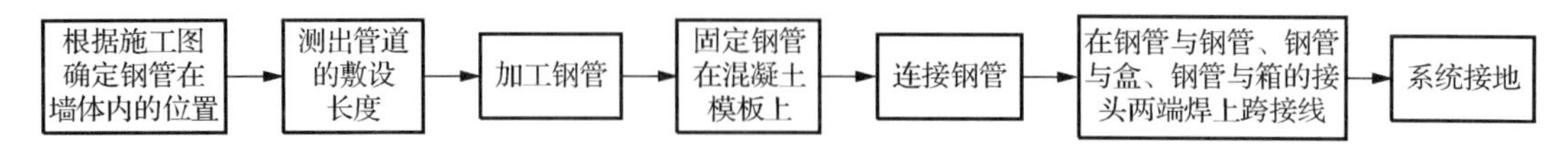

（8）管内穿线。

① 钢管在穿线前，应首先检查各个管口的护口是否齐全，如有遗漏或破损，应补齐和更换。

② 管路较长或转弯较多时，应在穿线的同时往管内吹入适量的滑石粉。

③ 两人穿线时，应配合协调，一拉一送。

④ 穿线时应注意下列问题。

a. 不同回路、不同电压等级、交流与直流等的导线，不得穿入同一管内。

b. 导线在变形缝处，补偿装置应活动自如，导线应留有一定的余量。

c. 敷设于垂直管路中的导线当超过长度时应在管口处和接线盒中加以固定。

d. 穿入管内的绝缘导线，不准有接头、局部绝缘破损及死弯情况出现。

⑤ 穿线完成后，应选用 1000V 的绝缘电阻表对线路进行绝缘检查，检查导线的连接是否符合质量标准。

2）塑料管配线

敷设电线的塑料管应选用热塑料管，常温下可以保持一定的硬度，并具有较大的机械强度，受热后变软便于加工。采用塑料管明敷时管壁厚度不得小于 2mm，暗敷时不得小于 3mm。

（1）塑料管的连接。

① 直接加热连接法。对直径为 50mm 及以下的塑料管可采用直接加热连接法，连接前先将连接的两根管子的管口分别内倒角和外倒角，如图 3.10（a）所示，然后用汽油或酒精把管子插接段的油污擦干净，接着将管端（长度为 1.2～1.5 倍的管子直径）放在电炉或喷灯上加热至 145℃左右，呈柔软状态后，将另一根管端插入部分涂一层胶合剂（过氯乙烯胶）迅速插入，然后立即用湿布冷却，使管子恢复原来的硬度，如图 3.10（b）所示。

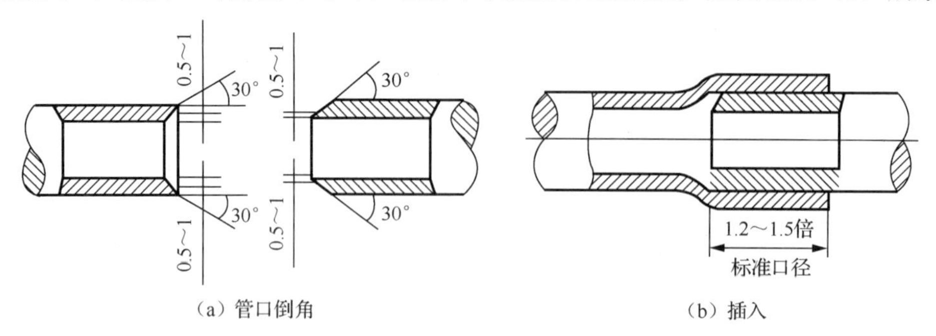

图 3.10 直接加热连接法

对直径为 65mm 及以上的塑料管应采用模具胀管法，如图 3.11 所示。先按照直接加热连接法对接头部分进行倒角，清除油污并加热，等塑料管软化后，将已加热的金属模具趁热插入外管接头处，然后用冷水冷却到 50℃左右，脱出模具，在接触面上涂黏结剂，再次加热，待塑料管融化后进行插接，到位后用水冷却，使外管收缩，箍紧内管，完成连接。

② 套接法连接。

两根塑料管的连接，可在接头部分加上套管完成。套管的长度为它自身内径的 2.5～3 倍，其中管径在 50mm 及以下的取 3 倍，在 50mm 以上的取 2.5 倍。连接前先将同径的硬塑料管加热扩大成套管，然后把需要连接的两管倒角，并用汽油或酒精擦干净，待汽油或酒精挥发后，涂上黏结剂，迅速插入套管中，连接过程中要注意保持两个接管中心处于同一轴线上，如图 3.12 所示。

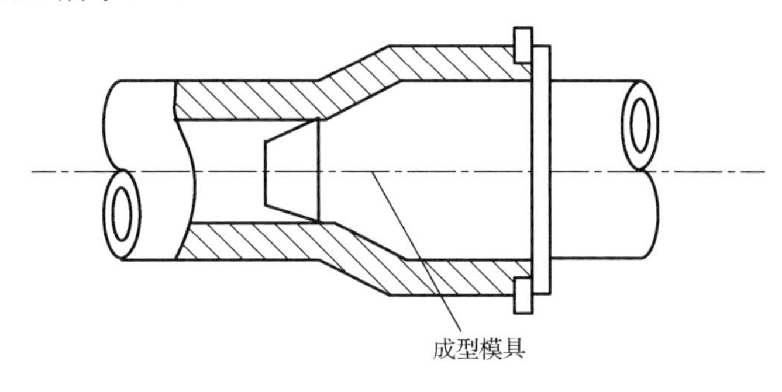

图 3.11　模具胀管法

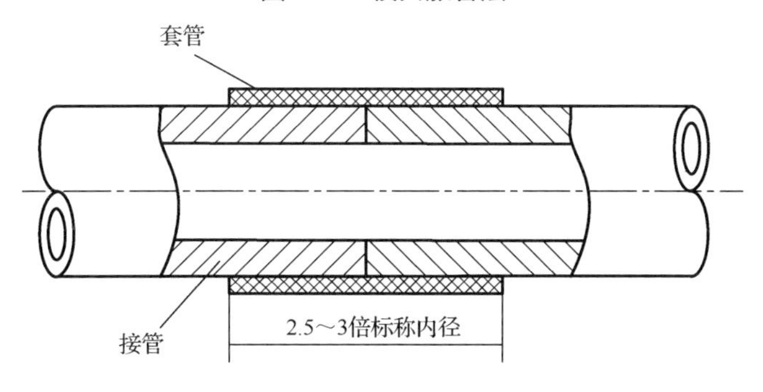

图 3.12　套接法连接

（2）弯管。

塑料管的弯曲常采用加热弯曲法和弯管器弯曲法两种，其中塑料管的加热弯曲法有直接加热和灌砂加热两种方法。

直接加热法适用于管径在 20mm 及以下的塑料管。将待加热的部分在电炉或喷灯上匀速转动，使其受热均匀，待管子软化时，趁热在胚具上弯曲成型。灌砂加热法适用于管径在 25mm 及以上的硬塑料管。对于这种内径较大的管子，如果直接加热，很容易使其弯曲部分变瘪。因此，在管内灌入干砂并捣紧，封住两端管口，再加热软化，最后在胚具上弯曲成型，如图 3.13 所示。

如果使用弯管器，使用时将弯管器插入塑料管要弯的部位，然后直接弯管，弯好后将其抽出即可。

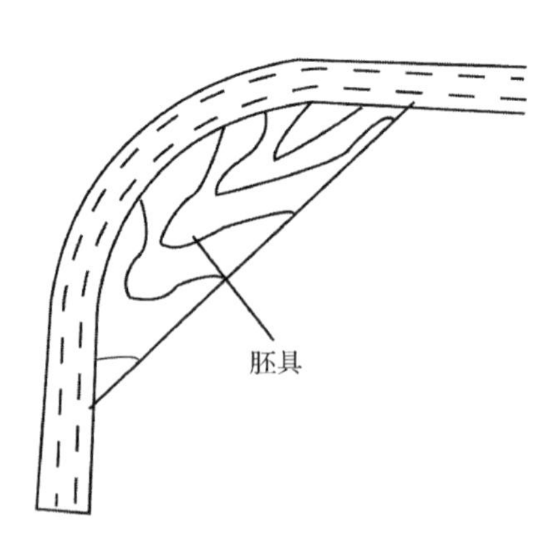

图 3.13　灌砂加热法

（3）塑料管的敷设。塑料管的敷设与钢管在建筑物上（内）的敷设基本相同，但要注意以下几点。

① 塑料管明敷时，固定管子的管卡距始端、终端、转角中点、接线盒或电气设备边沿的距离应为 150～500mm；中间直线部分间距一般为 1.0～2.0m。

② 明敷的塑料管在易受机械损伤的部位应加钢管保护。

③ 塑料管热胀系数比钢管大 5～7 倍，敷设时应考虑加装热胀冷缩的补偿装置。明配线在建筑物伸缩缝处安装一段略有弧度的软管，如图 3.14 所示，暗配线在建筑物伸缩缝处或每敷设 30m 应加装一只塑料补偿盒，将两个塑料管的端头伸入补偿盒内，由补偿盒提供热胀冷缩余地，如图 3.15 所示。

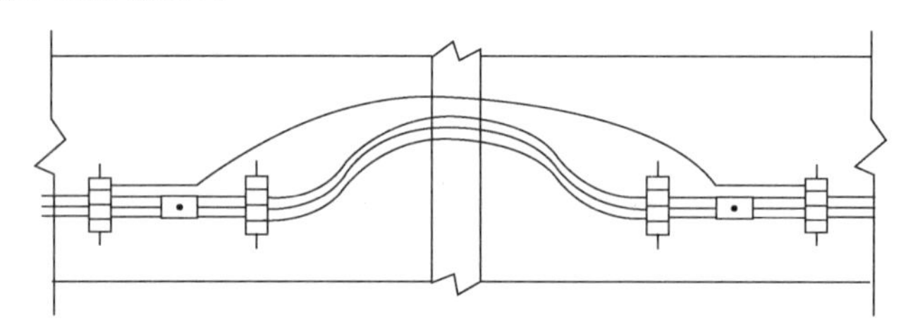

图 3.14　装设补偿软管

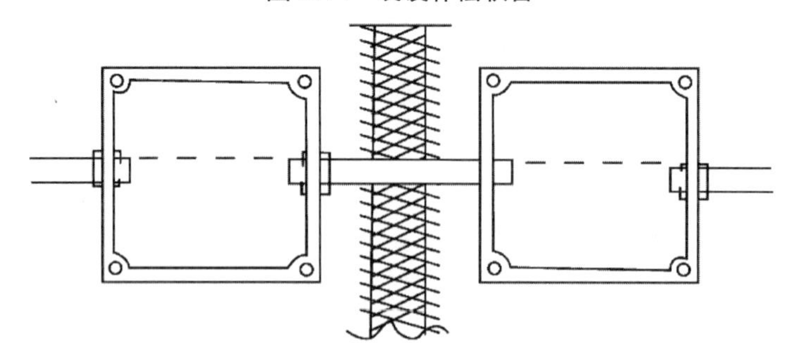

图 3.15　装设补偿盒

④ 与塑料管配套的接线盒、灯头盒不能用金属制品，只能用塑料制品，而且塑料管与接线盒、灯头盒之间的固定一般用胀扎管头绑扎。

（4）穿线。

① 穿线准备。

穿线前要再次检查管口是否倒角，是否有毛刺，以免穿线时割伤导线，然后在管内穿直径为 1.2～1.6mm 的引线钢丝，用它将导线拉入管内。

② 扎线接头。

管子内需要穿入的导线根数，应根据管子长度和容量确定，每根线管内穿线根数不得超过 10 根。将待绑扎的线头剥去绝缘层，扭绞后将其紧扎在引线头部。

③ 穿线。

穿线前，应在管口套上橡皮或塑料护圈，以免穿线时在管口内侧割伤导线绝缘层。穿线时由两人配合操作，一人在一端慢慢拉引线钢丝，另一人在另一端将线束慢慢送入管内。不同回路或不同电压等级的导线不得穿入同一根线管内。

④ 绝缘测试。

穿线完成后，应使用 1000V 的绝缘电阻表对线路绝缘电阻进行测试，确定符合质量标准才可送电试运行。

2. 线管配线时的注意事项

（1）穿管导线的绝缘强度应不低于 500V，导线最小截面积规定铜芯线为 $1mm^2$，铝芯线为 $2.5mm^2$。

（2）线管内导线不准有接头，也不准穿入绝缘破损后经过包缠恢复绝缘的导线。

（3）线管内导线一般不得超过 10 根，不同电压或不同电能表的导线不得穿在同一根线管内，但一台电动机包括控制回路和信号回路的所有导线，以及同一台设备的多台电动机的线路，允许穿在同一根线管内。

（4）除直流回路导线和接地线外，不得在钢管内穿单根导线。

（5）线管线路应尽可能少弯曲或转角，因转角越多，穿线越困难。为便于穿线，线管超过下列长度，必须加装接线盒。

① 无弯曲或转角时，不超过 45m。

② 有一个弯曲或转角时，不超过 30m。

③ 有两个弯曲或转角时，不超过 20m。

④ 有三个弯曲或转角时，不超过 12m。

（6）在混凝土内敷设的线管，必须使用壁厚为 3mm 的电线管，当电线管的外径超过混凝土厚度的 1/3 时，不准将电线管埋在混凝土内，以免影响混凝土的强度。

3.1.4 塑料槽板配线

塑料槽板配线是把绝缘导线敷设在塑料槽板的线槽内，上面用盖板把导线盖住的方式。这种配线方式适用于办公室、生活间等干燥房屋内的照明，也适用于工程改造更换线路及弱电线路吊顶内暗敷等场所使用。塑料槽板配线通常在墙体抹灰粉刷后进行。

塑料槽板的种类很多，不同的场合应合理选用，如一般室内照明等线路选用矩形截面的槽板，如果用于地面布线应采用弧形截面的槽板，用于电气控制一般采用带隔栅的槽板，如图 3.16 所示。

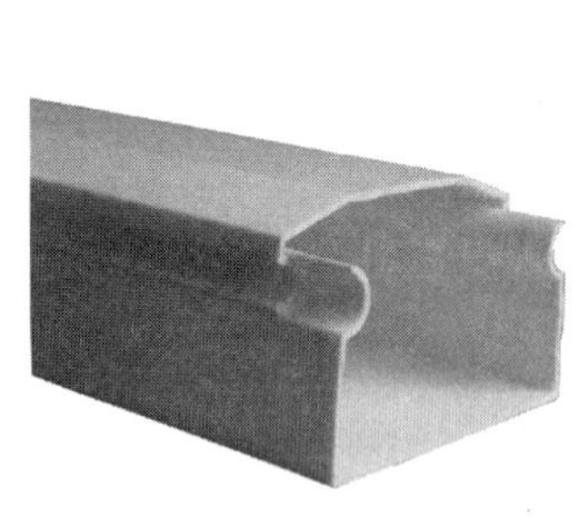

（a）矩形槽板

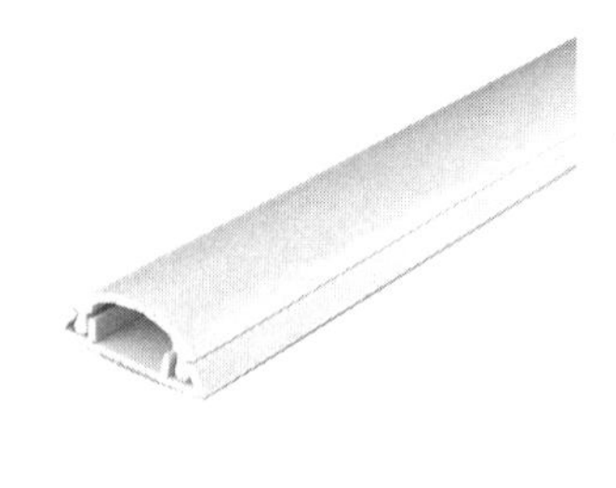
（b）弧形槽板

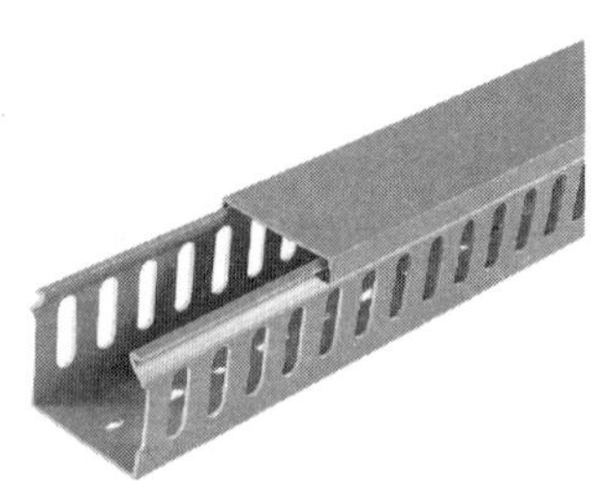
（c）隔栅槽板

图 3.16　塑料槽板的种类

1．塑料槽板配线的步骤

塑料槽板配线方法和步骤如下。

（1）确定规格。

根据导线直径及各段线槽中导线的数量确定线槽的规格。线槽的规格是以矩形截面的长、宽来表示的，弧形的一般以宽度表示。

（2）定位划线。

为使线路安装得整齐、美观，塑料槽板应尽量沿房屋的线脚、横梁、墙角等处敷设，并与用电设备的进线口对正、与建筑物的线条平行或垂直。

选好线路敷设路径后，根据每节塑料槽板的长度，测定塑料槽板固定点的位置。塑料槽板固定点的位置测定方法是先测定每节塑料槽板两端的固定点，然后按间距 500mm 以下均匀地测定中间固定点。

（3）塑料槽板固定。

塑料槽板安装前固定的方法如下。

① 根据电源、开关盒、灯座的位置，量取各段线槽的长度，用锯分别截取。在线槽直角转弯处应采用 45° 拼接，如图 3.17 所示。

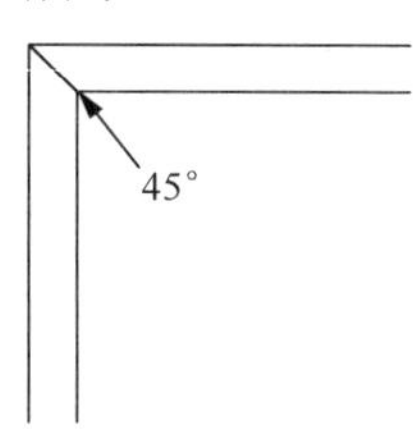

图 3.17　45° 拼接

② 用手电钻在线槽内钻直径 4.2mm 左右的孔，用作线槽的固定。相邻固定孔之间的距离应根据线槽的宽度确定，一般距线槽的两端在 5～10mm，中间在 30～50mm。线槽宽度超过 50mm，固定孔应在同一位置的上下分别钻孔，中间两孔之间距离一般不大于 500mm。

③ 将钻好孔的线槽沿走线的路径用自攻螺钉固定。如果是固定在砖墙等墙面上，应在固定位置上画出记号。

④ 用冲击钻在相应位置上钻孔。钻孔直径一般为 8mm，其深度应略大于塑料胀管的长度。

⑤ 用塑料胀管固定槽底。

（4）导线敷设。

导线敷设应以一分路一条塑料槽板为原则。塑料槽板内不允许有导线接头，以减少隐患，如必须接头时要加装接线盒。导线敷设到灯具、开关、插座等接头处，要留出 100mm 左右线头，用作接线。在配电箱和集中控制的开关面板等处，按实际需要留足长度，并在线段做好统一标记，以便接线时识别。

（5）固定盖板。

在敷设导线的同时，边敷线边将盖板固定在底板上。

（6）绝缘测试。

塑料槽板内放线完毕后，必须对线路连接的正确性、可靠性、绝缘的安全性等方面做进一步检查。检查结果应符合质量标准的要求，检查合格后才可通电运行。

2. 塑料槽板配线的注意事项

（1）线槽及其他附件安装时，要注意保持墙面整洁。

（2）使用钢锯锯槽底和槽盖时，要小心锯片折断伤人，并注意拐角方向要相同。

（3）固定槽底时，要钻孔，以免线槽开裂。

（4）塑料槽板在转角处连接时，应把两根槽板端部各锯成 45° 斜角。

3.1.5 室内配线的竣工验收

1. 室内配线的竣工验收内容

室内配线完成后，要根据安装规程和质量要求进行验收。验收工作主要包括以下内容。

（1）检查工程施工与设计是否符合要求。

（2）检查工程材料和电气设备是否良好。

（3）检查施工方法是否恰当，质量标准是否符合各项规定。

（4）检查可能发生危害的处所。

（5）检查配线的连接处是否采取合理的连接方法，是否做到可靠连接。

（6）检查配线和各种管路的距离是否符合安全规定，和建筑物的距离是否符合标准要求。

（7）检查配线穿墙的瓷管是否移动，各连接触点的接触是否良好。

（8）检查电线管的接头及端头所装的护线箍是否有脱离的危险。

（9）检查所装设的电器和电气装置的容量是否合格。

2. 室内配线竣工后的试验

室内配线竣工后应对其绝缘电阻、交流耐压进行测试，确保配线的可靠性。

1）绝缘电阻试验

（1）测试前应先断开熔断器，在相邻的两个熔断器间或在最末一个熔断器后面，导线对地或两根导线之间的绝缘电阻应不小于 0.5MΩ。

（2）配电装置每一段的绝缘电阻应不小于 0.5MΩ。电压为 24V 以下的设备，应使用电压不超过 500V 的绝缘电阻表。

2）交流耐压试验

对动力和照明配线，当导线的绝缘电阻小于 0.5MΩ时，应进行交流耐压试验，试验电压为 1kV。

3. 室内线路的维护保养

室内线路的维护保养包括日常维护保养和定期维护两类。

1）日常维护保养

（1）整个线路内是否存在盲目增加用电设备或擅自拆卸用电设备、开关和保护装置等现象。

（2）是否存在擅自更换熔体、熔体经常熔断或保护装置不断动作的现象。

（3）各种电气设备、用电设备和保护装置的结构是否完整，外壳是否破损，运行是否正常；控制是否失灵，以及是否存在过热现象等。

（4）各处接地点是否完好，是否松动或脱落，接地线有无发热、断裂或脱落现象。

（5）线路的各支持点是否牢固，导线绝缘层是否破损，恢复绝缘层的地方是否完好，导线或连接点是否过热、松动等。同时，应经常在干线和主要支线上用钳形电流表测试线路电流，检查三相电流是否平衡，有无过电流现象。

（6）线路内的所有电气装置和设备是否存在受潮或受热现象。

（7）正常用电情况下，是否存在耗电量明显增加，建筑物和设备外壳等带电现象。

如发现上述任何一项异常现象时，应及时采取措施予以消除。若涉及需要有较大的维修工作量时，应视情况的严重程度及时组织人员进行抢修。

2）定期维护

室内线路的定期维护属于阶段性工作，每年进行不少于一次的专业性检查、清扫、维修、测试等。若发现线路或设备发生故障或测试不合格，应进行维修更换，主要内容包括以下方面。

（1）更换和调整线路的导线。

（2）增加或更新用电设备和装置。

（3）拆换部分或全部线路和设备。

（4）更换保护线或接地装置。

（5）变更或调整线路走向。

（6）对部分或整个线路进行重新紧线，酌情更换部分或全部支持点。

（7）调整配电形式或用电设备的布局。

（8）更换或合并进户点。

3）部分线路的增设或拆除

当线路中用电设备容量改变时，需要对线路进行增设或拆除。

（1）部分线路的增设。

增设部分线路所需要的新支线一般不允许在原有线路末端延长，或在原有线路上任意分支，而应在配电总开关出线端引出，也可在干线熔断器盒的出线端引出，成为新的分路。如果增设分路，其负载已超过用电申请的裕量，则应重新申请增加用电量，不可随意增设

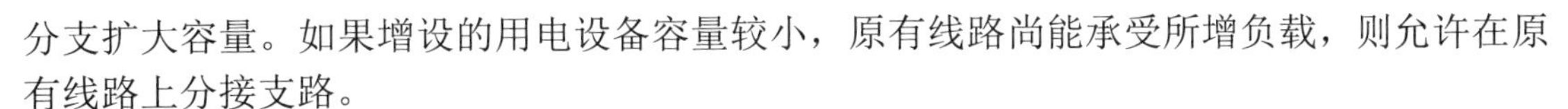

分支扩大容量。如果增设的用电设备容量较小，原有线路尚能承受所增负载，则允许在原有线路上分接支路。

（2）部分线路的拆除。

拆除个别用电设备不能只拆设备而在原处留下电源线路，应把这段供电线路全部拆除至干线处，并恢复好干线绝缘。如果拆除整段支线，应拆至上一段分支干线的熔断器处，不可只在分支处与干线脱离而在原处留下支线，应把所拆支线全部拆除。在照明线路上，拆除个别灯头时，应把灯座的电源引线从接线盒上拆除，把开关线头恢复绝缘层后埋入木台内，切不可把线头露在木台之外。

任务 3.2　架空配电线路施工

架空配电线路是电力网的重要组成部分，其作用是输送和分配电能。架空配电线路是采用电杆将导线悬空架设，直接向用户供电的配电线路。一般按电压等级分，1kV 及以下的为低压架空配电线路，1kV 以上的为高压架空配电线路。

架空配电线路具有架设简单、造价低、分支与维修方便、便于发现和排除故障等优点。架空配电线路的缺点是易受外界环境的影响、供电可靠性较差、影响环境的整洁美观等。

3.2.1 架空配电线路的结构

架空配电线路主要由电杆基础、电杆、导线、横担、绝缘子、拉线及金具等组成，其结构如图 3.18 所示。

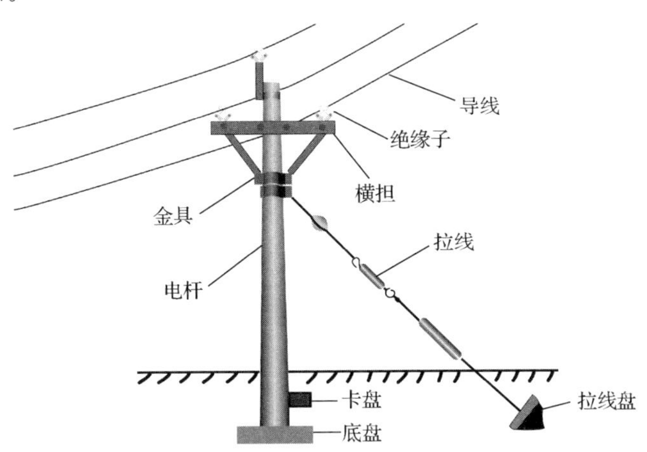

图 3.18　架空配电线路结构

1）电杆基础

电杆基础是对电杆地下设备的总称，主要由底盘、卡盘和拉线盘等组成。其作用主要

是防止电杆因承受垂直荷重、水平荷重及事故荷重等所产生的上拔、下压甚至倾倒等。

2）电杆

电杆是架空配电线路的重要组成部分，是用来安装横担、绝缘子和架设导线的。电杆按材质可分为木杆、钢筋混凝土杆和金属杆。按照电杆在配电线路中的作用和所处位置不同，将电杆分为直线杆、耐张杆、转角杆、终端杆、分支杆和跨越杆六种基本形式，如图 3.19 所示。

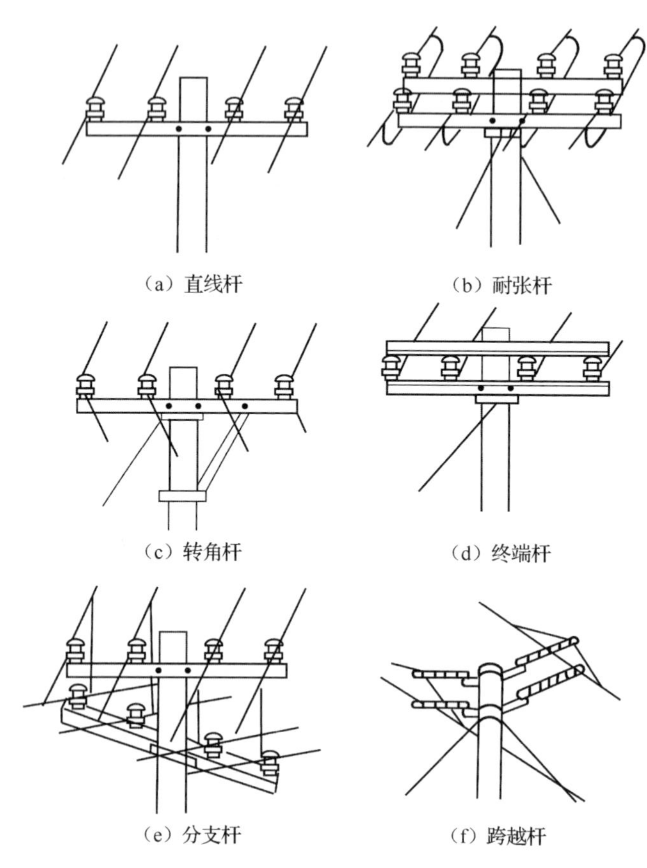

（a）直线杆　（b）耐张杆

（c）转角杆　（d）终端杆

（e）分支杆　（f）跨越杆

图 3.19　电杆形式

3）导线

由于架空配电线路经常受到风、雨、雪、冰等各种载荷及气候的影响，以及空气中各种化学物质的侵蚀，因此要求导线应有一定的机械强度和耐腐蚀性能。架空配电线路中常用裸绞线的种类有，裸铜绞线（TJ）、裸铝绞线（LJ）、钢芯铝绞线（LGJ）和铝合金线（HLJ）。

导线在电杆上的排列为，高压线路一般为三角排列，线间水平距离为 1.4m，低压线路一般为水平排列，线间水平距离为 0.4m，考虑登杆的需要，靠近电杆两侧的导线距电杆中心距离增大到 0.3m。

4）横担

架空配电线路的横担装设在电杆的上端，用来安装绝缘子、固定开关设备、电抗器及避雷器等，因此要求有足够的机械强度和长度。

架空配电线路的横担，按材质可分为木横担、铁横担和瓷横担三种，按使用条件或受力情况可分为直线横担、耐张横担和终端横担。横担的选择与电杆形式、导线规格及线路档距有关。

5）绝缘子

绝缘子（俗称“瓷瓶”）是用来固定导线，并使导线与导线、导线与横担、导线与电杆间保持绝缘的器件，此外，绝缘子还承受导线的垂直荷重和水平拉力，所以选用时应考虑绝缘强度和机械强度。架空配电线路常用绝缘子有针式绝缘子、蝶式绝缘子、悬式绝缘子等，如图 3.20 所示。

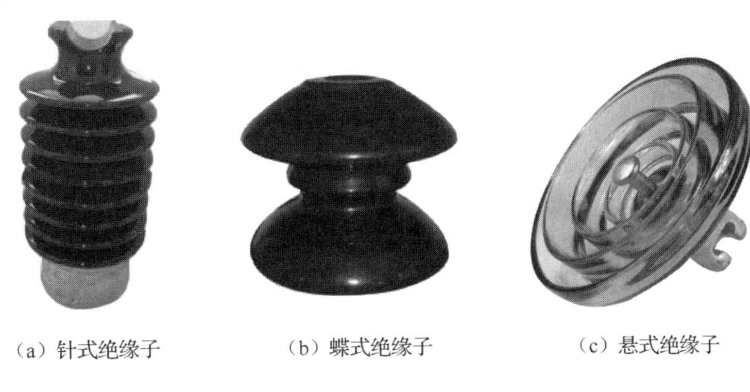

（a）针式绝缘子　（b）蝶式绝缘子　（c）悬式绝缘子

图 3.20　绝缘子

6）拉线

拉线的作用是平衡电杆各方向的拉力，防止电杆弯曲或倾倒。因此，在承力杆（终端杆和转角杆）上，均需装设拉线。为了防止电杆被强大的风力刮倒或受到冰凌荷载的破坏影响，或在土质松软的地区，为增强线路电杆的稳定性，有时也在直线杆上，每隔一定距离装设防风拉线（两侧拉线）或四方拉线。线路中使用最多的是普通拉线，还有由普通拉线组成的人字拉线，另外，还有高桩拉线和自身拉线等，如图 3.21 所示。

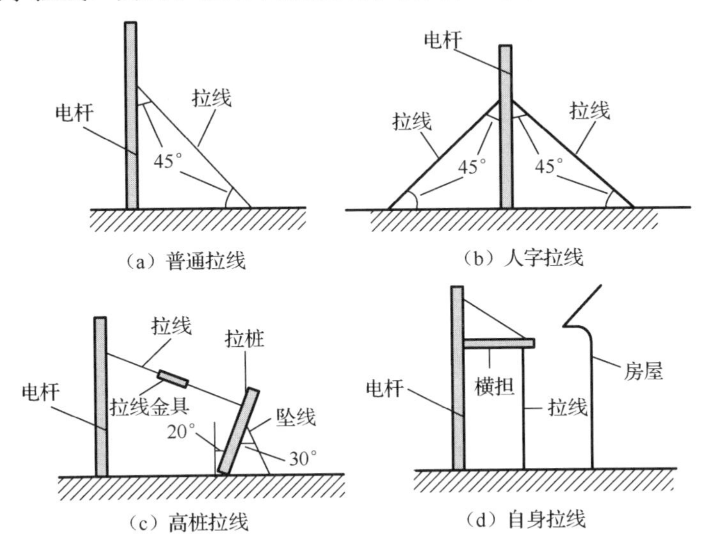

（a）普通拉线　（b）人字拉线

（c）高桩拉线　（d）自身拉线

图 3.21　拉线

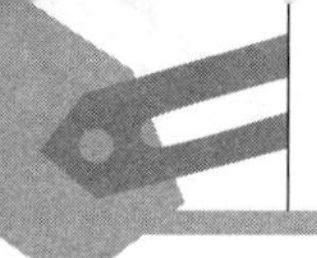

7）金具

在架空配电线路中用来固定横担、绝缘子、拉线及导线的各种金属连接件统称为金具。其品种较多，一般根据用途可分为以下几种。

（1）连接金具。其是用于连接导线与绝缘子、绝缘子与电杆或横担的金具，如耐张线夹、球头挂环、U 型挂环、碗头挂板、直角挂板、延长环、二联板等。架空配电线路常用连接金具如图 3.22 所示。

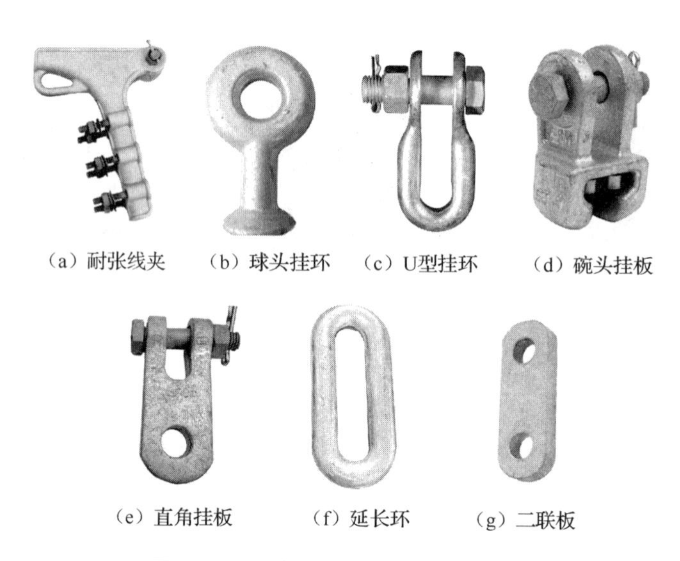

（a）耐张线夹　（b）球头挂环　（c）U型挂环　（d）碗头挂板

（e）直角挂板　（f）延长环　（g）二联板

图 3.22　架空配电线路常用连接金具

（2）接续金具。其是用于接续断头导线的金具，如接续导线的各种铝压接管，以及在耐张杆上连接导线的并沟线夹等。

（3）拉线金具。其是用于拉线的连接并承受拉力的金具，如楔形线夹、UT 型线夹、花篮螺丝等。架空配电线路常用拉线金具如图 3.23 所示。

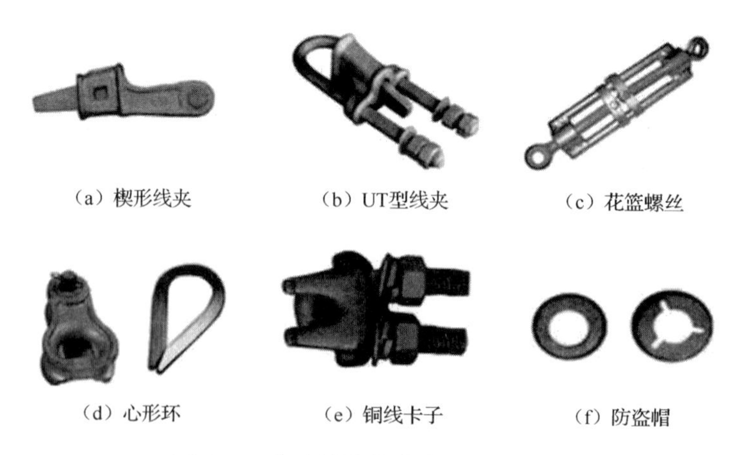

（a）楔形线夹　（b）UT型线夹　（c）花篮螺丝

（d）心形环　（e）钢线卡子　（f）防盗帽

图 3.23　架空配电线路常用拉线金具

3.2.2 架空配电线路的安装

1. 测量定位

线路测量及电杆定位通常根据设计部门提供的线路平、断面图和电杆明细表确定。杆坑定位应准确，定位方法可采用标杆定位法和经纬仪定位法。对于 10kV 及以下的架空配电线路直线杆，杆坑中心顺线路方向的位移不应超过设计档距的 3%，横线路方向上位移不应超过 50mm。转角杆、分支杆杆坑中心横线路、顺线路位移不应超过 50mm。

2. 挖坑

杆坑中心位置确定后，即可根据中心桩位和图纸规定尺寸，量出挖坑范围，用白灰在地面上画出白粉线，坑口尺寸应根据基础埋深及土质情况来决定。

杆坑形式分为圆形坑和长方形坑，当采用抱杆立杆时还要留有滑坡（马道）。无论是圆形坑、长方形坑还是拉线坑，坑底均应基本保持平整，便于进行检查测量坑深。坑深检查一般以坑边四周平均高度为基准，可用水准仪和塔尺、测杆测量，也可用直尺直接测量坑深。坑深允许偏差为－50～＋100mm，当坑深偏差在 100～300mm 时，可用填土夯实处理，超过 300mm 时，其超深部分应以铺石灌浆处理。

电杆的埋设深度在设计未作规定时，可按表 3-3 所列数值进行选择，或按电杆长度的十分之一再加 0.7m 计算。当遇有土质松软、流沙、地下水位较高等情况时，应做特殊处理。

表 3-3　电杆的埋设深度

杆长/m	8.0	9.0	10.0	11.0	12.0	13.0	15.0
埋设深度/m	1.5	1.6	1.7	1.8	1.9	2.0	2.3

3. 电杆组装

起立电杆有整体起立和分解起立两种方式。整体起立电杆的优点在于，绝大部分组装工作在地面上进行，高空作业量少，施工比较安全方便。架空配电线路应尽可能采用整体起立的方法。这就必须在起立之前对电杆进行组装。所谓组装，就是根据图纸及电杆形式装置电杆本体、横担、金具、绝缘子等。组装电杆施工程序如下。

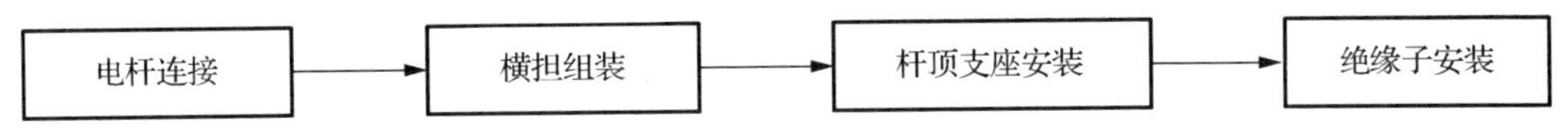

（1）电杆连接。

等径分段钢筋混凝土电杆和分段的环形截面锥形电杆，均必须在施工现场进行连接。钢圈连接的钢筋混凝土电杆宜采用电弧焊接。

（2）横担组装。

横担安装时，将电杆顺线路方向放在杆坑旁准备起立的位置处，杆身下两端各垫道木一块，从杆顶向下量取最上层横担至杆顶的距离，画出最上层横担安装位置。先把 U 型抱

箍套在电杆上，放在横担固定位置，在横担上合好 M 型抱铁，使 U 型抱箍穿入横担和抱铁的螺栓孔用螺母固定。先不要拧紧，只要立杆时不往下滑动即可。待电杆立起后，再将横担调整至符合规定，将螺母逐个拧紧。调整好了的横担应平正，端部上下歪斜及左右扭斜均不得超过 20mm。

杆上横担的安装位置，应符合下列要求。

① 直线杆单横担应安装在受电侧。转角杆、分支杆、终端杆及受导线张力不平衡的地方，横担应安装在张力的反方侧。遇有弯曲的电杆，单横担应装在弯曲的凸面，且应使电杆的弯曲与线路的方向一致。

② 直线杆多层横担应装设在同一侧。各横担须平行架设在一个垂直面上，与配电线路垂直。高低压合杆架设时，高压横担应在低压横担的上方。

③ 低压架空线路导线采用水平排列，最上层横担距杆顶的距离不宜小于 200mm。高压架空线路导线采用三角排列，最上层横担（单回路）距杆顶的距离宜为 800mm，耐张杆及终端杆宜为 1000mm。当高低压共杆或多回路多层横担时，各层横担间的最小垂直距离见表 3-4。

表 3-4　各层横担间的最小垂直距离　　单位：m

架设方式	直线杆	分支杆或转角杆
1～10kV 与 1～10kV	0.80	0.50
1～10kV 与 1kV 以下	1.20	1.00
1kV 以下与 1kV 以下	0.60	0.30

④ 15° 以下的转角杆和直线杆，宜采用单横担，但在跨越主要道路时应采用单横担双绝缘子；15°～45° 的转角杆，宜采用双横担双绝缘子；45° 以上的转角杆，宜采用十字横担。

（3）杆顶支座安装。

将杆顶支座的上、下抱箍抱住电杆，分别将螺栓穿入螺栓孔，用螺母拧紧固定。如果电杆上留有装杆顶支座的孔眼，则不用抱箍，可将螺栓直接穿入支座和电杆上的孔眼，用螺母拧紧固定即可。

（4）绝缘子安装。

杆顶支座及横担调整紧固好后，即可安装绝缘子。安装前应把绝缘子表面的灰垢、附着物及不应有的涂料擦拭干净，经过检查试验合格后，再进行安装。要求安装牢固、连接可靠、防止积水。

4. 立杆

架空配电线路立杆常用方法有以下几种。

（1）撑杆（架杆）立杆。对 10m 以下的钢筋混凝土电杆可用三副架杆，轮换着将电杆顶起，使杆根滑入坑内。此立杆方法劳动强度较大，适用于长度不超过 10m 的电杆，如图 3.24（a）所示。

（2）汽车吊立杆。此种方法可减轻劳动强度、加快施工进度，但在使用上有一定的局限性，只能在有条件停放吊车的地方使用，如图 3.24（b）所示。

（3）抱杆立杆。其分为固定式抱杆和倒落式抱杆。倒落式抱杆立杆采用人字抱杆，可以起吊各种高度的单杆或双杆，是立杆最常用的方法，如图 3.24（c）所示。

倒落式抱杆立杆用的工具主要有抱杆、滑轮、卷扬机（或绞磨机）、钢丝绳等。立杆前，先将制动钢绳一端系在电杆根部，另一端在制动桩上绕 3～4 圈，再将起吊钢丝绳一端系在抱杆顶部的铁帽上，另一端绑在电杆长度的 2/3 处。在电杆顶部接上临时调整绳三根，按三个角分开控制。总牵引钢丝绳的方向要与制动桩、坑中心、抱杆铁帽处于同一直线上。

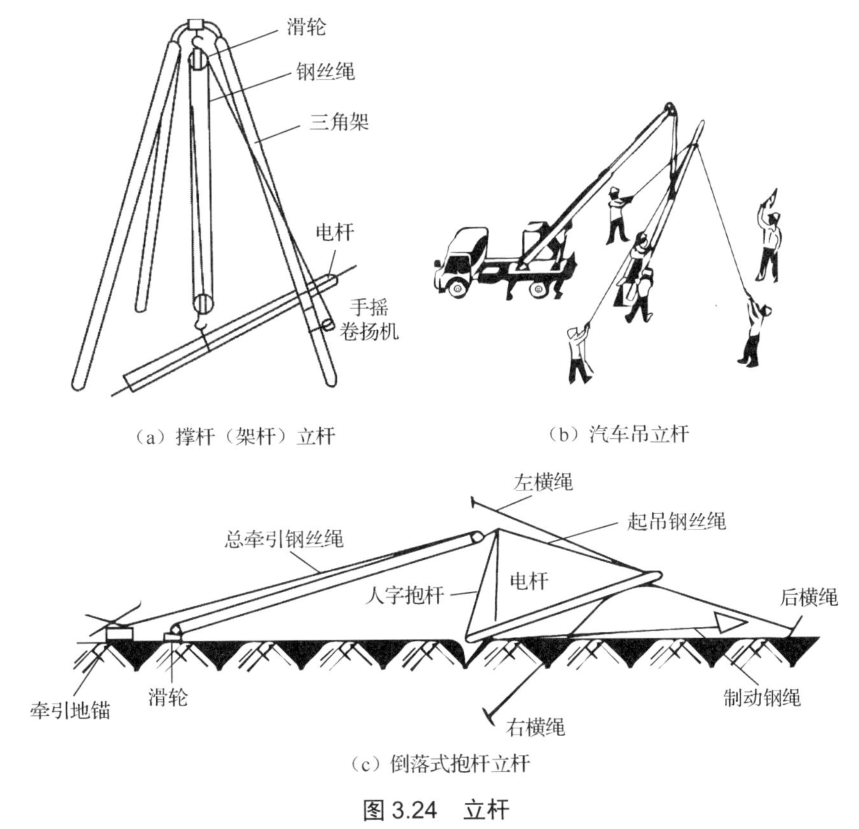

（a）撑杆（架杆）立杆　（b）汽车吊立杆

（c）倒落式抱杆立杆

图 3.24　立杆

起吊时，抱杆和电杆同时竖起，负责制动钢绳的人要配合好，加强控制。当电杆起立至适当位置时，缓慢松动制动钢绳，使电杆根部逐渐进入坑内，但杆根应在抱杆失效前接触坑底。当杆根快要触及坑底时，应控制其正好处于立杆的正确位置上。在整个立杆过程中，左右侧拉线要均衡施力，以保证杆身稳定。当杆身立至与地面成 70°位置时，反侧临时拉线要适当拉紧，以防电杆倾倒。当杆身立至 80°时，立杆速度应放慢，并用反侧临时拉线与卷扬机配合，使杆身调整正直。

调整好的电杆应满足如下要求。

① 直线杆的横向位移不应大于 50mm；电杆的倾斜不应使杆梢的位移大于半个梢径。

② 转角杆应向外角预偏，紧线后不应向内角倾斜，向外角的倾斜也不应使杆梢位移大于一个梢径。转角杆的横向位移不应大于 50mm。

③ 终端杆应向拉线侧预偏，其预偏值不应大于梢径，紧线后不应向受力侧倾斜，向拉线侧倾斜不应使杆梢位移大于一个梢径。

调整符合要求之后，即可进行填土夯实工作。回填土时应将土块打碎，每回填 500mm

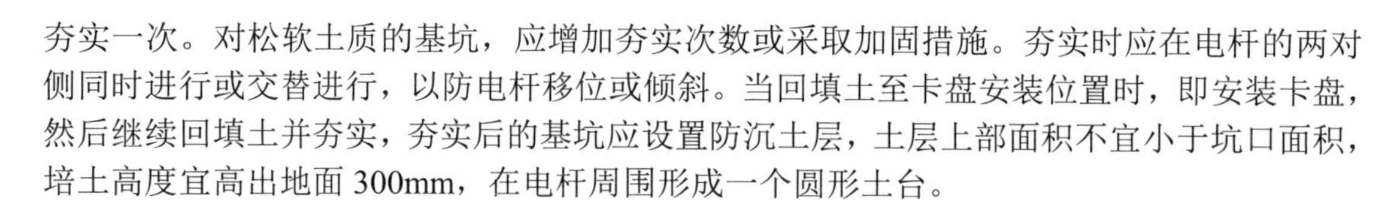

夯实一次。对松软土质的基坑，应增加夯实次数或采取加固措施。夯实时应在电杆的两对侧同时进行或交替进行，以防电杆移位或倾斜。当回填土至卡盘安装位置时，即安装卡盘，然后继续回填土并夯实，夯实后的基坑应设置防沉土层，土层上部面积不宜小于坑口面积，培土高度宜高出地面 300mm，在电杆周围形成一个圆形土台。

5. 拉线安装

（1）拉线结构。

拉线一般采用截面积不小于 25mm^2 的钢绞线，分上下两部分，上部分包括固定在电杆上部的部分（称上把）及与上把连接的部分（称中把），下部分包括下把、拉线棒和拉线盘，其结构如图 3.25 所示。当在居民区和厂矿区，拉线从导线之间穿过时，则应装设拉线绝缘子，并应使在拉线断线时，拉线绝缘子距地面不应小于 2.5m，其目的是避免拉线上部碰触带电导线时，人员在地面上误触拉线而触电。

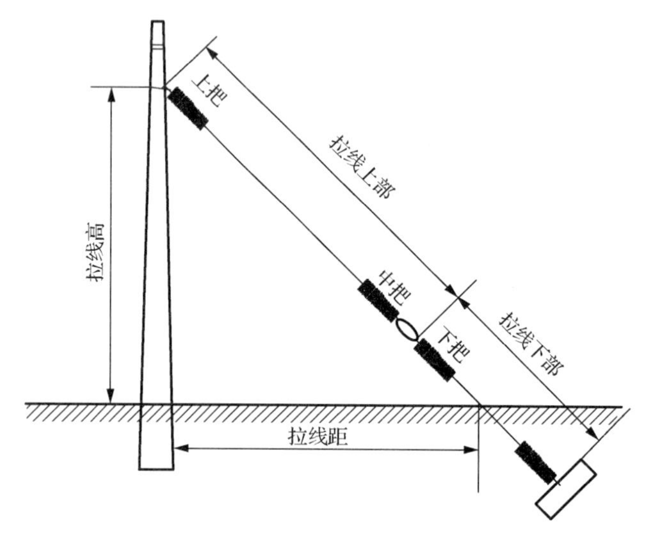

图 3.25　拉线结构

（2）拉线长度的计算。

拉线长度的计算，一般是先计算装成拉线的计算长度，然后计算拉线的预割长度，即钢绞线的下料长度。

所谓装成拉线的计算长度，指的是从电杆上拉线固定点至拉线棒出土处的直线长度。

算出装成拉线的计算长度的目的是计算拉线组装所需的预割长度，一般采用下式计算，即拉线的预割长度＝装成拉线的计算长度－拉线棒出土部分长度－两端连接金具的长度＋两端金具出口尾部拉线折回长度。

（3）拉线组装。

拉线组装的步骤如下所示。

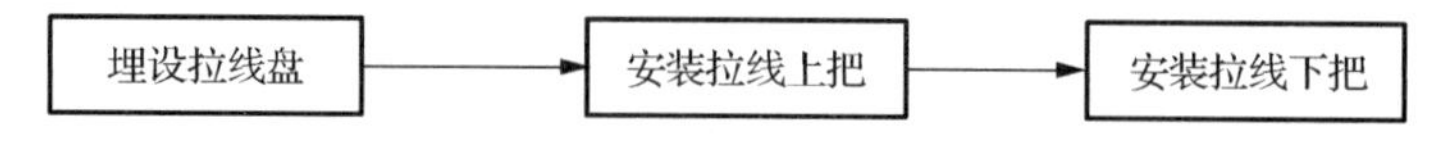

①　埋设拉线盘。

在埋设拉线盘之前，首先应将拉线棒与拉线盘组装好，放入拉线坑内。拉线坑应有斜坡，且宜设防沉土层，如图 3.26 所示，拉线棒一般采用直径不小于 16mm 的镀锌圆钢。下把拉线棒装好后，把拉线盘放正，将拉线棒方向对准已立好的电杆，拉线棒与拉线盘应垂直，并使拉线棒的拉环露出地面 500～700mm，拉线与地面的夹角宜为 45°，且不得大于 60°。随后就可分层填土，回填土时应将土块打碎后夯实。

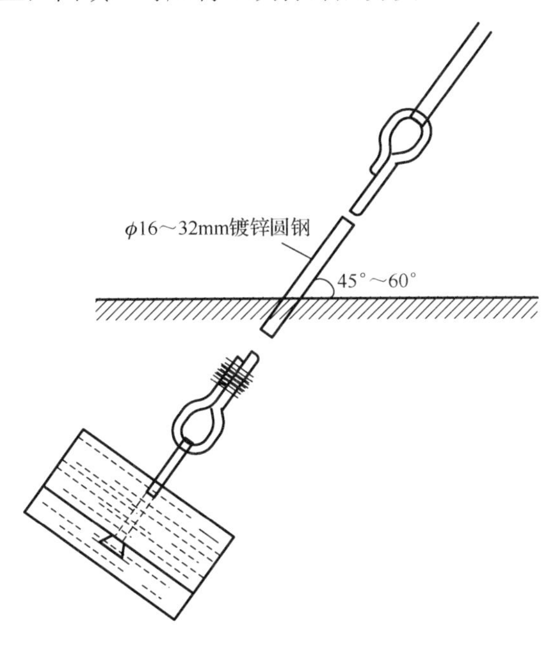

图 3.26　埋设拉线盘

② 安装拉线上把。

拉线上把通过楔形线夹（图 3.27）进行安装，楔形线夹装在电杆上，需用拉线抱箍及螺栓固定（也可在横担上焊接拉线环）。组装时，先用一只螺栓将拉线抱箍抱在电杆上，然后把预制好的上把的拉线环放在两块抱箍的螺孔间，穿入螺栓拧上螺母加以固定，或使用 UT 型线夹代替拉线环，先将拉线穿入 UT 型线夹固定，再用螺栓将 UT 型线夹与拉线抱箍联结，如图 3.28 所示。

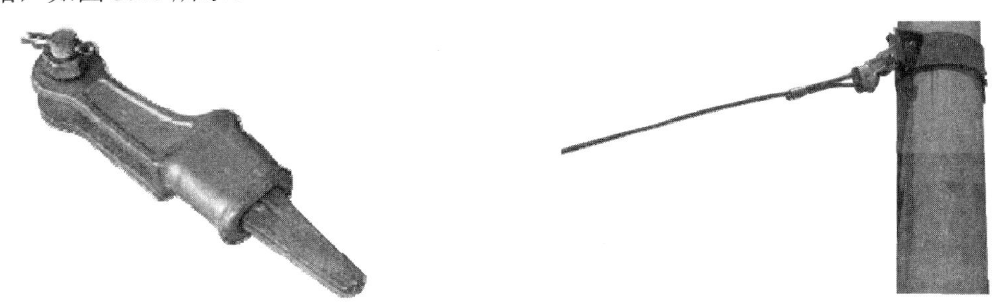

图 3.27　楔形线夹　　　　图 3.28　安装拉线上把

③ 安装拉线下把。

在埋设好下部拉线盘和安装好拉线上把后，便可收紧拉线做下把，使上部拉线和下部拉线棒连接起来，形成一个整体，以发挥拉线的作用。

收紧拉线时，一般使用紧线钳。将紧线钳下部钢丝绳系在拉线棒上，紧线钳的钳头夹住拉线高处，收紧钢丝绳将拉线收紧。将拉线的下端穿过楔形线夹，将楔形线夹与已穿入拉线棒拉线的 U 型拉环联结，如图 3.29 所示，套上螺母。此时即可卸下紧线钳，利用可调 UT 型线夹调节拉线的松紧。

图 3.29　安装拉线下把

安装好的拉线应符合下列规定。

① 拉线与地面的夹角应符合设计要求，一般宜为 45°，其偏差不应大于 3°。

② 终端杆的拉线及耐张杆的承力拉线应与线路方向的中心线对正，分角拉线应与线路分角线方向对正，防风拉线应与线路方向垂直。

③ 跨越道路的拉线，与行车路面边缘的垂直距离不应小于 5m，与行车路面中心的垂直距离不应小于 6m。跨越汽车行车线时，与路面中心的垂直距离不应小于 9m。

④ 采用 UT 型线夹及楔形线夹固定拉线时，应在丝扣上涂润滑剂。线夹舌板与拉线接触应紧密，受力后无滑动现象，线夹的凸肚应在尾线侧，安装时不得损伤导线。拉线弯曲部分不应有明显松股，拉线断头处与拉线主线应固定可靠，线夹处露出的尾线长度为 300～500mm，尾线回头后与本线应扎牢。

⑤ 当一根电杆上装设多条拉线时，各条拉线的受力应一致。

6. 导线架设与弛度观察

导线架设是架空配电线路施工中的一道大工序，施工人员较多，又是在一个距离较长的施工现场同时作业，有时还要通过一些交叉跨越物。因此，在施工中的所有施工人员必须密切配合。

导线架设施工程序如下。

（1）放线。

放线就是将成卷的导线沿电杆两侧展放，为将导线架设在横担上做准备。

① 放线前的准备工作。

a. 查勘沿线情况，包括所有的交叉跨越情况，应先制定各个跨越处放线的具体措施，并分别与有关部门取得联系。清除放线通路上可能损伤导线的障碍物，或采取可靠的防护措施，避免擦伤导线。在通过能腐蚀导线的土壤和积水地区时，亦应有保护措施。

b. 全面检查电杆是否已经校正，有无倾斜或缺件需修正补齐。

c. 对于跨越铁路、公路及不能停电的电力线路、通信线路，应在放线前搭设跨越架，其材料可用直径不小于 70mm 的圆木或毛竹，埋深一般为 0.5m，用铁丝或麻绳绑扎。在垂直跨越架上方的架顶上应安装拉线，以加强跨越架的稳定性。

d. 将线盘平稳地放在放线架上，要注意出线端应从线盘上面引出，对准前方拖线方向。

e. 对于放线人员的组织，应做好全面安排，指定专人负责，明确交代任务。确定通信联系信号并通知所有参加施工人员。

② 进行放线。

目前导线的展放大多采用人力拖放，如图 3.30 所示，此法不需要牵引设备和大量牵引钢丝绳，方法简便。但其缺点是需耗费大量劳动力，有时线路通过农田损坏农作物面积较大。拖放人员的安排应根据实际情况，一般平地上每人平均负重为 30kg，山地为 20kg。

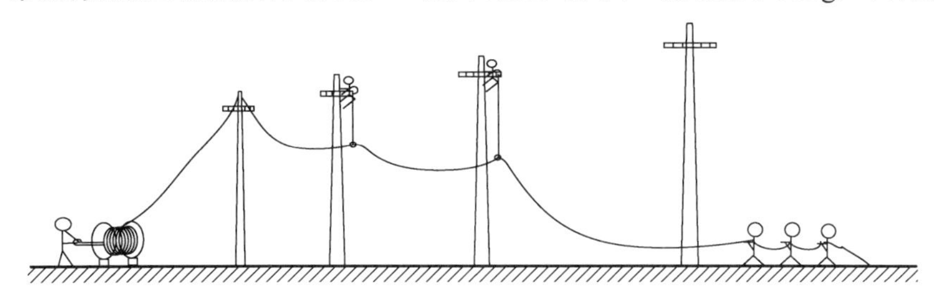

图 3.30　放线

放线时，将导线端头弯成小环，并用线绑扎，然后将牵引绳（或麻绳）穿过小环与导线绑在一起，拖拉牵引绳，陆续放出导线。为了防止磨伤导线并减轻放线时的牵引拉力，可在每根直线杆的横担上装一只开口滑轮，当导线拖拉至电杆处时，将导线提起嵌入滑轮，这样不断地拖拉导线前进。所用滑轮的直径应不小于导线直径的 10 倍。铝绞线和铜芯铝绞线应采用铝滑轮或木滑轮，钢绞线则可采用铁滑轮或木滑轮。如条件允许，在不损伤导线的前提下，也可将导线沿线路拖放在地面上，再由工作人员登上电杆，将导线用麻绳提到横担上，分别摆好。

在展放导线的过程中，要有专人沿线查看，放线架处也应有专人看守，导线不应有磨损、散股、断股、扭曲等现象。如有上述情况，应立即停止放线，并加以修补处理或作出明确的标识，以备专门处理。

为避免浪费导线，导线展放长度不宜过长，一般应比档距长度增加 2%～3%。还应注意，放线和紧线要尽可能在当天完成。若放线当天来不及紧线，可使导线承受适当的张力，并保持导线的最低点脱离地面 3m 以上，但必须检查各交叉跨越处，以不妨碍通电、通信、通航、通车为原则，然后使导线两端稳妥固定。

（2）导线连接。

架空配电线路导线连接的质量直接影响导线的机械强度和电气性能。导线放线完成后，导线的断头都要连接起来，使其成为连通的线路。导线的连接方法，随着接头的位置不同而有所区别。跳线处接头，常用线夹连接法；其他位置接头，常用钳接（压接）法、单股线缠绕法和多股线交叉缠绕法；特殊地段和部位利用爆炸压接法。

架空配电线路导线在连接时，需满足下列要求。

① 不同金属、不同规格、不同绞向的导线，严禁在档距内连接。必须连接时，只能在杆上跳线内用并沟线夹或绑扎连接。

② 在一个档距内，每根导线不应超过一个接头。跨越线和避雷线均不允许有接头。

③ 导线接头的位置与导线固定点的距离应大于 0.5m。

④ 导线接头处的机械强度，不应低于原导线强度的 90%，电阻不应超过同长度导线的 1.2 倍。

架空配电线路中跳线之间连接或分支线与主干线的连接，当采用并沟线夹时，其线夹数量一般不少于两个；采用绑扎连接时，绑扎长度要求见表 3-5。需连接的两根导线截面不同时，其绑扎长度应以小截面为准。连接时需做到接触紧密、均匀、无硬弯，跳线应呈均匀弧度。所用绑线应选用与导线同金属的单股线，其直径不应小于 2.0mm。

表 3-5　绑扎长度要求

导线截面/mm^2	绑扎长度/mm
LJ-35 及以下	≥150
LJ-50	≥200
LJ-70	≥250

导线的直接连接多采用连接管压接的方法。连接管上压口位置及操作顺序应按图 3.31 进行，压口数量及压后尺寸应符合规定。压接后导线端头露出长度不应小于 20mm，导线端头绑线应保留。连接管弯曲度不应大于管长的 2%，有明显弯曲时应校直，但应注意校直后的连接管不应有裂纹。压接后将连接管两端出口处、合缝处及外露部分涂刷电力复合脂。压后尺寸的允许误差，铝绞线钳接管为±1.0mm，钢芯铝绞线钳接管为±0.5mm。

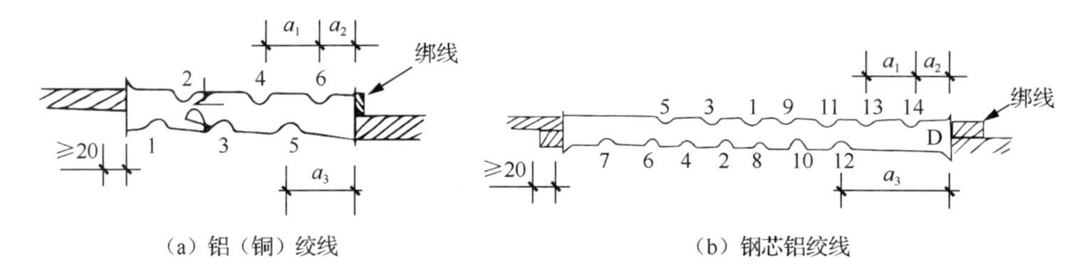

（a）铝（铜）绞线　　（b）钢芯铝绞线

图 3.31　连接管压接

（3）紧线和弛度观测。

架空配电线路的紧线和弛度观测应同时进行。紧线在每个耐张杆内进行，紧线前，将与导线规格对应的紧线器挂在与导线对应的电杆上，如图 3.32 是两种常见的紧线器，紧线器的紧线方法如图 3.33 所示。操作人员登上电杆，首先进行穿线操作，如图 3.34 所示，将导线末端穿入紧线电杆上的滑轮后，将导线端头顺延到地上，然后用牵引绳将其拴好。

紧线前必须先做好耐张杆、转角杆和终端杆的拉线，然后分段紧线。大档距线路应检查耐张杆强度，以确定是否需要增设临时拉线。临时拉线可拴在横担的两端，以防止紧线时横担发生偏转。待紧完导线并固定好之后，再将临时拉线拆除。

紧线时将耐张段一端的电杆作固定端，另一端的电杆作紧线端。先在固定端将导线放入耐张线夹中固定，然后在耐张段紧线端，用人力直接或通过滑轮组牵引导线，待导线脱离地面 2～3m 后，再用紧线器夹住导线进行紧线。

紧线顺序一般是先紧中间导线，后紧两边导线。紧线时，每根电杆上都应有人，以便及时松动导线，使导线接头能顺利越过滑轮和绝缘子。当导线收紧至接近弛度要求值时，应减慢牵引速度，待达到弛度要求值后，立即停止牵引，待半分钟至一分钟无变化时，由操作人员在操作杆上量好尺寸画好印记，将导线卡入耐张线夹，然后将导线挂上电杆，松去紧线器，也可以在高空画印后，再将导线放松落地，由地面人员根据印记卡好线，再次

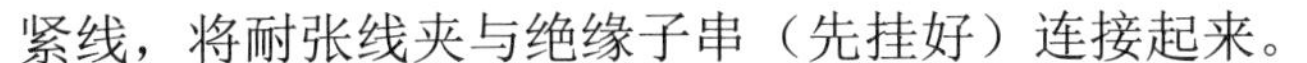
紧线，将耐张线夹与绝缘子串（先挂好）连接起来。

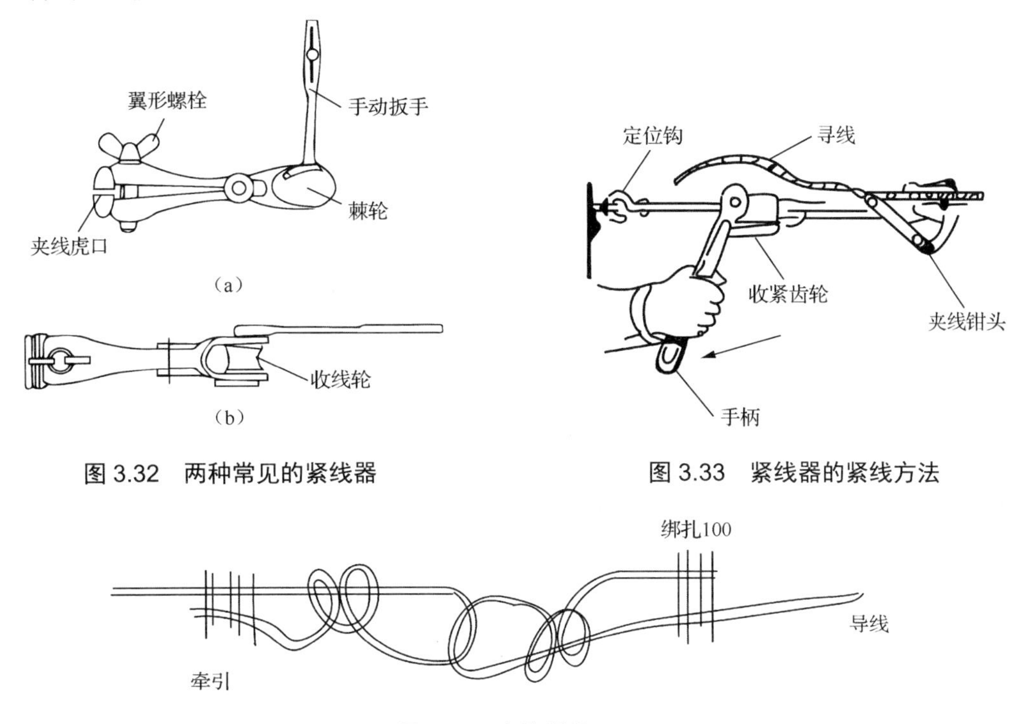

图 3.32　两种常见的紧线器

图 3.33　紧线器的紧线方法

图 3.34　穿线操作

弛度观测通常是与紧线工作同时配合进行的。观测的目的在于，使安装后的导线能达到最合理的弛度。弛度的大小应根据当时的环境温度，从电力部门给定的弧垂表和曲线表中查出，不可随意增大或减小。

施工中最常用的弛度观测方法为平行四边形法，即等长法，如图 3.35 所示。将弛度测量尺挂在观测档两端 A、B 电杆上的导线悬挂点位置，将横尺（横观测板）定位于弛度数值 f 的 a、b 处，进行紧线操作并观测弛度，当导线最低点稳定在 a、b 两点连线上时，弛度即达到规定值。

10kV 及以下架空配电线路导线紧好后，其弛度的误差不应超过设计弛度的±5%，同一档距内各相导线弛度宜一致，水平排列的导线弛度相差不应大于 50mm。

（4）导线在绝缘子上的固定。

导线在绝缘子上的固定方法，通常有顶绑法、侧绑法、终端绑扎法和耐张线夹固定法。导线在直线杆针式绝缘子上的固定多采用顶绑法，如图 3.36 所示。导线在转角杆针式绝缘子上的固定采用侧绑法，有时由于针式绝缘子顶槽太浅，在直线杆上也可采用侧绑法，如图 3.37 所示。终端绑扎法如图 3.38 所示，此种方法用于终端杆、耐张杆及转角杆上。但当这些电杆全部使用悬式绝缘子串时，则应采用耐张线夹固定法。

绝缘子单十字顶绑法的绑扎步骤如下。

① 针式绝缘子绑扎前，先用长约 300mm 铝包带（宽 10mm、厚 1mm）顺铝绞线缠绕方向缠绕，其缠绕长度外露为 30mm，如图 3.36（a）所示。

② 铝绑线留出一个短头，长度 150～250mm，然后用铝绑线在绝缘子左侧的导线上从下往上绑 3 圈，如图 3.36（b）所示。

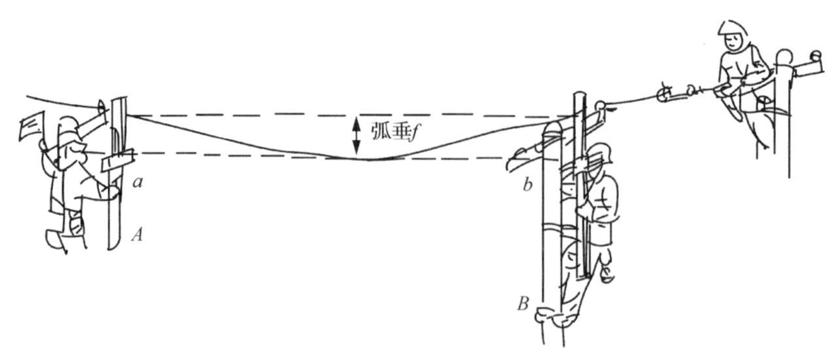

图 3.35　弛度观测方法

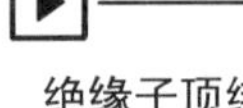

绝缘子顶绑的绑扎

③ 铝绑线从绝缘子脖颈外侧绕到绝缘子右侧导线，从下往上绑 3 圈，如图 3.36（c）所示。

④ 铝绑线从绝缘子脖颈内侧绕到绝缘子左侧导线，从下往上绑 3 圈，如图 3.36（d）所示。

⑤ 铝绑线从绝缘子脖颈外侧绕到绝缘子右侧导线，从下往上绑 3 圈，如图 3.36（e）所示。

⑥ 铝绑线从绝缘子脖颈内侧绕到左侧导线的外侧，经过绝缘子顶部绕到右侧导线的内侧，如图 3.36（f）所示。

⑦ 铝绑线从右侧导线下方经绝缘子脖颈外侧绕到左侧导线的内侧，经绝缘子顶部绕到右侧导线的外侧，此时顶部形成一个十字形花，如图 3.36（g）所示。

⑧ 铝绑线从右侧导线下方绕到绝缘子脖颈内侧，将铝绑线两头拧 3~4 个花，剪去压平。绑扎时要确保在绝缘子脖颈两侧绕够 3 圈，如图 3.36（h）所示。

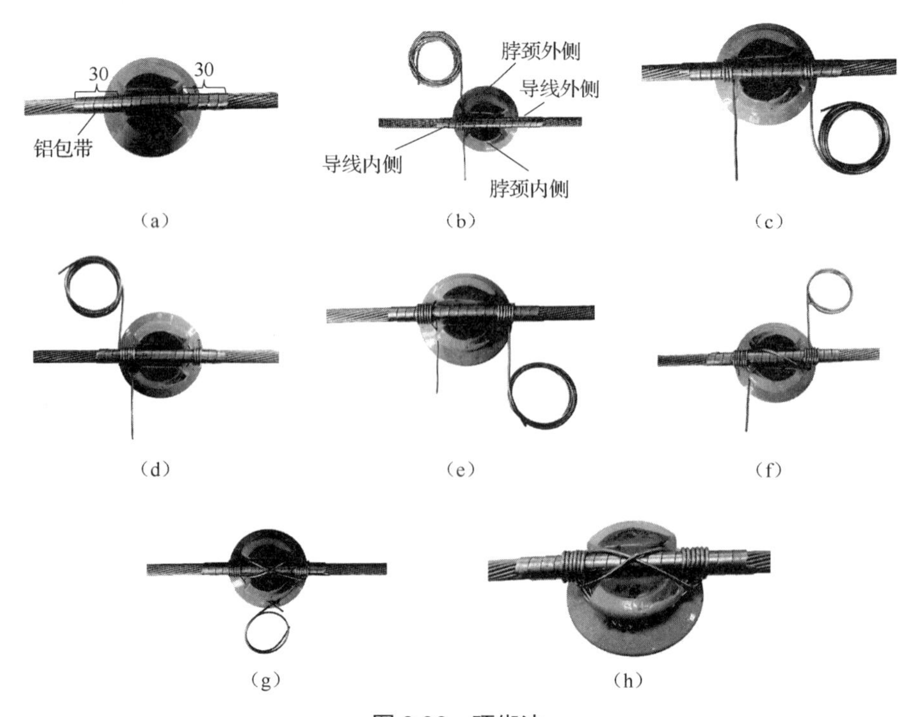

图 3.36　顶绑法

绝缘子的侧绑法适用于转角杆，此时导线应放在绝缘子脖颈外侧，其绑扎步骤如下。

绝缘子侧绑的绑扎

① 绑扎处的导线上缠绕铝包带，若是铜线则不缠绕铝包带。

② 把绑线盘成一个圆盘，在绑线的一端留出一个短头，其长度为 250mm 左右，用短头在绝缘子左侧的导线上绕 3 圈，方向由导线外侧经导线上方向导线内侧，如图 3.37（a）所示。

③ 用盘起来的绑线自绝缘子脖颈内侧绕过，绕到绝缘子右侧导线上方，即交叉在导线上方，并自绝缘子左侧导线外侧经导线下方绕到绝缘子脖颈内侧。在绝缘子脖颈内侧的绑线绕到绝缘子右侧导线下方，交叉在导线上，并自绝缘子左侧导线上方绕到绝缘子脖颈内侧，如图 3.37（b）所示。此时导线外侧已有一个十字。

④ 重复③的方法再绑一个十字（如果是单十字绑法，此步骤略去），用盘起来的绑线绕到右侧导线上，再绑 3 圈，方向由导线上方向导线外侧，再到导线下方，如图 3.37（c）所示。

⑤ 用盘起来的绑线从绝缘子脖颈内侧绕回到绝缘子左侧导线上，并再绑 3 圈，方向是从导线下方经过外侧绕到导线上方，然后经过绝缘子脖颈内侧回到绝缘子右侧导线上，并再绑 3 圈，方向是从导线上方经外侧绕到导线下方，最后回到绝缘子脖颈内侧中间，与绑线短头拧一个小辫，剪去压平，如图 3.37（d）所示。

⑥ 绑扎完毕后，绑线在绝缘子两侧导线上应绕够 6 圈。

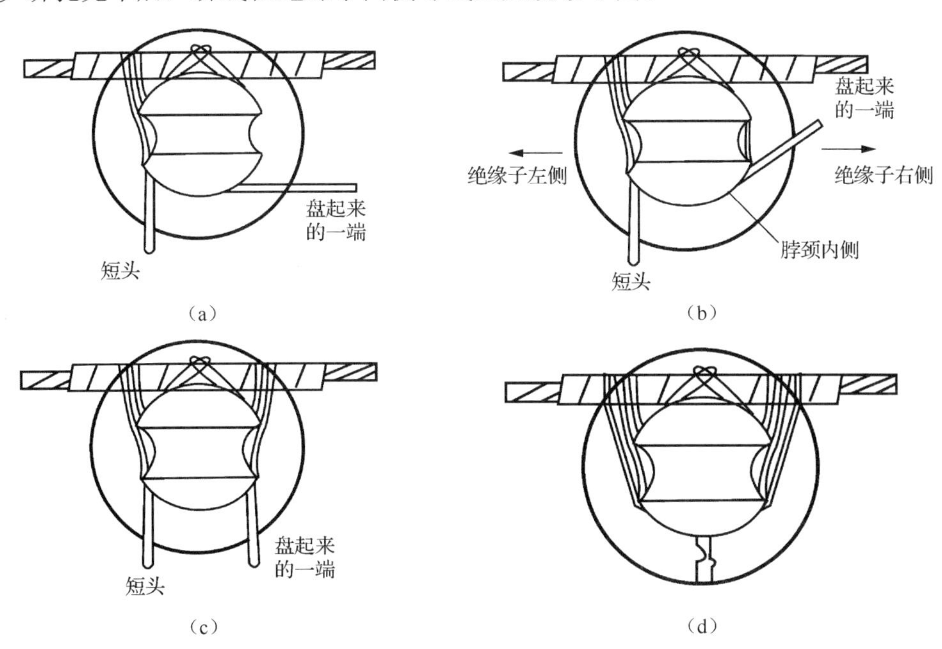

图 3.37　侧绑法

终端绑扎法适用于蝶式绝缘子，其绑扎步骤如下。

① 导线与蝶式绝缘子接触部分，用宽 10mm、厚 1mm 软铝带包缠，若是铜线可不缠铝包带。

② 导线截面 LJ-35 及以下者，绑扎长度为 150mm；导线截面 LJ-50 及以上者，用钢线卡子固定。

③ 把绑线绕成圆盘，在绑线的一端留出一个短头，长度比绑扎长度多 50mm。

④ 把绑线短头夹在导线与折回导线中间凹进去的地方，然后用绑线在导线上绑扎，如图 3.38（a）～（e）所示。

⑤ 绑扎到规定长度后，与短头拧 2～3 下，呈小辫并压平在导线上，如图 3.38（f）所示。

⑥ 把导线端部折回，压在绑线上，如图 3.38（g）所示。

绑扎方法的统一要求是，绑扎平整、牢固，并防止钢丝钳伤及导线。

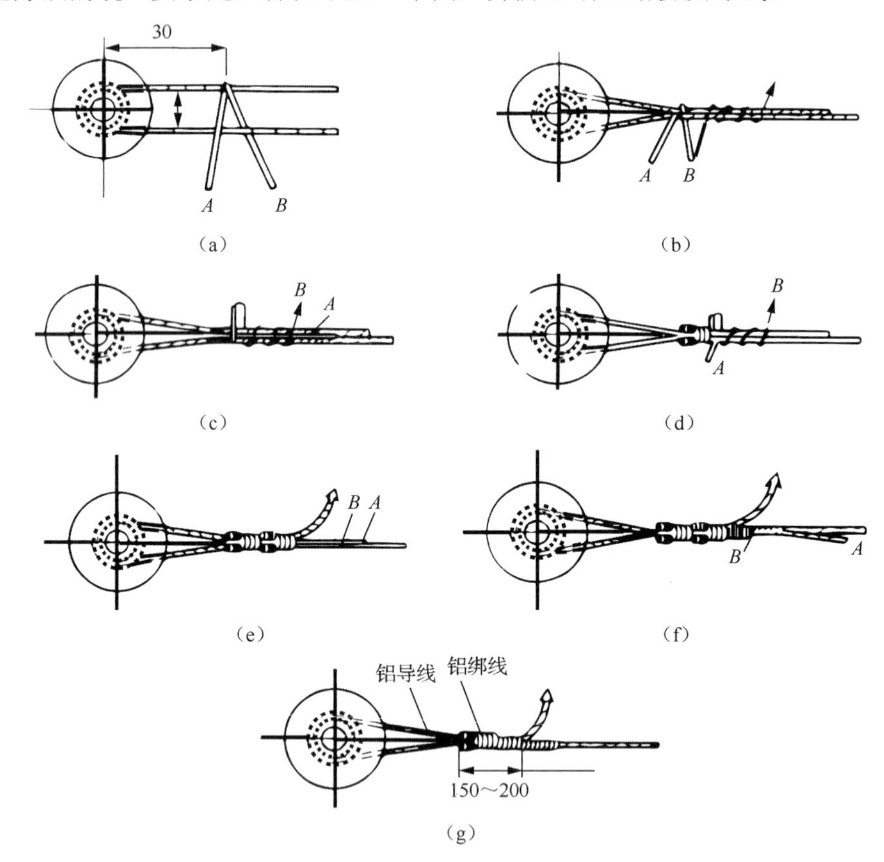

图 3.38　终端绑扎法

导线的固定应牢固可靠，绑扎时应在导线的绑扎处（或固定处）包缠铝包带，一般铝包带宽为 10mm、厚为 1mm，包缠应紧密无缝隙，但不应相互重叠（铝包带在导线弯曲的外侧允许有些空隙）。包缠长度应超出绑扎部分 20～30mm。所用绑线应为与裸导线材料相同的裸绑线，当导线为绝缘导线时，应使用带包皮的绑线。绑扎时应注意不应损伤导线和绑线，绑扎后不应使导线过分弯曲，绑线在绝缘子颈槽内不得互相挤压。

7. 杆上设备安装

杆上设备包括多种变配电设备，如变压器（图 3.39）、熔断器（图 3.40）、断路器

（图 3.41）、负荷开关（图 3.42）、隔离开关（图 3.43）、避雷器（图 3.44）等，杆上设备的安装要求如下。

图 3.39　变压器

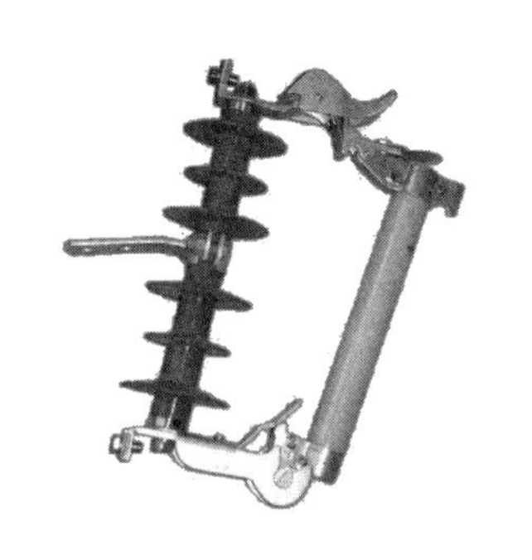

图 3.40　熔断器

图 3.41　断路器

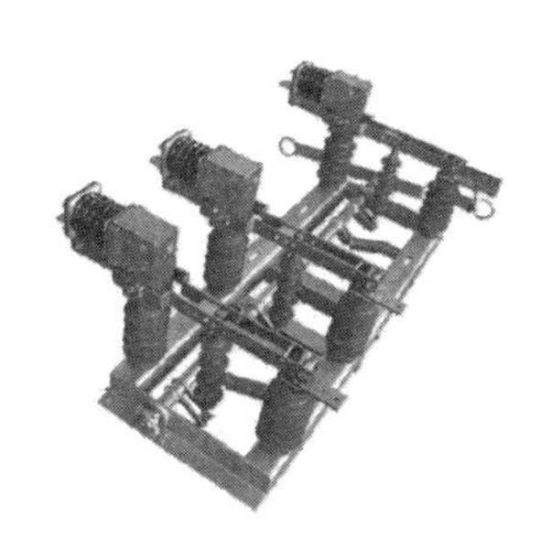

图 3.42　负荷开关

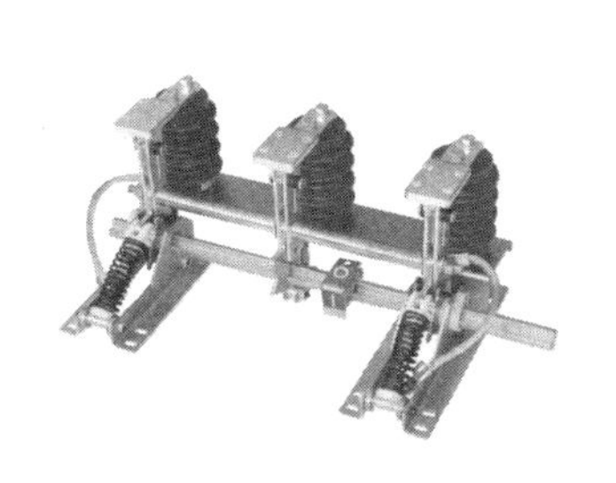

图 3.43　隔离开关

图 3.44　避雷器

（1）杆上设备的安装应牢固可靠；电气连接应接触紧密；不同金属连接应有过渡措施；瓷件表面光洁，无裂缝、破损等现象。

（2）杆上变压器及变压器台的安装，其水平倾斜不大于台架根开的 1%；一、二次引线排列整齐、绑扎固定；油枕、油位正常，外壳干净；套管压线螺钉等部件齐全；呼吸孔道畅通。

（3）变压器中性点应与接地装置引出干线直接连接，以确保低压配电系统可靠、安全地运行。

（4）跌落式熔断器的安装，要求各部分零件完整；转轴光滑灵活，铸件不应有裂纹；瓷件良好，熔管不应有吸潮膨胀或弯曲现象；熔断器安装牢固、排列整齐，熔管轴线与地面的垂线夹角为 15°～30°；合熔管时上触头应有一定的压缩行程；上、下引线压紧，与线路导线的连接紧密可靠。

（5）杆上断路器和负荷开关的安装，其水平倾斜不大于担架长度的 1%。引线连接紧密，当采用绑扎连接时，长度不小于 150mm；外壳干净，不应有漏油现象，气压不低于规定值；操作灵活，分、合位置指示正确可靠；外壳接地可靠，接地电阻值符合规定。

（6）杆上隔离开关的瓷件良好，操作机构动作灵活，隔离刀刃合闸时接触紧密，分闸后应有不小于 200mm 的空气间隙，与引线的连接紧密可靠。水平安装的隔离刀刃，分闸时宜使静触头带电。三相联动隔离开关的三相隔离刀刃应分、合同期。

（7）低压熔断器和开关安装要求各部分接触应紧密，便于操作。低压保险丝（片）安装要求无弯折、压偏、伤痕等现象。

（8）杆上避雷器的瓷套与固定抱箍之间加垫层，安装排列整齐、高低一致。相间距离为 1～10kV 时，不小于 350mm；1kV 以下时，不小于 150mm。避雷器的引线短而直、连接紧密，采用绝缘线时，其截面要求如下。

① 引上线：铜线不小于 $16mm^2$，铝线不小于 $25mm^2$。

② 引下线：铜线不小于 $25mm^2$，铝线不小于 $35mm^2$。

引下线接地可靠，接地电阻值符合规定。当与电气部分连接时，不应使避雷器产生外加应力。

8．接户线安装

接户线是指从架空配电线路电杆上引到建筑物电源进户点前第一支持点的一段架空导线，如图 3.45 所示，按其电压等级可分为低压接户线和高压接户线。接户线安装应满足设计要求。

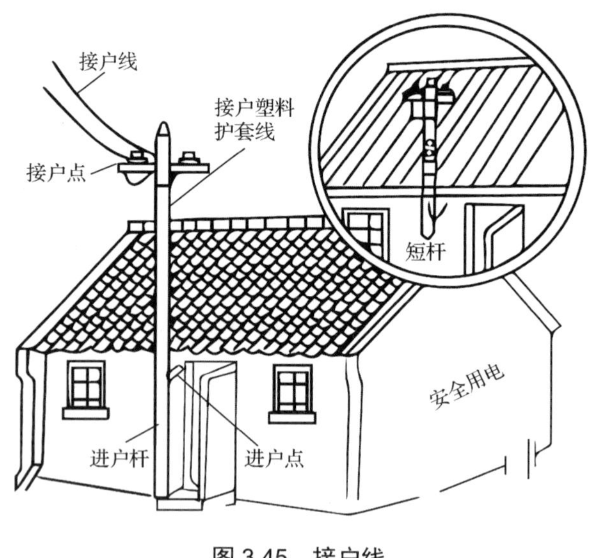

图 3.45　接户线

（1）低压接户线。

低压接户线一般应从靠近建筑物而又便于引线的一根电杆上引下来，其档距不宜大于 25m，否则不宜直接引入，应增设接户杆。低压接户线一般应采用绝缘线，导线的架设应符合下列规定。

① 低压接户线的线间距离，在设计未作规定且档距超过 25m 时，不应小于 200mm；档距小于 25m 时，为 150mm。若为沿墙敷设，且档距不超过 6m 时，线间距离为 100mm；超过 6m 时，线间距离为 150mm。

② 接户线不宜跨越建筑物，如必须跨越时，在最大弛度情况下，与建筑物的垂直距离不应小于 2500mm。接户线与建筑物有关部分接近时，其最小距离应符合下列规定：与上方窗户和阳台的垂直距离不小于 800mm；与下方窗户的垂直距离不小于 300mm；与下方阳台的垂直距离不小于 2500mm；与窗户和阳台的水平距离不小于 750mm；与墙壁、构架的距离不小于 50mm。

③ 低压接户线不应从高压引下线间穿过，同时也严禁跨越铁路。跨越通车街道的接户线不允许有接头。当与弱电线路交叉时，如接户线在弱电线路上方，垂直距离应为 600mm；在弱电线路下方时，垂直距离应为 300mm。

④ 低压接户线在最大弛度时，跨越街道及建筑物的最小距离不应小于下列规定：通车街道为 6000mm；不通车的街道、人行道为 3500mm；胡同、里、弄、巷为 3000mm，进户点的对地距离为 2500mm。

⑤ 低压接户线在电杆上和进户处均应牢固地绑扎在绝缘子上，以避免松动和脱落。绝缘子应安装在支架上和横担上，支架和横担应装设牢固，并能承受接户线的全部动力。导线截面在 $16mm^2$ 及以上时，应使用蝶式绝缘子。

⑥ 导线穿墙必须用套管保护，套管埋设应内高外低，以免雨水流入屋内。钢管可用防水弯头，管口应光滑，防止擦伤导线绝缘。

（2）高压接户线。

高压接户线安装应遵守高压架空配电线路架设的有关规定，应注意以下几点。

① 高压接户线的档距不宜大于 40m。当采用裸绞线时，其最小允许截面为铜绞线 $16mm^2$，铝绞线 $25mm^2$。高压接户线采用绝缘线时，线间距离不应小于 450mm。

② 高压接户线受电端的对地距离，不应小于 4000mm。高压接户线距地面的垂直距离，应不小于下列规定：居民区为 6500mm，非居民区为 5500mm，交通困难地区为 4500mm。

③ 高压接户线在引入口处的对地距离不应小于 4000mm。导线引入室内必须采用穿墙套管而不能直接引入，以防导线与建筑物接触，造成触电伤人事故及发生接地故障。

▶ 10kV 线路挂设保护接地线

④ 当导线截面较小时，一般可使用悬式绝缘子与蝶式绝缘子串联方式将其固定在建筑物的支持点上，当导线截面较大时，则应使用悬式绝缘子与耐张线夹串联方式固定导线。

不论接户线的电压高低，都应注意导线在档距内不准接头，且要保证导线在最大摆动时，不应有接触树木和其他建筑物的现象，由两个不同电源引入的接户线不宜同杆架设。

拓展讨论

党的二十大报告强调，加强重点领域安全能力建设，确保粮食、能源资源、重要产业链供应链安全，明确将确保能源资源安全作为维护国家安全能力的重要内容。为了保证能源资源安全，电力线路起到了至关重要的作用。那么，电力系统中，我们是采取哪些措施和方法保证电力线路安全稳定运行的呢？

3.2.3 架空配电线路的竣工验收

架空配电线路工程的验收工作一般分为，隐蔽工程验收检查、中间验收检查及竣工验收检查三个阶段。

1. 隐蔽工程验收检查

隐蔽工程是指在竣工后无法检查的工程部分。其内容大致有以下几项。

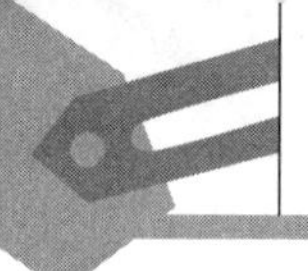

（1）基础坑深，包括电杆坑、拉线坑。

（2）预制基础埋深，如底盘、卡盘、拉线盘的规格与安装位置。

（3）各种连接管的规格、压接前的内外径、长度及压接装置。

（4）接地装置的安装。

2. 中间验收检查

中间验收检查是指施工班组完成一个或数个分项（基础、电杆、接地等）成品后进行的验收检查。对架空配电线路施工来讲，内容大致有以下几项。

（1）电杆及拉线。

检查内容包括电杆焊口弯曲度及焊接质量，杆身高度及扭偏情况，横担及金具安装情况（应平整、紧密、牢固、方向正确），拉线的连接方法及受力情况，回填土情况。

（2）接地。

检查内容是实测接地电阻值，看其是否符合设计的规定值。

（3）架线。

检查内容包括导线及绝缘子的型号、规格是否符合设计要求，金具的规格及连接情况，压接管的位置及数量，导线的弛度，导线对各部分的电气距离，电杆在架设导线后的挠度，线位，导线连接的质量，线路与地面、建筑物之间的距离，等等。

3. 竣工验收检查

竣工验收是在工程全部结束后进行的验收检查。其检查项目如下。

（1）采用器材的型号、规格应符合设计要求。

（2）线路设备标志应齐全。

（3）电杆组立的各项误差应符合规定，不能超过标准。

（4）拉线的制作和安装符合要求。

（5）导线的弧垂、相间的距离、对地距离、交叉跨越距离及与建筑物的接近距离符合要求。

（6）电气设备外观应完整无缺损。

（7）线位正确、接地装置符合要求。

（8）基础埋深、导线连接、补修质量应符合设计要求。

（9）沿线的障碍物、应砍伐的树及树枝等杂物应清除完毕。

4. 竣工试验

工程在竣工验收合格后，应进行下列电气试验。

（1）测定线路的绝缘电阻。1kV 以下线路绝缘电阻值应不小于 0.5MΩ，10kV 线路绝缘电阻值不作规定，但要求每个绝缘子的绝缘电阻值不小于 300MΩ。

（2）测定线路的相位。

（3）冲击合闸试验（低压线路不要求）。在额定电压下对空载线路冲击合闸三次，合闸过程中线路绝缘子不应有损坏。

若以上试验结果均合格、正常，符合设计要求，则竣工试验结束。最后，将规范规定应提交的技术资料和文件全部移交使用单位。

5. 在验收时应提交的技术资料和文件

（1）竣工图。
（2）变更设计的证明文件（包括施工内容明细表）。
（3）安装设计记录（包括隐蔽工程记录）。
（4）交叉跨越距离记录及有关的协议文件。
（5）原材料和器材出厂证明书和试验记录。
（6）使用材料清单。
（7）接地电阻实测值记录。
（8）调整试验记录。
（9）有关的批准文件。

任务 3.3　电缆线路施工

电缆线路在电力系统中作为传输和分配电能之用。随着时代的发展，电力电缆在民用建筑、工矿企业等领域应用越来越广泛。电缆线路与架空配电线路比较，具有敷设方式多样、占地少、受气候条件和周围环境影响小、传输性能稳定、维护工作量较小、整齐美观等优点。但是电缆线路也有一些不足之处，如投资费用较大、敷设后不宜变动、线路不宜分支、寻测故障较难、电缆头制作工艺复杂等。

3.3.1 电缆的种类与结构

电缆的种类很多，按用途分有电力电缆和控制电缆，按电压等级分有高压电缆和低压电缆，按导线芯数分有 1～5 芯电力电缆，按绝缘材料分有纸绝缘电力电缆、聚氯乙烯绝缘电力电缆、聚乙烯绝缘电力电缆、交联聚乙烯绝缘电力电缆（图 3.46）和橡皮绝缘电力电缆。

电力电缆由三个主要部分组成，即导电线芯、绝缘层和保护层。电力电缆的导电线芯是用来传导大功率的电流，其所用材料通常是高导电率的铜或铝。我国制造的电缆线芯标称截面有 2.5～800mm^2 多种规格。

电力电缆的绝缘层是用来保证导电线芯之间、导电线芯与外界的绝缘。绝缘层的材料有纸、橡皮、聚氯乙烯、聚乙烯和交联聚乙烯等。

电力电缆的保护层分内护层和外护层两部分。内护层主要是保护电缆统包绝缘不受潮湿和防止电缆浸渍剂外流及避免轻度机械损伤。外护层是用来保护内护层的，防止内护层受到机械损伤或化学腐蚀等。外护层包括铠装层和外被层两部分。

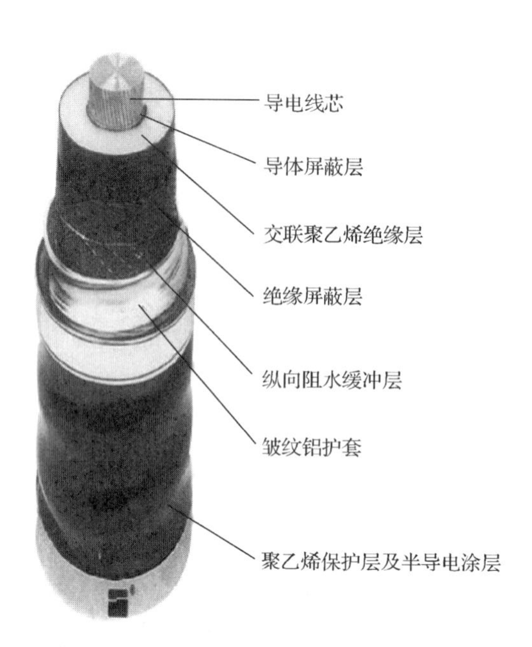

图 3.46　交联聚乙烯绝缘电力电缆

3.3.2 电缆的型号及名称

我国电缆的型号是由双语拼音字母组成的，带外护层的电缆则在字母后加上两个阿拉伯数字。常用的电缆型号中汉语拼音字母的含义及排列次序见表 3-6。

表 3-6　常用的电缆型号中汉语拼音字母的含义及排列次序

类别	绝缘种类	线芯材料	内护层	其他特征	外护层
电力电缆不表示 K—控制电缆 Y—移动式软电缆 P—信号电缆 H—市内电话电缆	Z—纸 X—橡皮 V—聚氯乙烯 Y—聚乙烯 YJ—交联聚乙烯	T—铜（省略） L—铝	Q—铅包 L—铝包 H—橡套 HF—非燃性橡套 V—聚氯乙烯护套 Y—聚乙烯护套	D—不滴流 F—分相铅包 P—屏蔽 C—重型	两个阿拉伯数字（见表 3-7）

表 3-7　阿拉伯数字代号的含义

前一个数字		后一个数字	
代号	铠装层类型	代号	外被层类型
0	无	0	无
1	—	1	纤维绕包
2	双钢带	2	聚氯乙烯护套
3	细圆钢丝	3	聚乙烯护套
4	粗圆钢丝	4	—

电缆外护层的两个阿拉伯数字，前一个表示铠装层结构，后一个表示外被层结构。阿拉伯数字代号的含义见表 3-7。

例如，VV22-10-3×95 表示三根截面为 95mm^2、聚氯乙烯绝缘、电压为 10kV 的铜芯电力电缆，铠装层为双钢带，外被层为聚氯乙烯护套。

3.3.3 电缆的敷设

室外电缆的敷设方式很多，有电缆直埋、电缆沟、隧道、排管等。采用哪种敷设方式，应根据电缆的根数、电缆线路的长度及周围环境条件等因素决定。

电缆的敷设

1. 电缆直埋敷设

电缆直埋敷设就是沿选定的路径挖沟，然后将电缆埋设在沟内的方式。此种方式一般适用于沿同一路径，线路较长且电缆根数不多（8 根以下）的情况。电缆直埋敷设具有施工简便，费用较低，电缆散热好等优点，但土方量大，电缆还易受到土壤中酸碱物质的腐蚀。

电缆直埋敷设的施工工艺如下。

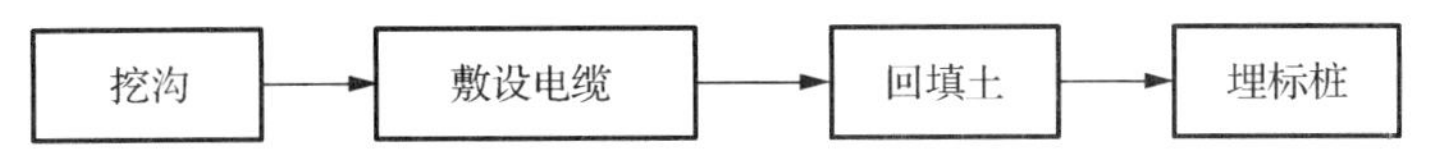

（1）挖沟。

电缆直埋敷设时，首先应根据选定的路径挖沟，电缆沟的宽度与电缆沟内埋设电缆的电压和根数有关。电缆沟的深度与敷设场所有关。电缆沟的形状基本上是一个梯形，对于一般土质，沟顶应比沟底宽 200mm。

（2）敷设电缆。

敷设前应清除沟内杂物，在铺平夯实的电缆沟底铺一层厚度不小于 100mm 的细沙或软土，然后敷设电缆，敷设完毕后，在电缆上面再铺一层厚度不小于 100mm 的细沙或软土，并盖以混凝土保护板，其覆盖宽度应超过电缆两侧各 50mm。电缆直埋敷设如图 3.47 所示。

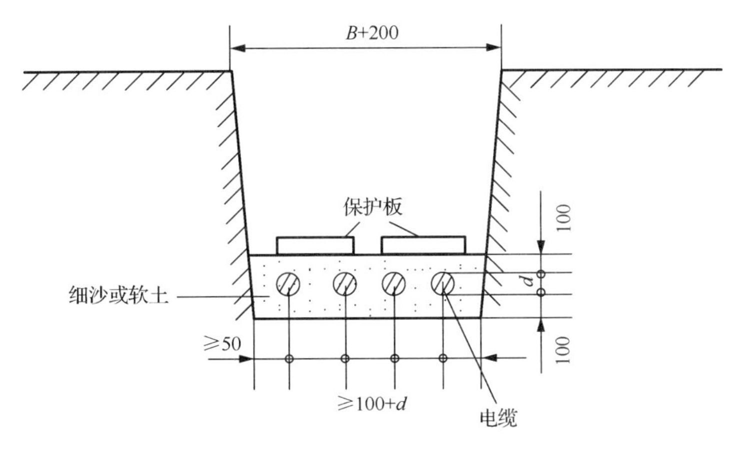

图 3.47　电缆直埋敷设

（3）回填土。

电缆敷设完毕，应请建设单位、监理单位及施工单位的质量检查部门共同进行隐蔽工程验收，验收合格后方可覆盖、填土。填土时应分层夯实，覆土要高出地面 150～200mm，以备松土沉陷。

（4）埋标桩。

直埋电缆在直线段每隔 50～100m 处，以及电缆的拐弯、接头、交叉、进出建筑物等地段应设标桩。标桩露出地面以 15cm 为宜。

电缆直埋敷设的一般规定如下。

① 电缆的埋设深度一般要求电缆的表面距地面的距离不应小于 0.7m，穿越农田时不应小于 1.0m。在寒冷地区，电缆应埋设于冻土层以下。当电缆引入建筑物、与地下建筑物交叉及绕过地下建筑物时，可埋设浅些，但应采取保护措施。

② 当电缆与铁路、公路、城市街道、厂区道路交叉时，应将其敷设于坚固的保护管或隧道内。电缆与铁路、公路交叉敷设做法如图 3.48 所示。

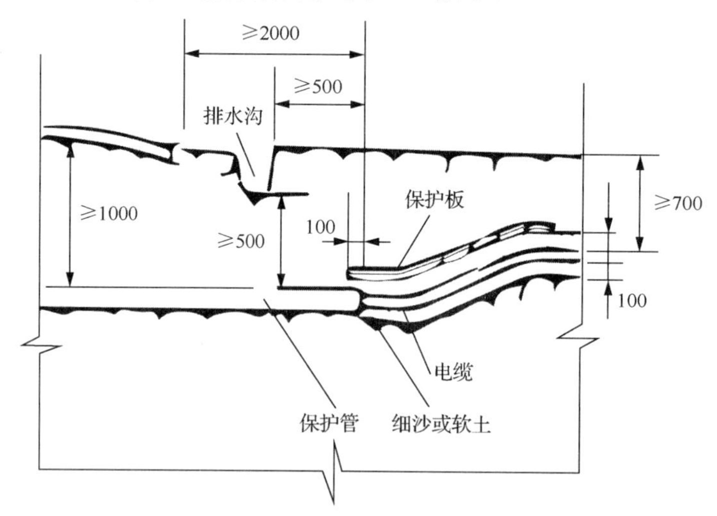

图 3.48 电缆与铁路、公路交叉敷设做法

③电缆之间不得重叠、交叉和扭绞。同沟敷设两条及以上电缆时，电缆之间，电缆与管道、道路、建筑物之间平行或交叉时的最小净距应符合表 3-8 的规定。

表 3-8 电缆之间，电缆与管道、道路、建筑物之间平行或交叉时的最小净距

项目		最小净距/m	
		平行	交叉
电力电缆间及其与控制电缆间	10kV 及以下	0.10	0.50
	10kV 以上	0.25	0.50
控制电缆间		—	0.50
不同使用部门的电缆间		0.50	0.50
热管道（管沟）及热力设备		2.00	0.50
油管道（管沟）		1.00	0.50

续表

项目		最小净距/m	
		平行	交叉
可燃气体及易燃液体管道（管沟）		1.00	0.50
其他管道（管沟）		0.50	0.50
铁路路轨		3.00	1.00
电气化铁路路轨	交流	3.00	1.00
	直流	10.0	1.00
公路		1.50	1.00
城市街道路面		1.00	0.70
电杆基础（边线）		1.00	—
建筑物基础（边线）		0.60	—
排水沟		1.00	0.50

④ 电缆直埋敷设时，严禁在管道上面或下面平行敷设。与管道（特别是热力管道）交叉不能满足距离要求时，应采取隔热措施。

⑤ 电缆在沟内敷设应有适量的蛇形弯，电缆的两端、中间接头、电缆井内、过管处、垂直位差处均应留有适当的余度。

2. 电缆在电缆沟和隧道内敷设

电缆沟敷设方式主要适用于在厂区或建筑物内地下电缆数量较多，但不需采用隧道，以及城镇人行道开挖不便，且电缆需分期敷设的地方。电缆隧道敷设方式主要适用于同一通道的地下中低压电缆达 40 根以上或高压单芯电缆多回路的情况，以及位于有腐蚀性液体或经常有地面水流溢出的场所。电缆沟和电缆隧道敷设具有维护、保养和检修方便等特点。

电缆沟和电缆隧道敷设的施工工艺如下。

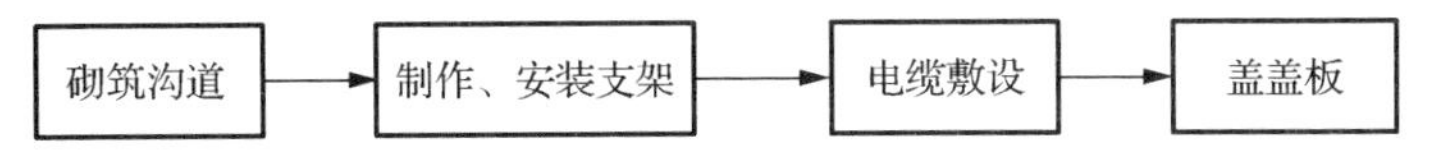

（1）砌筑沟道。

电缆沟和电缆隧道通常由土建专业人员用砖和水泥砌筑而成。其尺寸应符合设计图的规定，沟道砌筑好后，应有 5～7 天的保养期。电缆沟如图 3.49 所示。电缆隧道内净高不应低于 1.9m，如图 3.50 所示。

图 3.49　电缆沟

图 3.50　电缆隧道

电缆沟和电缆隧道应采取防水措施，其底部应做成坡度不小于0.5%的排水沟，积水可及时直接接入排水管道或经积水坑、积水井后用水泵抽出，以保证电缆线路在良好环境下运行。

（2）制作、安装支架。

常用的支架有角钢支架和装配式支架，角钢支架需要自行加工制作，装配式支架由工厂加工制作。支架的选择、加工要求一般由工程设计决定，也可以按照标准图集的做法加工制作。安装支架时，找好直线段两端支架的准确位置，先安装固定好，然后把线拉通，再安装中间部位的支架，最后安装转角和分叉处的支架。支架安装如图3.51所示。制作、安装支架一般要求如下。

图3.51　支架安装

① 制作电缆支架所使用的材料必须是标准钢材，且应平直无明显扭曲。

② 电缆支架制作中，严禁使用电、气焊割孔。

③ 电缆支架的长度，在电缆沟内不宜超过0.35m，在电缆隧道内不宜超过0.5m。保证支架安装后在电缆沟内、电缆隧道内留有一定的通路宽度。

④ 电缆沟支架组合和支架安装尺寸、支架层间垂直距离和通道宽度的最小净距、电缆支架最上层及最下层至沟顶和沟底的距离、电缆支架间或固定点间的最大距离等应符合设计要求或有关规定。

⑤ 支架在室外敷设时应进行镀锌处理，否则，宜涂磷化底漆一道，过氧乙烯漆两道。如支架用于湿热、盐雾及有化学腐蚀地区时，应根据设计做特殊的防腐处理。

⑥ 为防止电缆产生故障时危及人身安全，电缆支架全长均应有良好的接地，当电缆线路较长时，还应根据设计进行多点接地。接地线应采用直径不小于12mm的镀锌圆钢，并应在电缆敷设前与支架焊接。

（3）电缆敷设。

按电缆沟或电缆隧道的电缆布置图敷设电缆并逐条加以固定，固定电缆可采用管卡，也可用U型线夹固定。

电缆沟或电缆隧道敷设的一般规定如下。

① 各种电缆在支架上的排列顺序为，高压电力电缆应放在低压电力电缆的上层；电力电缆应放在控制电缆的上层；强电控制电缆应放在弱电控制电缆的上层。若电缆沟和电缆隧道两侧均有支架，1kV及以下的电力电缆与控制电缆应与1kV以上的电力电缆分别敷设在不同侧的支架上。

② 电力电缆在电缆沟或电缆隧道内并列敷设时，水平净距应符合设计要求，一般可为 35mm，但不应小于电缆的外径。

③ 敷设在电缆沟内的电力电缆与热力管道、热力设备之间的净距，平行时不小于 1m，交叉时不应小于 0.5m。如果受条件限制，无法满足净距要求时，则应采取隔热保护措施。

④ 电缆不宜平行敷设于热力设备和热力管道的上部。

（4）盖盖板。

电缆沟盖板的材料有水泥预制块、钢板和木板。采用钢板时，钢板应作防腐处理。采用木板时，木板应作防火、防蛀和防腐处理。电缆敷设完毕后，应清除杂物，盖好盖板，必要时还应将盖板缝隙密封。

3. 电缆在排管内敷设

排管敷设方式，适用于电缆数量不多（一般不超过 12 根），而与道路交叉较多，路径拥挤，又不宜采用直埋或电缆沟敷设的地段。穿电缆的排管大多是水泥预制块，如图 3.52 所示。排管也可采用混凝土管或石棉水泥管。

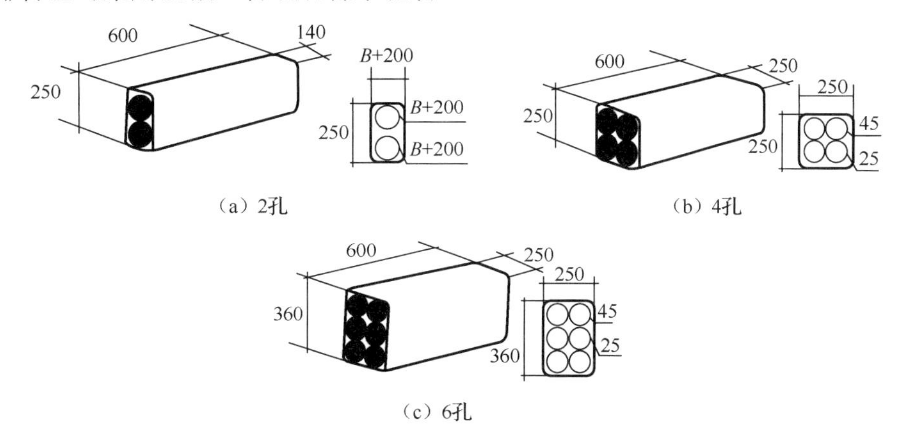

图 3.52　水泥预制块

排管敷设的施工工艺如下。

（1）挖沟。

排管敷设时，首先应根据选定的路径挖沟，沟的挖设深度为 700mm 加排管厚度，宽度略大于排管的宽度。排管沟的底部应垫平夯实，并应铺设厚度不小于 80mm 的混凝土垫层。垫层坚固后方可安装排管。

（2）人孔井设置。

为便于敷设、拉引电缆，在敷设线路的转角处、分支处和直线段超过一定长度处，均应设置人孔井。一般人孔井间距不宜大于 150m，净空高度不应小于 1.8m，其上部直径不小于 0.7m。人孔井内应设集水坑，以便集中排水。人孔井由土建专业人员用水泥砖块砌筑而成。人孔井的盖板也是水泥预制块，待电缆敷设完毕后，应及时盖好盖板。

（3）安装排管。

将准备好的排管放入沟内，用专用螺栓将排管连接起来，既要保证排管连接平直，又要保证连接处密封。

排管安装的要求如下。

① 管孔内径不应小于电缆外径的 1.5 倍，但电力电缆的管孔内径不应小于 90mm，控制电缆的管孔内径不应小于 75mm。

② 排管应倾向人孔井侧有不小于 0.5%的排水坡度，以便及时排水。

③ 排管的埋设深度为排管顶部距地面不小于 0.7m，在人行道下面可不小于 0.5m。

④ 在选用的排管中，排管孔数应充分考虑发展需要的预留备用。一般不得少于 1～2 孔，备用回路配置于中间孔位。

（4）覆土。

其与直埋电缆的方法类似。

（5）埋标桩。

其与直埋电缆的方法类似。

（6）穿电缆。

穿电缆前，首先应清除孔内杂物，然后穿引线，引线可采用竹片或钢丝绳。在排管中敷设电缆时，把电缆盘放在井坑口，然后用预先穿入管孔中的钢丝绳将电缆拉入管孔内，为了防止电缆受损伤，排管口应套以光滑的喇叭口，井坑口应装设滑轮。

3.3.4 电缆敷设的一般规定

电缆敷设过程中，一般按下列程序：先敷设集中的电缆，再敷设分散的电缆；先敷设电力电缆，再敷设控制电缆；先敷设长电缆，再敷设短电缆；先敷设难度大的电缆，再敷设难度小的电缆。电缆敷设的一般规定如下。

（1）施工前应对电线进行详细检查；规格、型号、截面、电压等级均符合设计要求，外观无扭曲、损坏及漏油、渗油等现象。

（2）每轴电缆上应标明电缆的规格、型号、电压等级、长度及出厂日期。

（3）电缆盘应完好无损。电缆外观完好无损，铠装无锈蚀、机械损伤，无明显皱折和扭曲现象；油浸电缆应密封良好，无漏油及渗油现象；橡套、塑料电缆外皮及绝缘层无老化及裂纹。

（4）电缆敷设前进行绝缘测定。如工程采用 1kV 以下电缆，用 1kV 绝缘电阻表摇测线间及对地的绝缘电阻不低于 10MΩ。摇测完毕，应将芯线对地放电。

（5）冬季电缆敷设，温度达不到规范要求时，应将电缆提前加温。

（6）电缆短距离搬运，一般采用滚动电缆轴的方法。滚动时应按电缆轴上箭头指示方向滚动。如无箭头时，可按电缆缠绕方向滚动，切不可反缠绕方向滚动，以免电缆松弛。

（7）电缆支架的架设地点应选好，以敷设方便为准，一般应在电缆起止点附近为宜。架设时，应注意电缆轴的转动方向，电缆引出端应在电缆轴的上方，敷设方法可用人力或机械牵引，如图 3.53 所示。

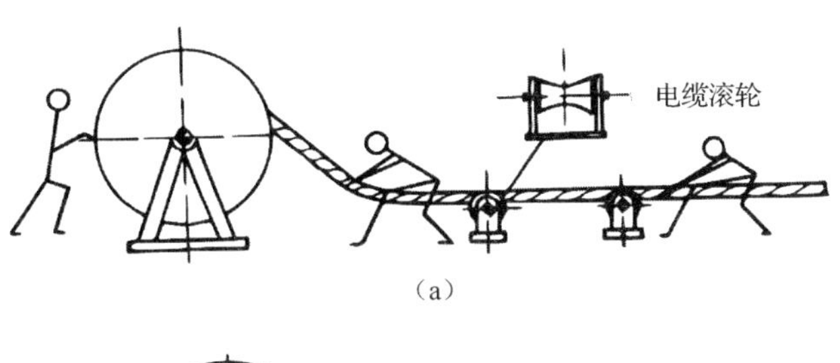

(a)

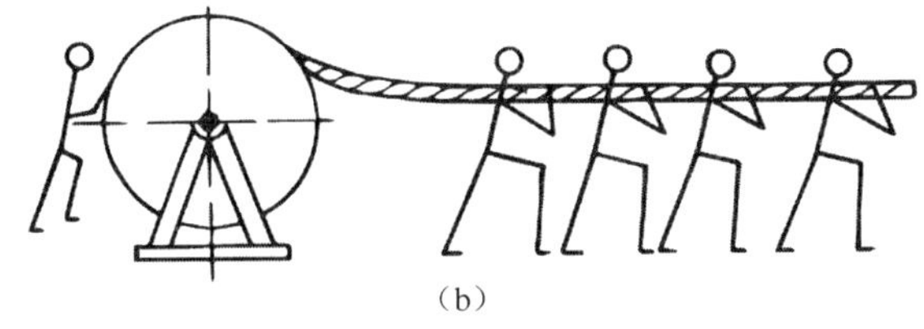

(b)

图3.53　牵引电缆

（8）有麻皮保护层的电缆，进入室内部分，应将麻皮剥掉，并涂防腐漆。

（9）电缆穿过楼板时，应装套管，敷设完后应将套管用防火材料封堵严密。

（10）电缆两端头处的门窗装好，并加锁防止电缆丢失或损毁。

（11）三相四线制系统中必须采用四芯电力电缆，不可采用三芯电缆加一根单芯电缆或以导线、电缆金属护套等作中性线，以免损坏电缆。

（12）电缆敷设时，不应破坏电缆沟、隧道、电缆井和人孔井的防水层。

（13）并联使用的电力电缆，应使用型号、规格及长度都相同的电缆。

（14）电缆敷设时，不应使电缆过度弯曲，电缆的最小弯曲半径应符合规范的规定。

（15）电缆进入电缆沟、隧道、电缆井、建筑物、盘（柜）及穿入管子时，出入口应封闭，管口应密封。

3.3.5 电缆工程施工工序

电缆工程施工工序主要包括施工准备、基础施工、接地装置安装、电缆敷设、设备安装、竣工验收。

1. 施工准备

电缆工程施工前项目负责人应到施工现场进行现场勘察，编制施工组织措施、技术措施、安全措施、可靠性控制措施（四措），制定合理的施工组织方案（一案）和开工报告，作业现场装设遮栏或围栏，悬挂标识牌。项目负责人应向工作人员进行技术和安全交底，工作人员履行确认签字手续。

2. 基础施工

1）基础开挖

（1）电缆沟开挖。电缆沟开挖应根据设计图纸先进行现场定位测量。开挖前，沟两侧需设置安全警示带，并按照距离要求施工。

（2）设备基础开挖。设备基础开挖前先需确定设备基础坑位置，然后进行开挖。开挖

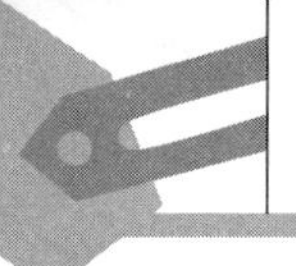

时，开挖 1m 左右即应检查边坡的斜度，防止土层塌方。设置挡板防止土石回落坑内，尽量做到坑底平整。设备基础坑深度允许偏差为+100mm～-50mm。直埋电缆的覆土深度不应小于 0.7m，农田中覆土深度不应小于 1.0m。环网箱基础高出地面一般为 600mm，电缆井深度应大于 1000mm。箱式变电站基础高于地面 400mm，电缆井深度应大于 1000mm。

2）排管

排管沟底应整平夯实，垫层应平直且满足坡度要求，管枕间距及管间间距应符合设计要求，排管完成后，管间采用细沙回填，并捣实，排管沟采用原土回填保护，多余的电缆管应切除，并将切口打磨平滑。

3. 接地装置安装

环网箱采用水平和垂直接地的混合接地网，接地网埋设深度在冻土层以下。

（1）接地沟开挖。作业人员按照设计图纸和主接地网敷设位置进行放线，开挖接地沟，接地体埋设深度应符合设计规定，当设计无规定时，不应小于 0.6m。

（2）接地体敷设。按照设计图纸安装垂直接地体、水平接地体，垂直接地体未埋入接地沟之前，应在垂直接地体上焊接一段水平接地体。

（3）接地体焊接。按照设计图纸的设计要求进行接地体焊接，焊接水平接地扁铁时搭接长度和焊接方式应符合规定。接地体的搭接应使用搭接焊，焊接应牢固、无虚焊。

（4）防腐处理。接地体焊接后应在防腐层损坏焊痕外 100mm 内做防腐处理。

（5）接地网回填土。接地网的某一区域施工结束后，应及时进行回填工作。回填土内不得夹有石块和建筑垃圾，外取的土壤不得有较强的腐蚀性，回填土应分层夯实。

（6）接地电阻测量。现场测试接地电阻，主接地网工频电阻值不大于 4Ω，并将测试结果详细记录于接地电阻测试报告中，接地电阻不符合要求时，应进行处理。

4. 电缆敷设

施工前作业人员需对电缆进行检查，检查电缆有无机械损伤，封端是否良好，核实电缆型号、规格、长度是否满足设计要求，以及绝缘电阻是否符合要求等。

（1）排管敷设。排管敷设使用的机具主要包括放线支架、绞磨机、电缆输送机、滑车及配套工具等，用吊车装卸电缆盘，电缆盘就位后，安装放线支架，放线支架需放置稳固，保证钢轴平衡，并有可靠的制动措施。

电缆敷设时，电缆应从盘的上端引出，在下线处与电缆盘之间放置电缆输送机，在下线井口、出线井口及保护管进出口及牵引绳与地面之间放置滑车来保护电缆。为方便后进场的电缆施工，排管电缆串入顺序先下层后上层，先内后外，敷设时，牵引电缆的速度要均匀，机械敷设电缆的速度不宜超过 15m/min，在较复杂路径上敷设时，其速度应适当放慢。电缆在任何敷设方式及全部路径条件的上下、左右改变部位，其最小弯曲半径应满足设计或规范要求，为防止电缆弯曲半径过小损坏电缆，电缆应在管井内每 1.5m 用挂钩吊挂一次，或用固定金具在电缆支架上固定，电缆敷设后，电缆头应做成品保护，以免水分浸入电缆内部。

（2）直埋敷设及回填。电缆就位后，铺沙 100mm，盖保护板，土方回填时宜采用人工回填，回填土内不得夹有石块和建筑垃圾，分层夯实，每层厚度不应大于 300mm，距保护

板 300mm 处敷设警示带，回填土至原地面，并夯实处理。

（3）电缆中间头制作。电缆线路中间的接头称为电缆中间头，电缆中间头制作一般是电缆敷设就位后在现场进行。电缆中间头制作应满足以下条件。

① 连接电阻小而且连接稳定，芯线连接好，能经受起故障电流的冲击。

② 长期运行后其接触电阻不应大于电缆本体同长度电阻的 1.2 倍。

③ 具有一定的机械强度、耐振动、耐腐蚀性能。

④ 绝缘性能好，电缆附件的绝缘性能应不低于电缆本体。

⑤ 电缆终端与中间头的制作过程，应严格遵守制作工艺规程，由经过培训、熟练操作的人员进行。

⑥ 电缆中间头安装时应避开潮湿的天气，其环境温度不应低于 5℃，空气相对湿度为 70%及以下，且尽可能缩短绝缘暴露的时间。

三芯电缆冷缩式中间头制作过程

（1）电缆预处理。

① 把电缆置于预定位置，严格按图规定尺寸将需连接的两端电缆开剥处理，切除钢带时，用绑线将钢带绑扎住，切割后用半导电胶带将端口锐边包覆住。

② 绕包两层配套半导电胶带，将电缆铜屏蔽带端口包覆住加以固定。

（2）安装冷缩接头主体。

① 按 1/2 接管长加 5mm 的尺寸切除电缆主绝缘。

② 从开剥长度较长的一端装入冷缩接头主体，较短的一端套入铜屏蔽编织网套。

③ 参照连接管供应商的指示装上接管，进行压接。压接后如有尖角、毛刺应将接管表面挫平打光并清洗。

④ 按常规方法清洗电缆主绝缘，并等其干燥后方可进行下一步操作。

⑤ 将专用混合剂涂抹在半导体屏蔽层与主绝缘交界处，然后把其余剂料均匀涂在主绝缘表面及接管上。

⑥ 测量绝缘端口之间的尺寸 C（图 3.54），然后按尺寸 $1/2C$，在接管上确定实际中心点 D，再按 300mm 在一边的铜屏蔽带上找出一个尺寸校验点 E。

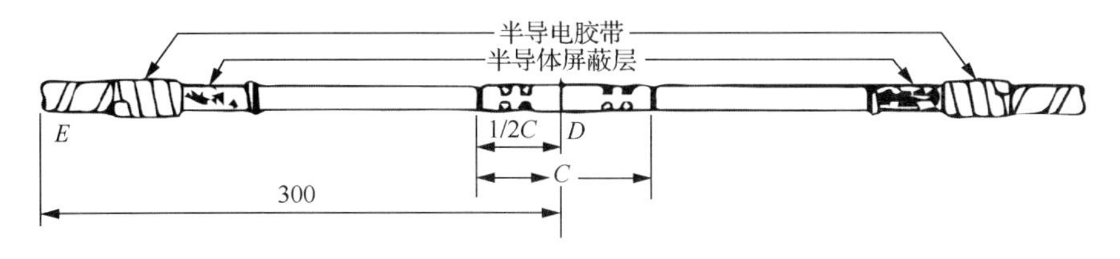

图 3.54　电缆冷缩式中间头

⑦ 在距离半导体屏蔽层端口某处（按图纸尺寸规定）做一个记号，此处为接头收缩起始点。

⑧将冷缩接头对准定位标记，逆时针抽掉芯绳使接头收缩，在接头完全收缩后 5min 内校验冷缩接头主体上的中心标记到校验点 E 的距离是否为 300mm，如有偏差，尽快左右抽动接头以进行调整。照此步骤完成第二、第三个接头的安装。

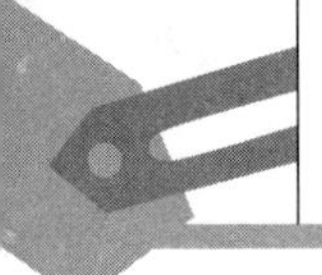

（3）恢复金属屏蔽。

① 在装好接头主体的外部套上铜屏蔽编织网套。

② 用 PVC 胶带把铜屏蔽编织网套绑扎在接头主体上。

③ 用两只恒力弹簧将铜屏蔽编织网套固定在电缆铜屏蔽带上。

④ 将铜屏蔽编织网套的两端修整齐，在恒力弹簧前各保留 10mm。

上面方法处理的是三相中的一相接头，其他两相按同样方法完成安装。

（4）防水处理。

① 用 PVC 胶带将三芯电缆绑扎在一起。

② 绕包一层配套防水带，涂专用混合剂的一面朝外，将电缆衬垫层包覆住。

（5）安装铠装接地接续编织线。

① 在编织线两端各 80mm 的范围将编织线展开。

② 将编织线展开的部分贴附在配套胶带和钢铠上并与电缆外护套搭接 20mm。

③ 用恒力弹簧将编织线的一端固定在钢铠上，搭接在外护套上的部分反折回来也一起固定在钢铠上。同样，编织线的另一端也照此步骤安装。

④ 半重叠绕包两层 PVC 胶带将弹簧连同钢铠一起覆盖住，不要包在配套的防水带上。

⑤ 用配套防水带做接头的防潮密封，从一端护套上距离为 60mm 开始半重叠绕包（涂专用混合剂一面朝里），绕至另一端护套上 60mm 处。

（6）恢复外护层。

① 用防水带填平两边的凹陷处，可得到一个整齐的外形。

② 在整个接头外绕包装甲带，以完成整个安装工作，从一端电缆护套 60mm 防水带上开始，半重叠绕包装甲带至对面另一端 60mm 防水带上。为得到最佳的效果，30min 内不得移动电缆。

5. 设备安装

（1）开箱检查。

① 箱式变电站现场检查。箱式变电站应符合设计要求，附件、配件齐全，注意检查电缆附件的生产日期及保质期，设备本体及附件外观检查无损伤及变形，油漆完好，油箱封闭完好，无渗油、漏油现象，油表油面正常。

② 环网箱现场检查。环网箱的规格、型号应符合设计图纸要求和规定，附件、配件齐全，并注意检查电缆附件的生产日期及保质期，安装人员仔细检查环网箱外观，确认无机械损伤、变形和油漆脱落，打开箱体门检查气室气压表，在允许范围内，气压检测装置显示正常。

（2）设备吊装。

箱式变电站和环网箱的就位采用吊车装卸，设备就位后应与基础固定可靠，设备周围与基础连接部分应采用水泥封堵并做防水斜面，防止雨水沿基础浸入设备。

（3）设备接地。

箱式变电站、环网箱底座槽钢及铁构件、变压器中性点及外壳、避雷器下接头、电缆屏蔽线等均应分别直接接地，接地扁铁外露部分应刷间隔宽度一致、顺序一致的黄绿相间接地标识漆。

（4）设备调试。

安装人员检查各部分接线应准确，标志齐全清晰，绝缘符合要求，各活动部件动作灵

活、可靠，传动装置动作正确，现场试操作三次。

（5）电缆终端头制作。

电缆冷缩式终端头的制作过程如下。

① 电缆预处理。

a. 把电缆置于预定位置，剥去外护套、铠装及衬垫层。开剥长度按说明书要求。

b. 往下剥 25mm 的护套，留出铠装，并擦洗开剥处往下 50mm 长护套表面的污垢。

c. 护套口往下 15mm 处绕包两层防水带。

d. 在顶部绕包 PVC 胶带，将铜屏蔽带固定。

② 钢带接地线安装。

a. 用恒力弹簧将第一条接地线固定在钢铠上，绕包配套胶带两个来回将恒力弹簧及衬垫层包覆住。

b. 在三芯铜屏蔽带根部缠绕第二条接地线，并将其向下引出，并用恒力弹簧将第二条接地线固定住。

c. 半重叠绕包电胶带将恒力弹簧全部包覆住。

d. 在第一层防水带的外部再绕包第二层防水带，把接地线夹在当中，以防水气沿接地线空隙渗入。电缆终端头制作如图 3.55 所示。

e. 在整个接地区域及防水带外面绕包几层 PVC 胶带，将它们全部覆盖住。

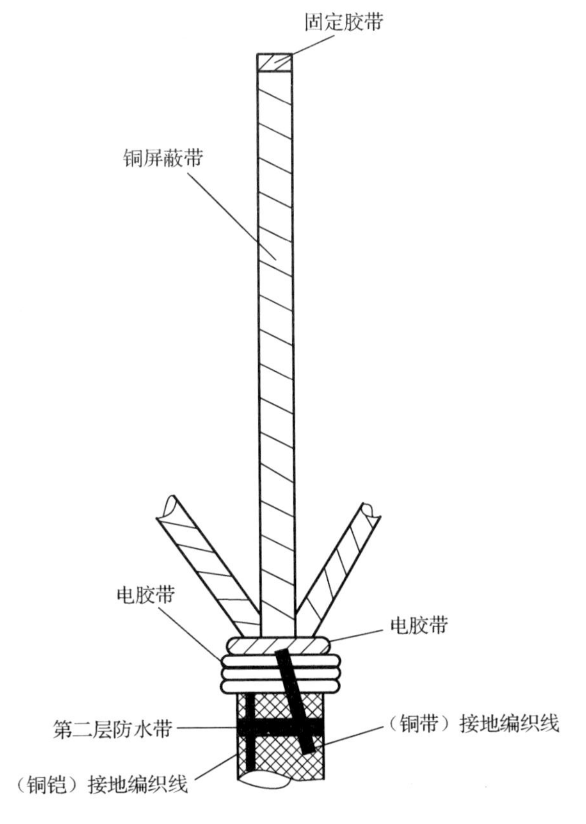

图 3.55　电缆终端头制作

③ 安装分支手套。

a. 把三叉分支手套套到电缆根部，逆时针抽掉芯绳，先收缩颈部，然后按同样方法，分别收缩三芯。

b. 用 PVC 胶带将接地编织线固定在电缆护套上。

④ 安装绝缘套管。

a. 将冷缩式套管分别套入三芯，使套管重叠在分支手套上 15mm 处，逆时针抽掉芯绳，将其收缩。

b. 在冷缩式套管口上留 15mm 的铜屏蔽带，其余的切除。

c. 铜屏蔽带口往上留 5mm 的半导体层，其余的全部剥去，剥离时切勿划伤绝缘。

d. 按接线端子孔深加上 10mm 切除顶部绝缘。

e. 套管口往下 25mm 处，绕包 PVC 胶带作一标识，此处为冷缩式终端头安装基准。

⑤ 安装冷缩式终端头。

a. 半重叠绕包电胶带，从铜屏蔽带上 5mm 处开始，绕包至 5mm 主绝缘上然后到开始处。

b. 套入接线端子，对称压接，并挫平打光，仔细清洁接线端子。

c. 用清洁剂将主绝缘擦拭干净。

d. 在电胶带与主绝缘搭接处涂上少许硅脂，将剩余的涂抹在主绝缘表面，并用电胶带填平接线端子与主绝缘之间的空隙。

e. 套入冷缩式终端头，定位于 PVC 标识处，逆时针抽掉芯绳，使终端头收缩。

f. 从绝缘管开始，半重叠来回绕包配套胶带至接线端子上。

（6）电缆终端头安装。

安装电缆终端头时，应避免电缆及设备桩头扭动或受力，注意电缆的穿入方向，电缆头屏蔽线安装后，封堵电缆孔洞，封堵应严实可靠，不应有明显的裂缝和可见的孔隙，堵体表面平整，孔洞较大者应加耐火衬板后再进行封堵。

（7）安全、运行标识设施安装。

当电缆路径沿道路时，每隔 30～50m 设置标识，当电缆路径在绿化隔离带、灌木丛等位置时，应每隔 50m 设置电缆标识桩，平面标识贴上应有电缆线路方向指示。电缆井、电缆转角、中间头、电缆进出设备处设置电缆标识牌，标识牌应置于便于巡视、检修辨别的明显处。

6. 竣工验收

1）交接试验

电缆竣工后，应按《电气装置安装工程 电气设备交接试验标准》（GB 50150—2016）规定进行交接试验。

电力电缆线路交接试验应符合下列规定。

（1）应对电缆的每一相测量其主绝缘的绝缘电阻和进行耐压试验。对具有统包绝缘的三芯电缆，应分别对每一相进行，其他两相导体、金属屏蔽或金属套和铠装层应一起接地；对分相屏蔽的三芯电缆和单芯电缆，可一相或多相同时进行，非被试相导体、金属屏蔽或金属套和铠装层应一起接地。

（2）对金属屏蔽或金属套一端接地，另一端装有护层过电压保护器的单芯电缆主绝缘做耐压试验时，应将护层过电压保护器短接，使这一端的电缆金属屏蔽或金属套临时接地。

（3）额定电压为 0.6/1kV 的电缆线路应用 2500V 兆欧表测量导体对地绝缘电阻代替耐压试验，试验时间应为 1min。

（4）对交流单芯电缆外护套应进行直流耐压试验。

绝缘电阻测量，应符合下列规定。

10kV 电缆绝缘电阻的测试

（1）耐压试验前后，绝缘电阻测量应无明显变化。

（2）橡塑电缆外护套、内衬层的绝缘电阻不应低于 0.5MΩ/km。

（3）测量绝缘电阻用兆欧表的额定电压等级，应符合下列规定。

① 电缆绝缘测量宜采用 2500V 兆欧表，6/6kV 及以上电缆也可用 5000V 兆欧表。

② 橡塑电缆外护套、内衬层的测量宜采用 500V 兆欧表。

2）电缆线路的竣工验收

电缆线路的竣工验收，应由监理、设计、使用和安装单位的代表组成的验收小组进行。验收要求如下。

（1）在验收时，施工单位应将全部资料交给电缆运行单位。

（2）电缆运行单位对要投入运行的电缆进行的电气验收项目如下。

① 电缆各导电芯线必须完好连接。

② 按规定进行绝缘测定和直流耐压试验。

③ 校对电缆两端相位，应与电力系统的相位一致。

（3）电缆的标志应齐全，其规格、颜色应符合规程规定的统一标准要求。

综合实训一　脚扣登杆操作

一、工具、仪器和设备

脚扣、安全腰带、安全帽、工作绳、验电器、工具包、电工工具等。

二、实施过程

（1）登杆前作业人员应根据工作负责人的工作布置，明确工作范围及作业所登电杆的杆号，带好所需的工具和材料。

（2）作业人员应穿好绝缘鞋、工作服，戴好安全帽和手套。

（3）登杆前作业人员应检查脚扣、安全腰带、安全帽、工作绳，并确认良好，检查弧形扣环部分有无破裂、腐蚀，脚扣皮带有无损坏，若已损坏应立即修理或更换。

（4）在登杆前，要进行人体冲击试验，同时应检查脚扣皮带是否牢固可靠。

（5）使用脚扣登杆时，应系好安全腰带，双手扶持电杆上下，严禁单手扶杆上下或一

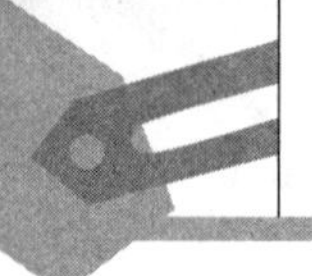

手携带工具物品一边上下电杆。第一级登杆高度控制在 60cm 以内，人离地后，必须再次检查确认脚扣、安全腰带受力是否正常，使用脚扣登杆每步高度要适当，并根据电杆直径不同及时调整伸缩节。

（6）杆上作业完成后，下杆动作要慢，禁止跳下，防止扭伤。

三、评分标准

评分标准见表 3-9。

表 3-9　评分标准（一）

项目名称		考核内容		配分	扣分	得分
登杆前的准备		着装要求	工作服、绝缘鞋、安全手套、安全帽，少一个扣 2 分	8		
		检查安全腰带	正确系法、外表完好、是否在安全实验周期以内，漏检一项扣 2 分	6		
		登杆前检查	（1）核对线路名称、杆号、是否停电。 （2）检查杆体与杆根部是否牢固，有无裂纹。 （3）仔细检查脚扣各部分有无裂纹、锈蚀，脚扣皮带是否扣牢可靠，脚扣皮带严禁用绳子或电线替代。 （4）戴好安全帽，穿好脚扣，将安全腰带系在腰部偏下部位。 （5）对脚扣和安全腰带进行人体冲击试验。 漏检一项扣 5 分	25		
登杆步骤及技术要求	上杆步骤	左脚	左脚向杆上跨扣时，左手应同时向上扶住电杆，当左脚扣在电杆上牢靠后，身体重心逐步移到左脚上。手脚身体错误每错一处扣 2 分	8		
		右脚	右脚向上抬起跨扣，右手应同时向上扶住电杆，当右脚扣在电杆上牢靠后，身体重心逐步移到右脚上。手脚身体错误每错一处扣 2 分	8		
		调整	当登到一定高度时，应检查脚扣扣环的大小，并调整到合适位置。只有当脚扣可靠地扣住电杆后，方可开始移动身体。未检查和调整分别扣 2 分	4		
	下杆步骤	右脚	下杆时，右脚先向下跨扣，同时右手往下移动扶住电杆，当右脚扣在电杆上牢靠后，重心移到右脚。手脚身体错误每错一处扣 2 分	8		
		左脚	左脚往下移动跨扣，同时左手往下扶住电杆，当左脚扣在电杆上牢靠后，重心移到左脚。手脚身体错误每错一处扣 2 分	8		
		调整	当下到一定高度时，应检查脚扣扣环的大小，并调整到合适位置。只有当脚扣可靠地扣住电杆后，方可开始移动身体。未检查和调整分别扣 2 分	2		

续表

项目名称	考核内容		配分	扣分	得分
安全及注意	检查	登杆前必须检查个人安全工具、登杆工具。未检查一处扣 2 分	4		
	技术	（1）必须将扣环完全套入电杆踩紧。 （2）上下杆每一步必须使脚扣扣环可靠地套住电杆，防止脚扣脱落。 （3）上下杆时，手脚配合要协调。 （4）登杆过程中要注意兼顾周围环境。 操作不到位每处扣 2 分	10		
	环境	雨雾不登（防滑措施），覆冰霜不登。未说明扣 4 分	4		
实际操作时间	60min	在规定时间内完成，超时则停止工作，总时限 60min 内完不成者此项成绩计 0 分	5		
起始时间		结束时间		实际时间	
备注	除超时扣分外，各项内容的最高扣分不得超过配分数			成绩	

综合实训二　导线在绝缘子上的绑扎

一、工具、仪器和设备

蝶式绝缘子、针式绝缘子、导线、绑线。

二、实施过程

绝缘子的顶绑法与侧绑法如图 3.36 和图 3.37 所示。

三、评分标准

评分标准见表 3-10。

表 3-10　评分标准（二）

项目名称	考核内容		配分	扣分	得分
工作前准备	着装	正确符合工作要求，漏、错一项扣 5 分	5		
	选择材料	正确符合工作要求，漏、错一项扣 5 分	5		

续表

项目名称	考核内容		配分	扣分	得分
工作过程	导线（10kV或400V）在针式绝缘子上的绑扎（顶绑法）	10kV用双十字绑法，400V用单十字绑法，绑扎方法正确，绑扎牢固、紧密。绑扎方法错误扣25分，不牢扣15分，不紧密扣10分	25		
	导线（10kV或400V）在蝶式绝缘子（或针式绝缘子）上的绑扎（侧绑法）	10kV用双十字绑法，400V用单十字绑法，绑扎方法正确，绑扎牢固、紧密。绑扎方法错误扣25分，不牢扣15分，不紧密扣10分	25		
	在蝶式绝缘子上的终端绑扎	$50mm^2$以下长度不小于150mm，$70mm^2$以上长度不小于200mm的裸导线需要在导线上缠铝包带，超出蝶式绝缘子最大伞裙外30mm，绑扎回头大于$2D$。绑扎方法错误扣25分，不牢扣15分，不紧密扣10分	25		
安全文明生产	无违反安规行为，清理现场，物品摆放整齐。有违反安规的行为扣5分，未清理或摆放零乱扣5分		10		
实际操作时间	60min	在规定时间内完成，超时则停止工作，总时限60min内完不成者此项成绩计0分	5		
起始时间		结束时间		实际时间	
备注	除超时扣分外，各项内容的最高扣分不得超过配分数			成绩	

习　题

1. 室内配线有哪两种形式？各指什么？
2. 室内配线对导线有何基本要求？
3. 采用线管配线时常用的线管有哪几种？各使用在什么场合？
4. 简述架空配电线路的施工包括哪些环节。

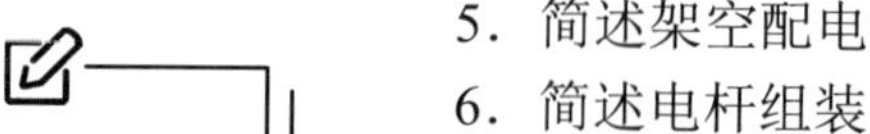

5. 简述架空配电线路放线和紧线时有何安全要求。
6. 简述电杆组装的一般要求。
7. 什么是接户杆、接户线、进户线？
8. 电缆的常见敷设方式有哪几种？
9. 电缆线路发生故障的原因有哪些？
10. 架空配电线路和电缆线路各有什么特点？各适用于什么场合？

工作任务 4
变配电装置的安装与调试

思维导图

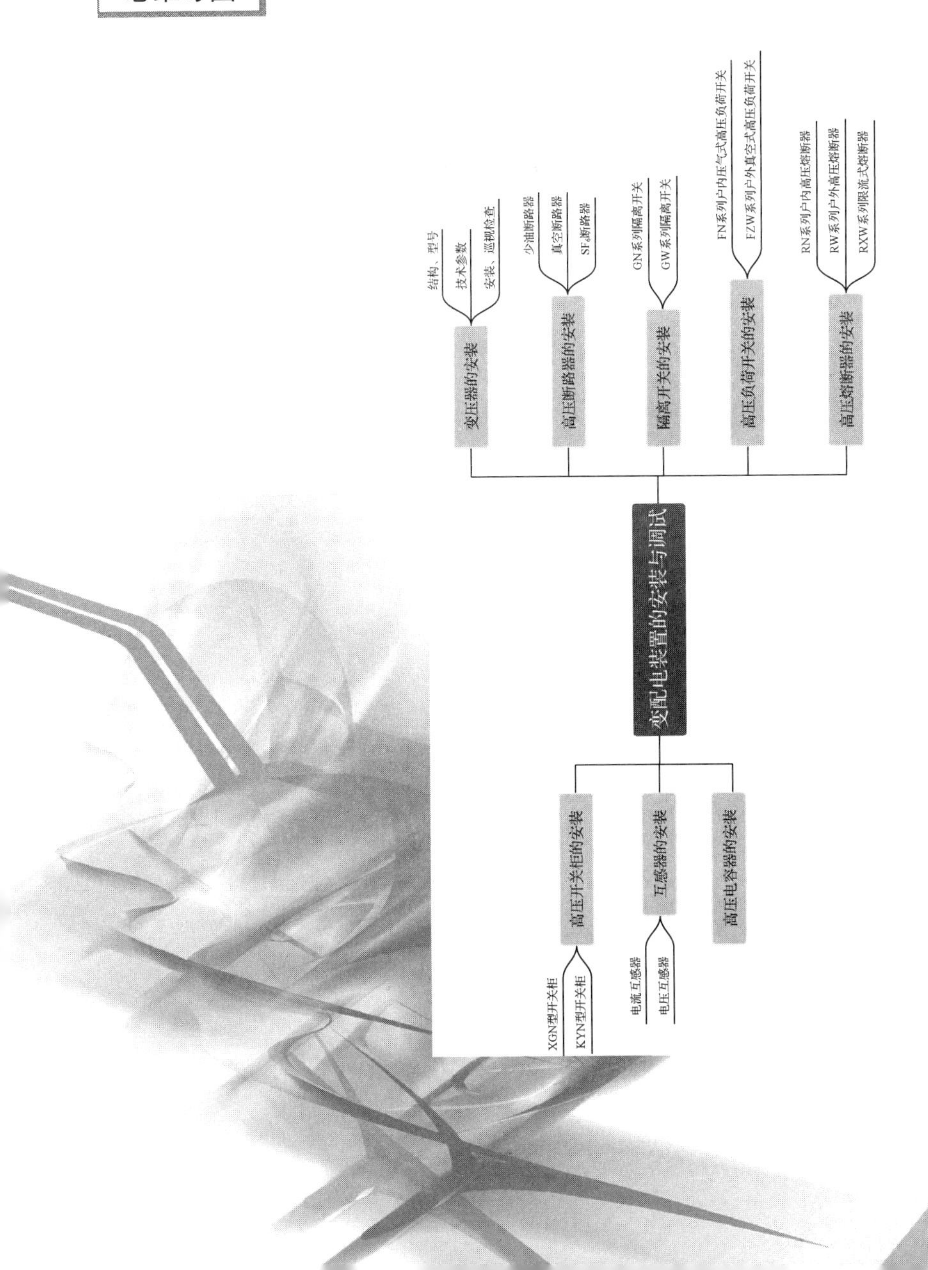

任务 4.1 变压器的安装

4.1.1 变压器的结构

变压器的结构

变压器按用途一般可分为电力变压器、特种变压器及仪用互感器等；按冷却介质可分为油浸式和干式两种；按相数可分为单相变压器和三相变压器；按绕组数可分为双绕组、三绕组变压器等。最常用的是电力变压器，其是利用电磁感应原理将一种电压等级的交流电变成同频率的另一种电压等级的交流电的静止的电气设备。变压器的结构如图 4.1 所示，其铁芯和绕组的结构，如图 4.2 所示。

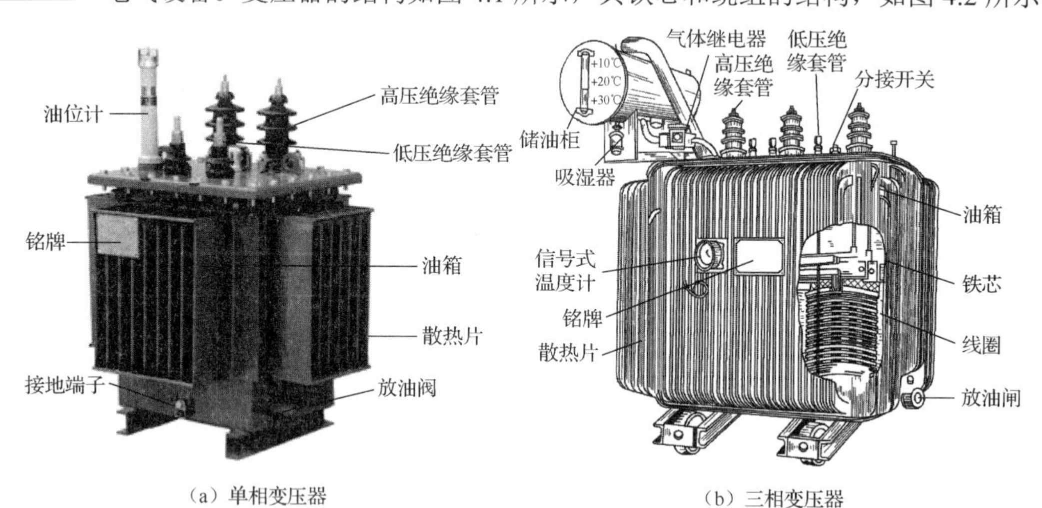

（a）单相变压器　　（b）三相变压器

图 4.1　变压器的结构

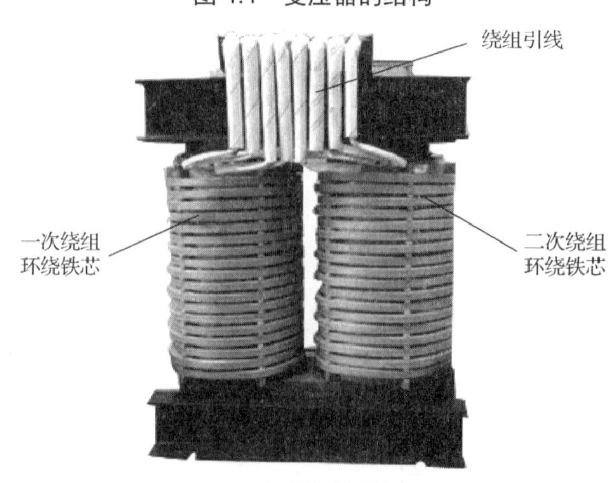

（a）单相变压器

图 4.2　变压器铁芯和绕组的结构

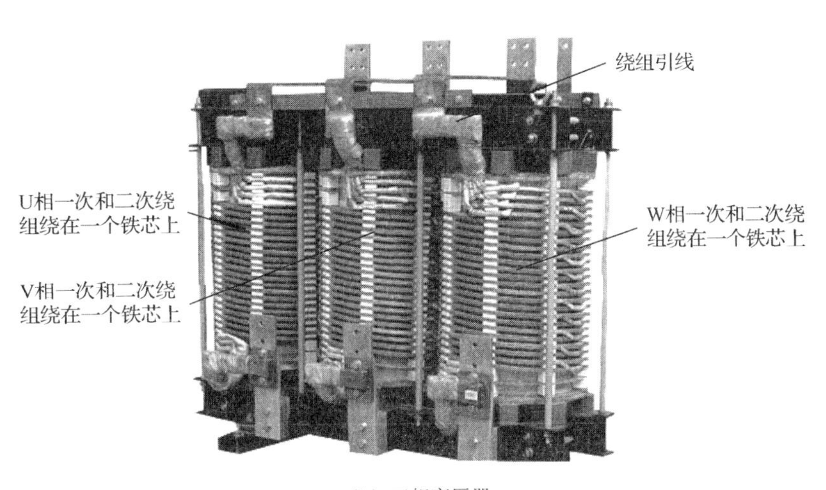

（b）三相变压器

图 4.2　变压器铁芯和绕组的结构（续）

1. 铁芯

铁芯是变压器的磁路部分，同时又作为机械骨架，起到了支撑作用。铁芯由铁芯柱和铁轭组成，绕组套装在铁芯柱上，铁轭使铁芯柱之间的磁路闭合。为了提高导磁性能、减少交变磁通在铁芯中引起的损耗，变压器的铁芯都采用硅钢片叠制而成。硅钢片的两面涂有绝缘层，起绝缘作用。大容量变压器多采用高磁导率、低损耗的冷轧硅钢片，冷轧硅钢片的厚度有 0.27mm、0.30mm、0.35mm 等多种。变压器的铁芯一般分为心式和壳式两类结构，如图 4.3 所示，大多变压器都采用心式结构。当变压器运行时，交变磁通在铁芯中会引起涡流损耗和磁滞损耗，使铁芯发热，因为铁芯浸在变压器油中，热量可以通过油进行自然散热。但是对于大容量变压器，往往设置油道循环，当油从油道中流过时，可将铁芯中的热量带走，加快散热。

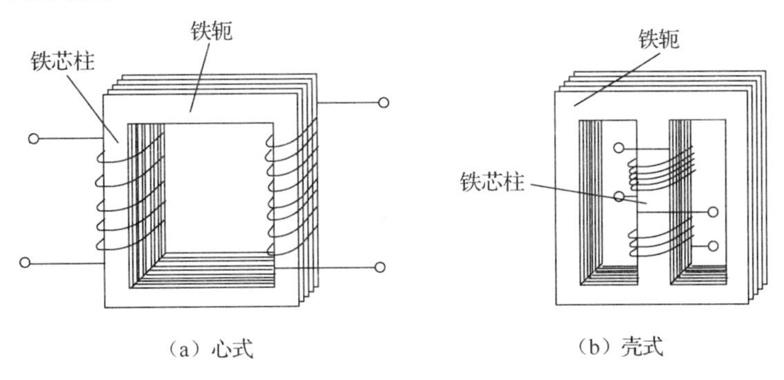

（a）心式　　（b）壳式

图 4.3　变压器铁芯结构

2. 绕组

绕组是变压器的电路部分，用来传输电能，一般用绝缘纸包的铜线绕制而成，分为高压绕组和低压绕组，高压绕组的匝数多、导线横截面小；低压绕组的匝数少、导线横截面大。一般把接在电网上的绕组称为一次绕组，而与负载连接给负载输送电能的绕组称为二次绕组。按照高低压绕组排列方式的不同，绕组结构形式可分为同心式和交叠式两种。

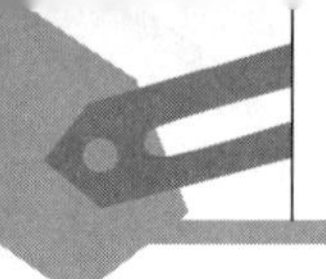

变压器常采用同心式绕组，将高压绕组和低压绕组同心地套装在铁芯柱上。为了绝缘方便，低压绕组紧靠着铁芯，高压绕组则套装在低压绕组的外面，两个绕组之间留有油道作绝缘和散热用，如图 4.4（a）所示。在三相变压器中属于同一相的高、低压绕组全部套装在同一铁芯柱上，三绕组变压器的高、中、低压绕组也是全部套装在同一铁芯柱上，但三个绕组从里到外的顺序与变压器的性质有关。如果是升压变压器，中压绕组紧靠铁芯，低压绕组在中间，高压绕组在最外面，如图 4.4（b）所示；如果是降压变压器，从里到外的顺序是低压绕组、中压绕组、高压绕组，如图 4.4（c）所示。

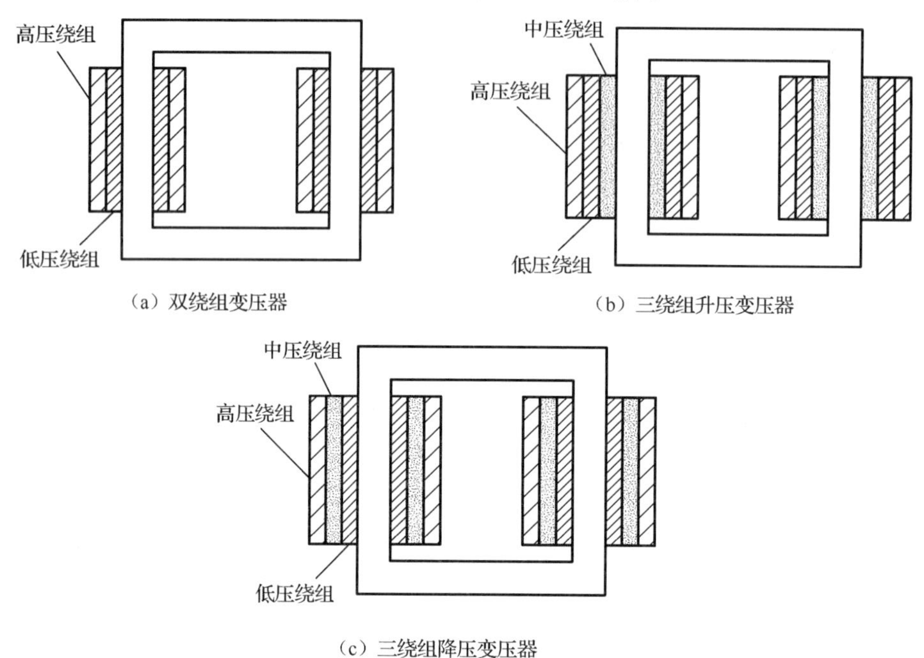

图 4.4　变压器的同心式绕组排列

交叠式绕组将高压绕组和低压绕组分成若干线饼，沿着铁芯柱交替排列而构成，在最上层和最下层靠近铁轭处安放低压绕组。交叠式绕组的机械强度高，引线方便，壳式变压器一般采用这种结构，如图 4.5 所示。

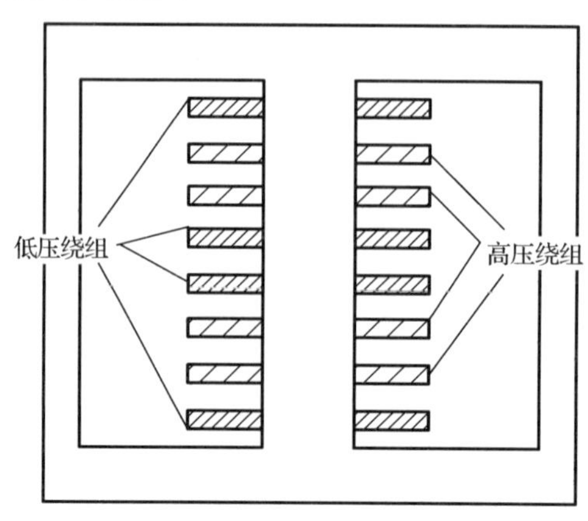

图 4.5　变压器的交叠式绕组排列

3. 油箱

油箱是油浸式变压器的外壳，变压器器身置于油箱内，箱内灌满变压器油。由于变压器在运行中绕组和铁芯会产生热量，常采用增加散热面积和强迫冷却的方法，将热量迅速散发到周围空气中去。根据变压器的容量大小可以把变压器分为吊器身式和吊箱壳式两种类型，吊器身式多用于 6300kVA 及以下的变压器，吊箱壳式多用于 8000kVA 及以上的变压器。

4. 储油柜

为了保证油箱内总是充满油，并减小油面与空气的接触面积，从而减小油氧化的面积及水分的吸收量，变压器安装有储油柜。储油柜位于变压器油箱上方，通过气体继电器与油箱相通。储油柜的上部有加油栓，可以向变压器内补油，油箱的下部有放油阀门，可以排放变压器油。储油柜的一侧有油位计，可查看油面高度的变化。一般变压器正常运行时，储油柜油位应该在油位计 1/4～3/4 之间的位置。现在的全密封变压器，只在油箱盖上装油位管监测油位，不再设储油柜了。

5. 气体继电器

气体继电器位于储油柜与箱盖的连通管之间，内部有一个带水银开关的浮筒和一块能带动水银开关的挡板。当变压器内部发生故障，如绝缘击穿、相间短路、匝间短路等，产生的气体聚集在气体继电器上部，油面下降，浮筒下沉，接通水银开关而发出信号；当变压器发生严重故障，油流冲破挡板，挡板偏转时带动联动机构使水银开关接通，发出信号并跳闸，进行报警，并切除变压器的电源，以保护变压器。气体继电器外形如图 4.6 所示。

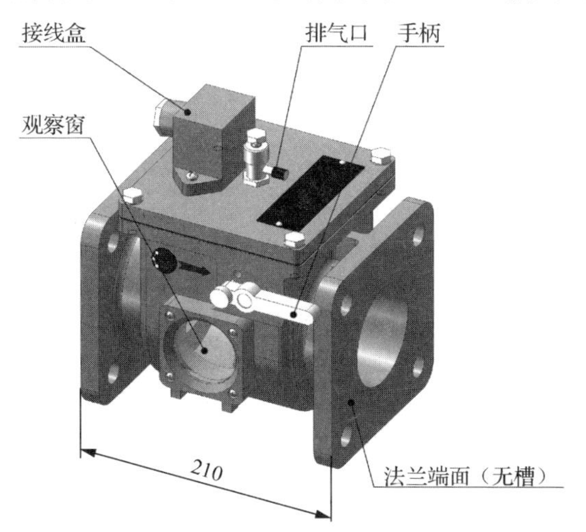

图 4.6　气体继电器外形

6. 吸湿器

为了使储油柜内上部空气保持干燥和避免工业粉尘的污染，储油柜通过吸湿器与大气相通。吸湿器是一种空气过滤装置，外部空气经过吸湿器干燥后才能进入储油柜，吸湿器内装的是用氯化钙或氯化钴浸渍过的硅胶，当它受潮到一定程度时，颜色会由蓝色变为白色、粉红色。吸湿器结构如图 4.7 所示。

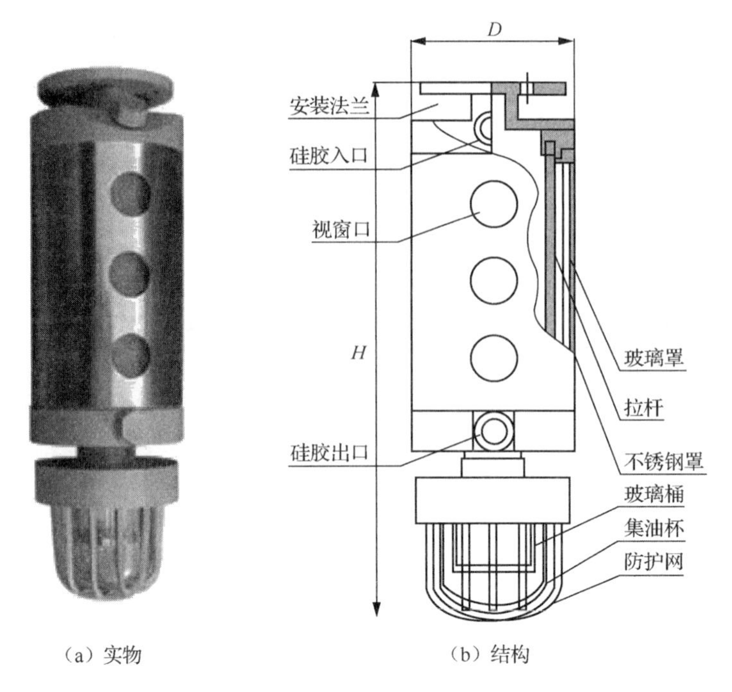

（a）实物　　（b）结构

图 4.7　吸湿器结构

7. 安全气道

安全气道又称防爆管，位于变压器油箱的顶盖上，下面与油箱相通，出口用防爆膜封住。当变压器内部发生严重故障产生大量气体时，油箱内部压力迅速升高而冲破安全气道上的防爆膜，喷出气体，消除压力，以免产生重大事故。由于防爆膜易碎，近年来逐渐被防爆阀（压力释放阀）代替。

8. 分接开关

在电力系统中，为了供给负载稳定的电压，均需对变压器进行电压调整。变压器调整电压的方法是在某一侧绕组上备有抽头，称为分接头，当开关与不同分接头连接时，可以改变绕组的匝数，达到调节电压的目的。变换分接以进行调压所采用的开关称为分接开关。一般分接开关在高压绕组上引出，因为高压绕组电流小，分接引线和分接开关的载流部分截面小，开关接触触头容易制造，而且高压绕组常绕在外面，引出分接头方便。变压器的调压方式分为无励磁调压和有载调压，无励磁调压是指变压器二次侧不带负载，一次侧与电网也断开的调压方式。有载调压是指带负载进行变换绕组分接的调压方式。

9. 冷却装置

变压器运行时，绕组和铁芯产生的损耗会转化为热量，必须进行散热，变压器冷却装置起到散热作用，对于小容量的变压器，通过自然冷却方式进行散热。对于容量稍大些的变压器，可以在油箱外壁上焊接散热管或按照冷却风扇的方式散热。对于容量在 50000kVA 及以上的变压器，要采用强迫油循环水冷却器或强迫油循环风冷却器，以增强冷却效果。

10. 高、低压绝缘套管

变压器内部的高、低压引线是经绝缘套管引到油箱外部的，并使引线与油箱绝缘。电压低于 1kV 采用瓷质绝缘套管，电压在 10～35kV 采用充气或充油套管，电压高于 110kV 采用电容式套管。

11. 绝缘

变压器内部主要绝缘材料包括变压器油、绝缘纸板、电缆纸、皱纹纸等。

12. 测温装置

测温装置是为了监测变压器的油面温度。小型的油浸式变压器用水银温度计，较大的变压器用压力式温度计。

4.1.2 变压器的型号

变压器的型号是变压器分类特征的代号，由 11 个部分组成。型号及含义表示如下。

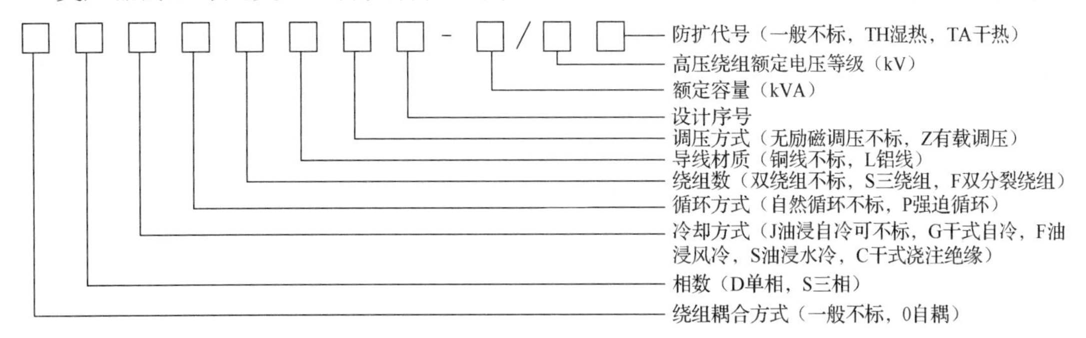

如 SFZ-10000/110 表示的是三相自然循环风冷有载调压，额定容量为 10000kVA，高压绕组额定电压为 110kV 的电力变压器。

目前，有些新型的特殊结构的配电变压器，如非晶态合金铁芯、卷绕式铁芯和密封式变压器，在型号中分别加以 H、R、M 表示。如 S11-M(R)-100/10 表示的是三相油浸自冷、双绕组无励磁调压、卷绕式铁芯、密封式，额定容量为 100kVA，高压绕组额定电压为 10kV 的电力变压器。

4.1.3 变压器的技术参数

1. 额定容量（kVA）

变压器的额定容量是指在变压器铭牌所规定的额定条件下，变压器二次侧的输出能力。对于三相变压器，其额定容量是三相容量之和；对于双绕组变压器，其额定容量是绕组额定容量；对于多绕组变压器，其额定容量是最大的绕组额定容量；当变压器容量因冷却方式而变更时，其额定容量是指最大的容量。

2. 额定电压（kV）

变压器的额定电压是指变压器的线电压，应与所接电力线路的电压相符。当变压器直接与发电机相连时，其一次额定电压与发电机额定电压相同，高于同级电网额定电压的 5%；当变压器不与发电机相连时，其一次额定电压与所连线路的额定电压相同。变压器二次额定电压与其相连的二次供电线路的长短有关，当所连线路较长时，其二次额定电压高于相连线路额定电压的 10%；当所连线路不长时，其二次额定电压高于相连线路额定电压的 5%。

3. 额定电流

变压器的额定电流是指通过绕组线端的线电流。对于单相变压器，其一次、二次额定电流为额定容量除以相应的一次、二次额定电压；对于三相变压器，其一次、二次额定电流为额定容量除以相应的一次、二次额定电压的 $\sqrt{3}$ 倍。

4. 连接组别

变压器的连接组别是指三相变压器一次、二次绕组之间连接关系的一种代号，它表示变压器一次、二次绕组对应电压之间的相位关系。

三相变压器的绕组有星形连接、三角形连接和曲折形连接三种接线方式。星形连接如图 4.8（a）所示，是指三相绕组的末端相互连在一起，其他三个线端接电源或负载；三角形连接如图 4.8（b）所示，是指三相绕组的首末端依次相接，首端引出三个线端接电源或负载；曲折形连接如图 4.8（c）所示，是指每相绕组分别由两部分绕组串联而成，三相绕组连接方式也是星形。

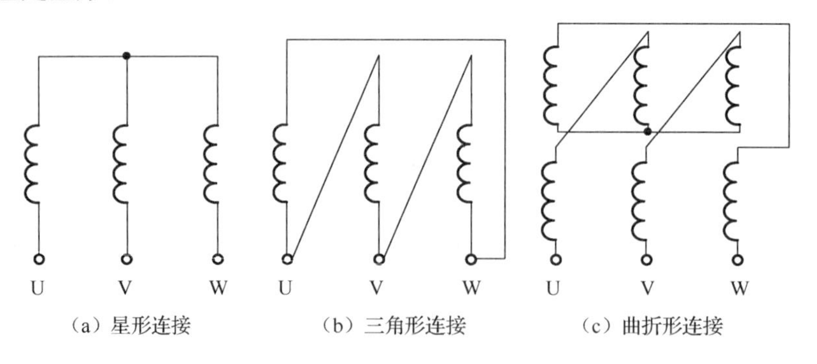

图 4.8　三相变压器绕组接法

三相变压器的一次和二次绕组采用不同的连接方法时，会使一次、二次额定电压有不同的相位关系，一般用时钟表示法来表示这种相位关系的区别。时钟表示法就是用时钟的分针表示一次绕组线电压相量，固定在 12 点（0 点）上，用时针表示二次绕组线电压相量，该变压器的连接组别代号就为时针对应的相量指的钟点数值。

三相变压器绕组连接成星形、三角形、曲折形时，对应的一次绕组分别用 Y、D、Z 表示，二次绕组分别用小写字母 y、d、z 表示。一般配电变压器常采用 Yyn0 和 Dyn11 两种连接组别。

（1）Yyn0 绕组接线。

Yyn0 绕组接线对应的一次、二次绕组线电压相量图如图 4.9 所示，一次、二次绕组线电压相量是同相位的，即都指到时钟的 0 点，而且从绕组的公共点引出中性线，所以这种绕组的连接组别为 Yyn0。

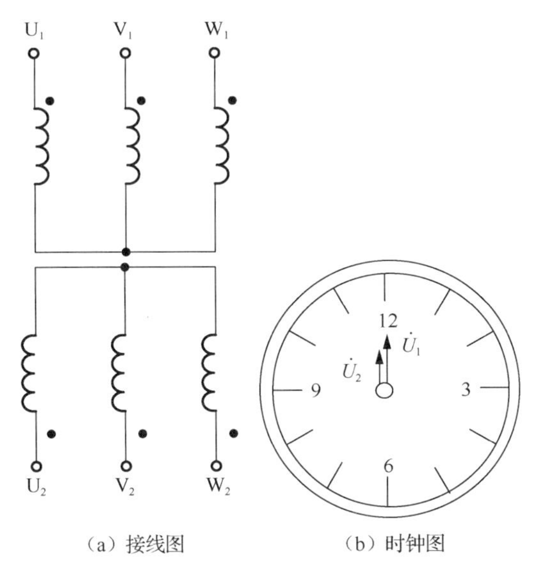

图 4.9　Yyn0 绕组接线对应的一次、二次绕组线电压相量图

（2）Dyn11 绕组接线。

Dyn11 绕组接线对应的一次、二次绕组线电压相量图如图 4.10 所示，二次绕组线电压相量超前一次绕组线电压相量 30°，即指到时钟的 11 点，而且从绕组的公共点引出中性线，所以这种绕组的连接组别为 Dyn11。

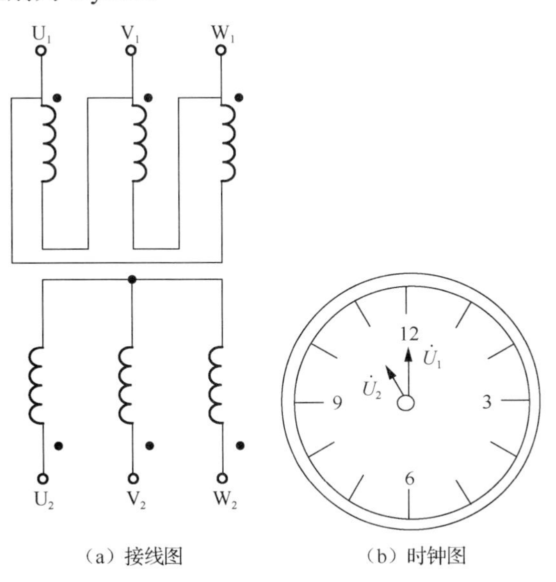

图 4.10　Dyn11 绕组接线对应的一次、二次绕组线电压相量图

5. 空载电流

变压器的空载电流是指当变压器二次绕组开路、一次绕组施加额定频率的额定电压时，一次绕组中流过的电流，变压器空载合闸时有较大的冲击电流。

6. 阻抗电压

变压器的阻抗电压是指当变压器二次绕组短路，使一次绕组的电流达到额定值时施加的电压。

7. 电压调整率

电压调整率是变压器的一个重要指标，是衡量变压器供电质量的数据，说明变压器二次电压变化程度的大小。变压器某一个绕组的空载电压和同一绕组在规定负载和功率因数时的电压之差与该绕组满载电压的比，称为电压调整率，通常用百分数表示。

8. 效率

变压器的效率是指变压器输出的有功功率与输入的有功功率之比的百分数。通常中小型变压器的效率为90%以上，大型变压器的效率为95%以上。当变压器铜损和铁损相等时，其处于最经济的运行状态，一般在额定容量的50%～70%时。

4.1.4 变压器的安装

变压器的安装主要包括外观检查、就位安装、附件安装、安装后的检查试验、送电前的检查与送电试运行等内容。

1. 外观检查

（1）按照设备清单、施工图纸及设备技术文件，核对变压器本体及附件、备件的规格、型号是否符合设计图纸要求，是否齐全，有无丢失及损坏。重点检查变压器的容量、电压等级和连接组别是否与设计相符。

（2）变压器直流电阻、绝缘电阻、工频交流耐压、变压器油等各项试验的报告单应齐全、合格。

（3）变压器油箱、散热器及其所有附件应齐全，无锈蚀和机械损伤。

（4）油箱密封应良好，无渗油、漏油现象。

（5）高压、低压绝缘套管应完整无损、紧固无松动、无裂纹、无划伤、无闪络、无渗油；充油套管的油位应正常。

（6）吸湿器薄膜完好无损。

（7）储油柜无变形、凹陷，油位正常可见，无渗漏痕迹。

2. 就位安装

变压器就位可以使用起重机或手拉葫芦，也可以使用叉车。变压器放在基础的导轨上，台式变压器也可以直接放在混凝土台上。装有气体继电器的变压器有两个坡度要求，一个是变压器大盖沿气体继电器方向的坡度，应为 1%～1.5%，在安装变压器时，在储油柜一侧用铁垫片垫好；另一个是从变压器油箱到油枕连接管的坡度，应为 2%～4%，此坡度由厂家制造好。有了这两个坡度，可以防止变压器内储存空气，并当变压器内部故障时便于气体可靠冲入气体继电器，保证气体继电器正确动作。变压器安装坡度示意图如图 4.11 所示。

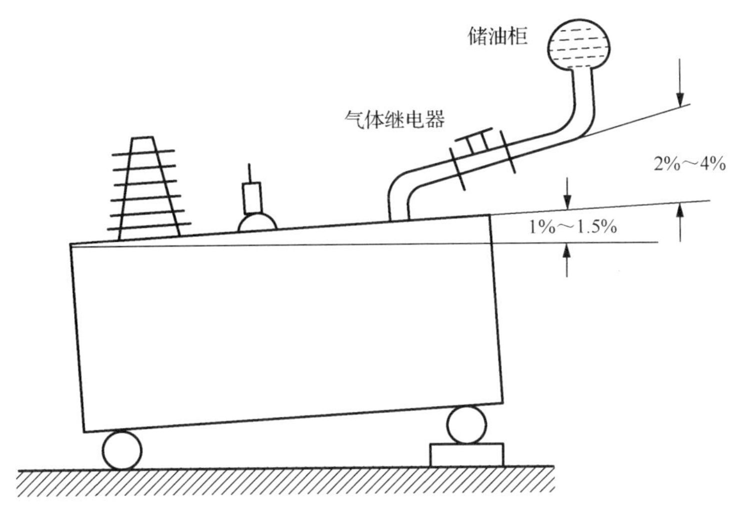

图 4.11　变压器安装坡度示意图

3. 附件安装

1）气体继电器安装

气体继电器安装时，先装好两侧的连通管，气体继电器应水平安装，观察窗装在便于检查的一侧，箭头方向应指向储油柜，与连通管的连接应密封良好，阀门装在储油柜和气体继电器之间。连通管向储油柜方向要有 2%～4%的升高坡度。

装好后打开放气嘴，放出空气，直到有油溢出时将放气嘴关上，以免有空气使气体继电器误动作。

2）温度计安装

小型变压器上，使用刻度为 0～150℃的水银温度计，如图 4.12（a）所示。

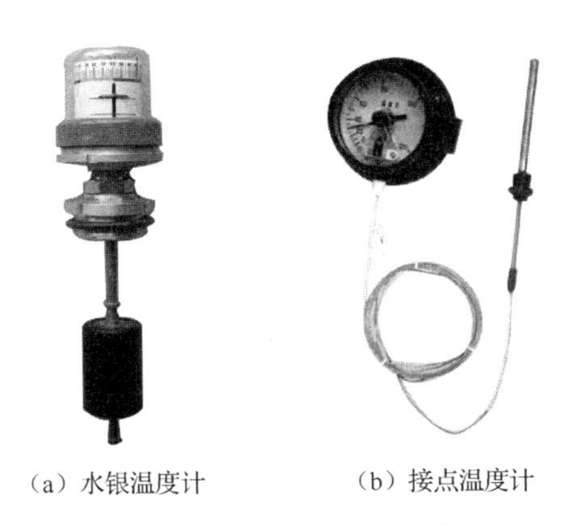

（a）水银温度计　　（b）接点温度计

图 4.12　温度计

水银温度计放在上端开口的测温筒里，测温筒用法兰固定在油箱盖上，下部插入油箱里。温度计安装在低压侧，以便于监视温度。

大型变压器上常用接点温度计，也称温度继电器，它包括一个带电气接点的温度计表盘和一个测温管，两者间用金属软管连接。

3）吸湿器安装

吸湿器用卡具垂直安装在储油柜下方，用钢管把吸湿器与储油柜连接起来，连接处用耐油胶环密封。

更换硅胶时，左手抓住玻璃罩，右手旋下油箱，然后双手握住玻璃罩。将吸湿器旋松，卸下吸湿器，接着旋下拉紧螺母，拆下吸湿器上盖，把硅胶倒出。新加入的硅胶距顶盖15～20mm。安装顺序与拆卸顺序相反，在安装油箱时，应检查油位是否低于油面线，如果需要，添加同牌号变压器油。

4）防爆管安装

防爆管出口用防爆膜密封或防爆玻璃密封，防爆管的连接如图4.13所示。

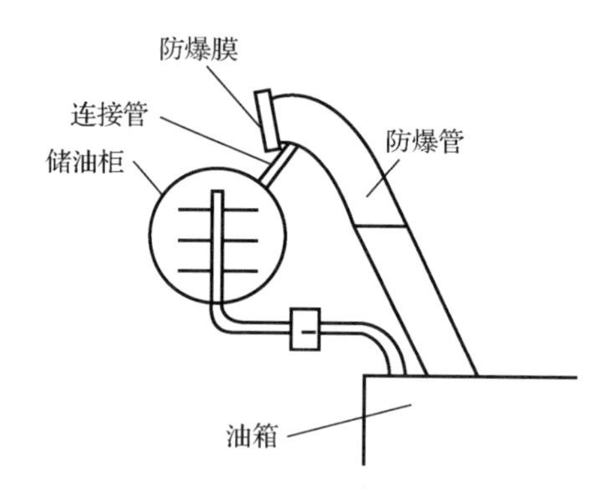

图4.13　防爆管的连接

安装防爆管时应注意各处的密封是否良好。防爆膜两面都应有橡皮垫。拧紧膜片时，必须均匀用力，使膜片与法兰紧密吻合。

使用防爆玻璃的防爆管，要检查玻璃是否完好，玻璃厚2mm，并刻有几道缝，当变压器发生故障时，产生的压力能冲破玻璃。防爆管安装要高于储油柜并倾斜15°～25°，以保证变压器发生故障时喷出的油能冲出变压器器身之外。

4. 安装后的检查试验

变压器安装完成后要进行一些检查试验，然后才能接线通电运行。

1）变压器密封试验

油箱密封试验采用静油柱法或静气压法。

采用静油柱法是在变压器箱盖或储油柜上加一个垂直的吊罐或利用储油柜的油面压力来进行试验的。采用静气压法进行试验是在变压器的储油柜上连接一块气压表，并装有一个气门，通过该气门输入干燥高纯度氮气给油面施加静气压，使变压器的各个密封部位都承受一定的压力，静止24h之后，观察气体的压力是否变化及各个密封部位是否渗漏。在密封试验解除前，要对油箱所有焊缝和密封部位进行全面、细致的检查，应无任何渗油和漏油现象。静气压法解除压力时，剩余压力应不低于有关技术条件的规定。采用静气压法的试验如图 4.14 所示。

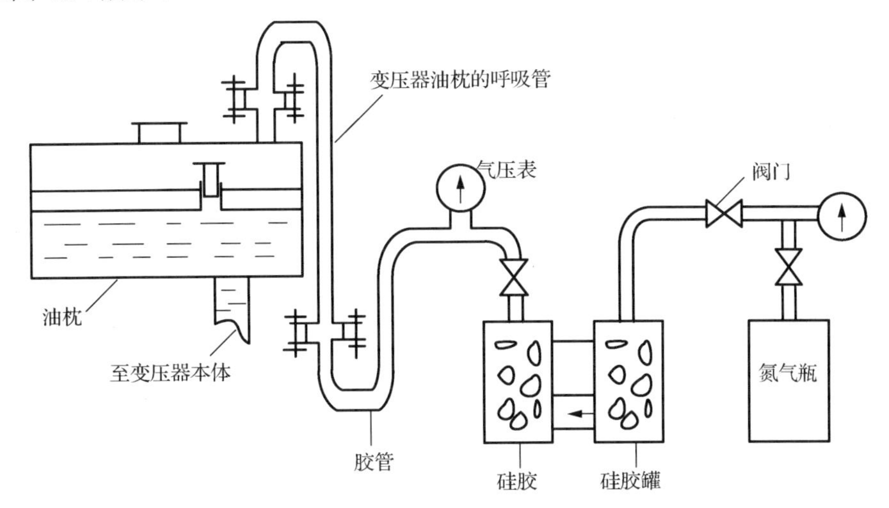

图 4.14　采用静气压法的试验

2）检查分接开关

旋下开关上盖，卸下定位螺钉，用扳手往所需方向旋转，当定位件的大槽口对准法兰盘上的数字时为止，用定位螺钉将定位件重新固定在法兰盘上，分接调整工作即告完成。每进行一次分接开关切换，均要进行高压绕组直流电阻的测试，各相间阻值差别不应大于 2%，与以前测的结果比较，相对变化也不应大于 2%。测量绕组直流电阻要用双臂电桥，分接开关接线原理图如图 4.15 所示。

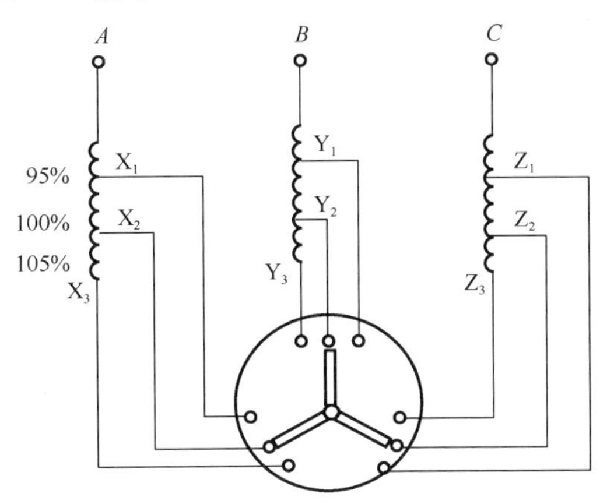

图 4.15　分接开关接线原理图

3）检查温度计

检查测温筒内有无足够的变压器油，表头玻璃是否完好；检查毛细管有无压扁或断裂现象。变压器运行时，其上层油温不宜超过 85℃。

4）检查绝缘电阻

变压器的绕组绝缘电阻包括高压绕组和低压绕组绝缘电阻，应根据相与相、相与地、高压与低压之间的绝缘电阻值选择合适的绝缘电阻表，不同温度下变压器的绝缘电阻值应不小于表 4-1 中的数值。

表 4-1　不同温度下变压器的绝缘电阻值　　单位：MΩ

线圈电压等级	环境温度								使用绝缘电阻表的电压
	10℃	20℃	30℃	40℃	50℃	60℃	70℃	80℃	
3～10kV	450	300	200	130	90	60	40	25	2500V
20～35kV	600	400	270	180	120	80	50	35	5000V
60～220kV	1200	800	540	360	240	160	100	70	5000V
0.4kV	常温下为 90～100								500V

5）检查变压器外壳及低压中性点良好接地

变压器外壳、低压中性点的接地端必须连接在一起，通过接地引下线接地，接地电阻符合要求。容量在 100kVA 及以上的配电变压器的接地电阻不大于 4Ω，容量在 100kVA 以下的配电变压器的接地电阻不大于 10Ω。

5. 送电前的检查与送电试运行

变压器安装好后，要对变压器进行送电前的检查，检查无误后进行送电试运行，验收合格即可投入正式运行。

1）送电前的检查

变压器试运行前，必须由质量监督部门检查且合格。

变压器试运行前的检查内容如下。

（1）各种交接试验单据齐全，数据符合要求。

（2）变压器应清理、擦拭干净，顶盖上无残留杂物，本体及附件无残损且不渗油。

（3）变压器一、二次引线相位正确，绝缘良好。

（4）接地引下线良好。

（5）通风设施安装完毕，工作正常，事故排油设施完好，消防设施齐备。

（6）油浸式变压器的油系统油门应打开，油门指示正确，油位正常。

（7）油浸式变压器的电压切换装置置于正常电压挡位。

（8）保护装置整定值符合规定要求，操作及联动试验正常。

（9）变压器保护栏安装完毕，各种标志牌挂好，门装锁。

2）送电试运行

（1）变压器第一次投入时，全压冲击合闸一般可由高压侧投入。

（2）变压器第一次受电后，持续时间不应少于 10min，并无异常情况。

（3）变压器应进行 3～5 次全压冲击合闸，情况正常，励磁涌流不应引起保护装置误动作。

（4）油浸式变压器带电后，检查油系统是否有渗油现象。

（5）变压器试运行时要注意冲击电流，空载电流，一、二次额定电压及温度，并做好详细记录。

（6）变压器并联运行前，应检查是否满足并联运行的条件，同时核对好相位。

（7）变压器空载运行 24h，无异常情况时方可投入负荷运行。

拓展讨论

党的二十大报告强调，要加快实施创新驱动发展战略，因此，我们在学习中应树立坚持创新的理念。随着新技术、新设备、新工艺的推广使用，高压电气设备的结构和性能也发生较大变化，如何把常见高压电气设备的安装与调试规范方法，如油浸式变压器的安装与调试，应用到新型设备中呢？在恶劣的环境中，如高海拔、大风沙、盐渍土地区，变压器的安装与调试方法应进行怎样调整呢？

4.1.5 变压器的巡视检查

台架式变压器的送电操作

台架式变压器的停电操作

1）正常情况下变压器的巡视内容

（1）检查变压器有无渗油、漏油现象，检查油位管内的油色。

（2）检查变压器上层油温，正常情况下一般应在 85℃以下，对强迫油循环水冷却器为 75℃。

（3）检查变压器的响声，正常时为均匀的嗡嗡声。

（4）检查绝缘套管是否清洁、有无破损裂纹和放电烧伤的痕迹。

（5）清扫绝缘套管及有关附属设备。

（6）检查母线及接线端子等连接点的接触是否良好。

（7）负载急剧变化或变压器发生故障后，应增加特殊巡视。

2）变压器异常运行和常见故障分析

（1）变压器声音异常的原因。

① 当起动大容量动力设备时，负载电流变大，使变压器声音加大。

② 当变压器过载时，会发出很高且沉重的嗡嗡声。

③ 当系统短路或接地时，变压器通过很大的短路电流，会发出很大的噪声。

④ 若变压器带有可控硅整流器或电弧炉等设备时，由于高次谐波的产生，变压器运行的声音也会变大。

（2）变压器绝缘套管闪络和爆炸的原因。

① 套管密封不严进水而使绝缘受潮损坏。

② 套管的电容芯子制造不良，使内部游离放电。

③ 套管积垢严重或套管上有大的裂纹和碎片。

任务 4.2　高压断路器的安装

4.2.1 高压断路器的结构

高压断路器在高压电路中起控制作用，用于在正常运行时接通或断开电路，当高压电路故障时可利用继电保护装置迅速断开电路。高压断路器是在正常或故障情况下接通或断开高压电路的专用电器。

高压断路器的基本结构包括开断元件、支持绝缘件、传动元件、操动机构、基座，如图 4.16 所示。其中开断元件起到开断及关合电力线路，安全隔离电源的作用，包括主灭弧室、主触头系统、主导电回路、辅助灭弧室、辅助触头系统、并联电阻等；支持绝缘件起到保证开断元件有可靠的对地绝缘，承受开断元件的操作力及各种外力的作用，包括瓷柱、瓷套管、绝缘管等构成的支柱本体、拉紧绝缘子等；传动元件起到将操作命令及操作功传递给开断元件的触头和其他部件的作用，主要零部件包括各种连杆、齿轮、拐臂、液压管道、压缩空气管道等；操动机构起到为开断元件分、合闸操作提供能量，并实现各种规定操作的作用，主要零部件包括弹簧、液压、电磁、气动及手动机构的本体及其配件等。

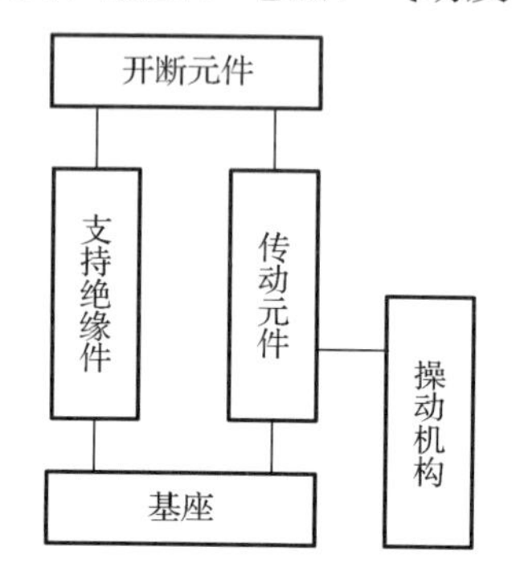

图 4.16　高压断路器的基本结构

4.2.2 高压断路器的分类

高压断路器的种类繁多，按断路器的安装地点可分为户内式和户外式，按断路器灭弧介质可分为油断路器、真空断路器和 SF_6 断路器等。油断路器利用油作为灭弧介质，分为多油断路器和少油断路器两种类型，多油断路器由于油量多、体积大、断流容量小、运行维护较困难等不足，现已淘汰。真空断路器因其灭弧介质和灭弧后触头间隙的绝缘介质都是高真空而得名，其具有体积小、质量轻、适用于频繁操作、灭弧不用检修等优点，在配电网中应用较为普遍。SF_6 断路器是利用 SF_6 气体作为灭弧介质和绝缘介质的一种断路器，SF_6 用作高压断路器中的灭弧介质使断路器单断口在电压和电流参数方面大大高于少油断路器。

4.2.3 高压断路器的型号

高压断路器的型号由七部分组成，各部分含义如下。

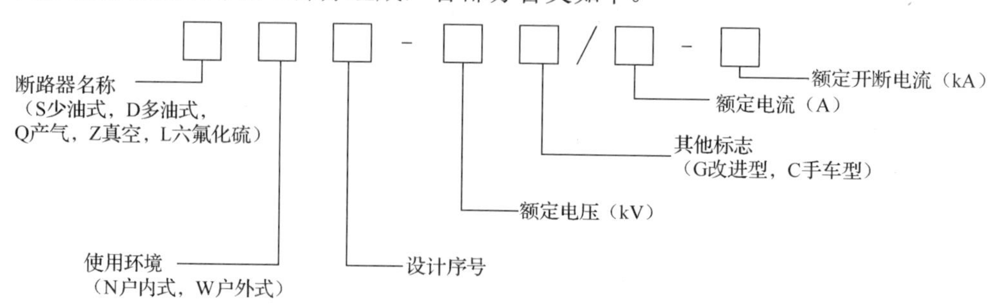

如 ZN4-10/630 表示的是户内真空断路器，设计序号为 4，额定电压为 10kV，额定电流为 630A；SN10-10/1000-16 表示的是户内少油断路器，设计序号为 10，额定电压为 10kV，额定电流为 1000A，额定开断电流为 16kA。

4.2.4 高压断路器的技术参数

1. 额定电压（kV）

额定电压是指高压断路器正常工作时所能长期承受的电压等级，它决定了高压断路器的绝缘水平。额定电压是指其线电压，常用高压断路器的额定电压等级为 3kV、10kV、20kV、35kV、60kV、110kV 等，为了适应高压断路器在不同安装地点耐压的需要，国家相关标准中规定了高压断路器可承受的最高工作电压，与上述额定电压相对应的最高工作电压分别为 3.6kV、12kV、24kV、40.5kV、72kV、126kV 等。

2. 额定电流（A）

额定电流是指在规定的使用和性能条件下能够持续通过的电流的有效值。高压断路器规定的环境温度为 40℃，当环境温度超过 40℃时，则额定电流相应下降。常用高压断路器的额定电流等级为 200A、400A、630A、1000A、1250A、1600A、2000A、3150A 等。

3. 额定开断电流（kA）

额定开断电流是指在规定的条件下，高压断路器能保证开断而不影响其继续正常工作的最大短路电流，它是表明高压断路器灭弧能力的技术参数。高压断路器的额定开断电流为 1.6kA、3.15kA、6.3kA、8kA、10kA、12.5kA、16kA、20kA、25kA、31.5kA 等。

4. 额定关合电流（kA）

额定关合电流是指在额定电压及规定的使用和性能条件下，高压断路器能保证正常关合的最大短路峰值电流，不会发生触头熔焊或其他损伤，其主要决定于高压断路器灭弧装置的性能、触头构造及操动机构的形式。

5. 额定热稳定电流（kA）

额定热稳定电流反映的是高压断路器承受短路电流热效应的能力，它是在规定的使用和性能条件下，高压断路器在规定的时间内在合闸位置能够承载的电流的有效值，数值上就等于高压断路器的额定开断电流。

6. 额定动稳定电流（kA）

额定动稳定电流是指在规定的使用和性能条件下，高压断路器在合闸位置能够承载额定短时耐受电流第一个大半波的峰值电流，峰值耐受电流等于 2.55 倍额定短时耐受电流，与额定关合电流相等。

7. 额定短路持续时间（s）

额定短路持续时间是指高压断路器在合闸位置能够承载额定短时耐受电流的时间间

隔，标准值为2s，需时可选大于或者小于2s的数值，标准中推荐0.5s、1s、2s、3s、4s。

8. 合闸时间（s）

合闸时间是指从高压断路器合闸回路接到合闸命令（合闸线圈电路接通）开始到所有极触头都接触瞬间的时间间隔。

9. 分闸时间（s）

分闸时间是指从高压断路器分闸回路接到分闸命令开始到所有极触头都分离瞬间的时间间隔。

10. 额定操作顺序

额定操作顺序是指根据实际运行需要制定的对高压断路器的断流能力进行考核的一组标准规定动作。操作顺序分为两类。

（1）无自动重合闸断路器的额定操作顺序，一种是发生永久性故障断路器跳闸后两次强送电的情况，即“分—180s—合分—180s—合分”，另一种是断路器合闸在永久性故障线路上跳闸后强送电一次，即“合分—15s—合分”。

（2）自动重合闸断路器的额定操作顺序为“分—0.3s—合分—180s—合分”。

4.2.5 少油断路器的安装

1. 少油断路器的基本结构

SN10-10型少油断路器是我国统一设计、应用最广的一种户内少油断路器。它按断流容量分有Ⅰ、Ⅱ、Ⅲ型。SN10-10Ⅰ型的断流容量为300MVA；SN10-10Ⅱ型的断流容量为500MVA；SN10-10Ⅲ型的断流容量为750MVA。图4.17为SN10-10型少油断路器的外形。

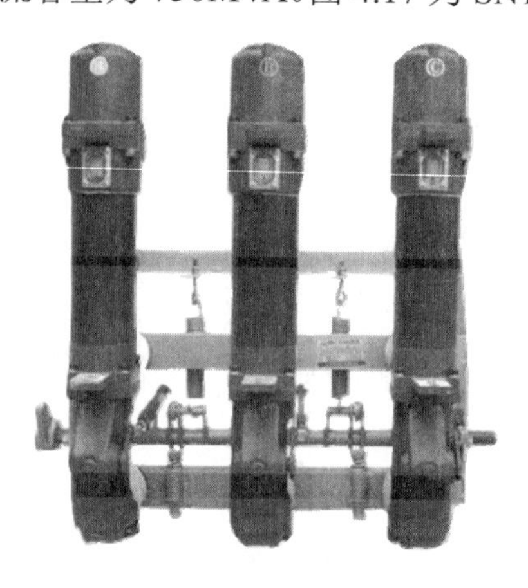

图4.17 SN10-10型少油断路器的外形

SN10-10型少油断路器由框架、传动机构和油箱三个主要部分组成，油箱是其核心部分。油箱下部是由高强度铸铁制成的基座，其中装有操作断路器动触头（导电杆）的转轴和拐臂等传动机构。油箱中部是灭弧室，外面套有高强度的绝缘筒。油箱上部是铝帽。铝帽内的上部是油气分离室，下部装有插座式静触头。插座式静触头有 3～4 片弧触片。断路器合闸时，动触头插入静触头，首先接触弧触片。断路器分闸时，动触头离开静触头，最后离开弧触片。因此，无论断路器是合闸还是分闸，电弧总在动触头端部与弧触片之间产生。为了确保电弧能偏向弧触片，在灭弧室上部靠弧触片一侧还嵌有吸弧铁片，利用铁磁吸弧原理使电弧偏向弧触片，从而不致烧毁静触头中主要的工作触片。弧触片和动触头端部的弧触头，均采用耐弧的铜钨合金制成。

这种断路器合闸时的导电回路是，上接线端子—静触头—动触头（导电杆）—中间滚动触头—下接线端子。

2. 少油断路器的灭弧原理

少油断路器油箱本身带电，对地绝缘主要依靠绝缘子或瓷套等固体绝缘材料。绝缘油主要作为灭弧介质，因此油量少，结构简单，制造方便，价格便宜，但在分、合大电流一定次数后，油质即劣化，必须更换新油，特别是分断短路故障后，一般就要检查油质，勤于换油。因此少油断路器不适宜用于大电流频繁操作的场合。

少油断路器用绝缘油灭弧，灭弧主要依赖于灭弧室。图 4.18 为灭弧室的工作原理。

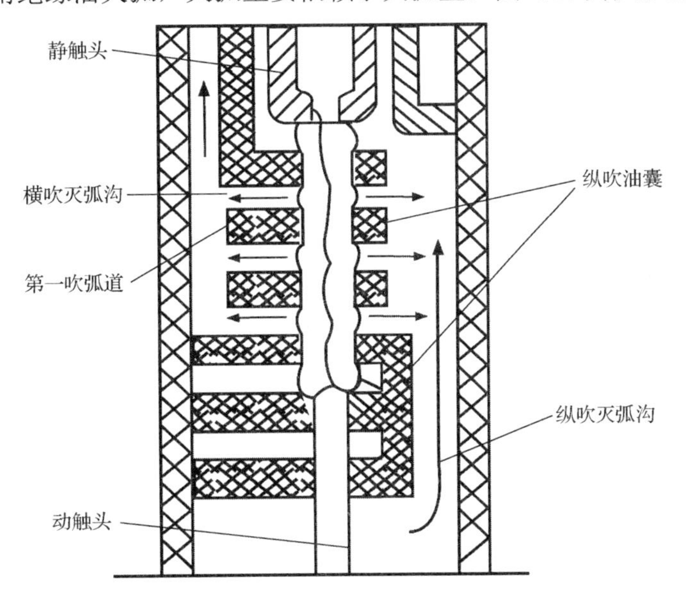

图 4.18　灭弧室的工作原理

灭弧过程从动、静触头分开产生电弧到第一吹弧道打开，称为封闭气泡阶段。在此阶段电弧处在静止的气泡中，冷却作用差，电弧难以熄灭。动触头继续向下运动，第二、三吹弧道相继打开，灭弧室内的高压气体经吹弧道向外排出，对电弧横向吹拂，使电弧强力冷却与去游离。

断路器分闸时，动触头向下运动。当动触头离开静触头时，产生电弧，使油分解，形成气泡，导致静触头周围的油压骤增，迫使逆止阀（钢珠）向上堵住中心孔。这时电弧在近乎封闭的空间内燃烧，从而使灭弧室内的油压迅速增大。当动触头继续向下运动，相继打开一、二、三道灭弧沟及下面的油囊时，油气流强烈地横吹和纵吹电弧，同理由于动触

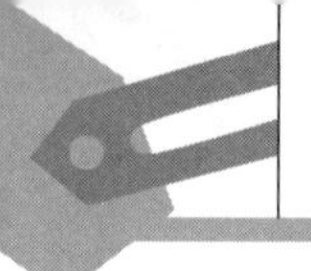

头向下运动，在灭弧室形成附加油气流射向电弧。由于油气流的横吹和纵吹及机械运动引起的油吹等综合作用，使电弧迅速熄灭。而且这种断路器分闸时，动触头是向下运动的，动触头端部的弧根部分总与下面新鲜的冷油接触，进一步改善了灭弧条件，因此它具有较大的断流容量。

这种少油断路器，在油箱上部设有油气分离室，使灭弧过程中产生的油气混合物旋转分离，气体从油箱顶部的排气孔排出，而油则附着油箱内壁流回灭弧室。SN10-10 型少油断路器可配用 CDl0 型直流电磁操动机构或 CT7 型交直流弹簧储能操动机构。

3. 少油断路器的安装

1）少油断路器安装前的检查

（1）少油断路器及其操动机构的所有部件及备件应齐全，无锈蚀及机械损伤，瓷件应黏合牢固；绝缘部件不应有变形、受潮现象；油箱焊缝良好，外部油漆完整，无渗漏痕迹。

（2）少油断路器的铭牌应完整清晰，并标有制造厂商的许可证号。

2）少油断路器的安装要求

（1）少油断路器应安装垂直，并固定牢靠，底座或支架与基础的垫片不宜超过三片，其总厚度不应大于 10mm，各片间应焊接牢固。

（2）安装中要保证少油断路器触头接触良好。

（3）同相各支持瓷套的法兰面宜在同一水平面上，各支柱中心线间距离的误差不应大于 5mm；三相联动的少油断路器，其相间支持瓷套的法兰面宜在同一水平面上，三相底座或油箱中心线的误差不应大于 5mm。保证三相合闸同期（不同期性不能超过 2mm）。

（4）三相联动或同相各柱之间的连杆，其拐臂应在同一水平面上，拐臂角度应一致，并使连杆与机构工作缸的活塞杆在同一中心线上。连杆拧入深度应符合产品的技术规定，防松螺母应拧紧。

（5）支持瓷套内部应清洁，卡固弹簧应穿到底。法兰密封垫应完好，安放的位置正确且紧固均匀。

（6）工作缸或定向脚架应固定牢固，工作缸的活塞杆表面应洁净，并有防雨、防尘罩。

（7）定位连杆应固定牢固，受力均匀。

（8）安装完成后应对少油断路器进行测试及调整，主要包括手动合闸及分闸试验，检查开关的动作情况；用 2500V 或 5000V 绝缘电阻表测量合闸状态下导电部分对地及相与相的绝缘电阻，分闸状态下本相端口之间及相与相、相与地的绝缘电阻，绝缘电阻值可参考表 4-1；在分闸、合闸两种状态下一起测量三相的介质损耗角正切值 $\tan\delta$；测量泄漏电流，当试验电压为 40kV 时，泄漏电流值应不大于 10μA，试验电压为 220kV 时，泄漏电流值应不大于 5μA；在分闸、合闸两种状态下进行交流耐压试验；测量每相导电回路的直流电阻，一般情况下，导电回路的直流电阻值不得超过规定值的两倍。

4.2.6 真空断路器的安装

1. 真空断路器的基本结构

真空断路器主要由真空灭弧室、支架和操动机构三部分组成。真空灭弧室是真空断路器的核心元件，具有开断、导电和绝缘的功能，主要由绝缘外壳、触头、屏蔽罩和波纹管等组成，如图 4.19 所示。真空灭弧室的性能主要取决于触头材料和结构，还与屏蔽罩的结构、灭弧室的材质及制造工艺有关。

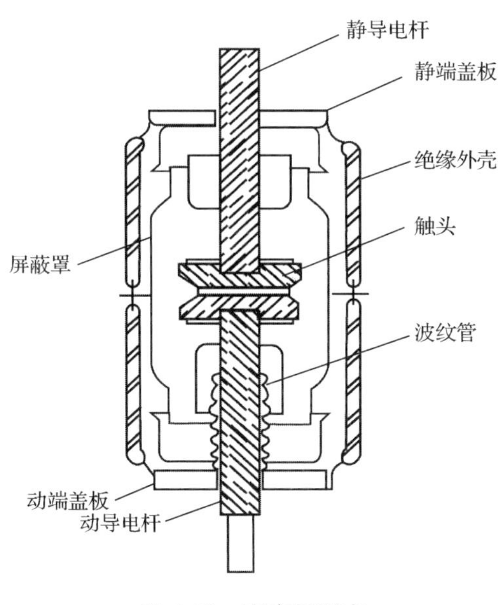

图 4.19　真空灭弧室

1）绝缘外壳

绝缘外壳既是真空容器，又是触头间的绝缘体。其作用是支持触头和屏蔽罩等金属部件，与这些部件紧密地焊接在一起，以确保灭弧室内的高真空度。绝缘外壳材料采用的是硬质玻璃、氧化铝陶瓷或微晶玻璃。

2）触头

触头既是关合时的通流元件，又是开断时的灭弧元件。触头材料采用的是铜铋合金和铜铬合金。触头采用对接式结构，触头是利用磁场力使真空电弧很快地运动，防止在触头上产生需要长时间冷却的受热区域。

动、静触头分别焊在动、静导电杆上，用波纹管实现密封。动触头位于灭弧室的下部，在机构驱动力的作用下，能在灭弧室内沿轴向移动，完成分、合闸。在与动触头连接的动导电杆周围和外壳之间装有导向管，用以保证动触头在上、下方向准确地运动。导向管采用低摩擦力的绝缘材料制作。

3）屏蔽罩

屏蔽罩包括主屏蔽罩、波纹管屏蔽罩和均压屏蔽罩。屏蔽罩采用铜或钢制成，要求具有较高的热导率和优良的凝结能力。

主屏蔽罩装设在触头的周围，一般固定在绝缘外壳内的中部，其作用有三个方面，一是可有效防止燃弧过程中触头间产生的大量金属蒸气和金属颗粒喷溅到绝缘外壳的内壁，导致外壳的绝缘强度降低或闪络；二是可改善灭弧室内部电场的均匀分布，降低局部电场强度，提高绝缘性能，有利于促进真空灭弧室小型化；三是可吸收部分电弧能量，冷却和

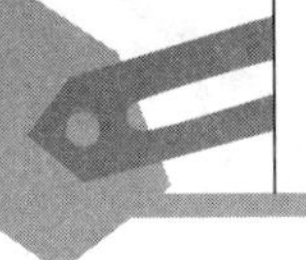

凝结电弧生成物，有利于提高电弧熄灭后间隙介质强度的恢复速度，这对于增大灭弧室的开断能力起到很大作用。

波纹管屏蔽罩包在波纹管的周围，防止金属蒸气溅落在波纹管上，影响波纹管的工作和降低其使用寿命。

均压屏蔽罩装设在触头附近，用于改善触头间的电场分布。

4）波纹管

波纹管用于保证动触头在一定行程范围内运动时，不破坏灭弧室的密封状态，采用不锈钢制成，主要有液压成型和膜片焊接两种结构。波纹管是真空灭弧室中最易损坏的部件，真空断路器触头每分合一次，波纹管便产生一次机械变形，长期频繁和剧烈的变形容易使波纹管因材料疲劳而损坏，其金属的疲劳寿命，决定了真空灭弧室的机械寿命。

2. 真空断路器的类型

1）户内真空断路器

户内真空断路器按照总体结构特点可分为整体式和分体式、悬臂式和落地式等形式。整体式是断路器本体与操动机构一起安装在固定柜和手车柜中，即 ZN28-12 系列；分体式是断路器本体与操动机构分离安装在固定柜中，即 ZN28A-12 系列。

常见的 ZN28-12 整体式真空断路器的总体结构为落地式，其外形如图 4.20 所示。

图 4.20　ZN28-12 整体式真空断路器外形

ZN28-12 整体式真空断路器的每个真空灭弧室由一只落地绝缘子和一只悬挂绝缘子固定，真空灭弧室旁有一个棒形绝缘子支撑。真空灭弧室上下铝合金支架既是输出接线的基座又兼起散热的作用。在真空灭弧室上支架的上端面，安装有黄铜制作的导向板，使动触头在分闸过程中对中良好。触头弹簧装设在绝缘拉杆的尾部。操动机构、传动主轴和绝缘转轴等部位均设置滚珠轴承，用于提高效率。

2）户外真空断路器

户外真空断路器一般采用落地式结构，可分为箱式和支柱式两种类型。ZW32-12 型户外支柱式真空断路器外形如图 4.21 所示。

图 4.21　ZW32-12 型户外支柱式真空断路器外形

断路器由真空灭弧室、上下绝缘罩、箱体、操动机构、隔离开关、电流互感器及驱动部件等组合而成。断路器为直立安装，三相真空灭弧室分别封闭在三组绝缘罩内，绝缘罩（采用聚氨酯密封材料，内部采用新型的发泡灌封材料）固定在箱体上，箱体内安装弹簧操动机构，电流互感器安装在下出线端上，操作杠杆在箱体正面。

断路器同时具备电动和手动操作，可配置智能开关控制器，设有三段式过流保护、零序保护、重合闸、低电压、过电压保护等多种功能，支持多种通信协议，允许选用多种通信方式构成通信网，既可对开关进行本地手动或遥控操作，又可通过通信网实现远方控制。

3. 真空断路器的灭弧原理

真空断路器是以真空作为灭弧介质的。在灭弧室内高真空度下的气压非常低（仅有 1.3×10^{-5}～1.3×10^{-4}Pa），只有很少的气体分子存在，电极间的绝缘强度高，且有很快的绝缘强度恢复速度（高达 20kV/μs），触头间隙小，电弧能量小，真空中的电弧容易熄灭。当断路器开断电流时，触头刚分离的瞬间，电流将收缩到触头刚分离的某一点或某几点上，触头间的电阻剧烈增大和温度迅速提高，直至发生触头金属的蒸发，同时形成极高的电场强度，导致强烈的场致发射和间隙的击穿，继而形成了真空电弧。电弧的高温使触头部分材料熔化，蒸发出的金属蒸气维持电弧。当电流过零时，由于周围真空中气体分子极少，更由于触头在电流通过时产生一个磁场，电弧在磁场力作用下沿着触头表面切线方向迅速扩散，因此电弧金属蒸气及所带质点很快地向周围扩散到金属屏蔽罩上，并被冷却而重新凝结起来，使触头间隙在电流过零后几微秒内，就重新恢复到比较高的真空状态和很高的绝缘强度，保证电弧在电流第一次过零时就能熄灭而不重燃。

4. 真空断路器的安装

真空断路器的安装内容包括开箱检查、支架组装、极柱安装、操动机构安装等。以柱上 10kV 真空断路器安装为例，简要说明真空断路器的安装方法。

1）真空断路器安装前检查

为确保断路器安全可靠运行，必须经过检查方可进入安装。

（1）包装拆除后，先检查断路器外观，如动触头上绝缘保护层是否完好，有无裂纹及其他缺陷，外壳表面如何，是否因运输原因造成损伤，铭牌数据是否与订货要求相符等。

（2）检查随机附件、备件和文件是否齐全。

（3）手动试操作 5～10 次，检查断路器操动机构的动作性能，应能分、合灵活，“分”“合”及“储能”指示正确。

（4）对断路器主回路同极断口间、相间及相对地和控制部分进行 42kV/min 工频耐压试验。

2）真空断路器的安装要求

（1）按照断路器的安装尺寸和电力工程要求制作固定支架，并将断路器牢固地固定在支架上。

（2）严格执行安装工艺规程要求，各元件安装的紧固件规格必须按照设计规定选用。

（3）检查极间距离，上下出线的位置距离必须符合相关的专业技术规程要求。

（4）连接导线端子与断路器进出线端子的螺栓应拧紧，以保证接触良好。

（5）各转动、滑动件应运动自如，运动摩擦处应涂抹润滑油脂。

（6）整体安装调试合格后，应清洁抹净，各零部件的可调连接部位均应用红漆打点标记，出线端接线处应涂抹防腐油脂。

（7）控制电路按线路图连接正确。

（8）所使用的工器具必须清洁，并满足装配的要求，在灭弧室附近紧固螺钉，不得使用活扳手。

真空断路器安装检验项目及对应质量标准见表 4-2。

表 4-2　真空断路器安装检验项目及对应质量标准

工序	检验项目		质量标准
本体检查	外观检查		部件齐全，无损伤
	灭弧室外观检查		清洁，干燥，无裂纹、损伤
	绝缘部件		无变形，且绝缘良好
	分、合闸线圈铁芯动作检查		可靠，无卡阻
	熔断器检查		导通良好，接触牢靠
	螺栓连接		紧固均匀
	二次插件检查		接触可靠
	绝缘隔板		齐全完好
	弹簧机构	牵引杆的下端或凸轮与合闸锁扣	合闸弹簧储能后，蜗扣可靠
		分、合闸闭锁装置动作检查	动作灵活，复位准确、迅速，扣合可靠
		合闸位置保持程度	可靠
导电部分检查	触头外观检查		洁净光滑，镀银层完好
	触头弹簧外观检查		齐全，无损伤
	可挠铜片检查		无断裂、锈蚀，固定牢靠
	触头行程		按制造厂家规定
	触头压缩行程		
	三相同期		

续表

工序	检验项目		质量标准
其他	开关辅助	切换接点外观检查	接触良好，无烧损
		动作检查	准确、可靠
	手动合闸		灵活、轻便
	断路器与操动机构联动		正确、可靠
	分、合闸位置指示检查		动作可靠，指示正确
	手车推拉试验		进出灵活
	手车接地		牢固，导通良好
	相色标志		正确

4.2.7 SF_6断路器的安装

1. SF_6断路器的基本结构

1）瓷柱式SF_6断路器

瓷柱式SF_6断路器的结构如图 4.22 所示。其灭弧室安装在高强度的绝缘子中，用空心瓷柱支撑和实现对地绝缘。灭弧室和绝缘瓷柱内腔相通，充有相同压力的SF_6气体，通过控制柜中的密度继电器和压力表进行控制和监视。穿过瓷柱的绝缘拉杆把灭弧室的动触头和操动机构的驱动杆连接起来，通过绝缘拉杆带动触头完成断路器的分合操作。

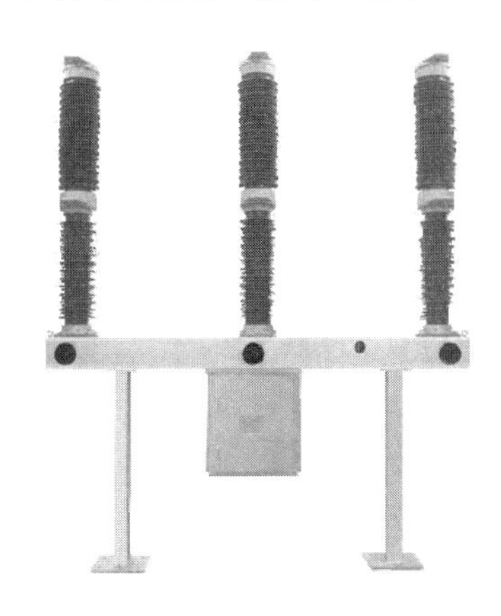

（a）I 形布置

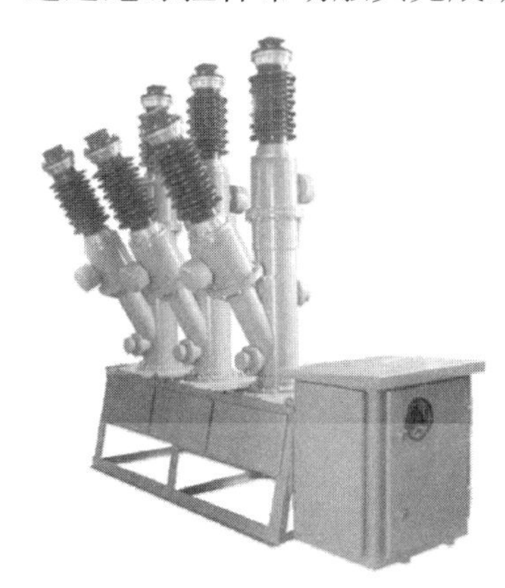

（b）Y 形布置

（c）T 形布置

图 4.22　瓷柱式SF_6断路器的结构

瓷柱式SF_6断路器按其整体布置形式可分为 I 形、Y 形和 T 形布置三种。I 形布置一般用于 220kV 以下电压等级的单柱单断口断路器，三级安装在一个或三个支架上，如 LW25 系列的 110kV 断路器。Y 形布置一般用于 220kV 及以上电压等级的单柱双断口断路器，如 LW25 系列的 220kV 断路器。T 形布置一般用于 220kV 及以上特别是 500kV 电压等级的单柱双断口断路器，如 LW7 系列的 220kV 断路器。

瓷柱式 SF_6 断路器结构简单，用气量少，价格便宜，但其重心高，抗震性能差，且不能加装电流互感器，使用场所受到一定限制。

2）罐式 SF_6 断路器

罐式 SF_6 断路器的结构如图 4.23 所示。其灭弧室安装在接地的金属罐中，高压带电部分用绝缘子支持，对箱体的绝缘主要利用 SF_6 气体。绝缘拉杆穿过支持绝缘子，把动触头与机构驱动轴连接起来，在两个出线套管的下部都可安装电流互感器。

图 4.23　罐式 SF_6 断路器的结构

110～500kV 罐式 SF_6 断路器的结构和外形基本相似，这种结构重心低、抗震性能好、灭弧断口间电场较好，断流容量大，可以加装电流互感器，还能与隔离开关、接地开关、避雷器等融为一体，直接用于全封闭组合电器中。但这种断路器罐体用材较多，用气量大，造价比较昂贵。

2. 罐式 SF_6 断路器的灭弧原理

罐式 SF_6 断路器一般是利用几个到十几个大气压的 SF_6 气体，在喷口中形成高速气流来熄灭电弧。利用预先储存在断路器中的高压 SF_6 气体，在灭弧中形成高速气流强烈地吹袭电弧，使绝缘室冷却，当电弧在高速气流中燃烧时，弧熄中的热量将及时地被带走，电弧在气流的作用下迅速移动，热发射和金属蒸气大大减少，特别是在电流接近零和过零时，弧熄温度将迅速下降，电弧直径明显减小。当电流过零后，在强烈的气流作用下，弧熄温度迅速降到热游离温度以下，弧熄中的残余物被消除，并由新鲜压缩的 SF_6 气体所取代，电弧熄灭，如图 4.24 所示。

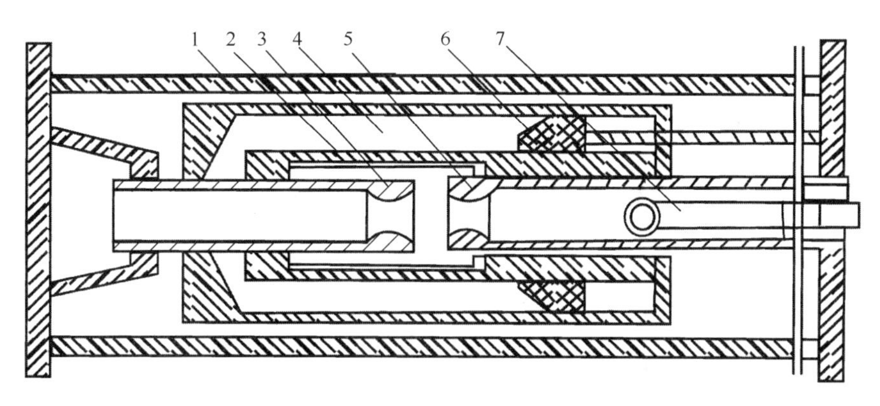

1—压气罩；2—动触头；3、5—静触头；4—压气室；6—固定活塞；7—绝缘拉杆。

图 4.24 罐式 SF_6 断路器的灭弧原理

3. 罐式 SF_6 断路器的安装

罐式 SF_6 断路器安装的主要步骤如下。

1）安装前的检查

罐式 SF_6 断路器在安装过程中，必须严格按照制造厂家的规定和产品安装使用说明书中的步骤、要求进行操作。罐式 SF_6 断路器在安装前主要检查下列项目。

① 断路器零部件应齐全、清洁、完好。

② 灭弧室或罐体和绝缘瓷柱内预充的 SF_6 气体的压力值和微水含量应符合产品的技术要求。

③ 并联电容值或并联电阻值应符合制造厂家的规定。

④ 绝缘件表面应无裂纹、脱落或损坏，绝缘应良好，绝缘拉杆端部连接部件应牢固可靠。

⑤ 传动机构零件应齐全，轴承光滑无刺，铸件无裂纹或焊接不良。

⑥ 组件用的螺栓、密封垫、密封脂、清洁剂、润滑脂等的规格必须符合产品的技术规定。

⑦ 密度表、密度继电器、压力表、压力继电器等应经过检验。

⑧ 防爆膜应完好。

2）极柱安装

断路器的三相极柱外形是完全一样的，但是，制造厂家已调试好后给各相极柱都编有号码，要根据传动单元不同的标志来区分各相极柱，不能混装。为了防止极柱在安装过程中摇摆或滑动，吊钩和极柱的顶部应在垂直位置上，使极柱垂直移动。当极柱在支架上就位后，使用力矩扳手和制造厂家提供的螺栓、螺母、垫片、垫圈等将极柱调整后固定在支架上。

3）操动机构安装

断路器的操动机构根据类型和要求不同，有的是安装在支架的一端，有的是安装在支架的中间，有的是安装在每一相的下面。在交货时，操动机构已调整完好，操动杆已调整到分闸位置。用吊钩吊住吊环，就位后，用力矩扳手将操动机构固定在正确的位置上。如

果是分相操作操动机构，要确认 L_1、L_2、L_3 三相标志，分别将三相操动机构箱与三相极柱 L_1、L_2、L_3 对应安装。

4）管路连接

断路器的极柱和操动机构就位固定后，有关的油管路、压缩空气管路、SF_6 气体管路等都要按照制造厂家的规定和图纸进行连接。在这些管路连接过程中，要特别注意连接的操作工艺要求，精心操作，避免漏气、漏油等现象发生。这些管路连接工艺质量的好坏，将直接影响到 SF_6 断路器运行中的使用性能。

5）拉杆安装

拉杆安装顺序是，先安装断路器极柱与操动机构之间的拉杆，再安装极柱之间的拉杆。如果是分相操作操动机构，只安装断路器极柱与操动机构之间的拉杆即可。在安装和调试拉杆过程中，应特别注意产品安装使用说明书中的重要提示。安装的过程中应当在有关部位涂上润滑脂。位置指示器动作应正确可靠，其分、合闸位置指示应符合断路器的实际分、合闸状态。

6）气体监视表计连接

气体监视表计主要是指 SF_6 气体密度表或压力表、密度继电器等。

连接气体监视表计的管路采用细铜管，用管夹、螺栓、螺母、垫圈等把管路固定在支架上，每根管路的两端装有一个管套。通过一定的方式，将断路器中的 SF_6 气体与气体监视表计连接起来。有些气体监视表计是每个极柱安装一组，有些是三相共用一组，连接时的关键是密封问题，应特别注意密封面和密封圈的清洁及完整状况。密封质量的好坏直接影响着安装质量和断路器运行中的使用性能。

7）高压导线连接

断路器的接线端子与高压导线之间的连接，应在充入 SF_6 气体至额定压力之前进行，这是各个制造厂家出于安全的原因做出的规定。

对于高压接线端子的连接，应使接线端子的接触表面平整、略微打毛、清洁、无氧化膜，并涂以薄层电力复合脂；镀银部分不得锉磨；载流部分的可绕连接不得有折损、表面凹陷、毛刺及锈蚀等现象，连接螺栓应齐全、紧固。断路器的接线端子是铝质的，如果高压导线的接线端子也是铝质的，可以直接连接，如果高压导线的接线端子是铜质的，在连接处应使用润滑脂和铜铝双金属垫片，使垫片的铝面对着接线端子的铝面，而铜面对着接线端子的铜面或镀银面。

8）控制回路连接

控制回路连接应按照施工图纸中的控制回路图进行施工，固定好控制电缆后，将有关的导线接入端子排相应的端子上，再将相关的直流电源、控制回路、保护回路、信号回路、密度继电器和压力继电器的有关报警和闭锁触点等，通过导线接入端子排相应的端子上。控制回路的连接应符合有关标准和施工工艺要求。

9）接地线连接

对接地线连接的要求如下。

（1）按照有关规定选择接地线的材料和截面大小。

（2）按照有关规定处理接触表面，将支架和操动机构箱与接地网可靠连接。

（3）将接地线和控制电缆的屏蔽层与操动机构箱的接地端子可靠连接。

（4）每个气室的结合部都要有可靠的金属连接，并与接地网可靠连接。

10）充注 SF_6 气体

由于 SF_6 断路器在制造厂已进行了抽真空处理，并充入了合格的较低压力的 SF_6 气体（一般绝对压力为 0.125～0.13MPa），只要不漏气，断路器内部就不会受潮。只要按照充气工艺要求，将新的 SF_6 气体充注到断路器铭牌规定的额定压力。

11）密封性检验

当对断路器充注完 SF_6 气体之后，要对极柱上的瓷套端部连接处、各种连接头与气体管路之间的连接处、端盖密封处等进行密封性检验。工作现场比较常用的密封性检验方法有检漏仪检验、喷雾液检验、挂瓶定量检验。具体的操作可按照要求进行。经过密封性检验，如果发现有泄漏现象，应回收 SF_6 气体至 0.13MPa 左右，松开有关泄漏处的连接，检查密封面有无损伤或异物，更换新密封圈重新连接，或按照有关的操作工艺规定进行处理，并再次进行充注气体、密封性检验等，直到达到要求为止。

12）试验

当断路器充注完 SF_6 气体，并进行密封性检验合格之后，应当进行有关项目的试验。需要注意的是，SF_6 断路器和操动机构进行联动操作试验时，具有防慢分、慢合装置的，在进行快速分、合闸之前，必须先进行慢分、慢合操作。一般来说，对于进口或中外合作生产的 SF_6 断路器要求的试验项目较少，对于国产的 SF_6 断路器，制造厂家要求的试验项目较多。

试验项目的多少，还应按照有关规程和制造厂家与用户达成的协议而定。

13）功能性检查

在断路器安装和各项测试项目完成之后，投入运行之前要进行功能性检查。功能性检查要结合二次控制回路和保护回路检查一起进行。

主要检查项目见表 4-3。通过功能性检查，可以对断路器本体、操动机构、传动装置、控制回路、保护回路、信号回路及各种元器件等进行全面的检验，使之达到可靠运行条件。

表 4-3　主要检查项目

序号	检查项目	单位	序号	检查项目	单位
1	触头行程	mm	10	相间 1min 耐压	kV
2	触头超行程	mm	11	对地 1min 耐压	kV
3	合闸同期性	ms	12	并联电阻	Ω
4	分闸同期性	ms	13	并联电容	μF
5	SF_6 气体微水含量	mg/L	14	分闸速度	m/s
6	SF_6 气体报警压力	MPa	15	合闸速度	m/s
7	SF_6 气体闭锁压力	MPa	18	分、合闸时间	ms
8	主回路电阻	μΩ	19	合闸电压	V
9	断口 1min 耐压	kV	20	分闸电压	V

续表

序号	检查项目	单位	序号	检查项目	单位
21	操动机构储能时间	s	28	压力继电器报警解除压力	MPa
22	储能时间间隔	h	29	压力继电器重合闸闭锁压力	MPa
23	绝缘电阻	MΩ	30	压力继电器重合闸闭锁解除压力	MPa
24	操动机构储能起动压力	MPa	31	压力继电器闭锁压力	MPa
25	操动机构储能停止压力	MPa	32	压力继电器闭锁解除压力	MPa
26	操动机构压力降低	MPa	33	安全阀释放压力	MPa
27	压力继电器报警压力	MPa	34	安全阀起跳压力	MPa

4.2.8 断路器的交接验收

（1）交接验收的目的是确保断路器的施工安装质量，促进安装技术的进步，确保断路器安全运行。

（2）交接验收的依据是《电气装置安装工程 高压电器施工及验收规范》（GB 50147—2010）、制造厂家的技术资料和文件。

（3）交接验收的检查项目如下。

① 断路器应安装牢固可靠，外表清洁完整，动作性能应符合产品的技术参数。

② 电气连接应可靠，且接触良好。

③ 断路器及其操动机构的联动应正常，无卡阻现象；分、合闸指示正确；辅助开关及电气闭锁应动作正确可靠。

④ 支架及接地线应无锈蚀和损伤，接地应良好。

⑤ 电气回路传动应正确。

⑥ 油漆应完整，相色标志应正确。

⑦ 提交的技术资料和文件应齐全，内容如下。

a. 变更设计的技术文件。

b. 制造厂家提供的产品安装使用说明书、试验记录、合格证书、安装图纸等技术文件。

c. 安装技术记录。

d. 调整试验记录。

e. 备品、备件、专用工具、测试仪器清单。

经过交接验收，鉴定安装合格后，证明该断路器已经完全具备了投入运行的条件，可以投入运行。

4.2.9 断路器的运行巡视检查

（1）投入运行或处于备用状态的高压断路器必须定期进行巡视检查，有人值班的变电所由值班人员负责巡视检查，无人值班的变电所按计划日程定期巡视检查。一般有人值班的变电所和升压变电所每天巡视不少于一次，无人值班的变电所由具体情况确定，通常每

月不少于两次。

（2）油断路器巡视检查内容包括对分、合闸位置指示的检查，运行温度的检查，油位计渗油、漏油的检查，套管和瓷瓶的检查，引线连接部位接触情况的检查，接地情况的检查等。

（3）真空断路器巡视检查时应分别对分、合闸位置指示是否正确、与当时实际工况是否相符、绝缘子有无裂纹及放电声音、真空灭弧室有无异常、接地是否良好、引线连接部位有无过热等进行检查。

（4）SF_6断路器巡视检查内容主要有检查断路器各部分及管道有无异常声音（漏气声、振动声）及异味，套管有无裂纹，引线连接部位有无过热，断路器分、合闸位置指示是否正确，与当时实际工况是否相符，接地是否完好，SF_6气体压力和温度是否正常，等等。

4.2.10 断路器异常运行和常见故障分析

（1）值班人员在断路器运行中发现渗油、漏油、油位指示器油位过低、SF_6气压下降、有异常声响、分、合闸位置指示不正确等任何异常现象时，应及时予以消除，不能及时消除时要报告给上级。

（2）当套管有严重破损和放电现象、油断路器灭弧室冒烟或内部有异常声响、SF_6气室严重漏气、真空断路器出现真空损坏的嗞嗞声、不能可靠合闸、合闸后声音异常、合闸铁芯上升不返回、分闸脱扣器拒动作时，应申请立即处理。

（3）SF_6断路器发生意外爆炸或严重漏气等事故，值班人员接近设备要谨慎，尽量选择从“上风”接近设备，必要时要戴防毒面具，穿防护服。

任务 4.3　隔离开关的安装

4.3.1 隔离开关的结构

隔离开关是隔离电源用的电器。隔离开关在结构上没有特殊的灭弧装置，不允许用它带负载进行拉闸或合闸操作，只能拉、合无电流或小电流电路。隔离开关拉闸时，必须在断路器切断电路之后才能拉开；合闸时必须先合隔离开关，再用断路器接通电路。隔离开关的主要作用是在电气设备停电检修时，用隔离开关将需停电检修的设备与电源隔离，形成明显的断开点，保证工作人员和设备的安全。此外，在电气设备由一种运行状态改变为另一种工作状态时，隔离开关还可进行倒闸操作。隔离开关的种类较多，按安装地点可分为户内式和户外式，按刀闸运动方式可分为水平旋转式、垂直旋转式和插入式，按每相支柱绝缘子数目可分为单柱式、双柱式和三柱式等。常见的隔离开关如图 4.25 所示。

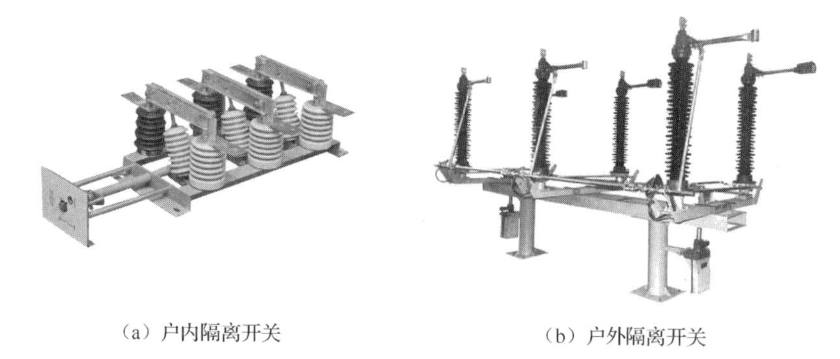

（a）户内隔离开关　　（b）户外隔离开关

图 4.25　常见的隔离开关

4.3.2 隔离开关的型号

隔离开关的型号及含义表示如下。

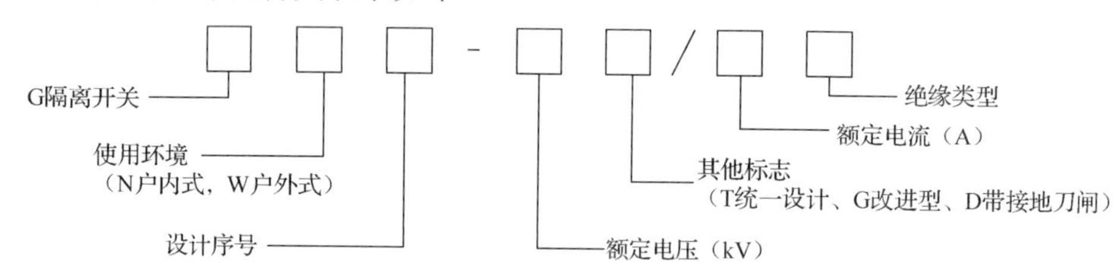

如 GN2-10 表示的是户内式、设计序号为 2、额定电压为 10kV 的隔离开关。

4.3.3 隔离开关的安装

1. 设备的保管及检查

（1）设备应按其用途置于室内或室外平整、无积水的场地保管。

（2）设备及其瓷套管应安放稳妥，以防倾倒损坏；触头及操动机构的金属传动部件应有防锈措施。

（3）接线端子及载流部分应清洁，且接触良好；载流部分的可挠连接不得有折损，载流部分表面应无严重的凹陷及锈蚀。

（4）绝缘瓷件表面应清洁，无裂纹、破损、焊接残留斑点等缺陷，瓷铁黏合应牢固。

（5）底座转动部分应灵活，无锈蚀。

（6）操动机构的零部件应齐全，固定连接部位紧固，转动部位灵活并应涂以适合当地气候条件的润滑脂。操作手柄转动 90°，开关灵活自如，传动轴有力稳固，使用液压操动机构时，其油位应正常，无渗油、漏油现象。辅助开关的动作正常，接触良好，绝缘可靠。

（7）外观整体上无明显的机械损伤，焊接部位无裂纹、虚焊，铁件电镀良好，无脱落及锈蚀，无影响性能的不妥之处。

2. 设备的测试

（1）用 2500V 或 5000V 绝缘电阻表测量有机材料传动杆的绝缘电阻，应符合表 4-4 的要求，同时测量胶合元件的绝缘电阻，应大于 300MΩ。

表 4-4　有机材料传动杆的绝缘电阻标准

额定电压/kV	3～15	20～35	63～220	330～500
绝缘电阻值/MΩ	1200	3000	6000	10000

绝缘子交流耐压试验电压标准，应按表 4-5 的要求进行。

表 4-5　工频耐压试验电压标准

额定电压/kV	最高工作电压/kV	1min 工频耐压有效值/kV			
		电压互感器		断路器电流互感器	
		出厂	交接大修	出厂	交接大修
3	3.6	25	23	25	23
6	7.2	30	27	30	27
		(20)	(18)	(20)	(18)
10	12	42	38	42	38
		(28)	(25)	(28)	(25)
15	18	55	50	55	50
20	24	65	59	65	59
35	40.5	95	85	95	85
66	72.5	155	140	155	140
110	126	200	180	200	180
220	252	395	356	395	356
500	550	680	612	680	612

注：括号内为低电阻接地系统。

（2）检查触头的接触是否良好紧密，接触压力是否均匀，一般用 0.05mm×10mm 的塞尺进行检查。对于线接触的应塞不进去；对于面接触的，其塞入深度不得超过表 4-6 的规定。

表 4-6　塞尺塞入深度

接触面宽度	塞入深度最大值
50mm 及以下	4mm
60mm 及以上	6mm

通常是用手将单极的隔离开关推动闭合，而后即用塞尺检查。

（3）电动操动机构要测试其最低动作电压，在 80%～130%额定电压范围内应保证可靠动作，30%时操动机构不动作。测试时，交流操作电压用调压器和标准电压表，直流操作电压可用变阻器和标准电压表，如图 4.26 所示。

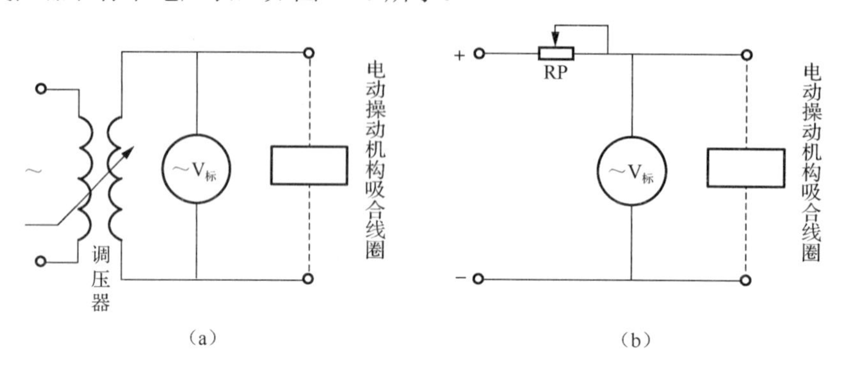

图 4.26　电动操动机构动作电压的测试

气动或液动操动机构应在 85%～110%的额定电压下动作，并应可靠。

3. 安装

（1）为了保证安装位置的准确，每只单极隔离开关在金属构架上安装位置的开孔，通常应在现场用实物比试进行。开孔必须保证中心间距≥1200mm，三只单极隔离开关底座的中心连线必须与线路方向垂直，每只开关底座前后开孔的中心连线应平行。

（2）将中间相的单极隔离开关合闸后吊到金属构架上，用水平尺找平找正，两个 V 形支柱绝缘子的中心垂面应与构架垂离（与线路方向平行）且位于四个固定孔的中点上，一般用金属垫片校正其水平或垂直偏差，使触头相互对准且接触良好，然后用螺栓稍加固定，可先不必拧紧。

（3）以中间相的单极隔离开关为准，将两边相的开关用上述方法找平找正，然后将固定螺栓紧固好。三只开关的方位应一致，水平拉杆的连接板应位于一个方向上。连接板的位置取决于操动机构的安装位置，操动机构固定在支撑架上，并使其扇形极与隔离开关上的转动拐臂（弯联接头）在同一垂直平面上。

（4）装水平拉杆。将三只单极隔离开关置于完全合闸的位置，用水平拉杆（与设备配套）的接头（调节螺栓）将三只开关的连接板连接起来，连接要有调节的余地，一般将丝扣调节在中间位置，并保证两段拉杆处于同一平面上。

（5）安装操动机构。根据设计要求，可将操动机构装于开关中间极或边极的下部，一般都安装在混凝土杆的支架上，其顶部标高应大于 1m。由于操动机构多种多样，因此支架也不尽相同。支架的安装可以焊接在杆的钢圈上，也可以固定在杆上，如图 4.27 和图 4.28 所示。

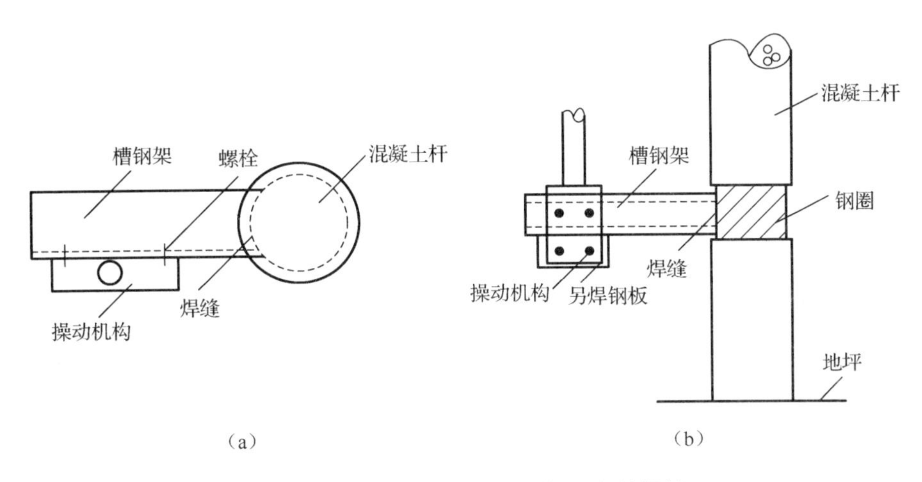

图 4.27　操动机构的支架在钢圈上的焊接

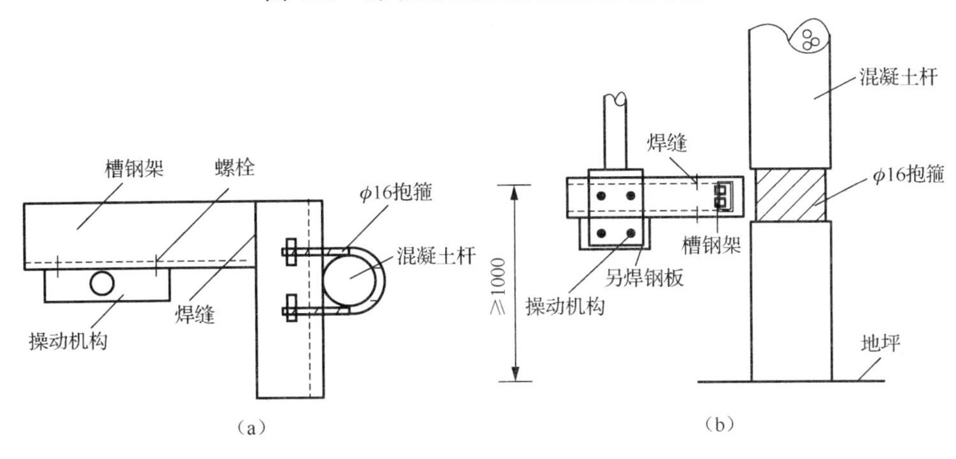

图 4.28　操动机构的支架与水泥杆的抱箍连接

将操动机构用螺栓固定在支架上，但必须保证操动机构主刀闸的传动轴应与开关的安装平面垂直，且与开关底部的拨叉对正于同一条垂线。如果采用带接地刀闸的隔离开关 GW_5-35GD，其操动机构的接地刀闸传动轴必然也垂直且对正接地刀闸的传动连杆（拉杆）。

固定操动机构的支架及螺栓的强度及安装的稳定性必须远远大于操动机构动作时所产生的弹性变形及刚性变形。

（6）配置操作拉杆。

① 操作拉杆是用 $\phi32$～$\phi40$mm 的煤气无缝钢管制作的，其长度是由开关的安装高度和操动机构的安装高度决定的，其内径则由操作开关传动轴的外径决定，无缝钢管内径应略大于轴外径，一般不超过 1mm。

② 使三只开关处于完全闭合的位置，并注意触头的插入深度三相应基本一致，可用水平拉杆上的螺母及丝扣进行调节，同时使操动机构的手柄到达合闸的终点。

③ 根据丈量的尺寸用优质的煤气无缝钢管下料，然后将其拿到安装位置处，这个位置应准确无误。经复核后即可在台钻上开孔 $\phi10$mm，孔位必须位于管壁的中间且与管的中心轴线垂直。

④ 将做好的拉杆安装到开关和操动机构上去，并用专用的锁钉插入孔内锁定。

⑤ 转动手柄，开关即可分闸合闸。

⑥ 将拉杆取下，除锈涂漆两遍。

4. 调整及测试

经合闸试验后操动机构可灵活且不太费力地操作隔离开关的分闸或合闸，然后即可进行测试，必要时要进行调整。

（1）测量隔离开关相与相、相与地、相与接地刀闸的绝缘电阻，应符合要求。

（2）测量触头合闸后的接触电阻（小于 0.001Ω）及分闸后的绝缘电阻（大于 300MΩ），应符合要求。同时可用塞尺进行检查，应符合要求。

（3）测试三相触头分合的同期性，必要时可调整水平拉杆的螺钉。

（4）测试带接地开关的开关联锁性，即主刀开关合闸后，操作接地手柄即不能动作，只有主刀开关分闸后，接地手柄才能动作，接地开关合闸后，操作合闸手柄即不能动作，只有接地开关分闸后，合闸手柄才能动作。

（5）隔离开关合闸后触头间的相对位置，分闸后触头间的净距离或拉开角度，应符合产品技术条件的规定。

（6）将操动机构的盖打开，测试辅助开关，应符合要求。

（7）拉杆与带电部分的距离应符合表 4-7 和表 4-8 的规定。

表 4-7　室内配电装置的安全净距

符号	适用范围	额定电压/kV									
		3	6	10	15	20	35	60	110J	110	220J
A1	（1）带电部分至接地部分之间。 （2）网状和板状遮栏向上延伸线距地 2.5m 处与遮栏上方带电部分之间	70	100	125	150	180	300	550	850	950	1800
A2	（1）不同相的带电部分之间。 （2）断路器和隔离开关的断口两侧带电部分之间	75	100	125	150	180	300	550	900	1000	2000
B1	（1）栅状遮栏至带电部分之间。 （2）交叉的不同时停电检修的无遮栏带电部分之间	825	850	875	900	930	1050	1300	1600	1700	2550
B2	网状遮栏至带电部分之间	175	200	225	250	280	400	650	950	1050	1900
C	无遮栏裸导体至地（楼）面之间	2375	2400	2425	2450	2480	2600	2850	3150	3250	4100
D	平行的不同时停电检修的无遮栏裸导体之间	1875	1900	1925	1950	1980	2100	2350	2650	2750	3600
E	屋外出线套管至屋外通道路面	4000	4000	4000	4000	4000	4000	4500	5000	5000	5500

表 4-8　室外配电装置的安全净距

符号	适用范围	额定电压/kV								
		3～10	15～20	35	60	110J	110	220J	330J	500J
A1	（1）带电部分至接地部分之间。 （2）网状遮栏向上延伸线距地 2.5m 处与遮栏上方带电部分之间	200	300	400	650	900	1000	1800	2500	3800
A2	（1）不同相的带电部分之间。 （2）断路器和隔离开关的断口两侧带电部分之间	200	300	400	650	1000	1100	2000	2800	4300
B1	（1）设备运输时，其外廓至无遮栏带电部分之间。 （2）栅状遮栏至绝缘体和带电部分之间。 （3）交叉的不同时停电检修的无遮栏带电部分之间。 （4）带电作业时的带电部分至接地部分之间	950	1050	1150	1400	1650	1750	2550	3250	4550
B2	网状遮栏至带电部分之间	300	400	500	750	1000	1100	1900	2600	3900
C	（1）无遮栏裸导体至地面之间。 （2）无遮栏裸导体至建筑物、构筑物顶部之间	2700	2800	2900	3100	3400	3500	4300	5000	7500
D	（1）平行的不同时停电检修的无遮栏带电部分之间。 （2）带电部分至建筑物、构筑物的边缘部分之间	2200	2300	2400	2600	2900	3000	3800	4500	5800

（8）定位螺钉应调整适当，并加以固定，一般可用锁母锁死或用电焊点焊住，防止传动装置拐臂超过死点。

（9）所有传动部位应涂以适合当地气候条件的润滑脂，触头面应涂以少许中性凡士林或复合脂。

（10）调整及测试应仔细耐心，不得急于求成而马虎，测试完毕后应经工程师或技师复核。

其他型号的户外隔离开关及其配套的操动机构，其检查、测试、安装、调整要求与上述基本相同，安装时应仔细阅读产品说明书，并按其要求进行操作。

4.3.4 隔离开关的运行巡视检查

（1）检查隔离开关接触部分的温度是否过热。

（2）检查绝缘子有无破损、裂纹及放电痕迹，绝缘子在胶合处有无脱落迹象。

（3）检查隔离开关的刀片锁紧装置是否完好。

（4）检查瓷件表面是否掉釉、破损，有无裂纹和闪络痕迹，绝缘子的铁瓷结合部位是否牢固，若破损严重，应进行更换。

（5）检查接触表面是否清洁，有无机械损伤、氧化和过热痕迹及扭曲、变形等现象。

（6）检查触点或刀片上的附件是否齐全，有无损坏。

（7）检查连接隔离开关和母线、断路器的引线是否牢固，有无过热现象。

（8）检查软连接部件有无折损、断股等现象。

（9）检查并清扫操动机构和传动部分，并加入适量的润滑脂。

（10）检查传动部分与带电部分的距离是否符合要求，定位器和制动装置是否牢固，动作是否正确。

（11）检查隔离开关的底座是否良好，接地是否可靠。

（12）应定期停电检查，发现绝缘不良，应及时重换新件。

任务 4.4　高压负荷开关的安装

4.4.1 高压负荷开关的作用

高压负荷开关是高压电路中用于在额定电压下接通或断开负荷电流的专用电器，它可用来分、合一定容量的变压器、电容器组、配电线路。高压负荷开关虽有灭弧装置，但灭弧能力较弱，只能切断和接通正常的负荷电流，而不能用来切断短路电流，高压负荷开关的功能介于高压断路器和高压隔离开关之间，常与高压熔断器串联配合使用，借助高压熔断器来进行短路保护。

4.4.2 高压负荷开关的分类

高压负荷开关种类较多，从使用环境上分，有户内式、户外式；从灭弧形式和灭弧介质上分，有压气式、产气式、真空式、SF_6式等。对于10kV高压用户来说，老用户用的多为户内压气式或产气式的；新用户采用环网柜，用的多为SF_6式的；10kV架空线路上用的为户外式的。

4.4.3 高压负荷开关的型号

高压负荷开关的型号由七个部分组成。型号及含义表示如下。

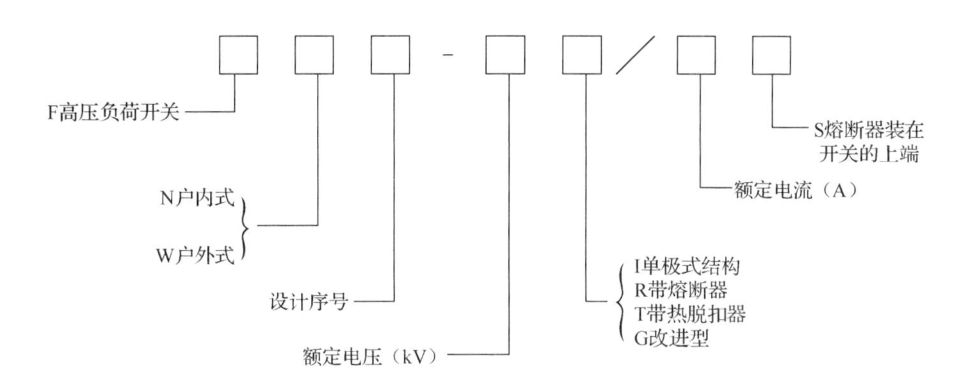

如 FN3-10R/400S 表示的是带熔断器且熔断器装在开关的上端的户内高压负荷开关，其额定电压为 10kV，额定电流为 400A，设计序号为 3。

4.4.4 户内压气式高压负荷开关

1. 结构

FN3-10R/400 型负荷开关是典型的户内压气式高压负荷开关，其结构如图 4.29 所示，负荷开关合闸时，动触头先闭合，然后主静触头闭合。合闸后，主静触头和动触头同时接通，主静触头和动触头形成并联回路，电流大部分流经主静触头。分闸时，主静触头先断开，然后动触头断开。灭弧装置由具有气压装置的绝缘气缸及喷嘴构成，绝缘气缸为瓷质，内部有活塞，可兼作主静触头的上绝缘子。分闸时，传动机构带动活塞在气缸内运动，当动触头断开时，压缩空气经喷嘴喷出，横向吹动电弧使电弧熄灭。

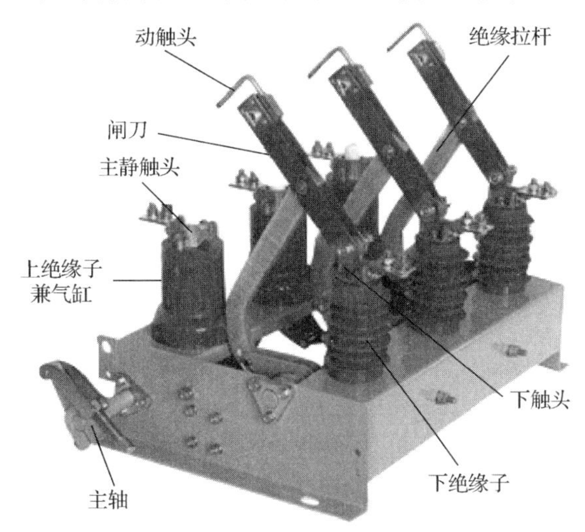

图 4.29　FN3-10R/400 型负荷开关结构

2. 安装与调整

（1）负荷开关的安装高度一般为 2.5m（负荷开关主轴至地面的距离）。操动机构的安装位置，手柄支点至地面的距离应不小于 1.1m。

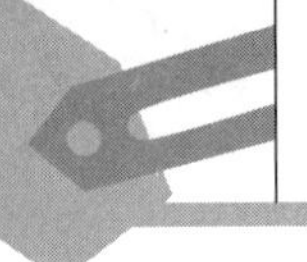

（2）负荷开关应安装在垂直的墙上或金属构架上，安装时开关应在分闸位置，用户可配置四个 M16 螺栓利用开关底部框架上的安装孔进行固定，当负荷开关带有熔断器时，则应另备 2～4 个 M16 螺栓固定熔断器。

（3）将绝缘拉杆装到开关上。拉杆的长度在与操动机构配合后，应进行检查及调整。

（4）导电母线在与开关的接线板连接前，应将接触表面用细锉锉光并揩净。

（5）与手动操动机构配合使用，操作时当操动机构手柄向上时，负荷开关应为合闸位置，手柄向下时，应为分闸位置。

（6）负荷开关与操动机构装置好以后，应进行“分”“合”各 10 次的操作，并对负荷开关做下列检查及调整。

① 操作过程中转动部分应灵活，无卡住及其他阻碍开关正常操作的现象。

② 负荷开关的刀片至主静触头的开断距离应在（182±3）mm 范围内，若超出此范围，可调节负荷开关的橡皮缓冲器中的垫片。

③ 负荷开关在合闸位置时，刀片的下边缘应与主静触头的红线标志上边缘相齐，否则应进行调节。

④ 负荷开关在“分”“合”过程中，动触头与喷嘴间不应有过分的摩擦，否则应调整动触头与刀片间的距离。

⑤ 负荷开关三相动触头的不同时接触偏差，应不大于 4mm，可通过调节刀片与绝缘拉杆连接处的六角偏心来达到。

⑥ 负荷开关调整完毕后，应进行速度试验，达到刚分速度（4.8±0.5）m/s，最大分闸速度（7.4±0.5）m/s，合闸速度（3.6±0.4）m/s，分闸速度可调节开断弹簧，合闸速度可调节垫片。

4.4.5 户外真空式高压负荷开关

1. 结构

FZW32-12R/630 型负荷开关是典型的户外真空式高压负荷开关，其结构如图 4.30 所示，主要由闸刀、真空灭弧室、熔断器三大组件组成。闸刀承担合闸和分闸时的绝缘作用，真空灭弧室承担熄灭电弧的作用，熔断器起着保护作用，即有一相熔断器熔断后，熔断器的撞针驱动行程开关使开关马上分闸。闸刀是由弹簧过中操动机构进行分、合闸操作的，过中弹簧提供了闸刀合闸时所需的能量，并保证了真空灭弧室在分闸时熄灭电弧不受人为因素的影响，真空灭弧室在闸刀的分闸过程中，由快速机构提供真空灭弧室的分闸速度。闸刀的三相联动操作确保了真空灭弧室的分闸同期性。

2. 安装与调整

（1）户外型有的要求水平安装，垂直安装时，主静触头要在上。

（2）负荷开关主静触头侧接电源，动触头侧接负载。

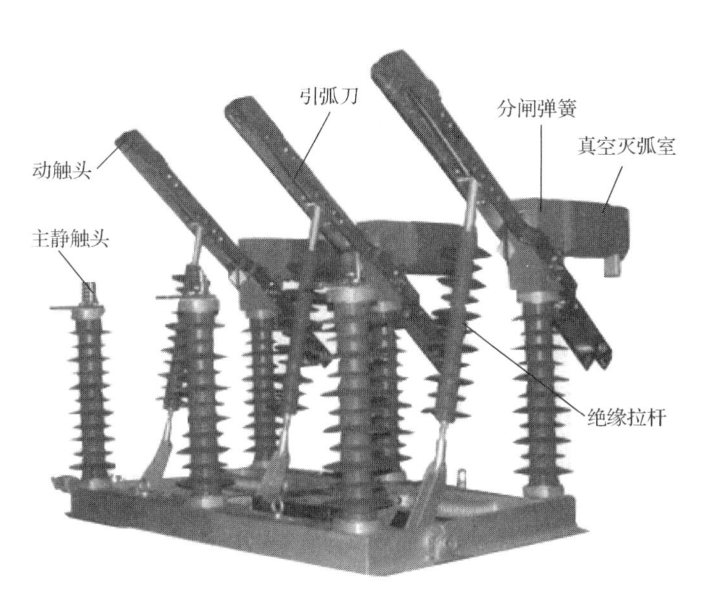

图 4.30　FZW32-12R/630 型负荷开关结构

（3）高压负荷开关初始安装好后必须进行认真细致反复地调试。调试后分、合闸过程皆达到三相同期（三相动触头同步动作），其先后最大距离差不得大于 3mm；在合闸位置，动刀片与主静触头的接触长度要与动刀片宽度相同（刀片全部切入），且刀片下底边与主静触头底边保持 3mm 左右的距离，保证不能撞击瓷绝缘，主静触头的两个侧边都要与动刀片接触，且保证有一定的夹紧力，不能单边接触（“旁击”）；在分闸位置，动、主静触头间要有一定的隔离距离，不小于 200mm。

（4）带有高压熔断器的高压负荷开关，其熔断器的安装要保证熔管与熔座接触良好。熔管的熔断指示器应朝下，以便于运行人员巡视检查。

（5）高压负荷开关的传动机构和配装的操动机构都应完好。分、合闸操作灵活。操动机构的定位销在“分”“合”的位置，能确保负荷开关状态到位（即“确已拉开”“确已合好”）。

（6）负荷开关与接地开关配套使用时，应装设联锁并确保其可靠性。

（7）高压负荷开关完整地安装在固定支架上。它的操动机构应按规定的方式进行操作。

（8）安装后，用电动操动机构对开关进行分、合闸操作，操作 20 次以上，分闸时不能出现分闸不到位现象，隔离断口大于 200mm，引弧拉杆完全脱离主静触头，不带任何连接物。

4.4.6 高压负荷开关的运行检查

（1）检查负荷电流是否在额定值范围内，接点部分有无过热现象。

（2）检查瓷绝缘的完好性及有无放电痕迹。高压负荷开关的绝缘子和操作连杆表面应无积尘、外伤、裂纹、缺损或闪络痕迹。

（3）检查灭弧装置的完好性，消除烧伤、压缩时漏气等现象。

（4）柜外安装的负荷开关，应检查开关与操作手柄之间的安全附加挡板装设是否牢固。

（5）检查连接螺母是否紧密。

（6）检查传动机构各部位是否完整，动作应无卡阻。

（7）检查三相是否同时接触，中心有无偏移。

（8）定期检查灭弧室，及时清除损伤、漏电等不良现象。

（9）检查隔离开关的张开度，高压负荷开关完全分闸时，隔离开关的张开角应大于58°，以起到隔离的作用。合闸时，负荷开关动、主静触头的接触应良好，接触点应无发热现象。

任务 4.5　高压电容器的安装

4.5.1 高压电容器的用途

高压电容器的种类较多，按其功能可分为并联电容器、串联电容器、耦合电容器、脉冲电容器等。

高压电容器是电力系统的无功电源之一，用于补偿电力系统感性无功功率，以提高功率因数，改善电压质量，降低线路损耗。高压电容器能长期在工频交流额定电压下运行，且能承受一定的过电压。

4.5.2 高压电容器的型号

高压电容器的型号及含义表示如下。

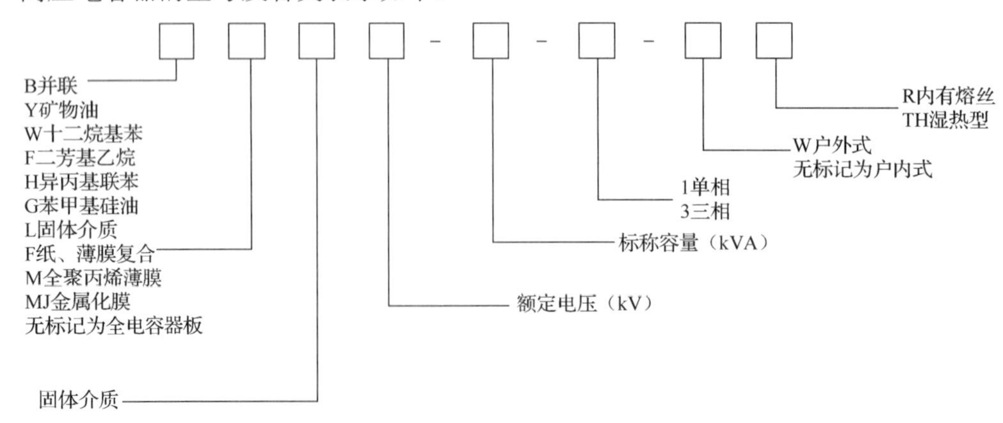

如 BFM1.05-50-1 表示的是高压并联、全聚丙烯薄膜、全膜介质，额定电压是 1.05kV，标称容量是 50kVA 的单相电容器。

4.5.3 高压电容器的结构

高压电容器的结构如图 4.31 所示，高压电容器主要由出线套管、电容元件和外壳等组成。外壳用薄钢板密封焊接而成，出线套管焊在外壳上。接线端子从出线套管中引出。外壳内的电容元件组由若干个电容元件连接而成。为适应各种电压等级电容器耐压的要求，电容元件可串联或并联。单台三相电容器的电容元件组在外壳内部要接成三角形。在电压为 10kV 及以下的高压电容器内，每个电容元件上都串有一个熔丝，作为电容器的内部短路保护。有些电容器设有放电电阻，当电容器与电网断开后，能够通过放电电阻放电，一般情况下 10min 后电容器残压可降至 75V 以下。

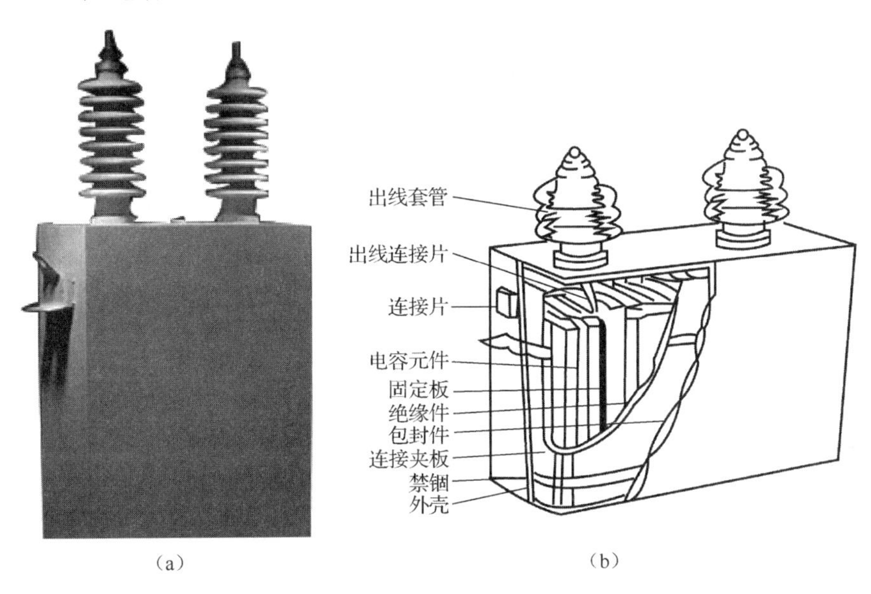

图 4.31　高压电容器的结构

4.5.4 高压电容器的安装

（1）电容器所在环境温度不应超过 40℃、周围空气相对湿度不应大于 80%、海拔高度不应超过 1000m；周围不应有腐蚀性气体或蒸气、不应有大量灰尘或纤维；所安装环境应无易燃、易爆危险或强烈震动。

（2）电容器室应为耐火建筑，耐火等级不应低于二级。电容器室应有良好的通风。

（3）总油量 300kg 以上的高压电容器应安装在单独的防爆室内；总油量 300kg 及以下的高压电容器和低压电容器应视其油量的多少安装在有防爆墙的间隔内或有隔板的间隔内。

（4）电容器应避免阳光直射，受阳光直射的窗玻璃应涂以白色。

（5）电容器分层安装时一般不超过三层。层与层之间不得有隔板，以免阻碍通风。相邻电容器之间的距离不得小于 50mm。上、下层之间的净距不应小于 20cm。下层电容器底面对地的高度不宜小于 30cm。电容器铭牌应面向通道。

（6）电容器外壳和钢架均应采取接地线措施。

（7）电容器应有合格的放电装置。高压电容器可以用电压互感器的高压绕组作为放电负荷，低压电容器可以用灯泡或电动机绕组作为放电负荷。放电电阻阻值不宜太高，只要满足经过 30s 放电后电容器最高残压不超过安全电压即可。

（8）经常接入的放电电阻也不宜太小，以节约电能。放电电阻的比功率损耗（单位电容器容量的功率损耗）不应超过 1W/kvar。

（9）高压电容器组和总容量 30kvar 及以上的低压电容器组，每相应装电流表；总容量 60kvar 及以上的低压电容器组应装电压表。

4.5.5 高压电容器的运行操作注意事项

（1）正常情况下全变电所停电操作时，应先拉开高压电容器支路的断路器，再拉开其他各支路的断路器，而恢复全变电所送电时的操作顺序与其相反。

（2）正常情况下高压电容器组的投入或退出运行应根据系统无功潮流、功率因数和电压等情况确定。一般功率因数低于 0.85 时，要投入高压电容器组，功率因数高于 0.95 且仍有上升趋势时，要退出高压电容器组；系统电压偏低时，也可投入高压电容器组。

（3）高压电容器组所接母线的电压超过电容器额定电压的 1.1 倍或电容器组电流超过额定电流的 1.3 倍时，高压电容器组应退出运行。电容器室温度超出±40℃时，高压电容器组也应退出运行。

（4）禁止高压电容器组带电合闸。高压电容器组再次合闸时，应在其断电 3min 后进行，以防产生过电压。

（5）当高压电容器组发生爆炸、喷油或起火，瓷套管发生严重放电、闪络，连接点严重过热或熔化，电容器内部或放电设备有严重异常声响，电容器外壳有异常膨胀时，高压电容器组应立即退出运行。

（6）高压电容器的保护熔断器突然熔断时，在未查明原因之前，不可更换熔体恢复送电。

4.5.6 高压电容器的运行巡视检查

（1）高压电容器应在额定电压下运行。长期运行电压不得超过额定电压的 1.1 倍，若发现长期运行电压超过额定电压的 1.1 倍，应立即停运。

（2）高压电容器应在额定电流下运行，其最大电流不应超过额定电流的 1.3 倍，一旦超过，应立即停运。

（3）检查高压电容器外壳是否膨胀，是否有渗漏、喷油现象，一旦发现，应立即停运。

（4）检查高压电容器外壳是否有放电痕迹，其内部是否有放电声或其他异常声响。

（5）检查高压电容器部件是否完整，引出端子、出线瓷套管等是否松动，出线瓷套管是否有裂纹和漏油，瓷釉、外壳表面涂漆有无脱落。

（6）检查高压电容器接头是否发热。

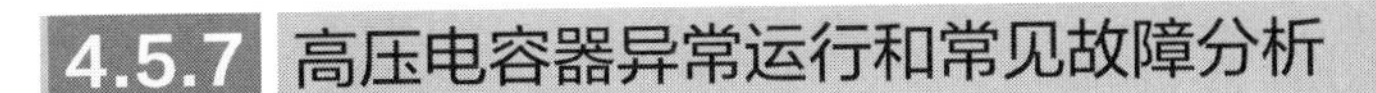

4.5.7 高压电容器异常运行和常见故障分析

（1）当高压电容器投入运行后，温度变化剧烈，内部压力增加，会造成高压电容器渗油、漏油，因此要注意调节运行中高压电容器的温度。

（2）高压电容器内部发生局部放电或过电压会造成高压电容器外壳膨胀，应采取措施降压使用或立即停用。

（3）高压电容器内部发生相间短路或相对外壳的击穿时高压电容器会爆炸。一旦高压电容器爆炸，应立即切断高压电容器与电网的连接，及时将高压电容器从电网中切除。

（4）当高压电容器长期过电压、过负荷或接头螺钉松动时，高压电容器就会异常发热，此时应更换额定电压较高的高压电容器或停电拧紧螺钉。

（5）高压电容器瓷绝缘表面污垢会使瓷绝缘表面闪络，应定期清扫瓷绝缘表面不带电部分，保持其干净无灰尘。

（6）高压电容器运行时若有“嗞嗞”声说明高压电容器内部有局部放电，有“咕咕”声一般为高压电容器内部绝缘崩裂的前兆，应加强巡视，必要时立即停运，查找故障并检修。

任务 4.6　高压熔断器的安装

4.6.1 高压熔断器的作用

高压熔断器是一种最简单的保护电器，它串接在电路中，当电路发生短路或过负荷时，高压熔断器自动断开电路，使其他电气设备得到保护。高压熔断器广泛用于高低压配电装置中，常用于保护线路、变压器及电压互感器等设备，与负荷开关合用时，既可以切断和接通负荷电流，又可切断故障电流。

4.6.2 高压熔断器的分类

高压熔断器的分类有以下几种方法：按安装地点可分为户内式和户外式；按动作特征性可分为固定式和自动跌落式；按工作特性可分为有限流作用和无限流作用。在冲击短路电流到达之前能切断短路电流的熔断器称为限流式熔断器，否则称为非限流式熔断器。

4.6.3 高压熔断器的型号

高压熔断器的型号表示有两种方法，具体含义如下。

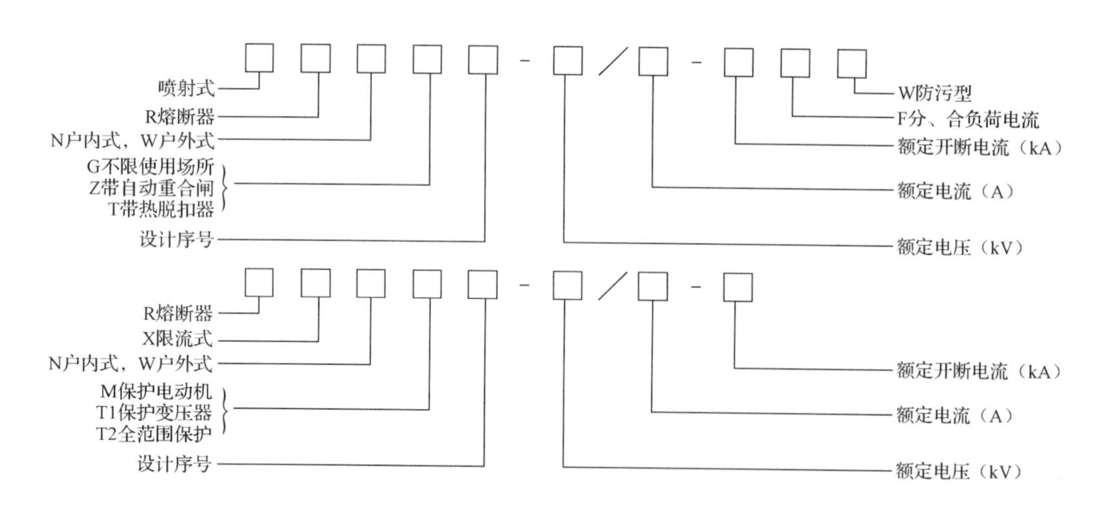

如 RN1-10/400 表示的是户内高压熔断器，设计序号为 1，额定电压为 10kV，额定电流为 400A；RW10-35/600 表示的是户外高压熔断器，设计序号为 10，额定电压为 35kV，额定电流为 600A。

4.6.4 户内高压熔断器

以 RN1 为代表、设计序号为奇数系列的高压熔断器为限流式有填料高压熔断器，专门用于线路和变压器的短路和过载保护，其结构如图 4.32 所示。用陶瓷制成的熔管两端焊有黄铜罩，黄铜罩的端部焊上管盖，构成封闭的熔断器熔管。熔管的陶瓷芯上绕有工作熔体和指示熔体，熔体两端焊接在管盖上，管内填充石英砂之后再焊上管盖密封。

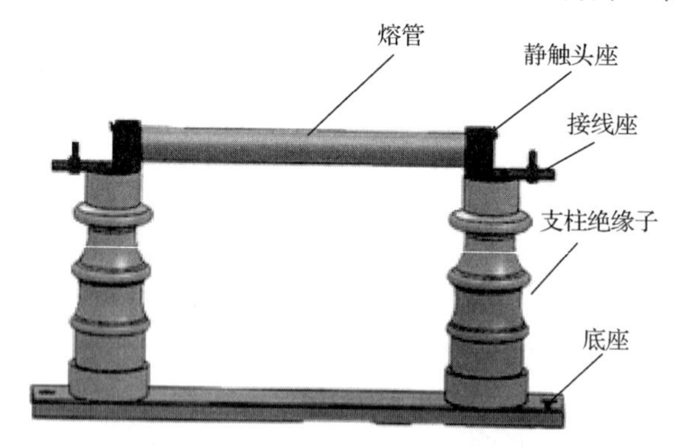

图 4.32 RN1 型高压熔断器结构

熔断器的工作熔体用银、铜和康铜等合金材料制成细丝状，熔体中间焊有降低熔点的小锡球，利用“冶金效应”（锡是低熔点金属，过电流时，锡受热首先融化，熔液包围铜，铜锡互相渗透，形成熔点比较低的铜锡合金），使铜丝能在较低温度下融化。指示熔体为一根合金材料制成的细丝。在熔断器保护的电路发生短路时，熔体融化后形成电弧，电弧与周围石英砂紧密接触，根据电弧与固体介质接触加速灭弧的原理，电弧能够在短路电流达到瞬时最大值之前熄灭，从而起到限制短路电流的作用。

熔体的熔断指示器由拉丝、小铜帽和弹簧组成，正常运行时指示熔体拉紧熔断指示器。

工作熔体熔断时指示熔体也熔断，指示器被弹簧推出，显示熔断器已熔断。

以 RN2 为代表、设计序号为偶数系列的高压熔断器也为限流式有填料高压熔断器，但它们是专门用来作电压互感器的短路保护。RN2 型熔断器结构与 RN1 型大致相同。由于电压互感器的一次额定电流很小，为了保证 RN2 型的熔丝在运行中不会因机械振动而损坏，其熔丝是根据机械强度要求来确定的。各种规格的 RN2 型熔断器，对熔丝的材料、截面、长度和电阻值均有一定的要求。更换熔丝时不允许随意更改，否则会产生危险过电压。熔丝由三级不同截面的康铜丝组成并绕在陶瓷芯上，采用不同截面组合是为了限制灭弧时产生的过电压幅值。

RN2 型高压熔断器的熔管没有熔断指示器，运行中应根据接于电压互感器二次电路中的仪表的指示来判断高压熔丝是否熔断。

4.6.5 户外高压熔断器

1. 跌落式熔断器

RW4-10 型高压熔断器是典型的户外喷射、跌落式熔断器，广泛应用于 10kV 配电线路的支线及用户进线处、35kVA 以下容量的配电变压器及电力电容器等设备的短路、过载保护，其结构如图 4.33 所示。其熔管内壁衬以红钢纸或桑皮做成消弧管。熔丝安装在消弧管内，熔丝的一端固定在熔管下端，另一端拉紧上面的压板，维持熔断器的通路状态。熔断器安装时，熔管的轴线与铅垂线成一定的倾斜角度，一般为 25°±2°的倾角，以保证熔丝熔断时熔管能顺利跌落。

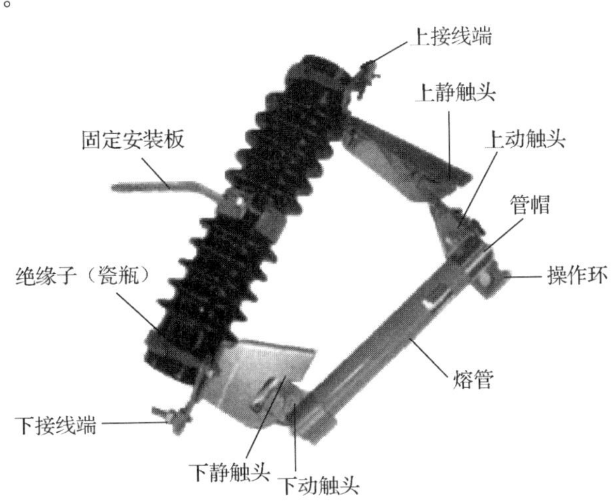

图 4.33　RW4-10 型高压熔断器结构

当熔丝熔断时，熔丝对压板的拉紧力消失，上触头从抵舌滑脱，熔断器靠自身重力绕轴跌落。同时，电弧使熔管内的消弧管分解产生大量气体，熔管内的压力剧增后由熔管两端冲出，冲出的气流纵向吹动电弧使其熄灭。熔管内的消弧管可避免电弧与熔管直接接触，以免电弧高温烧毁熔管。

2. 限流式熔断器

RXW-35 型高压熔断器是限流式熔断器，主要用于保护电压互感器，其结构如图 4.34 所示。熔断器由瓷套、熔管、棒式支柱绝缘子、紧固法兰和接线端帽等组成。熔管装于瓷套中，熔丝放在充满石英砂填料的熔管内，其灭弧原理与 RN 系列限流式有填料高压熔断器的灭弧原理基本相同。

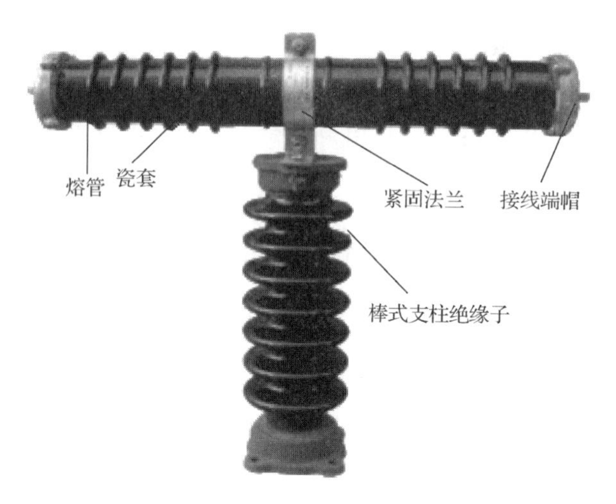

图 4.34　RXW-35 型高压熔断器结构

4.6.6 高压熔断器的安装

1. 安装前

高压熔断器安装前应检查产品的规格、型号、附件、备件是否符合要求，检查螺纹连接是否牢固，各转轴部分是否灵活，导电接触部位是否接触良好，外观是否完整、良好、清洁，确保瓷件良好，弹簧无锈蚀，熔管不应有吸潮膨胀或弯曲现象，对跌落式熔断器做耐压试验。如果熔断器遭受过摔落或剧烈震动，则应检查其电阻值。

2. 安装时

安装时应将熔体拉紧，使熔体大约收到 24.5N 的拉力，注意熔断器上所标明的撞击器的方向，锁紧底座上的弹簧卡圈及螺栓等。熔断器的安装应牢固、排列整齐，分、合闸操作应灵活可靠，接触紧密。户外熔断器应安装在离地面垂直距离不小于 4m 的横担或构架上。跌落式熔断器安装时应注意倾斜角度，相间水平距离不应小于 0.5m，用绝缘棒做分、合闸试验时，应操作灵活、接触良好。

3. 安装后

安装后应检查安装工艺是否符合要求，各接线与接线端子紧密连接可靠，熔丝规格正确，熔丝压紧，弹力适中，无拧伤、断裂现象，熔管长度合适，操作灵活，接触紧密，无卡阻硬撞击合闸或松动自行分闸现象。

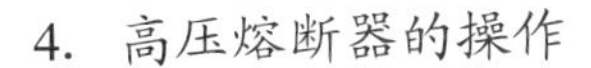

4. 高压熔断器的操作

高压熔断器安装完成后，操作需仔细，拉合熔断器时不要用力过猛，注意拉合闸的顺序。拉闸时，先拉中间相，再拉背风边相，最后拉迎风边相；合闸时，先合迎风边相，再合背风边相，最后合中间相。

4.6.7 高压熔断器的运行巡视检查

（1）检查户内熔断器的熔管密封是否完好，导电部分与固定底座触头的接触是否紧密。

（2）检查瓷件有无破损、裂纹、闪络、烧伤等情况。如损伤较轻，尚不影响整体强度和绝缘效果，可不做处理；如果有瓷片掉落，可用环氧树脂黏合修补。

（3）检查户外熔断器的导电部分接触是否紧密，弹性静触头的推力是否有效，熔体本身是否损伤，绝缘管是否损坏和变形。

（4）检查户外熔断器的安装角度是否变动，分、合操作时应动作灵活无卡阻，熔体熔断时熔管跌落应迅速，以形成明显的隔离间隙，上、下触头应对准。

（5）检查熔管上端口的磷钢膜片是否完好，紧固熔体时应将膜片压封住熔管上端口，以保证灭弧速度。熔管正常时不应发生受力震动而掉落的情况。

（6）检查熔断器的额定值与熔体的配合及负荷电流是否相适应。

（7）检查各活动轴是否灵活，弹力是否合适。如果触点弹簧锈蚀，应予以更换。

（8）检查上下引线与接头的连接是否良好，有无松动、过热及烧伤现象。如有应进行接头处理。

任务 4.7　互感器的安装

4.7.1 互感器的结构

互感器分为电压互感器和电流互感器两大类，是配电系统中作电气测量和保护作用的重要设备。互感器与测量仪表配合，对线路的电压、电流进行测量。互感器还可与继电器配合，对系统和电气设备进行过电压、过电流和单相接地等保护。互感器将测量仪表、继电保护装置和线路的高电压隔开，以保证操作人员和设备的安全。电流互感器和电压互感器的外形及接线分别如图 4.35、图 4.36 所示。

电压互感器是将系统的高电压改变为标准的低电压（100V 或 $100/\sqrt{3}$V），电流互感器是将高压系统中的电流或低压系统中的大电流改变为低压的标准小电流（5A 或 1A）。互感器按用途分为测量用和保护用两类。

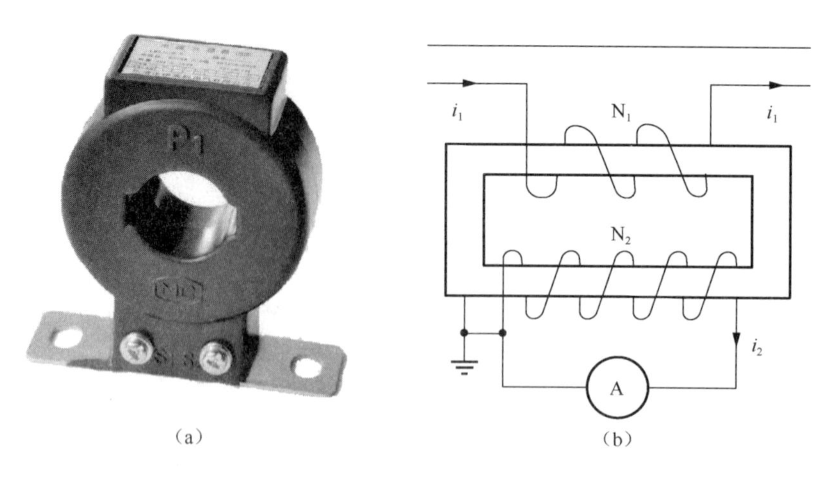

（a）　　（b）

图 4.35　电流互感器的外形及接线

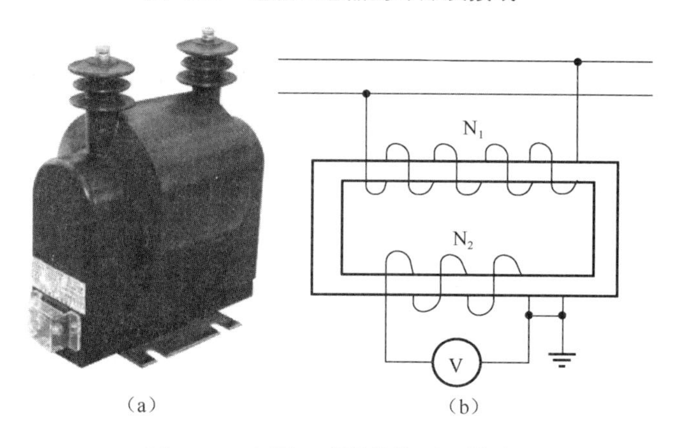

（a）　　（b）

图 4.36　电压互感器的外形及接线

4.7.2 互感器的型号

电压互感器型号及含义如下。

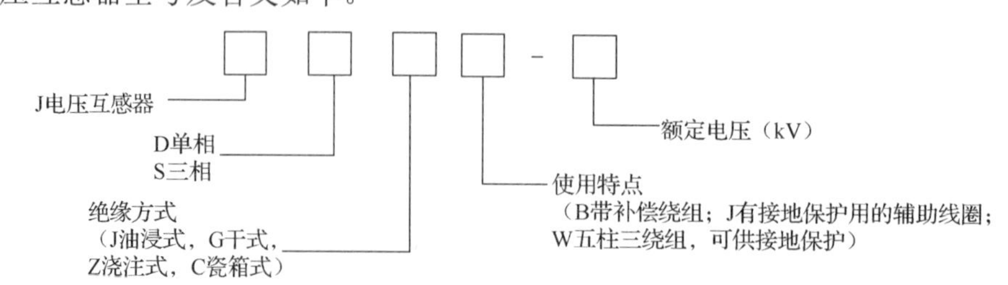

如 JSJW-10 表示的是三相五柱三绕组油浸式电压互感器，额定电压为 10kV。单相电压互感器可制成任何电压等级，而三相电压互感器则只适用于 10kV 及以下电压等级。三绕组的第三绕组接成开口三角形，主要供给监视电网绝缘和接地保护装置。

电流互感器型号及含义如下。

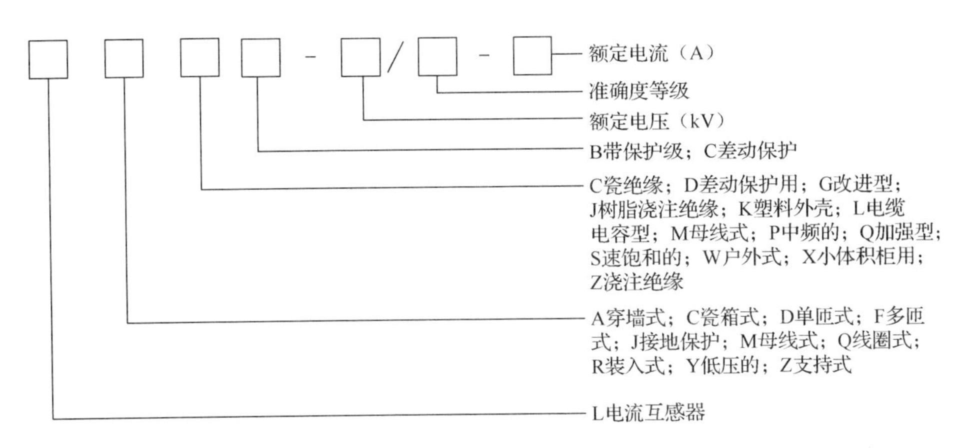

如 LQJ-10 表示的是额定电压为 10kV 的绕组线圈式树脂浇注绝缘的电流互感器。

4.7.3 互感器的安装

1. 互感器的安装要求

1）互感器的搬运

搬运互感器时应符合以下要求。

（1）运输和保管。互感器在运输和保管期间，应防止受潮、倾斜或遭受机械损伤。

（2）直立搬运。油浸式互感器应直立搬运，运输倾斜角不宜超过 15°。

（3）互感器起吊。油浸式互感器整体起吊时，吊索应固定在规定的吊环上，不得利用瓷裙起吊。在起吊时不得碰伤瓷裙。

2）互感器的检查

互感器运达安装现场后，应进行外观检查。安装前应进行器身检查（油浸式互感器发现异常情况时才需进行器身检查），检查项目与检查要求如下。

（1）零配件。零配件应齐全，无锈蚀或机械损伤。

（2）瓷件。瓷件质量应符合有关技术规定，瓷套管应无掉落、裂纹等现象，瓷套管与上盖间的胶合应牢固，法兰盘应无裂纹，穿心导电杆应牢固可靠。

（3）油位。油浸式互感器的油位应正常，密封良好，油位指示器、瓷套管法兰盘连接处、放油阀等均应无渗油现象，各部位螺栓应无松动现象。

（4）铁芯及线圈。铁芯无变形、锈蚀，线圈应无损，绝缘应完好，油路应无堵塞现象，绝缘支持物应牢固。

（5）变比分接头。电压互感器的变比分接头位置应符合设计规定。

（6）二次端子。互感器的二次接线板应完整，引出端子应连接牢固，绝缘良好，标注清晰。

（7）其他。互感器除应按上述项目和要求检查外，还应遵守电力变压器检查的有关规定。

3）互感器安装要求

安装互感器时应符合下列基本要求。

（1）安装角度。互感器应水平安装，并列安装的互感器应排列整齐。

（2）互感器的极性。同一组互感器的极性方向应一致。

（3）其他要求。互感器的二次接线端子和油位指示器的安装位置，应位于便于维护和检查的一侧。

2. 电流互感器的安装

1）电流互感器的固定

电流互感器一般安装在金属构件上（如母线架上等），母线穿越墙壁处或楼板处应进行固定。安装固定时应注意以下几点。

（1）安装孔洞。电流互感器安装在墙孔或楼板中心时（一般为穿墙式电流互感器，安装方法与穿墙套管相似），其周边应有 2～3mm 的间隙，然后塞入油纸板，以便于拆卸维护和避免外壳生锈。

（2）安装中心线。每相的电流互感器，其中心应安装在同一个平面上，并与支持绝缘子等设备在同一条中心线上，互感器的安装间距应一致。

（3）安装零序电流互感器。安装零序电流互感器时，与导磁体或其他无关的带电导体的距离不应太近，互感器构架或其他导磁体不应与铁芯直接接触，或不应构成分磁回路。

2）电流互感器的接线

电流互感器在实际接线时，应符合下列要求。

（1）母线引接。接至电流互感器端子的母线，不应使电流互感器受到任何拉力。

（2）接地连接。套管式电流互感器的法兰盘及铁芯引出的接地端子，一般采用裸铜线用螺栓进行接地连接。

（3）绝缘电阻。当电流互感器二次线圈的绝缘电阻低于 10MΩ时，必须进行干燥处理，使其绝缘恢复。

（4）二次侧不允许开路。电流互感器在运行时，二次侧不允许开路。电流互感器二次线穿管引出示意图如图 4.37 所示。

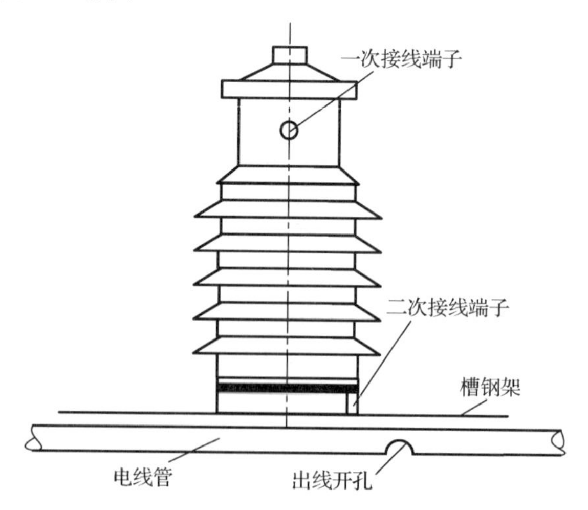

图 4.37　电流互感器二次线穿管引出示意图

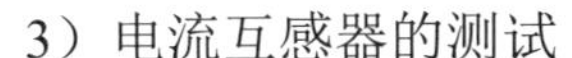

3）电流互感器的测试

（1）线圈绝缘电阻的测试。

线圈绝缘电阻的测试标准参照表 4-4。

（2）绕组对外壳的交流耐压试验。

一次绕组交流耐压试验标准见表 4-5，二次绕组交流耐压试验标准为 1kV。

（3）一次线圈连同套管一起的介质损耗角正切值 tanδ的测试。

电流互感器在 20℃时的 tanδ应大于表 4-9 的规定。

表 4-9　电流互感器在 20℃时的 tanδ

tanδ	额定电压/kV			
	35	63～220	330	500
充油式	3.0	2.0		
充胶式	2.0	2.0		
胶质电容式	2.5	2.0		
油质电容式		1.0	0.8	0.6

（4）绝缘油的试验。

绝缘油的试验应按表 4-4 和表 4-5 的规定进行。

（5）电流比试验。

电流比应与铭牌相符。电流比试验是通过标准电流互感器 TA_1 和标准电流表 A_3 进行的，如图 4.38 所示，最大试验电流应达到 1～1.2 倍额定电流，只有当额定电流在 1kA 以上时才可适当减小 30%。由图可以看出三只电流表的读数应相等，标准电流互感器可利用改变一次绕组的匝数而改变电流比。

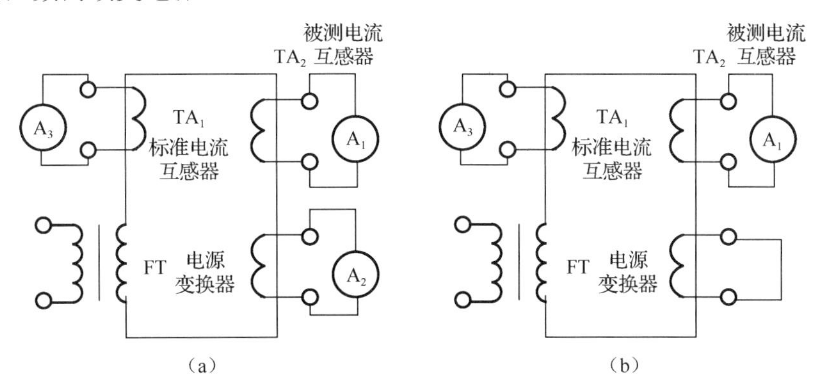

图 4.38　电流比试验

（6）铁芯夹紧螺栓绝缘电阻的测试。

一般仅对外露的或吊心检查时可接触到的夹紧螺栓进行测量，规范中对其值不做规定，通常应大于 10MΩ，可使用 1000V 或 2500V 的绝缘电阻表进行测试。

3. 电压互感器的安装

1）电压互感器的固定

电压互感器一般直接安装固定在混凝土墩上或其他金属构件上，如在混凝土墩上安装

固定，需等混凝土达到一定强度后方可进行。一般采用膨胀螺栓或机螺栓固定，并在其间垫上平垫圈或弹簧垫圈。

2）电压互感器的接线

在接线时应注意以下几点。

（1）引入接线。连接到电压互感器套管上的母线或引线，不应使套管受到拉力，以免损坏套管。

（2）接地连接。电压互感器外壳及分级绝缘互感器一次线圈的接地引出端子必须妥善接地。

（3）熔断器。电压互感器低压侧要装设熔断器，熔体电流一般以 2A 为宜。

（4）交流耐压试验。电压互感器与新装变压器一样，交接运行前必须经过交流耐压试验。

（5）绝缘电阻。安装后应测量线圈的绝缘电阻（一次线圈对外壳的绝缘电阻用 2500V 绝缘电阻表测量，二次线圈对一次线圈及外壳的绝缘电阻用 1000V 绝缘电阻表测量）。

（6）二次侧不允许短路。电压互感器在运行时，二次侧不允许短路。

3）电压互感器的测试

电压互感器的测试基本同电流互感器，对电压互感器，应测量一次线圈的直流电阻，应与制造厂的数据基本相符；应测量空载电流，额定电压下其值不做规定，但不得过大，经验数据一般为 10mA 以下；电压比试验应使用标准电压互感器及标准电压表。

4.7.4 互感器的运行维护

1. 电压互感器的运行维护

（1）电压互感器的一、二次侧线圈应与所接线路并联，两台电压互感器接成 V 形时要注意接线应保证极性正确，否则会造成线圈烧坏。

（2）电压互感器的一、二次侧线圈都应装设熔断器以防止发生短路故障。

（3）电压互感器的二次侧线圈不允许短路，否则会造成过热而烧毁。

（4）电压互感器的二次侧线圈、铁芯和外壳都必须可靠接地。

（5）电压互感器巡视时要注意瓷套管是否清洁、完整，绝缘介质有无损坏、裂纹和放电痕迹；一次侧引线和二次侧连接部分是否接触良好；内部是否异常，有无焦臭味。一旦发现瓷套管破裂、严重放电、高压线圈绝缘击穿冒烟、外壳温度过高等现象时，应立即退出运行。

2. 电流互感器的运行维护

（1）电流互感器的一次侧线圈串联接入被测电路，二次侧线圈与测量仪表连接，一、二次侧线圈极性应正确。

（2）电流互感器的二次侧线圈和铁芯均应可靠接地。

（3）电流互感器的二次侧线圈不允许开路，否则二次侧会出现高电压，给人体和设备安全带来危险。

（4）电流互感器巡视时要注意瓷套管是否清洁，绝缘介质有无损坏、裂纹和放电痕迹；各接头有无过热及打火现象，螺栓有无松动，有无异常气味；电流表的三相指示是否在运行范围内；二次侧线圈有无开路，接地线是否良好等。若发现异常，应及时处理。

任务 4.8　高压开关柜的安装

4.8.1 高压开关柜的作用

高压开关柜是金属封闭开关设备的俗称，是按一定的电路方案将有关电气设备组装在一个封闭的金属外壳内的成套配电装置。高压开关柜广泛应用于配电系统，作接收与分配电能之用。其既可根据电网运行需要将一部分电力设备或线路投入或退出运行，也可在电力设备或线路发生故障时将故障部分从电网中快速切除，从而保证电网中无故障部分的正常运行，以及设备和运行维修人员的安全。因此，高压开关柜是非常重要的配电设备，其安全、可靠运行对电力系统具有十分重要的意义。

电气成套设备

4.8.2 高压开关柜的分类

按照高压开关柜的结构类型可以把高压开关柜分为铠装式、间隔式、箱式三种，铠装式的各室间用金属板隔离且接地，如 KYN 型和 KGN 型；间隔式的各室间使用一个或多个非金属板隔离，如 JYN 型；箱式具有金属外壳，但间隔数目少于铠装式或间隔式，如 XGN 型。

按照断路器的放置方法可以把高压开关柜分为落地式和中置式两种，如图 4.39 所示。落地式的手车本身落地，推入柜内；中置式的手车装于开关柜中部，手车的装卸需要装载车。

（a）落地式

（b）中置式

图 4.39　高压开关柜的种类

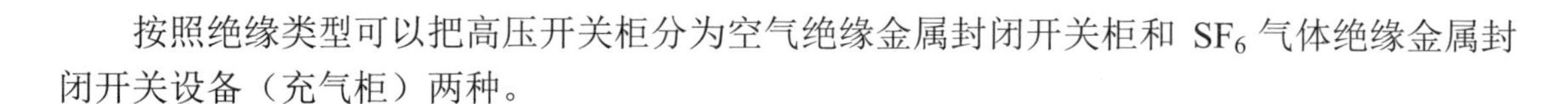

按照绝缘类型可以把高压开关柜分为空气绝缘金属封闭开关柜和 SF_6 气体绝缘金属封闭开关设备（充气柜）两种。

4.8.3 高压开关柜的型号

高压开关柜的型号有两种表示方法，其中一种为

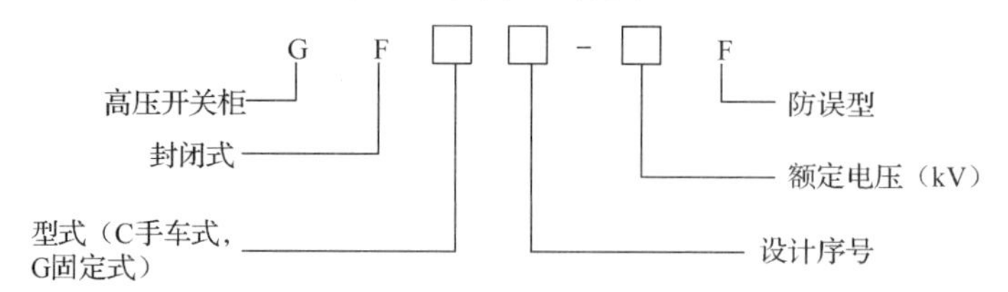

另一种表示方法为

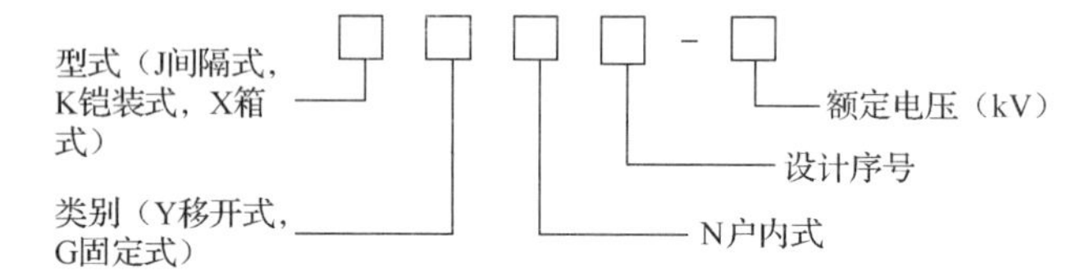

如 KGN-10 表示的是金属封闭铠装户内 10kV 的固定式开关柜；GFC-10 表示的是手车式封闭型 10kV 高压开关柜。

4.8.4 高压开关柜的组成结构

高压开关柜由固定的柜体和可抽出部件两大部分组成。以最常见的 XGN 型和 KYN 型两种开关柜为例，说明高压开关柜的组成结构。

1. XGN2-12 型开关柜

XGN2-12 型开关柜为金属封闭箱式结构，额定电压为 12kV，其结构如图 4.40 所示。柜体骨架由角钢焊接而成，柜内分为断路器室、母线室、电缆室和仪表室等，室与室之间用隔板隔开。断路器室在柜体的下部，断路器的传动由拉杆与操动机构相连，断路器下接线端子与电流互感器相连，上接线端子与位于柜体上部的隔离开关的接线端子相连。断路器室设有压力释放通道，若内部电弧发生时，气体可通过该通道将压力释放。断路器操动机构装在正面左边位置，其上方为隔离开关的手力操动及联锁机构。母线室在柜体后上部，为减小柜体高度，母线呈“品”字形排列。电缆室在柜体后下部，电缆固定在支架上。仪表室在柜体前上部，便于观察。开关柜底部为零序电流互感器，用以保护接地故障。

2. KYN28A-12 型开关柜

KYN28A-12 型开关柜为金属封闭铠装式结构，整体机构由柜体和中置式可抽出部件（手车）两大部分组成，如图 4.41 所示。开关柜的外壳和隔板采用镀铝锌钢板，整个柜体不仅具有精度高、抗腐蚀与氧化作用，而且机械强度高、外形美观，柜体采用组装结构，

用拉铆螺母和高强度螺栓联结而成，因此装配好的开关柜能保持尺寸上的统一性。开关柜被隔板分成母线室、手车室、电缆室和继电器仪表室，每一单元均良好接地。

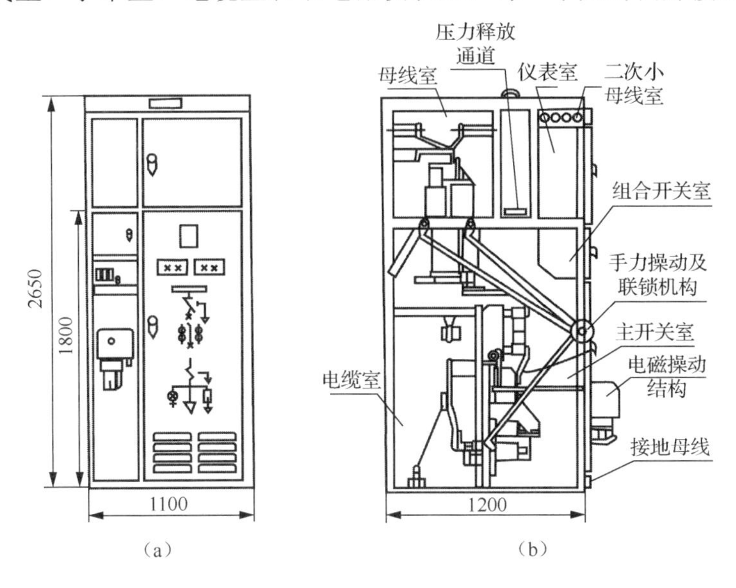

图 4.40　XGN2-12 型开关柜结构

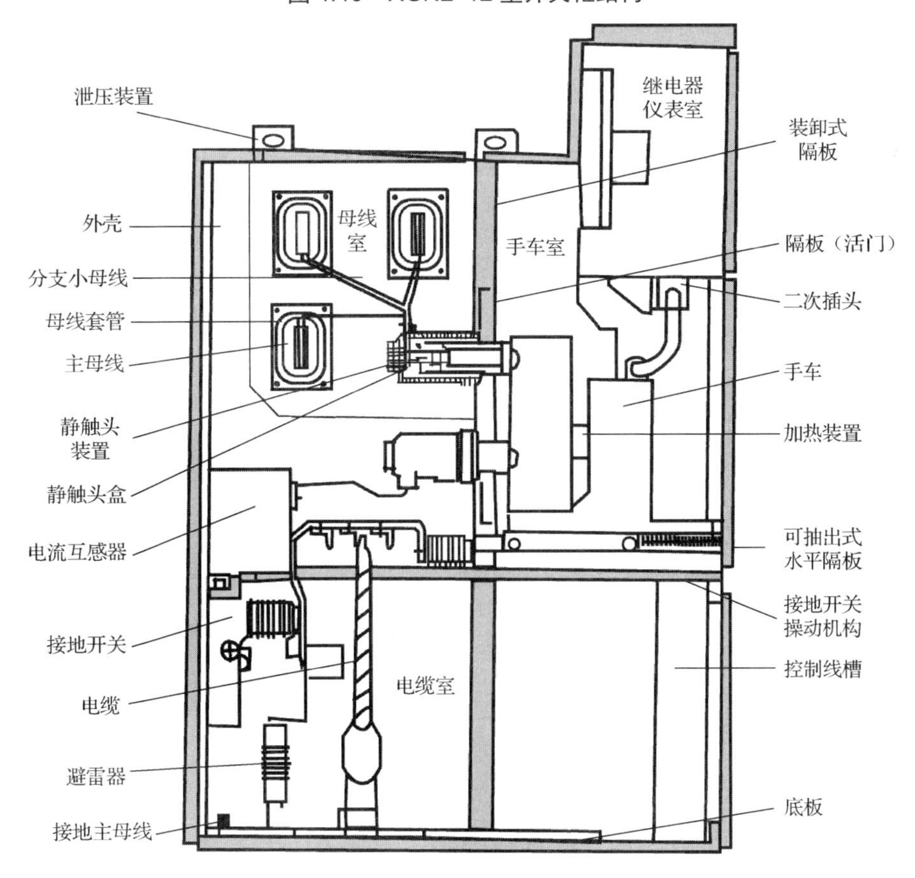

图 4.41　KYN28A-12 型开关柜

1）母线室

母线室布置在开关柜的背面上部，作安装布置三相高压交流母线及通过支路母线实现与静触头连接之用。全部母线用绝缘套管塑封。在母线穿越开关柜隔板时，用母线套管固定。如果出现内部故障电弧，能限制事故蔓延到邻柜，并能保障母线的机械强度。

2）手车室

在手车室内安装了特定的导轨，供手车在内滑行与工作。手车能在工作位置、试验位置之间移动。静触头的隔板（活门）安装在手车室的后壁上。手车从试验位置移动到工作位置过程中，隔板自动打开，反方向移动手车隔板则完全复合，从而保障了操作人员不触及带电体。

3）电缆室

电缆室内可安装电流互感器、接地开关、避雷器（过电压保护器）及电缆等附属设备，并在其底部配置开缝的可卸铝板，以确保现场施工的方便。在电缆室内，单独设有10mm×40mm的接地母线，此母线能贯穿相邻各柜，与柜体良好接触。

4）继电器仪表室

继电器仪表室的面板上，安装有计算机保护装置、操作把手、仪表、状态指示灯（或状态显示器）等。继电器仪表室内，安装有端子排、计算机保护控制回路直流电源开关、计算机保护工作直流电源、储能电机工作电源开关（直流或交流），以及特殊要求的二次设备。

除此之外，高压开关柜还有带电显示装置部分和防止凝露和腐蚀措施部分。带电显示装置由高压传感器和带电显示器两个单元组成，该装置不但可以指示高压回路带电状况，而且还可以与电磁锁配合，强制闭锁，从而实现带电时无法关合接地开关、防止误入带电间隔，从而提高了配套产品的防误性能。防止凝露和腐蚀措施是为了防止在湿度变化较大的气候环境中产生凝露而带来危险，在手车室和电缆室内分别装设加热器，以便在上述环境中安全运行和防止开关柜柜体被腐蚀。

3. 高压开关柜的联锁位置

高压开关柜应具有可靠的联锁装置，满足“五防”的要求，切实保障操作人员及设备的安全。

（1）继电器仪表室门上装有提示性的按钮或者转换开关，以防止误合、误分断路器。

（2）手车在试验位置或工作位置时，断路器才能进行合分操作，而在断路器合闸后，手车无法移动，防止了带负荷误推拉手车。

（3）仅当接地开关处在分闸位置时，手车才能从试验位置移至工作位置。仅当手车处于试验位置时，接地开关才能进行合闸操作。这样可防止带电误合接地开关，以及防止接地开关处在合闸位置时分合断路器。

（4）接地开关处在分闸位置时，开关柜下门及后门都无法打开，防止误入带电间隔。

（5）手车在试验或工作位置，没有控制电压时，仅能手动分闸不能合闸。

（6）手车在工作位置时，二次插头被锁定不能拔出。

（7）各柜体间可实现电气联锁。

（8）开关设备上的二次线与手车上的二次线的联络是通过手动二次插头来实现的，二次插头的动触头通过一个尼龙波纹收缩管与手车相连，静触头座装设在开关柜手车室的右上方。手车只有在试验、断开位置时，才能插上和解除二次插头，手车处于工作位置时由于机械联锁作用，二次插头被锁定，不能被解除。

4.8.5 高压开关柜的安装

1. 柜体安装

将开关柜按顺序放置在基础上，调整好开关柜的直线度、垂直度、水平度，然后用螺栓或焊接的方法将开关柜固定在基础槽钢上，用螺栓进行柜体间连接。

2. 母线安装

核实母线规格、数量符合要求，进线相序相位是否一致。母线制作工艺符合验收标准及规范要求，母线相序标示清楚。穿接母线用力要均匀、一致、柔缓。6kV 母线对地及相间距离应大于 100mm。

3. 一次回路电缆安装

电缆头制作完成后，将电缆头固定在支架上，电缆与母线接触面应平整，接触面上涂中性凡士林后连接并紧固，电缆施工完成后应用隔板将电缆室与电缆沟封隔。

4. 接地安装

连接柜体间接地母线时，沿开关柜排列方向连成一体，检查工作接地和保护接地是否有遗漏，接地回路是否连接导通，工作接地电阻应不大于 0.1Ω，保护接地电阻不大于 4Ω。

5. 二次回路电缆安装

电缆机构由底部穿入，顺侧壁进入继电器仪表室，分接到相应的端子排上，施工时，应注意电缆号、端子号不要漏穿或错穿，二次回路电缆施工完成后，注意不要忘记封盖电缆孔。

安装完成后，应对柜体、连接部件及电气部分进行检查。

6. 柜体接地检查

（1）柜体与基础槽钢可靠连接。
（2）接地用软导线将门上接地螺栓与柜体可靠连接。

7. 开关柜机械部件检查

1）开关柜外观检查
（1）柜面油漆无脱漆及锈蚀。
（2）所有紧固螺栓均齐全、完好、紧固。
（3）柜内照明装置齐全。
（4）进出小车检查机械动作及闭锁情况，接地刀闸的动作及闭锁情况。
（5）小车滚轮与导轨配合间隙均匀，小车推拉轻便不摆动。

（6）安全隔板开闭灵活，无卡阻。

（7）小车与接地刀闸闭锁正确，接地刀闸分合灵活，指示正确。

2）开关柜电气部分检查

（1）检查各种电气触点接触紧密，通断顺序正确。触点上涂抹红色导电脂，检查触点压痕，应清晰、均匀，触点插入深度符合厂家规定。

（2）检查带电部分对地距离。一次部分对地距离应不小于 100mm。二次部分对地距离应不小于 4mm。

（3）对照施工图用万用表检查二次接线是否正确，元件配置是否符合设计要求。

4.8.6 高压开关柜的运行维护

1. 高压开关柜常见故障及处理方法

KYN 型开关柜常见故障及处理方法见表 4-10。

表 4-10　KYN 型开关柜常见故障及处理方法

序号	故障现象	产生原因	处理方法
1	断路器不能合闸	手车未到确定位置	确认手车是否完全处于试验位置或工作位置
		二次控制回路接线松动	用螺丝刀将有关松动的接头连接好
		合闸电压过低	检测合闸线圈两端电压是否过低，并调整电源电压
		闭锁线圈或合闸线圈断线、烧坏	更换闭锁线圈或合闸线圈；检测合闸线圈两端电压是否过高，机械回路是否卡阻
2	断路器不能分闸	二次控制回路接线松动	用螺丝刀将有关松动的接头连接好
		分闸电压过低	检测分闸线圈两端电压是否过低，并调整电源电压
		分闸线圈断线、烧坏	更换分闸线圈；检测分闸线圈两端电压是否过高，并调整电源电压，机械回路是否卡阻
3	手车在试验位置时摇不进	由于联锁机构的原因，断路器在合闸状态时，无法移动；只有断路器处于分闸状态时，手车才能从试验位置移动到工作位置	确认断路器是否处于分闸状态后，再进行操作
		由于联锁机构的原因，接地开关合闸时，手车无法移动	确定接地开关是否分闸
		若接地开关确实已分闸，但仍无法摇进手车，请检查接地开关操作孔的操作舌片是否恢复至接地刀闸分闸时应处的位置	若操作舌片未动作，调整接地刀闸的操动机构
		手车室活门工作不正常	检查机构有无变形、卡阻，手车室活门动作是否正常

续表

序号	故障现象	产生原因	处理方法
4	手车在工作位置时摇不出	由于联锁机构的原因，断路器在合闸状态时，无法移动；只有断路器处于分闸状态时，手车才能从试验位置移动到工作位置；若断路器处于分闸状态时，手车仍摇不出，一般情况下是底盘机构卡死	确认断路器是否处于分闸状态后，再检查调试断路器底盘机构
5	接地开关无法操作	因电缆侧带电，操作舌片按不下	分析带电原因
		接地开关闭锁电磁铁不动作，操作舌片按不下	检查闭锁电源是否正常，闭锁电磁铁是否得电，若电源正常而闭锁电磁铁不得电，则更换闭锁电磁铁
		应“五防”要求，接地刀闸与电缆室门间有联锁，若电缆室门未关好，接地刀闸无法操作合闸	确认电缆室门是否关好
		传动机构故障	检查调试传动部分
6	传感器损坏	内部高压电容击穿	更换传感器
7	带电显示器损坏	耐压试验时未将带电显示器退出运行导致显示器内部击穿	更换带电显示器

2. 高压开关柜的巡视检查

10kV 高压配电柜的检修操作

10kV 高压配电柜的送电操作

10kV 高压配电柜的停电操作

高压开关柜的巡视检查项目包括以下内容。

（1）按照断路器、隔离开关、互感器的巡视检查要求，检查断路器、隔离开关、互感器的运行情况。

（2）开关柜前后通道是否畅通、整洁。

（3）开关柜自身是否整洁、无锈蚀，柜上装置的元件、零部件是否完好无损。

（4）编号、名称等标识是否清晰完整、位置正确，柜上仪表、信号指示灯等指示是否正确。

（5）开关柜接地装置是否完好。

（6）继电保护装置工作是否正常。

（7）闭锁装置所在位置是否正确。

（8）带电显示装置显示是否正确，柜内照明是否正常。

（9）母线各连接点是否正常，支持绝缘体是否完好无损。

（10）柜内电气设备是否有异声、异味，电缆头运行是否正常。

（11）电容器柜放电装置工作是否正常。

（12）功能转换开关位置是否正确。

（13）所挂标志牌内容与现场是否相符。

（14）雷雨过后和故障处理恢复送电后应进行特殊巡视。

综合实训一　变压器绝缘电阻及吸收比测量

一、工具、仪器和器材

绝缘电阻表、绝缘手套、绝缘帽、绝缘鞋、高压验电器、放电棒、导线、接地线。

二、工作程序及要求

（1）应按设备的电压等级选择绝缘电阻表，10kV 的变压器应选用 1000V 绝缘电阻表。

10kV 变压器绝缘电阻的测试

（2）测量绝缘电阻以前，应切断被测设备的电源，并进行短路放电，放电的目的是保障人身和设备的安全，并使测量结果准确。

（3）绝缘电阻表的连线应是绝缘良好的两条分开的单根线（最好是两色），两根连线不要缠绞在一起，最好使连线不与地面接触，以免因连线绝缘不良而引起误差。

（4）测量前先将绝缘电阻表进行一次开路和短路试验，检查绝缘电阻表是否良好，若将两个连线开路后摇动手柄，指针应指在∞（无穷大）处，这时如果把两个连线瞬间短接一下，指针应指在 0 处，此时说明绝缘电阻表是良好的，否则绝缘电阻表是有误差的。

（5）摇测一次绕组对二次绕组及地（壳）的绝缘电阻的接线方法为，将一次绕组三相引出端 U_1、V_1、W_1 用裸铜线短接，以备接绝缘电阻表“L”端，将二次绕组引出端 N、U_2、V_2、W_2 及地（壳）用裸铜线短接后，接在绝缘电阻表“E”端。必要时，为减少表面泄漏影响测量值可用裸铜线在一次绕组瓷套管的瓷裙上缠绕几匝之后，再用绝缘导线连接在绝缘电阻表“G”端。

（6）摇测二次绕组对一次绕组及地（壳）的绝缘电阻的接线方法为，将二次绕组引出端 U_2、V_2、W_2、N 用裸铜线短接，以备接绝缘电阻表“L”端，将一次绕组三相引出端 U_1、V_1、W_1 及地（壳）用裸铜线短接后，接在绝缘电阻表“E”端。必要时，为减少表面泄漏影响测量值可用裸铜线在二次绕组瓷套管的瓷裙上缠绕几匝之后，再用绝缘导线连接在绝缘电阻表“G”端。

（7）在测量时，一手要按着绝缘电阻表外壳（以防绝缘电阻表振动）。当指针指示为 0 时，应立即停止摇动，以免烧表。

（8）测量时，应将绝缘电阻表置于水平位置，以大约 120r/min 的速度转动发电机的摇把，在 15s 时读取一数（R_{15}），在 60s 时再读取一数（R_{60}），记录摇测数据。在 10℃～30℃时，该比值应为 1.3 及以上，若低于 1.3，则说明变压器绝缘受潮了。

（9）应待指针基本稳定后读取数值，先撤出“L”端线再停摇绝缘电阻表。

（10）摇测前后均要用放电棒将变压器绕组对地放电。

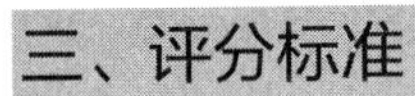

三、评分标准

评分标准见表 4-11。

表 4-11　评分标准（一）

序号	类别	项目	考核内容	配分	扣分	得分
1	准备工作	工器具选择	仪表选错扣 4 分；其他漏选错选扣 1 分。扣完为止	5		
		着装情况	着装不规范扣 3 分；不戴安全帽扣 2 分	5		
		仪表检查	检查仪表并有有效检测合格证；外表完好；进行开路试验、短路试验的检查。不检查或动作不正确每项扣 2 分。扣完为止	5		
		安全措施	未做好各项安全措施，每项扣 3 分，扣完为止	5		
2	工作过程	测试前检查	不对验电，验电不戴绝缘手套，不放电，每项扣 10 分；不检查工作活动空间内是否有带电设备，不检查变压器接地线是否可靠，每项扣 2 分。扣完为止	10		
		测试变压器接线	三相高压导电杆不短接，三相低压导电杆不短接不接地各扣 5 分	10		
		测试仪表接线	绝缘电阻表“E”端接地，“L”端接高压导电杆，接线错误扣 5 分；测量引线不悬空扣 5 分。扣完为止	5		
		测量与读数	表转速不从低速增到 120r/min，扣 2 分；绝缘电阻表不到额定转速把“L”端引线接到高压上扣 3 分；不看时钟计时扣 5 分；不会读取 R_{15}、R_{60} 各扣 5 分。扣完为止	10		
		绝缘电阻表拆除及放电	未读出 R_{60} 就先断开“L”端引线，扣 3 分；未断开“L”端引线已停止摇动手柄，扣 3 分；测量完毕不放电，扣 3 分；不拆除高低压导电杆上短接线，扣 3 分。扣完为止	10		
3	工艺及熟练程度	摇表技能	摇表用力过猛，晃动过大，速度过低，忽快忽慢各扣 3 分。中间每停顿一次扣 2 分。扣完为止	10		
		动作熟练程度	测量过程中动作节奏过慢，不连贯，不规范，每项扣 2 分。扣完为止	10		
4	工作终结及检查	判断计算结果	不会计算吸收比扣 3 分；不会判断是否合格扣 3 分；不会对绝缘电阻值进行温度换算并进行比较，扣 4 分。扣完为止，附填写试验报告单	10		
		安全文明生产	作业现场有遗留不清洁扣 3 分；物品摆放不整齐扣 2 分；存在不安全因素每项扣 3 分。扣完为止	5		
5	考试时间	30min	每超出 1min，以上项目考试总成绩扣 1 分，最多不能超过 10min			
起始时间			结束时间	实际时间		
备注	除超时扣分外，各项内容的最高扣分不得超过配分数			成绩		

变压器绝缘电阻及吸收比试验报告

被测变压器基本数据	型号	
	生产厂家	
	出厂日期	
测 试 项 目	1.	2.
试验接线方式	接线名称	
	图（划线连接） ○ ○ ○ （高压） ○ ○ ○ （低压） ⊥	
试 验 仪 表	名称	型号
	规格	
测 试 数 据	R_{15}=	R_{60}=
吸收比计算	计算公式	
	计算结果 K=	
绝缘电阻值计算	温度换算公式 $R_{20}=K_t \times R_t$ R_{20}——20℃时的绝缘电阻值； K_t——温度校正系数（换算系数）； R_t——t℃时的绝缘电阻值	
	实测电阻值	（取 R_{60} 值）
	实测变压器的油温　　℃ （假设变压器的油温 30℃）	
	换算到 20℃的电阻值	
试 验 结 论		

综合实训二　拉合跌落式高压熔断器

一、工具、仪器和器材

工器具见表 4-12。

表 4-12　工器具

序号	名称	规格	数量	备注
1	绝缘操作棒	3m 以上	1 根	经检验合格
2	绝缘手套		1 副	经检验合格
3	绝缘鞋		1 双	经检验合格
4	高压验电器		1 个	经检验合格
5	劳保用品	安全帽、工作服等	1 套	

二、工作程序及要求

1. 跌落式高压熔断器三相操作顺序

停电操作时，应先拉中间相，后拉两边相。送电时则先合两边相，后合中间相。停电时先拉中间相的原因主要是考虑到中间相切断时的电流要小于两边相（电路一部分负荷转由两边相承担），因而电弧小，对两边相无危险。操作第二相（边相）跌落式熔断器时，电流较大，而此时中间相已拉开，另两个跌落式熔断器相距较远，可防止电弧拉长造成相间短路。遇到大风时，要按先拉中间相，再拉背风边相，最后拉迎风边相的顺序进行停电。送电时则先合迎风边相，再合背风边相，最后合中间相，这样可以防止风吹电弧造成短路。

2. 配电变压器停送电操作顺序

在一般情况下，停电时应先拉开负荷侧的低压开关，再拉开电源侧的跌落式高压熔断器。在多电源的情况下，按上述顺序停电，可以防止变压器反送电。从电源侧逐级进行送电操作，可以减小冲击起动电流（负荷），减少电压波动，保证设备安全运行。如遇有故障，可立即跳闸或停止操作，便于按送电范围检查、判断和处理。停电时先停负荷侧，从低压到高压逐级停电操作顺序，可以避免开关切断较大的电流量，减小过电压的幅值。操作中尽量避免带负荷拉合跌落式熔断器，如果发现操作中带负荷错合熔断器，即使合错，甚至发生电弧，也不准将熔断器再拉开。若发生带负荷错拉熔断器，在动触头刚离开固定触头时，便发生电弧，应立即合上，可以消灭电弧，避免事故扩大，但如熔断器已全部拉开，

则不许将误拉的熔断器再合上。对于容量为 200kA 及以下的配电变压器，允许其高压侧的熔断器分、合负荷电流。

3. 操作注意事项

操作人员在拉合跌落式熔断器时，不得有冲击。冲击将会损伤熔断器，如将绝缘子拉断、撞裂，鸭嘴撞偏，操作环拉掉、撞断等。操作人员在对跌落式熔断器进行分、合操作时，千万不要用力过猛，以免损坏熔断器，且分、合必须到位。

合熔断器的过程用力是慢（开始）—快（当动触头临近静触头时）—慢（当动触头临近合闸终了时）。拉熔断器的过程用力是慢（开始）—快（当动触头临近静触头时）—慢（当动触头临近拉闸终了时）。快是为了防止电弧造成电器短路和灼伤触头，慢是为了防止操作冲击力造成熔断器机械损伤。

4. 安全防护要求

操作人员在拉开跌落式熔断器时，必须使用电压等级合适，经过试验合格的绝缘杆，穿绝缘鞋、戴绝缘手套、绝缘帽和防目镜或站在干燥的木台上，并有人监护，以保人身安全。

三、评分标准

评分标准见表 4-13。

表 4-13 评分标准（二）

序号	考核内容	评分要素	评分标准	配分	扣分	得分
1	准备工作	准备工具、用具	少准备一件扣 1 分	4		
2	检查工具、用具	检查绝缘操作棒、验电器、接地线、绝缘手套、绝缘鞋	未检查绝缘操作棒、验电器、接地线、绝缘手套、绝缘鞋，各扣 1 分	4		
3	拉开低压刀闸	戴绝缘手套，拉开低压刀闸	未戴绝缘手套扣 2 分；未拉开低压刀闸扣 2 分	4		
4	分闸	戴绝缘手套、穿绝缘鞋	未戴绝缘手套扣 4 分；未穿绝缘鞋扣 4 分	8		
		站在操作相的正前方，双手持操作杆，两手一前一后，前手不得超过操作杆护手位置	未站在操作相的正前方扣 3 分；未用双手持操作杆扣 1 分；两手未一前一后扣 1 分；前手超过操作杆护手位置扣 5 分	8		

续表

序号	考核内容	评分要素	评分标准	配分	扣分	得分
4	分闸	先拉中间相，后拉两边相	操作顺序错误扣 5 分	5		
5	做安全措施	握住高压验电器的绝缘手柄，将验电器前端的金属部分与导线接触进行验电	未握住高压验电器的绝缘手柄扣 5 分；未将验电器前端的金属部分与导线接触进行验电扣 5 分	10		
		挂接地线，先装设接地端、后装设线路端	未挂接地线扣 10 分；挂接地线方法错误扣 5 分	10		
6	拆除安全措施	拆除接地线，先拆线路端、后拆接地端	未拆除接地线扣 6 分；拆除顺序错误扣 4 分	6		
7	合闸	戴绝缘手套、穿绝缘鞋	未戴绝缘手套扣 4 分；未穿绝缘鞋扣 4 分	8		
		站在操作相的正前方，双手持操作杆，两手一前一后，前手不得超过操作杆护手位置	未站在操作相的正前方扣 3 分；未用双手持操作杆扣 1 分；两手未一前一后扣 1 分；前手超过操作杆护手位置扣 5 分	8		
		先合两边相、后合中间相	操作顺序错误扣 5 分	5		
8	合上低压刀闸	戴绝缘手套，合上低压刀闸	未戴绝缘手套扣 3 分；未合上低压刀闸扣 2 分	5		
9	清理现场	整理现场	未清理现场扣 5 分；清理不整洁扣 3 分	5		
10	安全文明操作	按照安全文明规定执行操作	未按照安全文明规定执行操作扣 10 分，严重违反停止操作	10		
起始时间		结束时间		实际时间		
备注	除超时扣分外，各项内容的最高扣分不得超过配分数			成绩		

1．简述变压器的主要部件组成及其作用。
2．变压器的安装有哪些基本要求？
3．为什么电力变压器的高压绕组常在低压绕组的外面？
4．高压断路器的主要作用是什么？
5．安装 SF_6 断路器有哪些技术要求？
6．说明 GW4-110DW/1250 设备型号的含义。
7．跌落式高压熔断器的安装应符合哪些要求？
8．电气设备耐压试验的主要目的是什么？
9．电力电容器安装前应注意检查哪些项目？

工作任务 5
三相异步电动机的安装与调试

思维导图

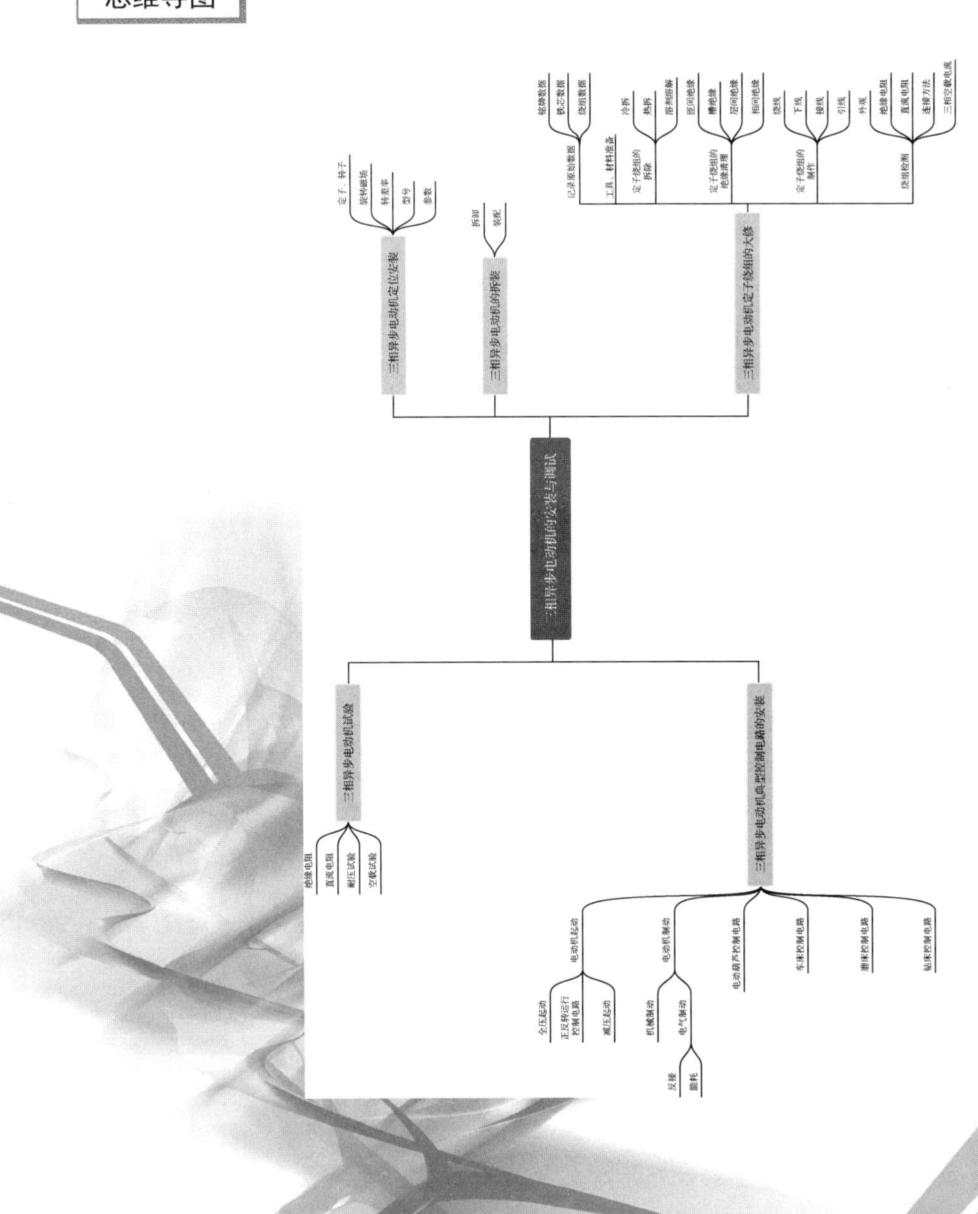

任务 5.1　三相异步电动机定位安装

5.1.1 三相异步电动机的结构

三相异步电动机的基本结构

三相异步电动机是感应电动机的一种，与单相异步电动机相比，三相异步电动机运行性能好，并可节省各种材料。三相异步电动机由固定的定子和旋转的转子两个基本部分组成，转子装在定子内腔里，借助轴承支撑在两个端盖上。为了保证转子能在定子内自由转动，定子和转子之间必须有间隙，称为气隙。电动机的气隙是一个非常重要的参数，其大小及对称性等对电动机的性能有很大影响。三相异步电动机有鼠笼式和绕线式两种类型，本书以鼠笼式三相异步电动机为例进行介绍。图 5.1 为鼠笼式三相异步电动机的外形及结构。

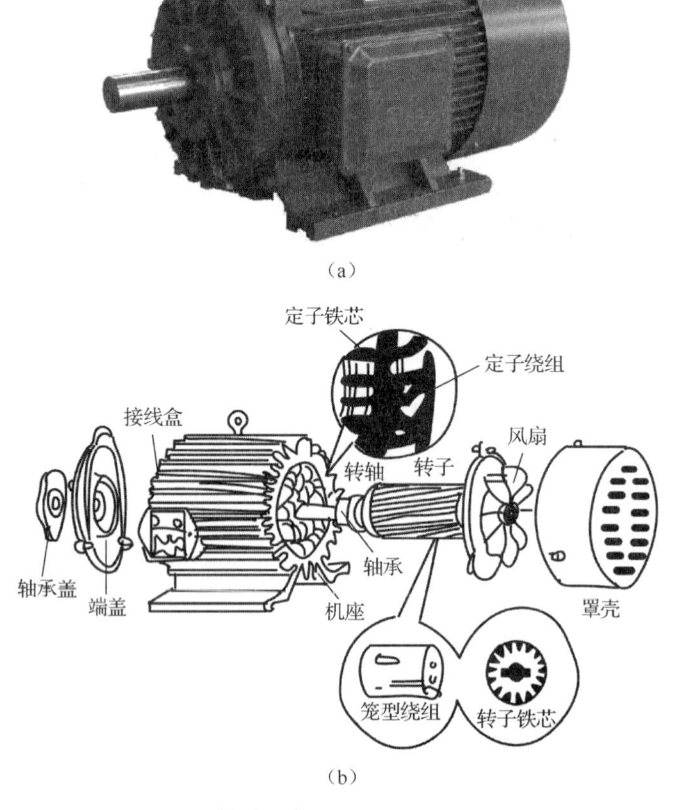

（a）

（b）

图 5.1　鼠笼式三相异步电动机的外形及结构

1. 定子部分

三相异步电动机的定子一般由机座、定子铁芯、定子绕组等部分组成。

1）机座

机座用铸铁或铸钢浇铸成型，它的作用是保护和固定三相异步电动机的定子绕组。中、小型三相异步电动机的机座还有两个端盖支承着转子，它是三相异步电动机机械结构的重要组成部分。通常，机座的外表要求散热性能好，所以一般都铸有散热片。

2）定子铁芯

三相异步电动机的定子铁芯是电动机磁路的一部分，由 0.35～0.5mm 厚、表面涂有绝缘漆的薄硅钢片叠压而成，如图 5.2 所示。由于硅钢片较薄且片与片之间是绝缘的，因此减少了由于交变磁通通过而引起的铁芯涡流损耗。铁芯内圆有均匀分布的槽口，用来嵌放定子绕圈。

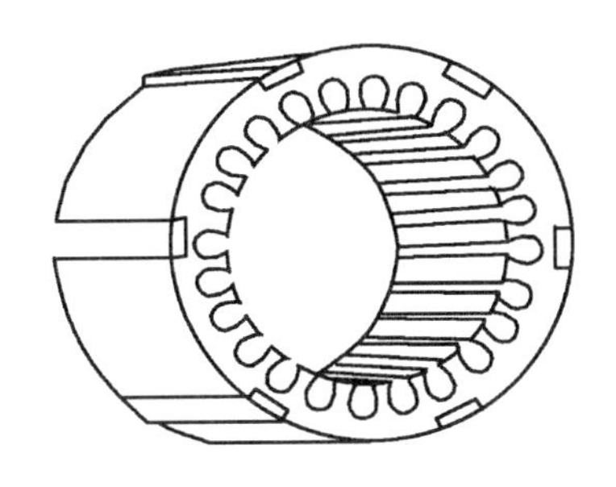

图 5.2　定子铁芯

3）定子绕组

三相异步电动机的定子绕组是电动机的电路部分，三相异步电动机有三相绕组，三相绕组由三个彼此独立的绕组组成，且每个绕组又由若干线圈连接而成。每个绕组即为一相，每个绕组在空间相差 120° 电角度。线圈由绝缘铜导线或绝缘铝导线绕制。中、小型三相异步电动机多采用圆漆包线，大型三相异步电动机的定子线圈则用较大截面的绝缘扁铜线或扁铝线绕制后，再按一定规律嵌入定子铁芯槽内。定子三相绕组的六个出线端都引至接线盒上，首端分别标为 U_1、V_1、W_1，末端分别标为 U_2、V_2、W_2。六个出线端在接线盒里的排列如图 5.3 所示，可以接成星形或三角形。

2. 转子部分

1）转子铁芯

三相异步电动机的转子铁芯是用 0.5mm 厚的硅钢片叠压而成的，套在转轴上，作用和定子铁芯相同，一方面作为电动机磁路的一部分，一方面用来安放转子绕组。

2）转子绕组

三相异步电动机的转子绕组是在转子铁芯的每一个槽中插入一根铜条，在铜条两端各用一个铜环（称为端环）把铜条连接起来，称为铜排转子，如图 5.4（a）所示，也可用铸铝的方法，把转子导条和端环风扇叶用铝液一次浇铸而成，称为铸铝转子，如图 5.4（b）所示。100kW 以下的三相异步电动机一般采用铸铝转子。

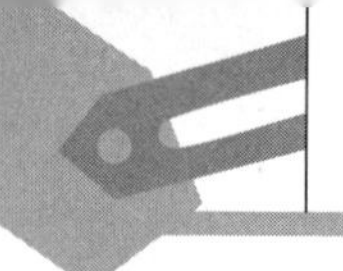

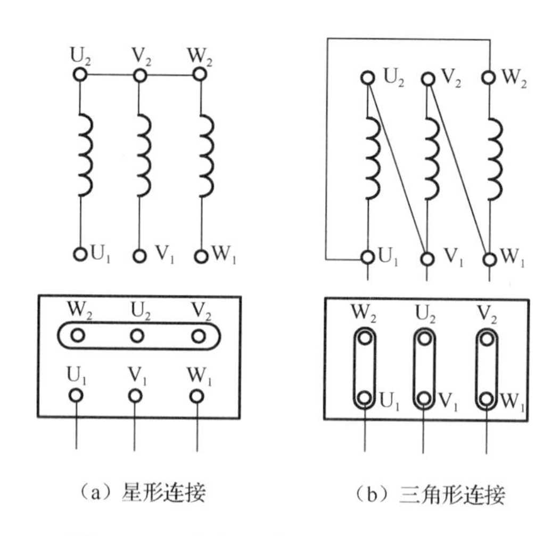

（a）星形连接　　（b）三角形连接

图 5.3　六个出线端在接线盒里的排列

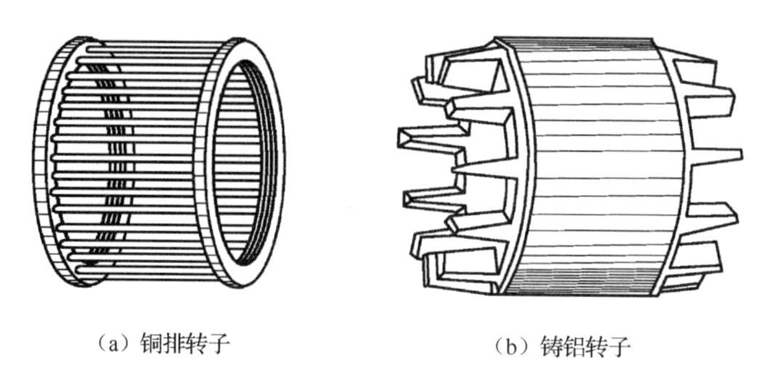

（a）铜排转子　　（b）铸铝转子

图 5.4　转子绕组

3. 气隙

三相异步电动机的励磁电流由电网供给，气隙越大，励磁电流也就越大，而励磁电流属于无功性质，它的大小要影响电网的功率因数，因此，三相异步电动机的气隙大小对三相异步电动机的运行性能和参数影响较大，往往为机械条件所能允许达到的最小数值。三相异步电动机的气隙是均匀的，中、小型三相异步电动机的气隙长度一般为 0.2～1.5mm。气隙太大，电动机运行时的功率因数降低；气隙太小，使装配困难，运行不可靠，高次谐波磁场增强，从而使附加损耗增加及起动性能变差。

4. 其他部分

其他部分包括端盖、轴承、轴承盖、接线盒、吊环、风扇等。

端盖用铸铁或铸钢浇铸成型，它的作用是把转子固定在定子内腔中心，使转子能够在定子中均匀地旋转。

在端盖上装有轴承，用以支撑转轴，引导转轴的旋转。

轴承盖也是由铸铁或铸钢浇铸成型的，它的作用是固定转子，使转子不能轴向移动，另外起存放润滑油和保护轴承的作用。

接线盒一般用铸铁浇铸，其作用是保护和固定绕组的引出线端子。

吊环一般用铸钢制造，安装在机座的上端，用来起吊、搬抬三相异步电动机。

风扇则用来通风冷却电动机。

5.1.2 三相异步电动机的工作原理

1. 三相异步电动机的旋转磁场

三相异步电动机转子之所以会旋转、实现能量转换，是因为转子气隙内有一个旋转磁场。

如图 5.5 所示，U_1U_2、V_1V_2、W_1W_2 为三相定子绕组，在空间彼此相隔 120°。三相绕组的首端 U_1、V_1、W_1 接在三相对称电源上，有三相对称电流通过三相绕组。设电源的相序为 U、V、W，图 5.6 为三相交流电流的波形图。

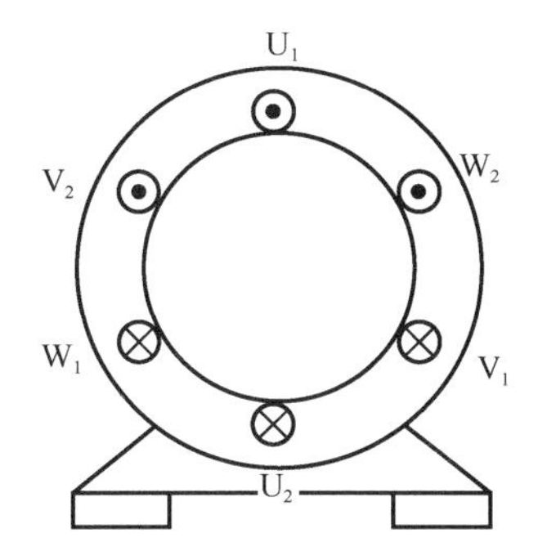

图 5.5　三相定子绕组

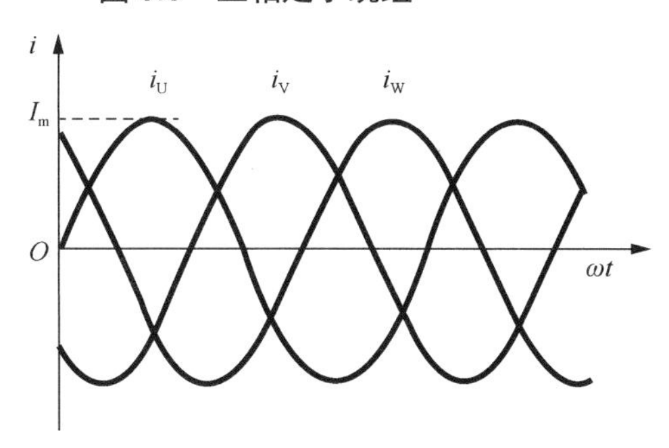

图 5.6　三相交流电流的波形图

设三相绕组中通入的三相对称电流为

$$\begin{cases} i_U = \sin \omega t \\ i_V = \sin(\omega t - 120°) \\ i_W = \sin(\omega t + 120°) \end{cases}$$

为了分析方便，假设电流为正值时，在绕组中从首端流向末端，电流为负值时，在绕组中从末端流向首端，当电流方向由里向外用⊙表示，由外向里用⊗表示。

当 $\omega t = 0°$ 的瞬间，$i_U = 0$、i_V 为负值、i_W 为正值，根据“右手螺旋定则”，三相电流所产生的磁场相互叠加，形成了一个合成磁场，如图 5.7（a）所示，此时的合成磁场是一对磁极（即二极），上边是 N 极，下边是 S 极。

当 $\omega t = 120^\circ$ 时，i_U 由 0 变成正值，i_V 变为 0，i_W 由正值变为负值，如图 5.7（b）所示，这时合成磁场的方位与 $\omega t = 0^\circ$ 时相比，已按逆时针方向转过了 120°。

应用同样的方法，可以得出如下结论：当 $\omega t = 240^\circ$ 时，合成磁场方向旋转了 240°，如图 5.7（c）所示；当 $\omega t = 360^\circ$ 时，合成磁场方向旋转了 360°，即转一周，如图 5.7（d）所示。

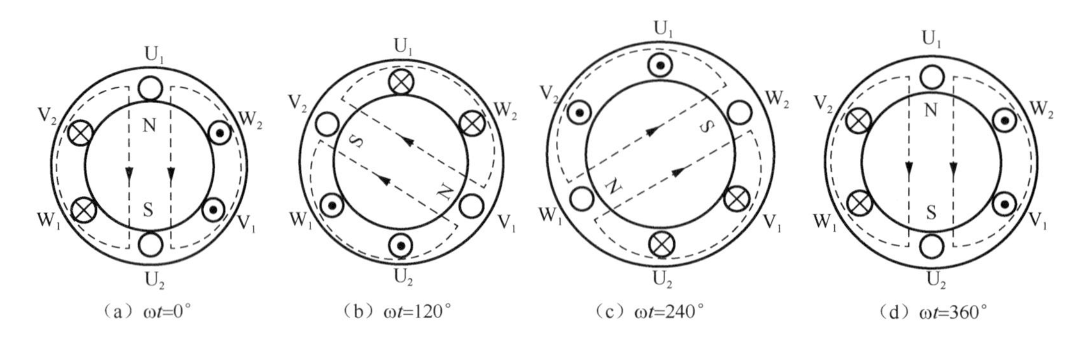

图 5.7　旋转磁场

由此可见，三相对称电流 i_U、i_V、i_W 分别通过三相绕组 U_1U_2、V_1V_2、W_1W_2 所形成的合成磁场，其是一个随时间变化的旋转磁场。当空间 120° 对称分布的三相绕组通入三相对称电流时，产生的合成磁场为极对数 $p=1$ 的空间旋转磁场，每电源周期旋转一周。

以上分析的是电动机产生一对磁极时的情况，当定子绕组连接形成的是两对磁极时，运用相同的方法可以分析出此时电流变化一个周期，磁场只转动了半圈，即转速减慢了一半。以两对磁极的三相绕组采用星形连接（图 5.8）为例，介绍其内部磁场变化过程（图 5.9）。

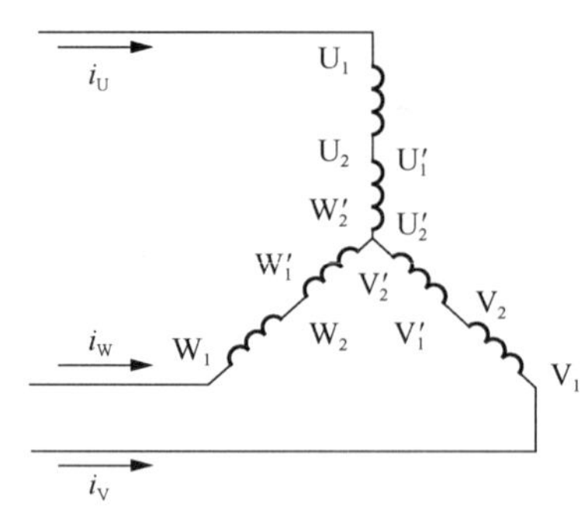

图 5.8　两对磁极的三相绕组采用星形连接

由图 5.9（a）可知，当 $\omega t = 0^\circ$ 的瞬间，$i_U = 0$、i_V 为负值、i_W 为正值，根据“右手螺旋定则”，三相电流所产生的磁场相互叠加，形成了一个合成磁场，此时的合成磁场是两对磁极（即 4 极）。当 $\omega t = 60^\circ$ 时，i_U 为正值、i_V 为负值、$i_W = 0$，如图 5.9（b）所示，这时合成磁场的方位与 $\omega t = 0^\circ$ 时相比，转过了 30°。其他时刻，请读者自行分析。

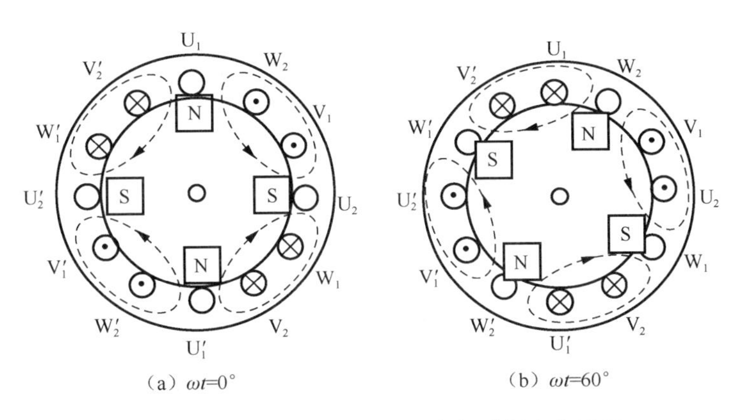

图 5.9　两对磁极的三相绕组内部磁场变化过程

由此类推，当旋转磁场具有 p 对磁极时（即磁极数为 $2p$），交流电每变化一个周期，旋转磁场就在空间转动 $1/p$ 转。因此，三相异步电动机定子旋转磁场每分钟的转速 n_1、定子电流频率 f 及磁极对数 p 之间的关系是

$$n_1=\frac{60f}{p}$$

由此得到旋转磁场转速（同步转速）与磁极对数的关系，见表 5-1。

表 5-1　旋转磁场转速（同步转速）与磁极对数的关系

磁极对数 p	1	2	3	4	5
转速 n_1(r/min)	3000	1500	1000	750	600

2. 三相异步电动机的转动原理

图 5.10 为三相异步电动机的转动原理。

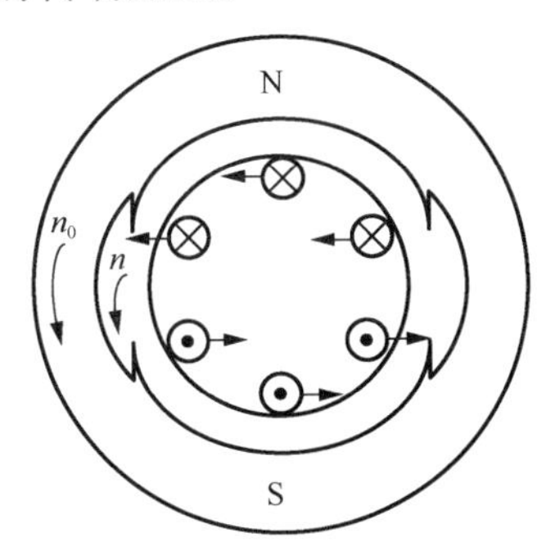

图 5.10　三相异步电动机的转动原理

三相交流电流通入定子绕组后，便形成了一个旋转磁场，其转速 $n_1=\dfrac{60f}{p}$。旋转磁场的磁力线被转子导体切割，根据电磁感应原理，转子导体产生感应电动势。转子绕组是闭合的，则转子导体有电流流过。设旋转磁场按顺时针方向旋转，且某时刻为上为北极 N，下为南极 S。当定子旋转磁场以速度 n_1 切割转子导体，在转子导体中形成电流，使导体受

电磁力作用形成电磁转矩，推动转子以转速 n 顺 n_1 方向旋转，并从转轴上输出一定大小的机械功率。

因此，三相异步电动机转动的基本工作原理如下。

（1）三相绕组中通入三相对称电流产生圆形旋转磁场。

（2）闭合转子导体切割旋转磁场产生感应电动势和感应电流。

（3）转子导体在磁场中受到电磁力的作用，从而形成电磁转矩，驱动电动机转子转动。

三相异步电动机的转子转速 n 始终不会加速到旋转磁场转速 n_1。因为只有这样，转子绕组与旋转磁场之间才会有相对运动而切割磁力线，转子导体中才能产生感应电动势和感应电流，从而产生电磁转矩，使转子按照旋转磁场的方向继续旋转。由此可见 $n_1 \neq n$，且 $n < n_1$ 是三相异步电动机工作的必要条件，“异步”的名称也由此而来。为了使三相异步电动机转向，只需改变旋转磁场的方向，也就是改变电流的相序即可，任意对调电动机的两根电源线就可使电动机反转。

3. 转差率

旋转磁场转速 n_1 与转子转速 n 之差与旋转磁场转速 n_1 之比称为三相异步电动机的转差率 s，即

$$s=\frac{n_1-n}{n_1}$$

转差率是三相异步电动机的一个基本参数，对分析三相异步电动机的运行状态及机械特性有着重要的意义。当三相异步电动机处于电动状态运行时，电磁转矩和转速 n 同向。转子尚未转动时，n=0、$s=\frac{n_1-n}{n_1}=1$；当 $n_1=n$ 时，$s=\frac{n_1-n}{n_1}=0$。可知三相异步电动机处于电动状态时，转差率的变化范围总在 0 和 1 之间，即 $0<s<1$。一般情况下，额定运行时 s=1%～5%。

5.1.3 三相异步电动机的型号

我国电动机产品型号采用汉语拼音字母及国际通用符号和阿拉伯数字。产品型号由产品代号、规格代号、特殊环境代号和补充代号四个部分组成，并按下列顺序排列。

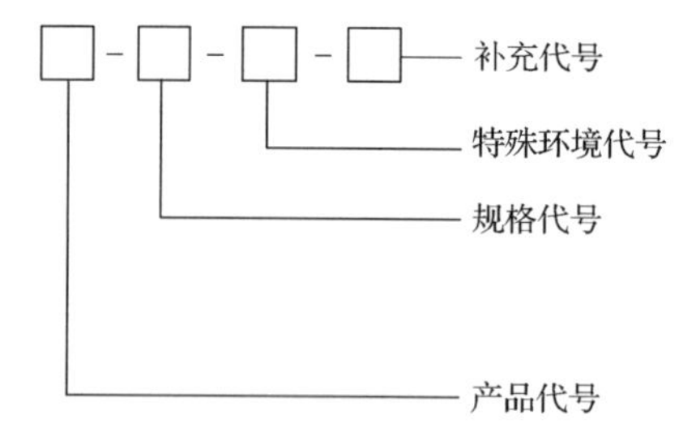

如 Y2-160M-4W 表示的是中心高为 160mm、中机座、磁极数为 4 极、户外用的异步电动机，Y630-10/1180 表示的是功率为 630kW、磁极数为 10 极、定子铁芯外径为 1180mm 的异步电动机。

5.1.4 电动机的定位安装

电动机定位安装的工作内容主要包括设备的起重、运输，定子、转子、轴承座和转轴的安装和调整工作，以及电动机绕组接线、电动机干燥等工序，其定位安装如图 5.11 所示。电动机容量大小不同，其安装工作内容也有所区别。电动机安装的工艺流程如下。

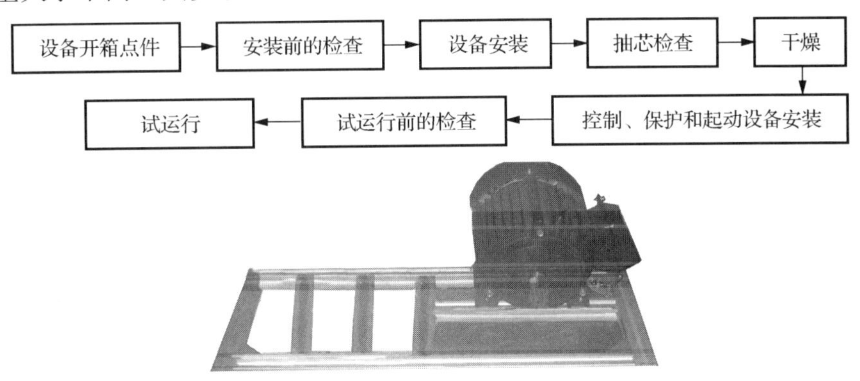

图 5.11　电动机的定位安装

1. 设备开箱点件

（1）设备开箱点件检查应由安装单位、供货单位、建设单位共同进行，并做好记录。

（2）按照设备供货清单、技术文件，对设备及其附件、备件的规格、型号、数量进行详细核对。

（3）电动机本体、控制和起动设备外观检查应无损伤及变形，油漆应完好。

（4）电动机及其附属设备均应符合设计要求。

2. 安装前的检查

（1）电动机应完好，不应有损伤现象。转子转动应轻快，不应有卡阻及异常声响。

（2）定子和转子分箱装运的电动机，其转子铁芯和轴颈应完整、无锈蚀。

（3）电动机的附件、备件应齐全无损伤。

（4）电动机的性能应符合电动机周围工作环境的要求，电动机的选择应符合表 5-2 的规定。

表 5-2　电动机的选择

序号	安装地点	采用电动机型号
1	一般场合	防护式
2	潮湿场合	防滴式及耐潮绝缘电动机
3	有粉尘多纤维及有火灾危险场所	封闭式
4	有易燃易爆危险场所	防爆式
5	有腐蚀性气体及有蒸气侵蚀的场所	密封式及耐酸绝缘电动机

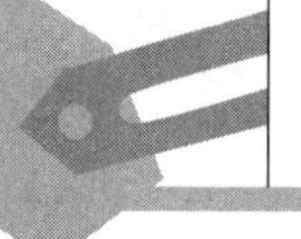

3. 设备安装

（1）电动机安装应由电工、钳工操作，大型电动机的安装需要搬运和吊装时应有起重工配合进行。电动机搬运时不准用绳子套在轴上或滑环、换向器上，也不要穿过电动机的端盖孔来抬电动机。在搬运过程中应特别注意，不能使电动机受到损伤、受潮或弄脏。如果电动机由制造厂装箱运来，在没有运到安装地点前，不要开箱，宜存放在干燥、清洁的仓库或厂房内。就地保管时，应有防潮、防雨、防尘等措施。中、小型电动机从汽车或其他运输工具上卸下来时，可用起重机械。如果没有起重机械，可在地面与汽车间搭斜板，将电动机平推在斜板上，慢慢地滑下来。但必须用绳子将电动机拖住，以防滑动太快或滑出木板冲击地面。质量在 100kg 以下的电动机，可用铁棒穿过电动机上的吊环，由人力搬运。搬运中所用的机具、绳索、杠棒必须牢固，不能有丝毫马虎。如果搬运中造成电动机转轴弯曲扭坏和内部结构变动，将直接影响电动机的使用，而且修复很困难。

（2）应审核电动机安装的位置是否满足检修操作、运输方便的要求。

（3）固定在基础上的电动机，一般应有不小于 1.2m 的维护通道。

（4）采用水泥基础时，如无设计要求，基础质量一般不小于电动机质量的 3 倍。基础各边应超出电动机底座边缘 100～150mm。

（5）稳固电动机的地脚螺栓应与混凝土基础牢固地结合成一体，浇灌前预留孔应清洗干净，螺栓本身不应歪斜，机械强度应满足要求。

（6）定子和转子分箱装运的电动机，安装转子时，不可将吊绳绑在滑环、换向器或轴颈部分。

（7）电动机接线应牢固可靠，接线方式应与供电电压相符。

（8）电动机安装后，应做转动试验。

（9）电动机外壳保护接地（或接零）必须良好。

4. 抽芯检查

电动机有下列情况之一时，应做抽芯检查。

（1）出厂日期超过制造厂保证期限。

（2）经外观检查或电气试验，质量有可疑的。

（3）开启式电动机经端部检查有可疑的。

（4）试运转时有异常情况的。

电动机抽芯检查时，应符合下列要求。

（1）电动机内部清洁无杂物。

（2）电动机的铁芯、轴颈、滑环和换向器等应清洁，无伤痕、锈蚀，通风孔无阻塞。

（3）线圈绝缘层完好，绑线无松动现象。

（4）定子槽楔应无断裂、凸出及松动现象。

（5）转子的平衡块应紧固，平衡螺钉应锁牢，风扇方向应正确，叶片无裂纹。

（6）磁极及铁轭固定良好，励磁线圈紧贴磁极，不应松动。

（7）鼠笼式电动机转子导条和端环的焊接应良好，浇铸的导条和端环应无裂纹。

（8）电动机绕组连接正确、焊接良好。

（9）电动机滚珠（柱）轴承的工作面应光滑清洁，无裂纹或锈蚀；滚动体与内外圈接触良好，无松动，转动灵活无卡阻。

（10）加入轴承内的润滑脂，应填满其内部空隙的 2/3，同一轴承内不得填入两种不同的润滑脂。

5. 干燥

电动机经过运输和保管，容易受潮，安装前必须检查绝缘情况。对于新安装的额定电压为 1000V 以下的电动机，其线圈绝缘电阻在常温下应不低于 0.5MΩ；额定电压为 1000V 及以上的电动机，在接近运行温度时定子线圈绝缘电阻应不低于 1MΩ/kV，且吸收比一般不应低于 1.2，转子线圈绝缘电阻应不低于 0.5MΩ/kV。

当电动机的绝缘电阻低于上述数值时，一般应进行干燥。但经耐压试验合格的额定电压为 1000V 及以上的电动机，当绝缘电阻在常温下不低于 1MΩ/kV 时可以不经干燥投入运行。摇测绝缘电阻时，对 1000V 以下的电动机可用 500V 绝缘电阻表，1000V 及以上的电动机应使用 1000V 绝缘电阻表。

电动机干燥时，周围环境应清洁，机内的灰尘、脏物可用干燥的压缩空气吹净（气压不大于 200kPa）。电动机外壳应接地。为防止干燥时的热损失，可采取保温措施，但应有必要的通风口，以便排除电动机绝缘中的潮气。

电动机干燥时，其铁芯或绕组的温度应缓慢上升，测量温度可用酒精温度计、电阻温度计或热电偶，不准使用水银温度计测量电动机温度，以防温度计破碎水银流入电动机绕组，破坏绝缘。

在干燥过程中，应定期测量绝缘电阻，做好记录，所使用的绝缘电阻表不应更换，一般干燥开始时，每隔半小时测量一次绝缘电阻，温升稳定后，每隔 1 小时测量一次。当吸收比及绝缘电阻达到规定要求，并在同一温度下经过 5 小时稳定不变时，干燥便可结束。

在电动机干燥过程中，应特别注意安全。值班人员不得离开工作岗位，必须严密监视温度及绝缘情况的变化，防止损坏电动机绕组和发生火灾。干燥现场应有防火措施及灭火器具。在干燥现场不得进行电焊和气焊，一定要保证安全。

6. 控制、保护和起动设备安装

（1）电动机的控制和保护设备安装前应检查是否与电动机容量相符。

（2）控制和保护设备的安装应按设计要求进行。

（3）电动机控制设备和所拖动的设备应对应编号。

（4）引至电动机接线盒的明敷导线长度应小于 0.3m，并应加强绝缘，易受机械损伤的地方应套保护管。

（5）高压电动机的电缆终端头应直接引进电动机的接线盒内。

（6）电动机应装设过流和短路保护装置，并应根据设备需要装设过载保护、制相保护和低压保护装置。

（7）电动机保护元件的选择如下。

① 采用热元件时，热元件一般按电动机额定电流的 1.1～1.25 倍来选。

② 采用熔丝（片）时，熔丝（片）一般按电动机额定电流的 1.5～2.5 倍来选。

7. 试运行前的检查

（1）新的和长期停用的电动机，在使用前应检查电动机绕组的绝缘电阻。通常 500V

以下的电动机选用500V的绝缘电阻表，绝缘电阻不得小于1MΩ/kV。测量时应断开电源，并在冷却状态下测量。

（2）检查电动机铭牌所标示的电压、功率、接法、转速与电源和负载是否相符。

（3）扳动电动机转轴，检查转子能否自由转动，传动机构的工作是否可靠，转动时有无杂音。

（4）检查电动机固定情况是否良好，电动机及控制设备等金属外壳接地保护线是否可靠。

（5）检查电动机的起动、保护和控制电路是否符合要求，接线是否正确。

8. 试运行

（1）通电试车。

先将主电路电源断开，接通控制电路电源进行空操作试车。检查各电器元件是否按要求动作，动作是否灵活，有无机械卡阻、过大噪声。空操作试车正常后，可接通主电路对电动机进行空载试验，观察电动机运转是否正常，并校正电动机正确的转向。

（2）带负载试车。

连接传动装置带负载试车，观察各机械部件和各电器元件是否按要求动作，同时调整好时间继电器、热继电器等控制电器的整定值。

试运行完成后，即可将电动机投入运行。电动机运行过程中，要注意电动机运行状态的监测及维护保养。

拓展讨论

党的二十大报告指出，增强问题意识，聚焦实践遇到的新问题，不断提出真正解决问题的新理念新思路新办法。三相异步电动机在实际应用中会出现控制失灵、剧烈振动等问题，当面对没有遇到过的新问题时，我们应采取哪些措施进行处理？要具备哪些电气工作的基本素质来应对工作中的问题和困难？

任务5.2　三相异步电动机的拆装

5.2.1 电动机的拆卸

1. 电动机的解体

电动机的解体步骤如图5.12所示。①拆下皮带轮；②卸下前轴承外盖；③卸下前端盖；④卸下风罩；⑤卸下风扇叶；⑥卸下后轴承外盖；⑦卸下后端盖；⑧卸下转子，取转子时注意不能磕碰线圈；⑨卸下前轴承；⑩卸下前轴承内盖；⑪卸下后轴承；⑫卸下后轴承内盖。

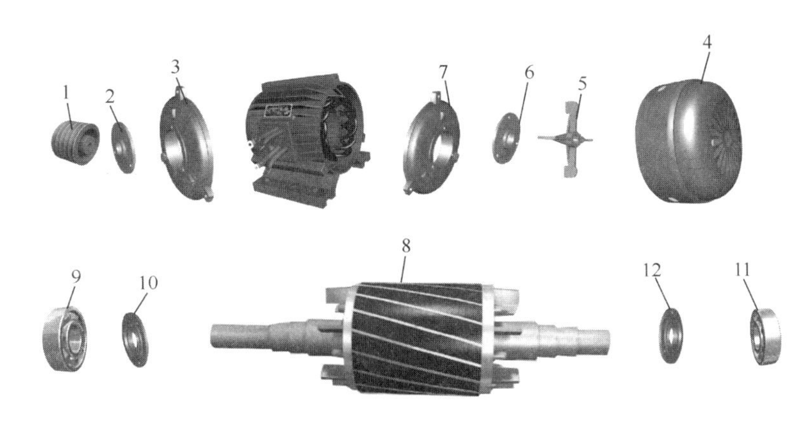

图 5.12　电动机的解体步骤

2. 拆下转子的方法

在电动机解体时，需要一些必要的工具，如锤子、活扳手、一字（或十字）螺丝刀、木板，特别是要备有专用工具——拉盘，还要预备汽油（或酒精）、棉丝等物品，拆下转子的方法，如图 5.13 所示。

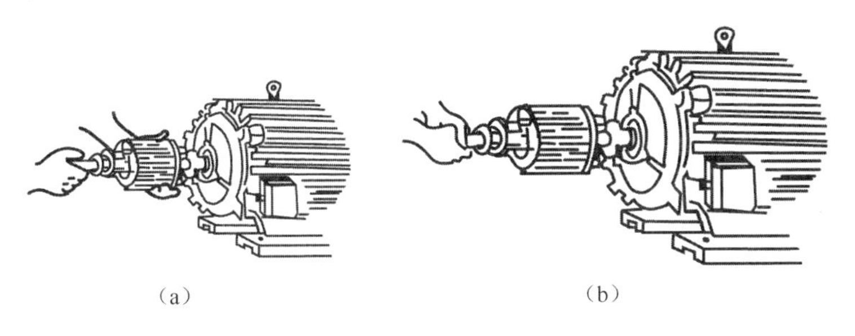

图 5.13　拆下转子的方法

对小型电动机，一般只需取下传动侧的端盖，将非传动侧的螺栓拧下后，便可将端盖带风扇叶及转子一起用手抽出。对大、中型电动机，因转子较重，需将两侧端盖都取下后再抽出转子。

3. 皮带轮与轴承的拆卸

（1）皮带轮（或联轴器）的拆卸。

先将皮带轮（或联轴器）上的固定螺钉或销子松脱或取下，再用专用拆卸器，如图 5.14 所示，转动丝杠，把皮带轮（或联轴器）慢慢拉出。操作中，丝杠尖要顶正电动机轴，还应随时注意皮带轮（或联轴器）的受力情况，以防将皮带轮（或联轴器）拉裂。如果皮带轮较紧，一时拉不下来，切忌硬拉强卸，也不能用锤子敲打，因为敲打或硬拉，很容易造成皮带轮、轴或端盖损坏。假如拆卸困难，可以在皮带轮与轴相连处滴些煤油，待煤油渗入皮带轮内孔后再卸。

（2）轴承的拆卸。

使用敲打方法可以拆卸轴承，如图 5.15 所示，但是，有时由于轴承和转子之间距离有限，或是因为敲打力量有限、敲击力过大，会对轴承和电动机零件造成损伤，所以利用拉盘拆卸轴承仍是比较好的方法，如图 5.16 所示。

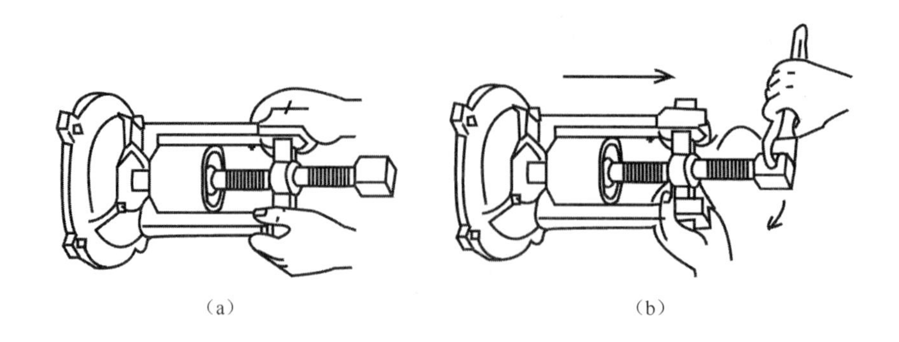

（a）　　　　（b）

图 5.14　拆卸皮带轮（或联轴器）

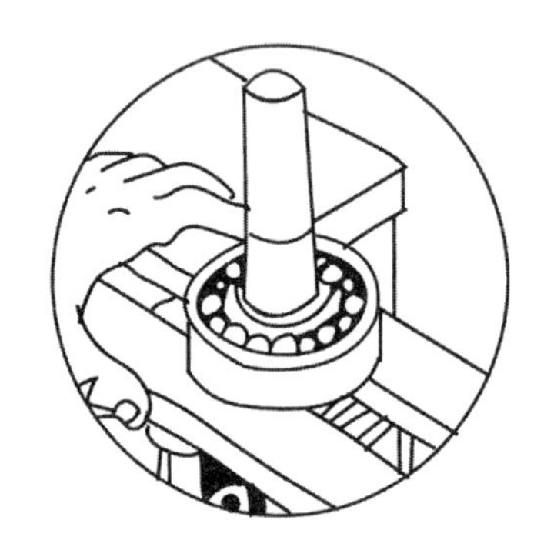

图 5.15　敲打方法拆卸轴承

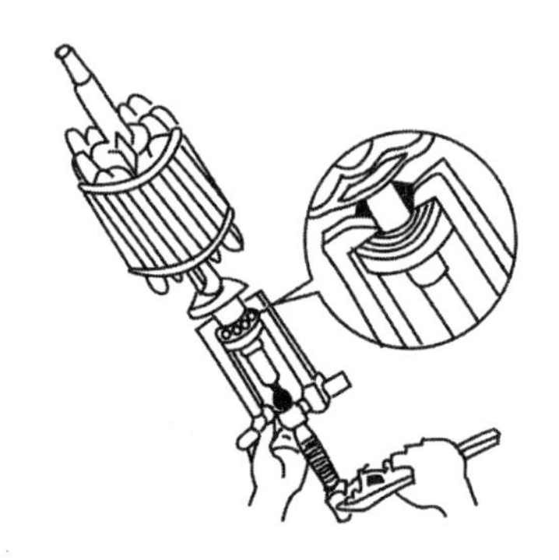

图 5.16　利用拉盘拆卸轴承

4. 端盖的拆卸

先拆除滚动轴承的外盖，再拆端盖。端盖与机座的接缝处要做好记号，便于装配，如图 5.17 所示。一般小型电动机都只拆风扇一侧的端盖，同时将另一侧的轴承盖、螺钉拆下，然后将转子和风扇叶一起抽出。大、中型电动机，因转子较重，可把两侧的端盖都拆下来。卸下后应标清上、下及负荷端和非负荷端。为防止定、转子机械碰伤，拆下端盖后应在气隙中垫以钢纸板。

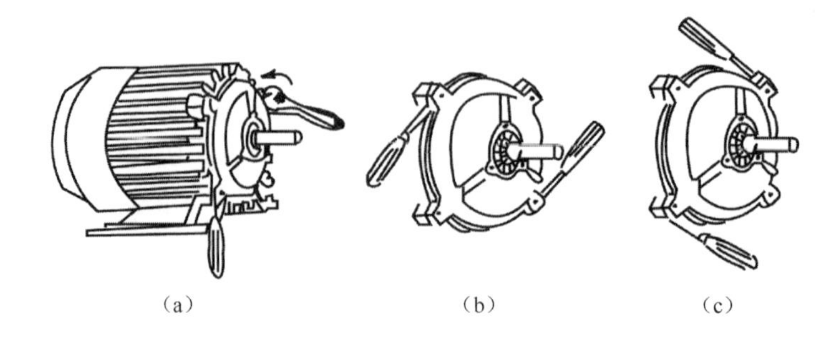

（a）　　　　（b）　　　　（c）

图 5.17　端盖的拆卸

5.2.2 电动机的装配

电动机的装配工序与拆卸的顺序恰好相反，即先拆卸的部分后装配，最后拆卸的部分先装配。

1. 装前清洗工作

在装配前，应将各部分零件用汽油冲洗干净。首先清洗轴承，然后洗轴承盖等，并仔细检查定子绕组中有无杂物，用“皮老虎”或压缩空气将电动机内部及定子绕组内的灰尘吹干净。待汽油挥发后再安装轴承，安装轴承时，先将轴承内盖抹少许润滑脂后套在里面，再将轴承加入适当的润滑脂，大约占轴承室容积的 2/3。因其中可能有脏物，最好将润滑脂从轴承一端用手指挤入，从另一端挤出一部分，再将挤出的部分抹去。转速较高的电动机可酌情少加点润滑脂，以免高速旋转产生的离心力将润滑脂甩入定子腔内。

2. 轴承安装

（1）利用套管安装轴承。

这是一种比较简单实用的装配方法，如图 5.18 所示，套管可用废短管（铁、钢管均可），管内径要比轴颈略大，管子的厚度为轴承内圈厚度的 2/3～4/5，管子要平整，避免有毛刺，两端面与管身垂直。安装时将轴承套在轴颈上，用套管顶住，然后在套管的另一端垫上木板，用锤子轻轻敲打，将轴承慢慢压入轴承座中，切不可用力过猛。如果没有合适的管子，也可用一个硬质木棒或有色金属棒顶住轴承敲打，配合时为避免轴承扭曲，应在轴承内圈的圆周上均匀敲打，可沿对称的两点依次进行。

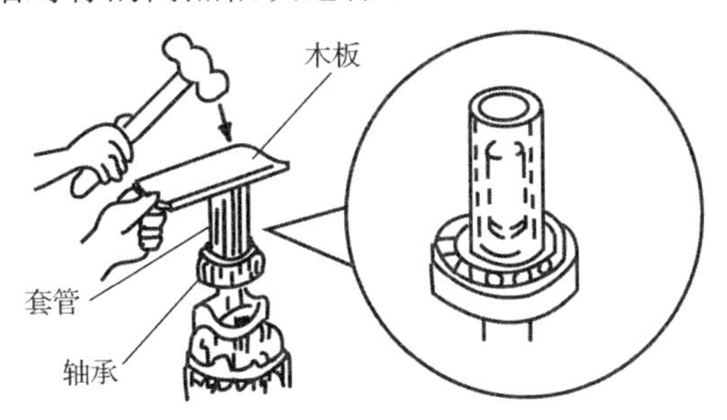

图 5.18　利用套管安装轴承

（2）利用加热的方法安装轴承。

把轴承放在清洁的机油中加热至 110℃，使内圈胀大后，稍许用力就可以装在轴颈上，等轴承冷却后，内圈便牢牢地套在轴颈上。用这种方法安装较好，不会损伤轴承，但应注意，油的加热温度不能超过 120℃，轴承在预热时必须挂在油槽的中部，因为如果降到槽底，轴承座圈就要受槽底火焰的作用而局部退火，失去原有的硬度，造成轴承在运转中很快磨损，利用加热的方法安装轴承如图 5.19 所示。

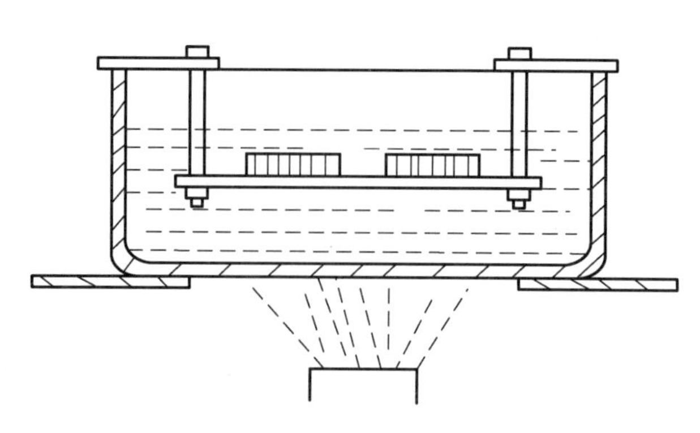

图 5.19　利用加热的方法安装轴承

3. 端盖的安装

装好轴承，即可按照标记安装端盖。注意不能将一侧端盖一下子拧太紧，否则会造成端盖平面与轴不垂直，导致定、转子相擦或电动机轴在装好后难以转动，应在装上端盖后，均匀交替地拧紧螺栓，在装滚动轴承内盖时，应使轴承内外盖螺孔对正，然后用螺栓使内外盖夹紧轴承。在装轴承内盖与外盖时，对孔的技巧很重要。内外盖的对应孔一般不易找正，处理比较麻烦，在实践中一般做法是，在端盖拧紧前，先将轴承内盖抹少许润滑脂，使其贴在轴承内侧断面上，然后用细铁丝（或钢丝），在一端约 2cm 处折成 90°，从里侧往外侧穿入孔内，折弯部分钩在内盖的里侧端面。在装外盖时，可将铁丝穿入与内盖对正的外盖孔，对正后稍稍拉紧，再轻轻将其余螺栓孔的螺栓拧上，然后慢慢地把铁丝从孔里抽出（注意不要拉断），再将此螺栓孔的螺栓拧上，最后将三个螺栓分别拧紧即可。

4. 带轮的安装

图 5.20 为用工具安装带轮的方法。该工具有两段槽钢夹板，它们由两根连杆互相连接起来。螺杆穿过一个夹板，并顶着带轮。另一个夹板则在带轮的一端顶着电动轴，转动螺杆时，带轮即被套在轴上。

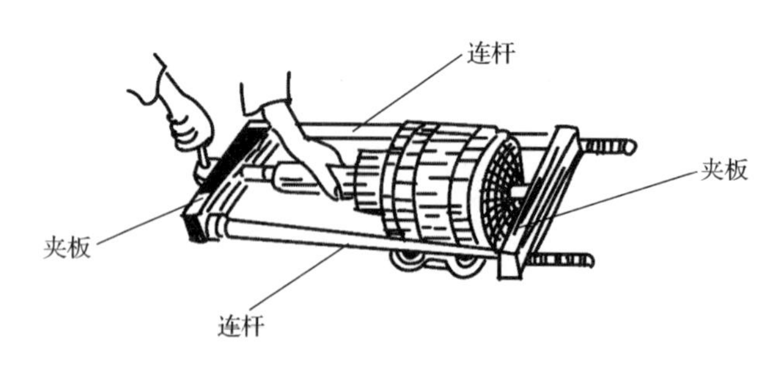

图 5.20　用工具安装带轮的方法

如果没有工具，安装带轮时，可用铁锤隔着木块敲打带轮的方法来安装。为了不损坏轴承和不使电动机移动，在安装带轮时，轴的下端可顶一个方木，再将方木顶在墙上。

任务 5.3　三相异步电动机定子绕组的大修

绕组的修理是电动机安装和修理的主要内容。当定子绕组遭到严重损坏，且无法使用时，需要全部拆换绕组。绕组拆换及重绕的工艺流程是，记录原始数据—定子绕组的拆除—绝缘材料的清除与准备—绕线模的制作—线圈的绕制—嵌线—接线—定子绕组的测试—浸漆、烘干—装配—检查试机。

5.3.1 三相异步电动机定子绕组的拆除

在拆除旧绕组的过程中，要逐步记下铭牌、铁芯、绕组、线圈的主要数据，作为重绕嵌线的依据。再按照一定方法把旧线圈拆除下来。

三相异步电动机定子绕组的基本知识

1. 记录原始数据

定子绕组的重绕，应遵循按原样修复的原则，故在旧绕组拆除前和拆除过程中应全面记录、检查、测量各项技术数据，作为修复的依据。

1）铭牌数据

铭牌提供了电动机的型号、额定值等基本数据，应认真记录下来。主要记录项目有型号、功率、转速、绝缘等级、电压、电流、接法等。

2）铁芯和绕组数据

三相异步电动机的常见故障与修理方法

铁芯和绕组数据包括定子铁芯内、外径，定子铁芯长度，定子铁芯槽数，转子铁芯外径，转子铁芯槽数，定子铁芯磁轭厚度和齿宽。此外，还应测出槽形尺寸。用一张质软而又厚些的白纸，按在定子槽形上，用手在纸上向槽口用力按一下，白纸上即可压印出槽形痕迹，再用绘图的分规逐项测出槽形尺寸。定子铁芯槽形尺寸如图 5.21 所示。

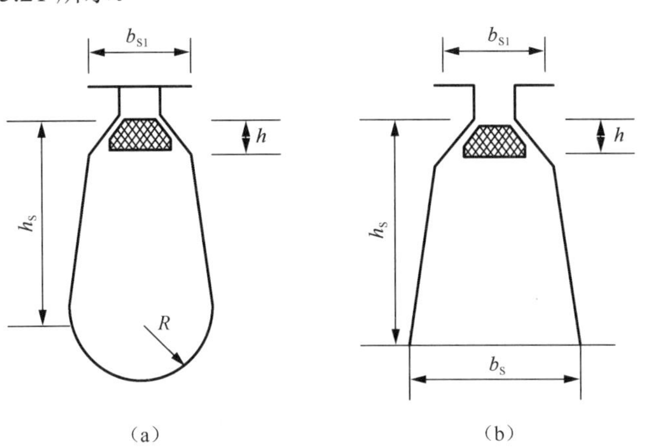

图 5.21　定子铁芯槽形尺寸

绕组拆下前，先记下绕组端部铁芯的长度，如图 5.22 所示。拆下线圈后，根据线圈的形式，测量、记录线圈各部分尺寸。最后，还应称出拆下的旧绕组的全部质量，以备重绕时参考。如果旧绕组为分数槽时，还应记下各极相组线圈的排列次序。

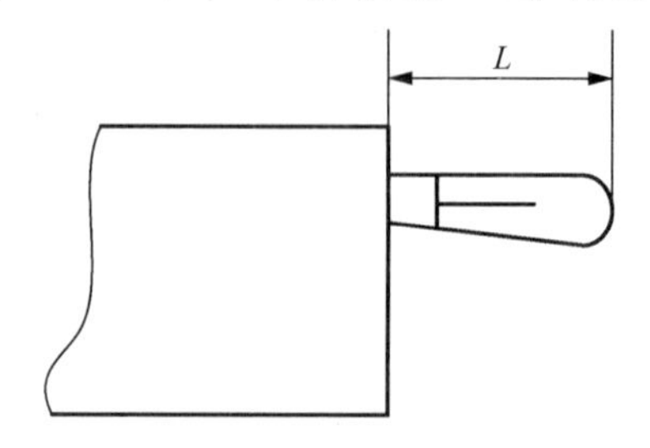

图 5.22　绕组端部铁芯的长度

上述各项数据采用电动机重绕记录卡的样式进行记录，见表 5-3。

（1）判定绕组极数 $2p$。如果知道待修电动机的额定转速 n，可以直接判断电动机的极数 $2p$。异步电动机额定转速 n 接近其同步转速 n_1，而 n_1 与极数的关系是

$$n_1 = \frac{60f}{p}$$

若转速未知，可通过铁芯和线圈参数来判断。对单层绕组，数出定子槽数 Z、线圈节距 y（同心式、交叉式等有几种节距的，取平均值），根据 y 小于并接近极距 τ 来确定极数。例如 Z=24，则 Z/y=4.8，取不足近似值为 4，即电动机为 4 极。

上述方法对双叠绕组有可能不适合，例如 Z=36、q=2 的双叠绕组可能为 4 极也可能为 6 极。这时，可以通过数每极每相槽数 q（即每一相带内线圈个数）来判断极数 $2p$。查测时，从旧绕组端部所插的相间绝缘纸来区分双叠绕组各相带。仔细数出隔相绝缘纸之间的线圈个数 q，由 $q=Z/(2pm)$（m 为相数），有 $2p=Z/(qm)$，可算出极数。例如 Z=36，若 q=2，则 $2p$=6，若 q=3，则 $2p$=4。

（2）判定绕组形式。小型异步电动机采用的绕组形式主要有单层链式、单层交叉式、单层同心式及双层叠绕几种。

（3）判别绕组导体并联根数。成批生产的异步电动机，由于工艺需要，有的采用多股导体并绕。修理工作中，因手边无合适截面的导线，也常使用多股并绕代替。要判断并联根数，可把线圈之间的连接线开断，端口导体根数即为并联根数。要注意的是，多股并绕线圈的匝数，等于每个线圈导体数除以并联根数。

（4）判别绕组并联支路数。较大容量的异步电动机，常采用多路并联。判断绕组并联支路数，可以用一相实有导体数除以并联根数求得。

对于三相六个端头都引至线盒的绕组，可把绕组出线和出线之间的接头开断，观察绕组侧的导体根数，将之除以绕组导体并联根数，就得到并联支路数。

（5）判别绕组节距 y。在拆除旧线圈时，数出线圈两边所跨越的槽数，就是节距 y。要注意的是某些单层绕组，如交叉式、同心式绕组，可能会有几种节距。拆除时，必须都数清楚，记录下来，反复检查，保证无误。

表 5-3　电动机重绕记录卡

1．铭牌数据

编号_____　型号_____　功率_____　转速_____　接法_____　电压_____

电流_____　频率_____　功率因数_____　绝缘等级_____

2．试验数据

空载：平均电压________　平均电流________　输入功率________

负载：平均电压________　平均电流________　输入功率________

定子每相电阻________　转子每相电阻________

负载时温升：定子绕组________　转子绕组________　室温________

3．铁芯数据

定子内径________　定子外径________　定子有效长度________

转子外径________　气隙________　定、转子槽数________　定子轭高________

4．定子绕组

导线规格________　每槽导线数________　线圈匝数________　并联根数________

并联支路数________　绕组形式________　每极每相槽数________　节距________

5．绝缘材料

槽绝缘________　绕组绝缘________

6．槽形和线圈尺寸（绘图标明尺寸）

修理者：________　修理日期：________

（6）测量线圈和导线尺寸。线圈尺寸主要是指它的周长。测量周长是为了制作绕线模，拆下一个线圈后，选择尺寸最小的几匝展开后测量周长。测量后，保留一匝作为制作绕线模的依据。

导线尺寸即线径，一般用千分尺测量。测量时要考虑导线外的漆膜厚度。去掉漆膜的方法最好是用火烧，如用火柴或打火机烧后，再用棉纱头除去污迹即可测量。不宜采用小刀刮去漆膜，那会使线径偏小。如果烧去漆膜不便，可根据表 5-4 估算漆膜厚度，测量时扣除。

表 5-4　常用聚酯漆包线漆膜厚度　　单位：mm

导线直径	0.27～0.33	0.35～0.49	0.51～0.62	0.64～0.72	0.74～0.96	1.00～1.74
漆膜厚度	0.05	0.06	0.07	0.08	0.09	0.11

2. 工具、材料准备

1）工具准备

定子绕组重绕除需要常用的手锤、錾子、锉刀、直尺、电工刀等通用工具外，还需一些专用工具。

（1）划线板。它是在嵌线圈时将导线划进铁芯槽，以及将已嵌进铁芯槽的导线划直理顺的工具。划线板常用楠木、胶绸板、不锈钢等磨制而成，长 150～200mm，宽 10～15mm，厚约 3mm，前端略成尖形，一边偏薄，表面光滑，如图 5.23 所示。

（2）清槽片。它是用来清除电动机定子铁芯槽内残存绝缘杂物或锈斑的专用工具，一般用断锯条在砂轮上磨成尖头或钩状，尾部用布条或绝缘带包扎而成，如图 5.24 所示。

图 5.23　划线板

图 5.24　清槽片

（3）压线板。它是把已嵌进铁芯槽的导线压紧并使其平整的专用工具，用黄铜或钢制成。其可根据铁芯槽的宽度制成不同规格、形状，如图 5.25 所示。

（4）划针。它是在一槽导线嵌完以后，用来包卷绝缘纸的工具，有时也可用来清槽，铲除槽内残存的绝缘物、漆瘤或锈斑，用不锈钢制成，如图 5.26 所示。尺寸一般是直线部分 200～250mm，粗 3～4mm，尖端部分略薄而尖，表面光滑。

图 5.25　压线板

图 5.26　划针

（5）绕线模。它是绕制电动机绕组的模具。电动机绕线模周长尺寸通常为铁芯长度乘以 2，再加以节距槽两中心距离。绕线过程中一方面应保证线匝数符合要求，另一方面还必须保证线的受力相对均匀而且要合适，预防绕线过程中线被拉细或拉断，绕线模如图 5.27 所示。

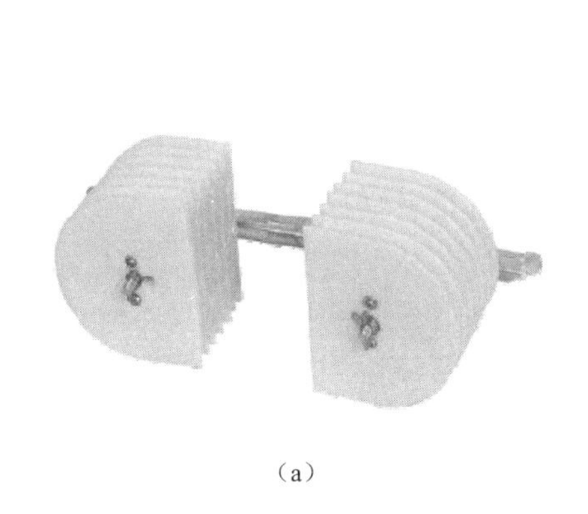

（a）

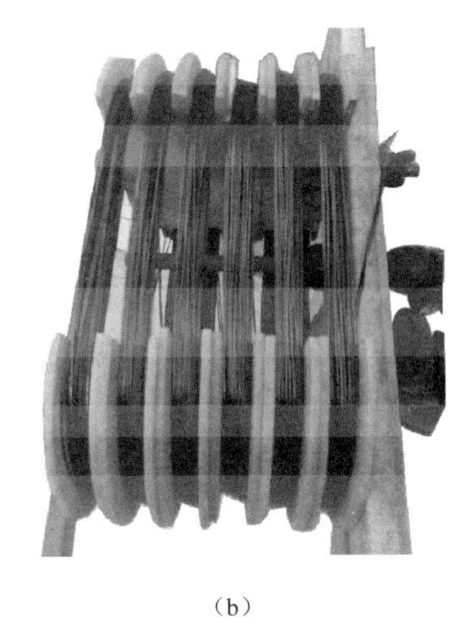

（b）

图 5.27 绕线模

（6）绕线机。它是把铜线缠绕到绕线模上的设备，如图 5.28 所示。

（a）手动绕线机

（b）自动绕线机

图 5.28 绕线机

2）材料准备

根据待修电动机的类型和现有绝缘材料情况，选用适当的绝缘方案，准备好相应的聚酯薄膜负荷绝缘纸、纱带、黄腊管、竹等绝缘材料。

3. 定子绕组的拆除

电动机绕组经过浸漆、烘干后，成为坚硬的整体，很不容易拆除下来。通常应先通过加热或溶剂溶解，使绝缘漆软化，然后将线圈拆除。一般对旧绕组的拆除可以采用冷拆、热拆、溶剂溶解等几种方法。冷拆和溶剂溶解法可保护铁芯的电磁性能不变，但拆线比较困难，热拆法较为容易，但在一定程度上会破坏铁芯绝缘，影响电磁性能。

1）冷拆法

冷拆法首先把所有槽楔从一端打出，或用刀片把槽楔从中间破开挑出。若为开口槽可用手钳夹住晃动线圈，然后一次取出或从上层逐次取出。若为闭口槽或半闭口槽，可把绕组一端的端接部分逐根剪断，从另一端把导线抽出。双层绕组，先拆上层线圈，再拆下层

线圈。同心绕组，先拆外层线圈，再拆内层线圈。若是单层绕组，则先从某一槽开始拆起，按绕组绕制次序将绕组全部拆除。

2）热拆法

热拆法有烘箱加热法和通电加热法。加热可使绕组的绝缘漆软化或烧焦，再拆除线圈就比较容易，但铁芯硅钢片或凸磁极受高温热量后性能改变，从而影响电动机的输出功率与效率。

（1）烘箱加热法。有足够容量的烘箱，可以考虑采用此法。把待拆电动机放入烘箱，升温至 80～120℃，保留一段时间，绝缘漆软化后，趁热拆除。

（2）通电加热法。与烘箱加热法相比，通电加热法有设备要求低、加热时间短、加热效果好等优点，简便易行，使用较多。

将电动机绕组接入三相 380V 电源，用调压器（或电焊变压器）控制通入绕组的电流，使其为电动机额定电流的 1.8～3 倍，使线圈发热。密切注意绕组发热情况，当绕组开始冒烟，绝缘漆软化时，断开电源，拆除绕组。

通电加热法适用于大、中型电动机，其温度容易控制，但要求电源有足够的容量。如果绕组中有断路或严重短路的线圈，则局部不能加热，只能采用烘箱加热法、冷拆法或溶剂溶解法使其绝缘溶解。

3）溶剂溶解法

其是利用某种溶剂将槽楔与绝缘物腐蚀掉的方法。这种方法较简单，也容易清除铁芯上剩余的绝缘物，并且不容易损坏铁芯，拆卸效果较好。但是这一方法成本较高，在一定程度上限制了它的应用。一般小型、微型电动机绕组拆除时多用此法。

把定子绕组浸入 9%的氢氧化钠溶液中 2～3h（若需加快，则可把氢氧化钠溶液加热至 80～100℃）。再把绕组从溶液中取出，用清水冲净，然后抽出线圈，因氢氧化钠能腐蚀铝，浸泡前，应把铝质铭牌取下。铝壳和铝线电动机不能用此法。

4）拆除绕组注意事项

无论用什么方法拆除旧绕组，都应注意以下事项：拆卸前应记下绕组端部伸出槽外的长度，以保证新绕组的端部与原来一样；不得损坏铁芯；拆卸过程中要保留几个完整的线圈，作为选择或新制的依据；拆卸过程中随时测量、记录所需数据。

4. 定子绕组的绝缘清理

1）铁芯清理

旧绕组拆除后，定子铁芯槽内必须加以清理，可用断锯条或头上磨成刃口的细钢条，把残存的一切绝缘材料、绝缘漆斑、铁锈斑等杂物铲除干净。再用钢丝刷来回磨刷几次，然后用砂布裹在细铁条上在槽内抽磨，最后用打气筒或“皮老虎”吹扫干净。总之，务必使铁芯槽内外不残留任何杂物。在清理时还要注意检查铁芯硅钢片是否受损，若有缺口、凸片、弯片，应给予修整。

2）绕组绝缘

（1）常用绝缘材料的规格与性能。常用绝缘材料的名称、型号、用途见表 5-5。

表 5-5　常用绝缘材料的名称、型号、用途

名称		型号	用途
薄膜	聚酯薄膜	2820	小、中型电动机槽间、匝间、相间绝缘
	聚酯薄膜青壳纸	2920	低压小型电动机衬热绝缘
	聚酯薄膜玻璃漆布箔	2252	湿热带用电动机衬垫绝缘与槽绝缘
玻璃漆布带	油性玻璃布带	2201	电动机衬垫绝缘与线圈绝缘
		2412	
	黑玻璃漆布带	2430	大型电动机衬垫绝缘与线圈绝缘
	硅有机玻璃漆布带	2450	耐高温电动机、电器衬垫绝缘与线圈绝缘
漆布带	黄漆布带	2010	低压电动机衬垫绝缘与线圈绝缘包扎
		2017	
	黄漆绸	2210	A、E 级绝缘电动机
		2212	
云母板带	环氧换向器云母板	5536	小、中型电动机滑环间及换向片间绝缘
	沥青绸云母带	5032	电动机线圈绝缘
		5033	
	沥青玻璃云母带	5034	
		5035	
	醇酸玻璃云母带	5034	

（2）电动机的耐热等级。和其他设备一样，三相异步电动机定子绕组的绝缘也可根据它的耐热程度分为不同的等级。在生产实践中广泛使用的各类低压（额定电压 500V 以下）异步电动机，常采用 A、E、B 级等几种绝缘。常用绝缘材料耐热等级见表 5-6。

表 5-6　常用绝缘材料耐热等级

分类	耐热温度/℃	绝缘材料
A	105	经过浸漆处理的棉纱、木、纸等有机材料
E	120	在 A 级材料上复合或垫衬一层耐热有机漆
B	130	用云母、石棉等无机材料为基础，以 A 级材料补强，用有机漆胶合成
F	155	与 B 级材料相同，但使用耐热硅有机漆胶合成
H	180	与 B 级材料相同，但没有 A 级材料补强

电动机绝缘等级越高，相同容量下体积越小，性能也更好。但这使制造要求高，绝缘费用也较高。在对电动机进行修理时，应注意记录原电动机的绝缘等级。修复后，电动机的绝缘不能比原有等级低。

（3）定子绕组匝间绝缘。低压电动机匝间绝缘依靠所采用的漆包线自身的绝缘。一般用高强度聚酯漆包线对定子绕组进行重绕，导线漆膜满足 B、E 级绝缘要求，可作为匝间绝缘。

（4）定子绕组对地绝缘（槽绝缘）。槽绝缘是指定子绕组槽内有效边和铁芯之间的绝缘。异步电动机槽绝缘设置情况如图 5.29（a）所示。为了加强槽口处的绝缘强度，可把绝缘纸箔两端折回 7～15mm，成为双层，如图 5.29（b）所示。

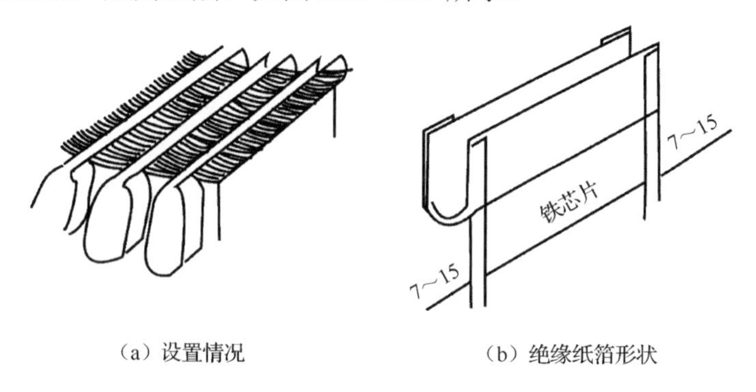

（a）设置情况　　（b）绝缘纸箔形状

图 5.29　槽绝缘

（5）定子绕组层间和相间绝缘。图 5.30 为双层绕组槽内绝缘设置情况。除导体对地有槽绝缘外，在上、下层导体间还有层间绝缘。一般层间绝缘应使用与槽绝缘相同的材料。剪裁层间绝缘材料时，应注意使它的长度比铁芯长 40～70mm，宽度比槽宽 5mm 左右，否则不能有效地把上、下层导体隔开。

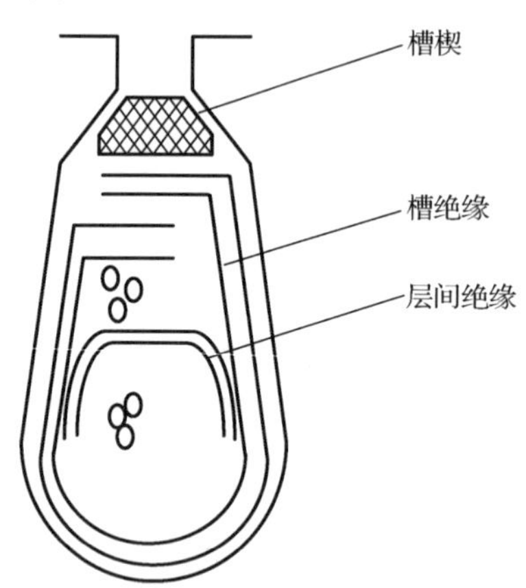

图 5.30　双层绕组槽内绝缘设置情况

定子绕组中不同相的导体，除在槽中上、下层间可能接触外，在绕组端部也会接触。尤其是在下完线对绕组端部进行整形时，会使不同相的导体靠在一起，故在绕组端部的不同极相组之间要垫相间绝缘材料。相间绝缘也应使用与槽绝缘相同的材料。绝缘材料的剪裁应按线圈端部形状，并放宽 10mm 左右剪下，垫入后，应保证把不同相的导体垫开。对端部中处于同一相的相邻导体（如同一极相组中各线圈端部）之间，不另设相间绝缘。另外，对电动机端部进行整形时，注意端部对地最小距离应大于 10mm。

在图 5.30 中，槽楔的作用是固定和压紧槽内导体，防止它们受到机械损伤。槽楔通常用各种层压板或竹片制成。

5.3.2 定子绕组的制作

线圈的大小与嵌线的质量和电动机性能关系很大，而线圈的大小完全是由绕线模的尺寸决定的。制作合适的绕线模是保证绕组嵌线质量的关键。线圈尺寸偏小，会造成嵌线困难，甚至不能嵌入线槽中；线圈尺寸过大，不仅费铜，而且过长的绕组端部还可能碰到端盖等金属件，造成短路故障。只有线圈尺寸适当，才能得到电气性能好、外形美观的绕组。因此，一定要认真设计绕线模的尺寸，可以用拆下来的一个完整的旧线圈为准来制作绕线模。若没有旧线圈，也可用下面的方法来计算。

1. 绕线模的结构

绕线模可分为固定式和活络式两类。活络式绕线模的通用性好，但制造工艺较为复杂。一般工矿企业、农村的电动机修理使用固定式绕线模较多。

图 5.31 为固定式绕线模的结构。木制的绕线模由模心和夹板叠成。漆包线绕在模心与两侧夹板所形成的槽内。模心有菱形端部和圆弧形端部两种。菱形端部的绕线模多用于双层绕组。圆弧形端部的绕线模多用于各种单层绕组。

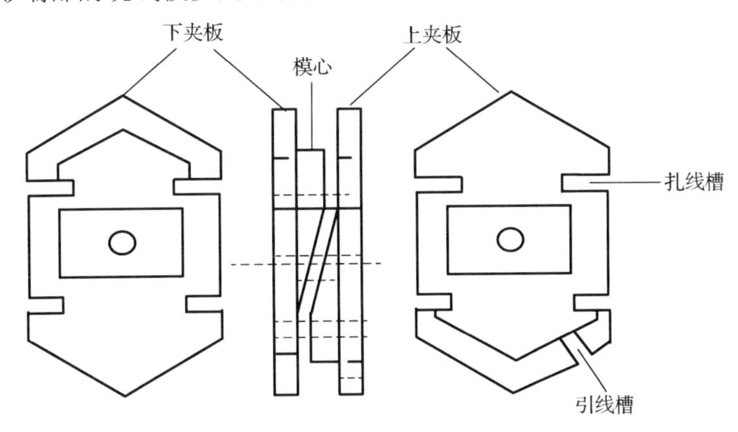

图 5.31　固定式绕线模的结构

夹板外形与模心相似，每边外沿比模心大出的尺寸与线圈匝数、线径有关，一般大 10mm 左右即可。因为工艺原因（便于取下绕好的线圈），模心常锯成两半，分别黏或钉在夹板上。在绕线模中部开孔，以穿过绕线机轴。

图 5.31 是一次只绕一个线圈的单个绕线模。它由模心和上、下夹板叠成。如果要把同一极相组的 q 个线圈一次绕成，可制作多层重叠的绕线模。同心式绕组大、小线圈尺寸不一，也宜做成大、小模心和多层夹板叠成的绕线模。在夹板外边开有扎线槽和引线槽。扎线槽用于扎紧绕好的线圈边，防止松散，引线槽用于放置线圈两端引线。

2. 模心尺寸确定

由上述可知，模心尺寸是制作绕线模的关键，修理中常用以下几种方法来确定模心尺寸。

1）利用旧绕组确定模心尺寸

把拆除旧绕组时留下的一匝旧线圈或一个完整的旧绕组作为决定模心尺寸的依据，依样确定模心尺寸、形状。要注意的是一定要以旧线圈内层尺寸小的一匝为依据，才能绕出合适的线圈。

2）利用待修电动机定子铁芯尺寸确定模心尺寸

如果拆除时没有留下完整的旧线圈，可根据原来绕组的形式、节距，用一根导线沿铁芯槽和端部围成一个线圈模型来确定模心尺寸。

3. 绕线

制作好绕线模，便可进行绕线。小型异步电动机线圈常用普通手摇绕线机绕线。绕线模用两个螺母夹紧在支架之间的螺杆上，手摇绕线。夹好绕线模后，把导线头缠在轴上，扎线槽里预放好扎线，便可开始绕线。

绕线时，应当尽可能把同一极相组的 q 个线圈一次绕完，这样可避免线圈之间接头，绕组质量好，故障率低。

线圈绕制时，要注意以下几点。

（1）线圈留出的引线不要太短。线圈端头留量的长度以能达到对面有效边的一半为宜。若留得过短，下线后可能会使某些接头不便焊接。

（2）绕线应整齐。绕制时，注意导线在槽内按先后次序排列整齐，避免交叉和打结，以便下线时能顺利划入槽中。

（3）接头放在端部。线圈绕制过程中若需接头，一定要接在端部，不允许在槽中的有效边上接头。端部的接头应绞接焊好，套上黄腊管，下完线进行端部绑扎时要用纱带扎紧。

（4）注意按原样绕制。绕制新线圈时，不能随意变更线圈导线的直径、匝数。

（5）从绕线模上取下线圈应注意整齐、清洁。绕完线圈，留足引线，然后用预留的扎线把线圈有效边仔细扎好。取下绕线模时，注意线圈不要弯曲松散，有效边整齐不交叉错位，避免造成下线困难。线圈应整齐地放在清洁的地方。

5.3.3 下线工艺与下线规律

三相异步电动机绕组的嵌线

1. 下线工艺

把绕制好的线圈嵌入铁芯槽内称为下线或嵌线。下线的质量直接决定绕组的性能。下线时稍不注意，就可能擦伤导线，弄破绝缘，造成接地或短路故障。

1）绝缘的配置和绝缘材料的剪裁

不同耐热等级的电动机，配置的绝缘也不同。

（1）槽绝缘。槽绝缘的剪裁要注意长、宽适当。它的长度应使它在端部伸出槽端头，槽绝缘伸出铁芯两端的长度因电动机容量大小而不同，可按表 5-7 选择。

表 5-7　槽绝缘伸出铁芯两端的长度　　单位：mm

电动机类别	J02 1～3 号机座	Y 系列中心高 80～100	J02 4～5 号机座	Y 系列中心高 112～160	J02 6～7 号机座	Y 系列中心高 180～200	J02 8 号机座	Y 系列中心高 225～250	J02 9 号机座	Y 系列中心高 280
伸出长度	7		8		10		12		15	

（2）层间绝缘。层间绝缘操作与槽绝缘相同。剪裁时，它的长度应比槽绝缘两端各长 5～10mm，以保证上、下层在端部也能隔开。它的宽度应裁为平均槽宽的两倍。下线时，嵌完下层边后，用压线板把下层导线压实，再把层间绝缘弯成 U 形插入压实，确信无下层导体在层间绝缘上方后，再嵌入上层导体。

（3）相间绝缘。相间绝缘的作用是在电动机端部垫开不同相的线圈。它的材料与槽绝缘相同，形状和剪裁尺寸应视电动机要垫开的线圈端部形状和尺寸来定。一般先剪成足够隔开不同相线圈的三角形，垫完后再修剪掉多余部分，不能把多余的绝缘纸包裹在绕组端部上，否则在浸漆时被包裹的部分浸不透绝缘漆。

（4）绝缘套管。线圈、极相组、相绕组的引线都要套绝缘套管。引线套管一般使用黄腊管，其长度根据引线位置和焊接点位置确定，不能太短，要把引线完全与其他导体隔开。在引线焊接处，常使用大、小两种直径的套管。细套管直接套在引线上，从槽口一直套到焊点；粗套管套在焊点两侧的细套管外面，作为焊点的绝缘。

2）下线

下线的操作工艺和手法决定了嵌线的效率和定子绕组的质量。若下线时不慎把导线弄乱甚至打结，导线卡在槽口，将造成返工。下线前，首先要注意待下线圈是否规则整齐，尤其是导线有效边是否排列整齐、无交叉。一般只要在线圈取下绕线模之前把它的有效边仔细用扎线扎好，它就不会散乱；其次，要注意线圈嵌入定子的方向，尤其是接线盒不在中部的电动机，要注意把引线接在离接线盒较近、易于制作的一侧。

在开始下线时，首先要确定下线的第一槽。因为确定好第一槽，可以使下完线后制作的引线最短，在绕组端部所占空间最少。一般以接线盒位置的线槽作为下线的第一槽。

下线时首先把待下线圈的一边去掉扎线，用两手的拇指和食指捏扁。为使整个有效边全长都保持扁薄状，可适当扭曲导线束。然后，把扁薄状的导线束拉入垫好绝缘的槽内，如图 5.32 所示。不能滑入槽的其他导线，可用划线板顺槽口划入，如图 5.33 所示。划入时要注意先后次序，避免导线交叉重叠卡在槽口。导线全部嵌入后，握住两端，两手轻轻来回拉一下，使其在槽内平整服帖，并注意保持线圈直线部分在铁芯两端伸出的长度相等。

下线操作的关键是注意导线束中导线的顺序，先划排在最下面的，避免划入上面的导线而造成交叉。划线板的柄向槽口两端交替划线，边划边压，把导线送入槽底。

在下线过程中，一般每嵌完一组线圈后，应用 500V 绝缘电阻表检测对地绝缘电阻。如果有对地短路情形，应取出线圈重新下线，以免线圈都嵌完后，才发现其中有线圈对地短路，这样返工的工作量将会很大。

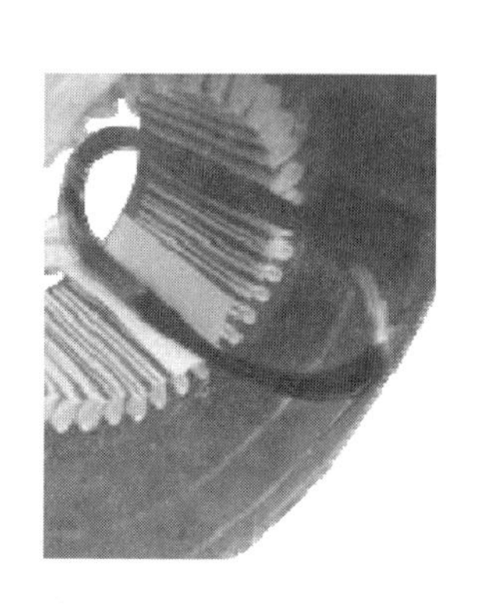

图 5.32　下线方法

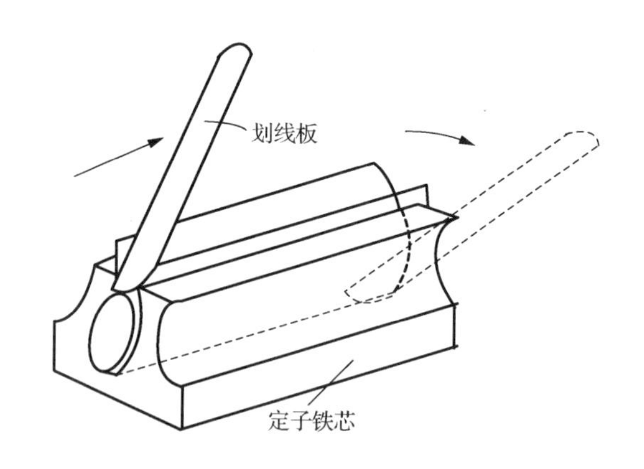

图 5.33　划线方式

当一槽导线全部嵌完，就应包裹槽绝缘，处理好槽口，插入槽楔。根据槽绝缘的不同设置方案，常采用以下两种方法包裹槽绝缘。

图 5.34 是不用引槽纸的槽绝缘包裹步骤。下线完后用弯头剪沿槽口剪去槽绝缘伸出槽口部分，然后用划线板或划针从内到外，逐层把槽绝缘包上。包裹时，先压下一侧绝缘，然后压下另一侧覆盖其上。由于绝缘纸有弹性，操作时要边压边退。覆盖好后，用划线板或压线板压紧，再插入槽楔。

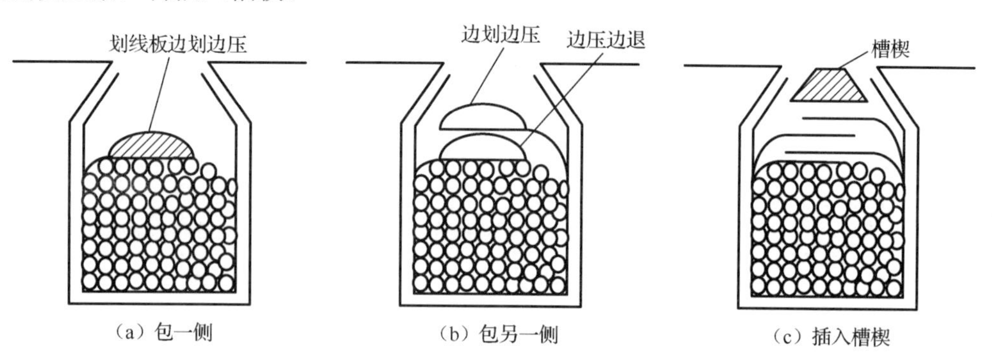

图 5.34　不用引槽纸的槽绝缘包裹步骤

图 5.35 是用引槽纸的槽绝缘包裹步骤。下线时，使用专门的引槽纸引导，然后抽出引槽纸，把导线压实，用一块封口绝缘纸（尺寸与双层绕组层间绝缘尺寸类似）弯成 U 形，插入槽内包住导线，再插入槽楔。

3）端部处理

定子线圈全部下入槽中以后，需进行端部处理。绕组端部处理包括两个内容：垫相间绝缘和端部整形。

（1）垫相间绝缘。相间绝缘又称端部绝缘，用于绕组端部两个绕组之间的绝缘。用划线板在电动机绕组一侧稍撬开，插入绝缘。注意要把所有不同相线圈在端部的接触点都垫开，不能漏掉。不同形式绕组相间绝缘的垫法不同，操作时要仔细确认每一个线圈的相别。垫入时，要注意把相间绝缘插到底，与槽口的层间绝缘、槽绝缘有少许重合。全部插完，再按绕组端部轮廓修剪相间绝缘边缘，使之露出线圈外 3～4mm 即可。一侧完成以后再对另一侧进行操作。

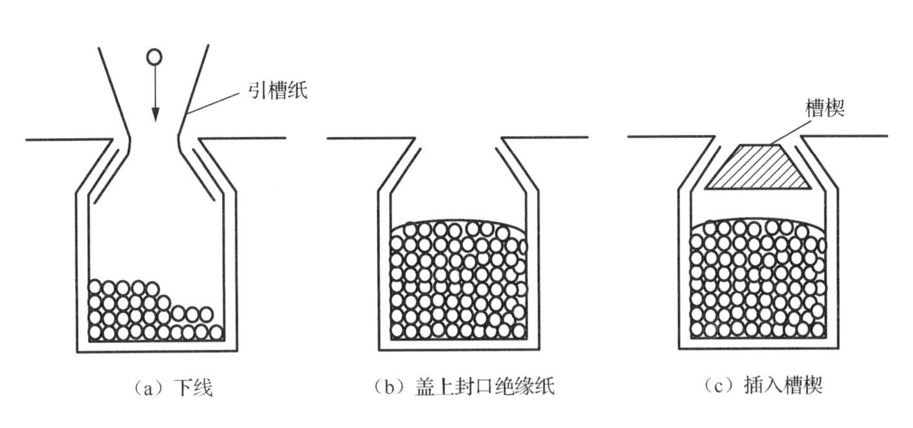

图 5.35　用引槽纸的槽绝缘包裹步骤

（2）端部整形（敲喇叭口）。端部整形的方法是用垫打板垫在绕组端部内侧，再用木榧均匀敲打，逐渐形成喇叭口，如图 5.36 所示。

图 5.36　端部整形

操作时，注意不要把喇叭口敲得过大，致使绕组端部太靠近机座。为保证绕组对地绝缘，绕组端部各部位距机座等铁件的距离不应小于 10mm。喇叭口也不应过小，否则将使转子装入困难，甚至造成定子绕组与转子相擦，同时也影响电动机风路的畅通，使电动机散热不良。

2. 各种绕组的下线规律

各种类型的绕组结构差异很大，要使它们在下线后有一个对称、合理的端部，必须遵循它们各自特定的规律和步骤来下线。

1）单层链式绕组

单层链式绕组的端部特点是一环扣一环，整个端部的线圈像链条似重叠，很对称，现以 Z=24、2p=4 的单层链式绕组为例进行说明。

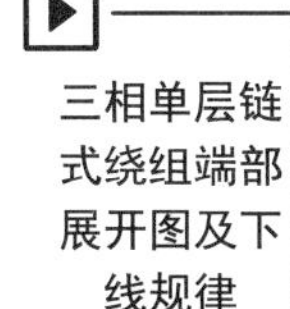

图 5.37 为上述单层链式绕组端部展开图，线圈侧的数字是线圈号，铁芯侧的数字是槽号和下线顺序号。下线顺序是先把线圈 1 的一边嵌入第 6 槽，它的另一边要压在线圈 11、12 上面，须等到线圈 11、12 嵌入第 2、4 槽之后，才能嵌入第 1 槽，暂时只能吊在定子内（叫吊把），但要用绝缘纸保护好。然后空一槽（第 7 槽），将线圈 2 的一边嵌入第 8 槽，因它的另一边要压在线圈 12 上面，只能暂

时吊起，待线圈 12 嵌入第 4 槽后，才能嵌入第 3 槽中。再空一槽（第 9 槽），将线圈 3 的一边嵌入第 10 槽，因第 6、8 槽已嵌了线圈的一个边，按节距 y=5 的规则，线圈 3 的另一边可直接嵌入第 5 槽，不需再吊把。接着再空一槽，将线圈 4 的一边嵌入第 12 槽，另一边嵌入第 7 槽。以后各个线圈均按此规律下一槽、空一槽。在嵌完线圈 11、12 的上层边后，再将线圈 1、2 的吊把依次嵌入第 1、3 槽（也叫收把）。

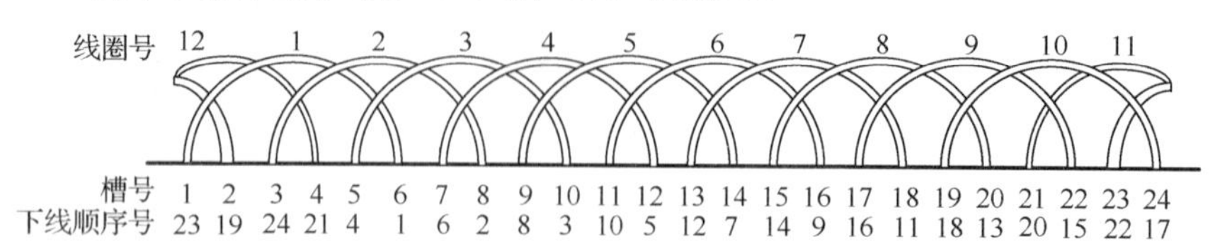

图 5.37　Z=24、$2p$=4 的单层链式绕组端部展开图

综上所述，单层链式绕组的下线规律为，下一槽、空一槽，再下一槽、再空一槽，以此类推。开始几个线圈要吊把，吊把线圈数等于每极每相槽数 q。

2）单层交叉式绕组

三相单层交叉式绕组端部展开图及下线规律

现以 Z=36、$2p$=4 的电动机为例说明单层交叉式绕组的下线规律。图 5.38 为其端部展开图。

如图 5.38 所示，首先将第 1 组两个大线圈的下层边嵌入第 10 及第 11 槽，由于它们的另一边还要压着第 11、12 组线圈，暂不能嵌入第 2、3 槽，故作吊把处理。接着空一槽，将第 2 组一个小线圈嵌入第 13 槽，由于它的上层边要压着第 12 组线圈，暂不嵌入第 6 槽，仍作吊把。然后空两槽，将第 3 组两个大线圈的下层边嵌入第 16、17 槽，由于第 1 组、第 2 组线圈已嵌入第 10、第 11 和第 13 槽，第 3 组线圈的上层边可按 y=8 嵌入第 8 和第 9 槽。接着空一槽，将第 4 组小线圈嵌入第 19 槽，它的另一边按 y=7 的规则直接嵌进第 12 槽。以后可按上述规则往后嵌。待第 11、12 组线圈嵌完时，再将第 1 组和第 2 组的吊把收把入槽。

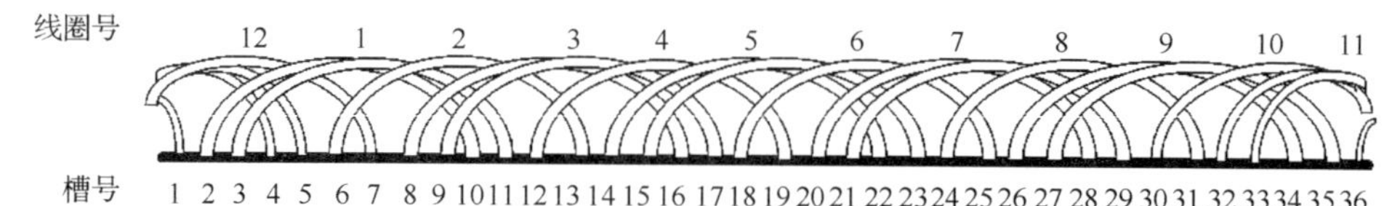

图 5.38　Z=36、$2p$=4 的单层交叉式绕组端部展开图

三相单层同心式绕组端部展开图及下线规律

由此可以总结出单层交叉式绕组的下线规律为，下两槽、空一槽，再下一槽、再空两槽，以此类推。开始几个线圈要吊把，吊把线圈数为 q（本例中 q=3）。

3）单层同心式绕组

同心式绕组有两平面、三平面同心式绕组和同心链式绕组之分。两平面、三平面同心式绕组的特点是端部分层，互不交叉，下线方法简单；同心链式绕组的下线与单层链式绕组有共同点。

（1）图 5.39 为 Z=24、$2p$=2 的两平面同心式绕组端部展开图。下线步骤为，先把第 2 组线圈的四个有效边分别下到 5、6、11、12 槽，再把第 4、6 组各线圈的边分别下到 13、14、19、20，21、22、3、4 槽。这就完成了下层平面全部线圈的下线。然后，把已嵌好的线圈端部稍下按，适当整形后，再嵌入上层平面的三组线圈。

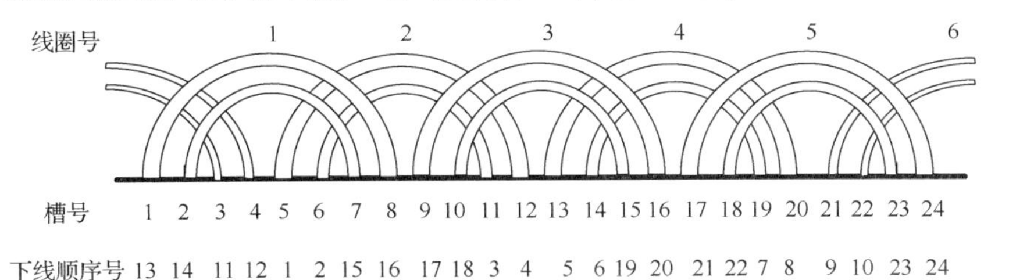

图 5.39　Z=24、2p=2 的两平面同心式绕组端部展开图

（2）图 5.40 为 Z=24、2p=2 的三平面同心式绕组端部展开图。它的六组线圈端部分别处在三个平面上。从图中可见，第 3、6 组线圈处于最上层，第 2、5 组线圈在中间，第 1、4 组线圈位于最下层。下线时，应先下处于最下层的第 1、4 组线圈，并一次把全部线圈边下完。然后下中间的第 2、5 组线圈，最后下最上层的第 3、6 组线圈。下完一层后，要适当下按端部进行整形，以便给下一层端部留出位置。

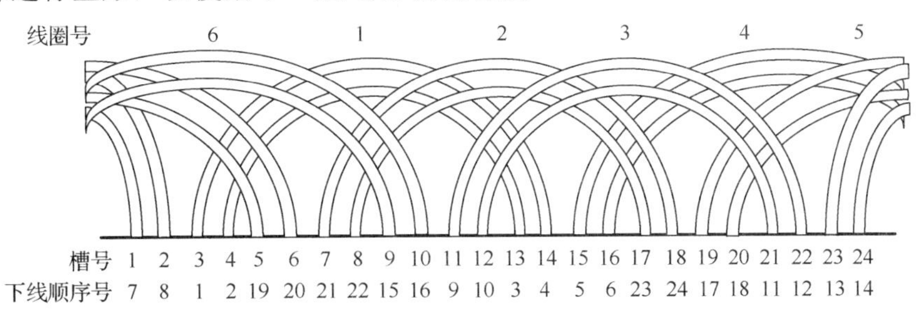

图 5.40　Z=24、2p=2 的三平面同心式绕组端部展开图

两平面、三平面同心式绕组有类似的下线规律，按线圈组所在平面，从下到上，逐层下线，不需吊把。

（3）同心链式绕组同时具有同心式和链式绕组的特点。如果把单层链式绕组每一线圈扩展成由相邻两个线圈构成的同心式线圈组，并相应把电动机槽数增加一倍，就形成了同心链式绕组。也就是说，当把同心链式绕组的同心式线圈组看作一个线圈时，则它的下线规律就与单层链式绕组相同。图 5.41 为 Z=24、2p=2 的同心链式绕组端部展开图。

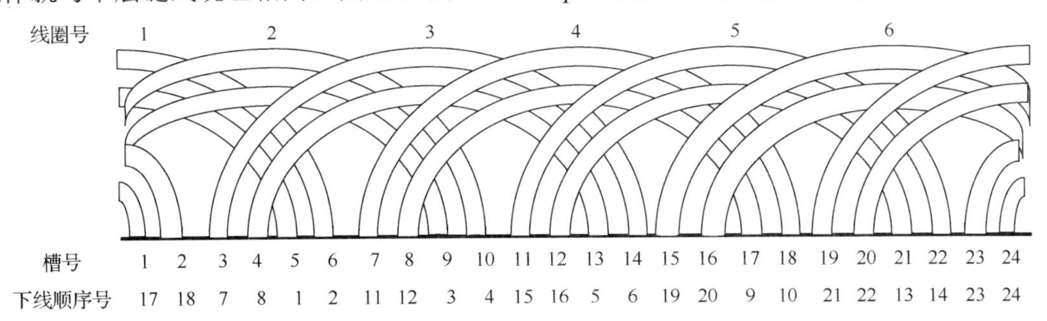

图 5.41　Z=24、2p=2 的同心链式绕组端部展开图

把第一相的第一个小线圈的一个有效边嵌入第 5 槽，另一边暂不嵌入第 20 槽作吊把。第一个大线圈带引线的下层边嵌入第 6 槽，另一边暂不嵌入第 19 槽作吊把，接着将该相空两槽，将第二相小线圈带引线的下层边嵌入第 9 槽，大线圈下层边嵌入第 10 槽，另外两边暂不嵌入第 23、第 24 槽也作吊把，至此共吊四把，再空两槽。将第三相大线圈带引线的下层边嵌入第 14 槽，小线圈下层边嵌入第 13 槽，因第 5、第 6 槽已嵌完线，另两个有效边可按 y=9 和 y=11 的规则直接下入第 3、第 4 槽，以此类推，每嵌完一个线圈组的两槽，就空两槽，再嵌两槽（上层边也如此），直到最后第 19、第 20 槽和第 23、第 24 槽作收把为止。

由上可知，同心链式绕组的下线规律为，下两槽、空两槽，再下两槽、再空两槽，以此类推。前几组线圈需要吊把，吊把线圈数为 q（本例中 q=4）。

4）双层叠绕组

双层叠绕组的端部排列规律是线圈一个依次压一个，其下线规律较为简单。图 5.42 为 Z=24、$2p$=4 的双层叠绕组端部展开图，节距一般选择短节距，可以使端部长度变小，省线材，本绕组 y=1～6。下线时，先把线圈 1 的下层边嵌入第 6 槽。它的上层边本应嵌入第 1 槽，但它在第 1 槽中要压在下层的线圈上，而下层线圈 20 的有效边尚未嵌入第 1 槽中，同时它在端部要压住的线圈 21、22、23、24 也未嵌线，故它的上层边需吊把。然后不空槽，逐槽嵌线圈 2、3、4、5 的下层边，它们的上层边都需吊把。直到把线圈 6 的下层边嵌入第 11 槽时，它对应的上层边所要压住的各下层边已全部嵌入槽内，故可随即把线圈 6 的上层边嵌在第 6 槽，不再吊把。以后的各线圈，可将两个有效边同时嵌入，直到完成下线。

双层叠绕组的下线规律为，从任一槽开始，把线圈的下层边逐槽依次嵌入，前几个线圈需要吊把，吊把线圈数等于节距 y，从 y+1 号线圈开始，可同时嵌入上、下层边，不再吊把。

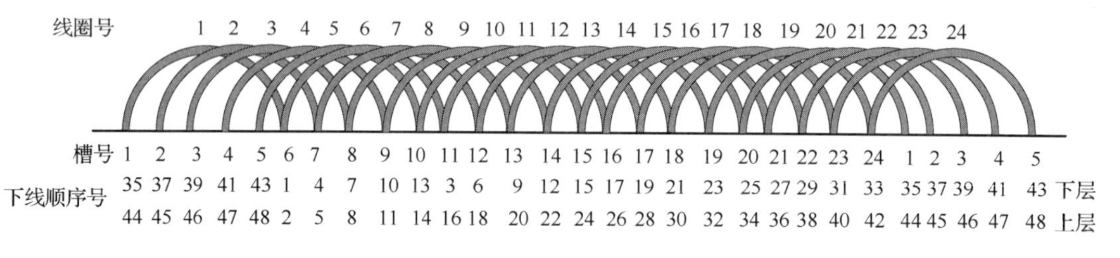

图 5.42　Z=24、$2p$=4 的双层叠绕组端部展开图

5.3.4 接线与引线制作

刚下完线的绕组，线圈之间有待连接。为了便于连接，习惯上在下线时注意把线圈的头（首端）留在定子槽口，而线圈的尾（末端）留在槽底。下线完毕，把槽口的出线弯向内，槽底的出线弯向外。这样线圈之间首尾分明，对正确接线十分有利。

把线圈组合成绕组，具体操作时要经过连接、对连接的校核、接头制作、引线的选择、接头焊接和端部连线捆扎等工艺步骤，才能完成电动机接线与引线的制作。

1. 线圈的连接和校核

对下好线的定子绕组，在铁芯上按相带和 U_1—W_2—V_1—U_2—W_1—V_2 的顺序进行相带划分。认真区分出每一个线圈及线圈边所属的相带。对各槽导线，按所属相带应有的电流参考方向，用石笔或粉笔轻轻标在铁芯槽齿上，以此作为连接依据。

先不刮去各线圈首、尾出线外的漆，也不剪短，按接线规律把应连接的线头轻扭在一起。电动机的全部接头都扭接完后，再按接线规律和槽齿上的箭头方向，对每一个接头进行校核。确定无误后再逐个松开扭接点，并制作接头。

2. 接头制作工艺

接头制作工艺包括剪去引线的多余长度、套入绝缘套管、刮漆、接头绞接、焊接、套好外层绝缘套管。

引线的长短要根据接头的实际位置来确定，剪掉多余长度时，注意留下用于绞接的长度。

常用的接头形式如图 5.43 所示。图 5.43（a）是对绞，图 5.43（b）是并绞，它们都是采用绝缘套管绝缘。在待绞接的线圈引线上套细绝缘套管，在绞接处套上较粗的绝缘套管。在剪去引线多余长度后，就可根据待接出线长度确定细绝缘套管长度。细绝缘套管套入后，在绞接端应留出绞接头位置，在引出端套住引线全长。

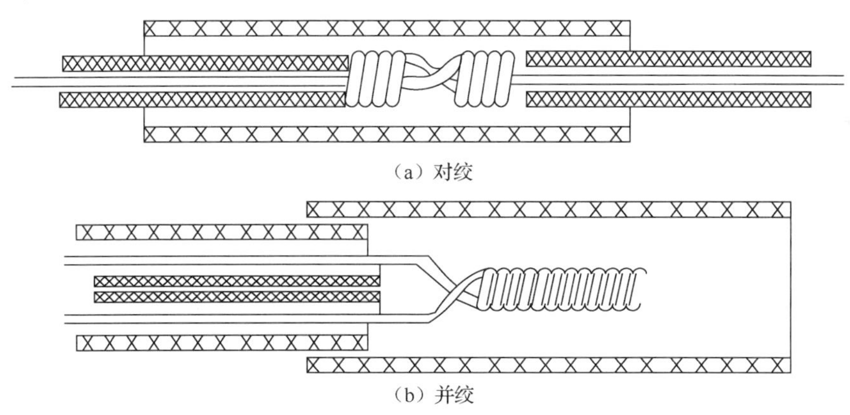

（a）对绞

（b）并绞

图 5.43　常用的接头形式

对绞接头，在绞接前应事先套入外层绝缘套管。该套管长度视接头长短而定，一般为 40～80mm，以完全套住接头导体并与细绝缘套管有一段重合为宜。导线绞接前，必须进行刮漆和搪锡，以保证接头导电、焊接良好。刮漆可用电工刀或专门的刮漆刀。操作时，导线应不断转动，确保导线四周不留余漆，为了保证焊接的质量，刚刮好的导线应尽快涂上焊剂，加热后搪上一层锡。

导线之间的连接方式，除对绞和并绞外，引线和出线之间还常用图 5.44 所示的连接法。图 5.44（a）中线圈出线较细，可直接把出线绞接在多股的引线上；图 5.44（b）中线圈出线较粗，可把出线分成两段，分别用较细的扎线与引线扎好。

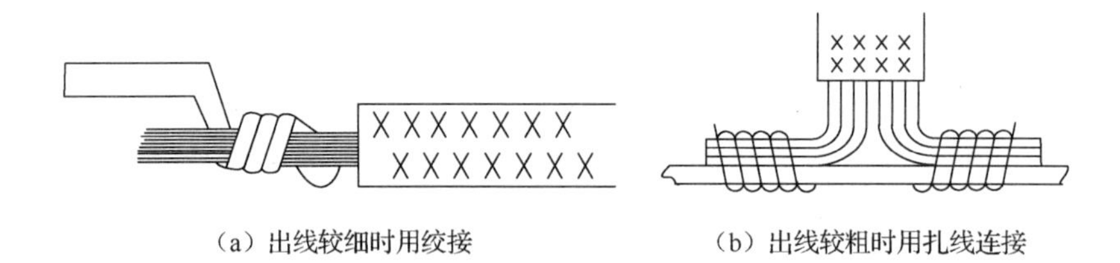

（a）出线较细时用绞接　　（b）出线较粗时用扎线连接

图 5.44　引线和出线的连接法

3. 引线选择

连接好的定子绕组由六根引线把三相首、尾端引至接线盒。引线一般采用橡皮绝缘软导线或其他多股绝缘软铜线，其规格可根据电动机功率或额定电流在表 5-8 中选用。

表 5-8　引线规格

功率/kW	额定电流/A	导线横截面积/mm^2	可选用导线规格/（根/mm）
0.35 以下	1.2 以下	0.3	16/0.15
0.6～1.1	1.6～2.7	0.7～0.8	40/0.15，19/0.23
1.5～2.2	3.6～5	1～1.2	7/0.43，19/0.26，32/0.20，40/0.19
2.8～4.5	6～10	1.7～2	32/0.26，37/0.26，40/0.25
5.5～7	11～15	2.5～3	19/0.41，48/0.26，7/0.70，56/0.26
7.5～10	15～20	4～5	49/0.32，19/0.52，63/0.32，7/0.90
13～20	25～40	10	19/0.82，7/1.33
22～30	44～47	15	49/0.64，133/0.39
40	77	23～25	19/1.28，98/0.58
55～75	105～145	35～40	19/1.51，133/0.58，19/1.68

4. 接头焊接工艺

互相绞合的导线在运行中受高温作用会很快被氧化，如图 5.45 所示。氧化膜使导线之间的接触电阻增加，加剧发热，形成热点，造成绝缘老化甚至断线。因此，电动机中的所有接头都必须焊接。

图 5.45　互相绞合的导线

铜线接头的焊锡常用以下两种形式。

① 烙铁焊。焊接的工具主要是电烙铁。焊接时，先把刮净并绞合好的接头涂上焊剂，并放在焊锡槽内的松香上，将烙铁头压在焊接处，待松香熔化沸腾时，立即将焊条（或焊锡丝）伸到焊接面，待熔锡均匀覆盖在焊接面后，将烙铁头沿着导线轴向移开，以免在导线径向留下毛刺，以后会刺破绝缘造成短路。在施焊过程中，要保护好绕组，切不可使熔锡掉入线圈缝中而留下短路隐患。

② 浇焊。在铁锅内盛上焊锡，置于电炉或其他热源上加热，使焊锡熔化。焊锡温度可按下述情况做粗略估计：用小勺或铁棍拨开熔锡表面的氧化层，若熔锡表面呈银白色，在10s 左右呈金黄色，说明温度在 280℃左右，最适于浇焊。此时可将清除了氧化层的线头置于接锡盘上方，用小勺将熔锡浇注到待焊部位，大线头要多浇几次，一直浇到填满焊头部位线间缝隙并使焊接部位光滑无毛刺为止。

浇锡时要采用相应安全措施，严防烫伤操作人员和熔锡掉入线圈缝中，盛锡小勺要预热，不能有水分，否则盛锡时将发生爆炸。

5. 线圈端部绑扎

焊接好并套上绝缘管的引线，必须在绕组端部上绑扎牢固，才能进行浸漆。线圈端部绑扎主要作用就是加强绕组端部的机械强度和电气绝缘强度。电动机线圈端部是电动机绕组机械强度最薄弱的部位，线圈端部机械强度的加强，使线圈端部增强抵抗电动机振动、电磁力、通风等引起的破坏力的能力，而电气绝缘强度的加强，使线圈端部增强抵抗电晕腐蚀、油污腐蚀、空气腐蚀等的能力。用白纱带或蜡线绑扎后，跨接线、引线及相应的套管应当固定牢靠。在电动机运行中应不碰、擦相邻部件，且不松动。

图 5.46 为定子绕组端部接线绑扎方式。对跨距较大的绕组，端部每槽绕组之间垫一层无纺布，然后进行包扎，如图 5.46（a）所示。对跨距小的绕组，端部每槽绕组使用绑扎带包扎，如图 5.46（b）所示。电动机端部的绑扎方式，也要遵循按原样修复的原则，拆卸旧绕组时，就应记住其绑扎方式，按原样绑扎。

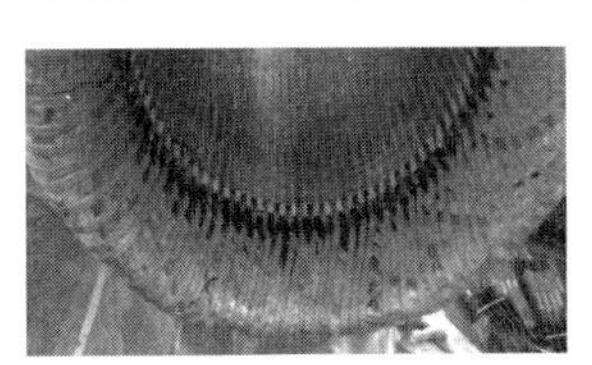

（a）无纺布

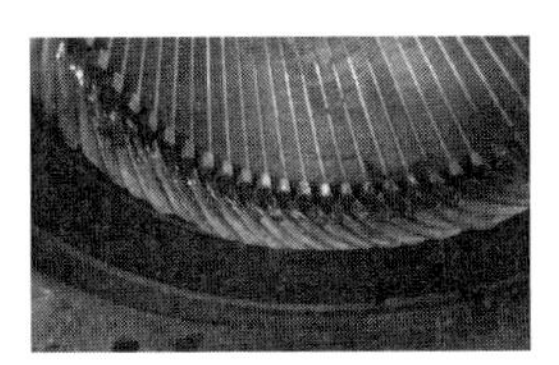

（b）绑扎带

图 5.46　定子绕组端部接线绑扎方式

5.3.5 定子绕组的检测、浸漆与烘干

1. 绕组的初步检测

绕组在完成接线、端部整形及绑扎以后、浸漆之前，应对其进行检查和试验。看有无断路、短路、接地、线圈接错的现象，以及直流电阻、绝缘电阻是否达到要求。在浸漆前线圈未固化，发现问题时检查和翻修较方便。若浸漆以后发现故障，翻修将困难得多。所以绕组在浸漆前的初步检测是十分必要的。

1）外观检查

（1）检查绕组端部是否过长，有没有碰触端盖或与端盖距离过近的可能。如有，必须对端部重新整形，方法是将线圈端部弧形部分向两边拉宽，缩短端部高度。

（2）检查喇叭口是否符合要求，喇叭口过小，影响通风散热，甚至转子装不进去，喇叭口过大，有可能使其外侧端部与端盖距离过近或碰触端盖造成对地短路。

（3）检查铁芯槽两端出口处槽绝缘是否破裂，如有，应用同规格绝缘纸将破损部位垫好。

（4）检查槽楔或槽绝缘是否凸出槽口，如有，应铲除或剪去。若槽楔松动，应予更换。

（5）检查相间绝缘是否错位或未垫好，如有，应按要求垫到位。

2）测量绕组绝缘电阻

用绝缘电阻表测量绕组的对地绝缘电阻和相间绝缘电阻，若使用绝缘电阻表测得绝缘电阻低于规定值，甚至为零，则可判定电动机绝缘不良或存在短路。

若对地绝缘不良，可能是槽绝缘在槽端伸出槽口部分破损或未伸出槽口，或没有包裹好导线，使导线与铁芯相碰。要寻找对地短路点，在接线前用绝缘电阻表检查最简单。

若相间绝缘不良，多半是相间绝缘错位，或者相间绝缘纸未插到底。如果故障点明显，可直接纠正。若故障点不明显，可以用划线板插入相间绕组的缝隙来回拨动绕组，看绝缘电阻表指针是否有明显变化，由此逐点检查纠正，直到相间绝缘达到要求为止。

3）检测三相绕组的直流电阻

小型电动机的三相直流电阻用万用表相应的电阻挡进行测量。三相绕组直流电阻不平衡，有以下三种可能原因。

（1）相绕组内部接线错误，可能部分线圈未接入电路，或串、并联关系弄错。应对电阻严重偏离平均值的某相绕组拆开检查，纠正错误的接线点。

（2）绕制线圈时，由于不慎或绕线机转动不灵造成匝数误差。若匝数相差不是太大，尚可使用；若误差太大，必须纠正。

（3）导线质量不好，或绕线嵌线不慎使导线绝缘损坏，造成匝间短路。可用短路侦察器检查故障点予以修理。

4）检查绕组是否接错

绕组接错后若直接通电试机，往往会因为电流过大造成事故，严重时会烧毁绕组。在初步检测时必须认真检查，下面介绍一种判断绕组是否接错的简便方法。将硅钢片剪成圆形，正中间钻一小孔，小孔穿入钢丝时圆片能以钢丝为轴灵活转动，如图 5.47 所示，用三相调压器向三相绕组通以 20%～30%的额定电压（注意逐步升压，监视定子电流低于额定值，避免烧毁电动机）后，置于定子中心位置的硅钢片应正常转动。无论是极相组还是线圈接线错误，均会造成硅钢片转动不正常甚至停止转动。

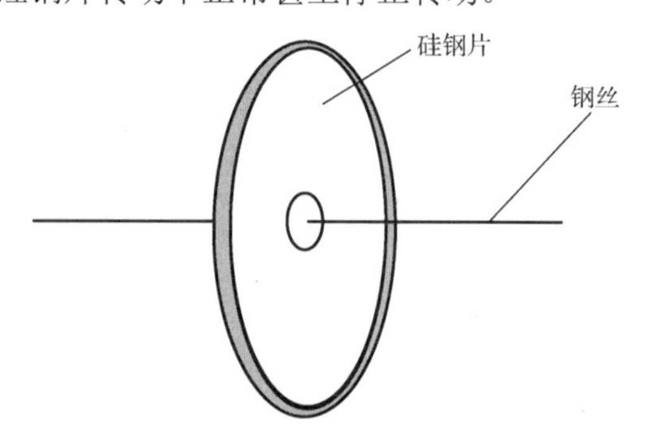

图 5.47　判断绕组接线情况的装置

5）检测三相空载电流是否平衡

电动机全部装好，转动部分经手动能灵活旋转后，即可进行空转检查并测定电动机三相空载电流（空载电流可用钳形电流表进行测量）。根据测量结果可对三相空载电流的对称性、稳定性和占额定电流的比例作出判断。若空载电流的上述各指标不满足有关要求，则可能电动机绕组有匝数不等、接线错误等缺陷，应检查、排除后重测空载电流，直至合格。

2. 定子绕组的浸漆与烘干

上述工序完成以后，就是对绕组进行浸漆和烘烤的绝缘处理，对绕组进行绝缘处理的目的是提高电动机绕组的防潮性能、增强绕组的机械强度和电气绝缘强度、改善散热条件、增强导热性能。

1）绝缘漆的选用

修理中根据被修理电动机的绝缘等级、是否耐油等条件，选用相应牌号的绝缘漆。在使用中还应根据绝缘漆的黏度加入适量的稀释剂，如甲苯、二甲苯、200号轻质汽油等。如果电动机绕组用的是油基漆包线，则稀释剂只能用松节油。

2）浸漆的主要方法

浸漆方法较多，根据修理的设备条件、电动机体积的大小及其对绝缘质量的不同要求可以选用下列方法。

（1）浇浸。对于单台修理的电动机浸漆，可采用浇浸。将定子垂直放置在滴漆盘上，绕组一端向上，用漆壶或漆刷向绕组上端部浇漆，直至绕组缝隙灌满漆液且另一端缝隙浸出漆来，再将定子翻转，浇另一端绕组，直至浇透为止。对零星修理的小型电动机，使用此法，可减少绝缘漆的浪费。

（2）沉浸。对批量修理的中、小型电动机可以用沉浸。操作时先在漆罐中装入适量绝缘漆，然后将电动机定子吊入，使漆面淹没过电动机定子200mm以上。待绝缘漆浸透绕组和绝缘纸的所有缝隙后，再将定子吊出滴漆。若在浸漆时加300～500kPa的压力，则效果会更好。

浸漆完毕，将定子置于金属丝网上，将漆滴干，并用蘸有汽油的棉布将定子铁芯表面和机座外表面的漆膜擦净。

3）浸漆与干燥工艺

浸漆与干燥包括预烘、浸漆、干燥三个过程。浸漆前对新嵌绕组进行预烘的目的是排除绕组和绝缘材料内部的潮气，为使潮气容易散发，预烘温度要逐渐增加。如果加热太快，绕组内外温差大，在表面水分蒸发时，一部分潮气将往绕组内部扩散，影响预烘效果。一般温升速度以20～30℃/h为宜。在烘烤温度达到105～125℃后，保温4～6h。预烘后的绕组，用绝缘电阻表测量，绝缘电阻应符合规定数值。

预烘后绕组要冷却到60～80℃才能浸漆。如果绕组温度过高，绝缘漆会快速挥发，在绕组表面形成漆膜，从而阻碍后面浸入的漆浸透绕组。如果绕组温度过低，绕组又会吸入潮气，而且会使绝缘漆黏度大，流动性和渗透能力均变差，不容易浸透绕组。

第一次浸漆，要求绝缘漆流动性较大，渗透能力较强，能渗透绕组内部，故第一次浸漆时，要求绝缘漆黏度小一些。第二次浸漆要求能在绕组表面形成一层较好的漆膜，进一步固化绕组内部，要求绝缘漆黏度较大。

浸漆后的烘烤，是为了去除水分和挥发溶剂，使绕组干燥形成坚实的整体。为了实现烘烤的良好效果，应将烘烤分成高温和低温两个阶段。低温用 70～80℃烘烤，目的是挥发绝缘漆的溶剂，如苯的挥发点是 78.5℃，所以采用这种低温烘烤是合适的。如果温度调得过高，溶剂快速挥发，在绕组表面的漆膜上会出现许多小气孔，影响浸漆质量。再则，由于表面溶剂快速挥发，绝缘漆会很快在表面形成漆膜，从而阻碍绕组内部溶剂的挥发。所以，待低温烘烤 2～4h 后，才能进行高温干燥。

4）绕组干燥方法

电动机绕组浸漆后的干燥，分外部和内部干燥两大类。

（1）外部灯泡干燥。此法工艺、设备都方便，耗电少，适用小型电动机的干燥。烘烤设备如图 5.48 所示。将电动机定子放置在灯泡之间（最好用红外线灯泡）。烘烤时首先要注意用温度计监视箱内温度。灯泡也不可过于靠近绕组，以免烤焦。灯泡的功率可按 5kW/m^3 左右考虑。在整个烘烤过程中，箱盖上都应开排气孔以排出潮气和溶剂挥发的蒸气。

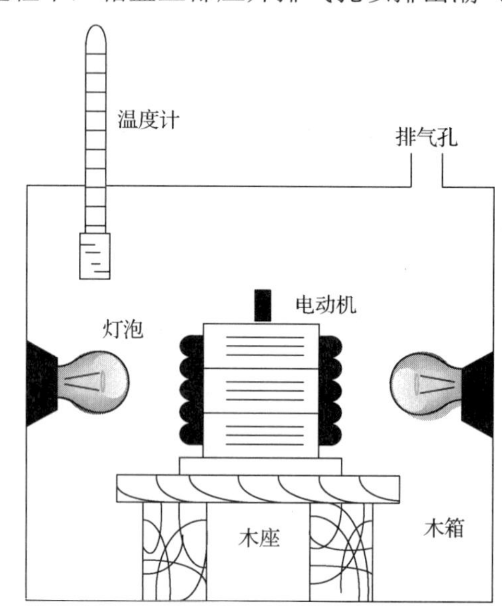

图 5.48　烘烤设备

（2）内部电流干燥（铜损干燥法）。此法是将电动机绕组按一定接线方式输入低压电流，利用绕组本身的铜损发热进行烘烤。它的接线方式有并联加热式、串联加热式、混联加热式、星形加热式、三角形加热式等。但不管哪种方式，每相绕组所分配到的烘烤电流都应控制在它额定电流的 60%左右。由于各种电动机的体积、烘烤条件不尽相同，电流的控制以通电 3～4h、绕组温度达 70～80℃为宜。

并联加热式的接线如图 5.49 所示。用电焊变压器次级低压交流电源向并联的三相绕组送电，电焊变压器次级电流可连续调节。这时低压电流能均匀地分配到三相绕组，这种方式适用于 75kW 以下电动机绕组的烘烤。

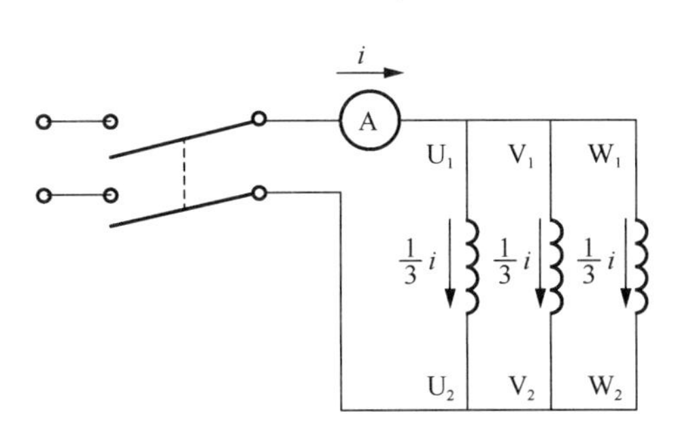

图 5.49　并联加热式的接线

串联加热式的接线如图 5.50 所示。它适用于三相绕组的六根引线都在接线板上的电动机。这种加热方式的优点也是三相绕组受热均匀，在烘烤过程中不需改动接线，而且有些小型电动机可以直接送入 220V 交流电源加热，省去另备低压电源。

混联加热式的接线如图 5.51 所示，它适用于功率较大的电动机，先把两相绕组分别短接然后将未短接的一相输入低压交流电源，为使三相绕组受热均匀，每隔 5～6h 应依次将低压电源调换到另外一组，原接电流的一相也应短接。

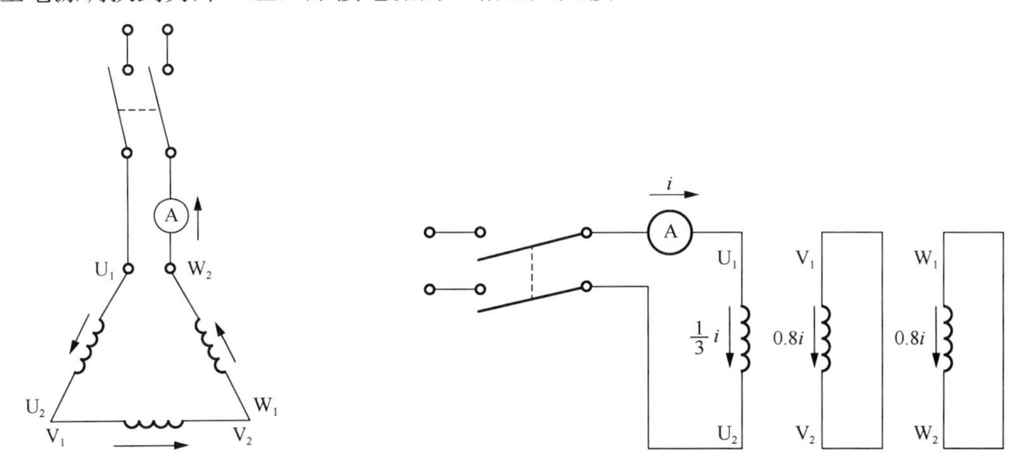

图 5.50　串联加热式的接线　　　　图 5.51　混联加热式的接线

星形和三角形加热式的接线如图 5.52 所示。它适用于干燥现场有三相调压器的场合。它的优点也是三相绕组受热均匀，只要三相绕组有三根引线即可，在烘烤过程中亦无须改动接线。

上述各种接线方案中，可以通过改变绕组接法来获得适当大小的干燥电源。若电焊变压器或三相调压器等低压电源提供电流不足，可以用两台电焊变压器或三相调压器的次级串联供电，或者将转子从定子中抽出一定程度来控制烘烤电流大小，转子从定子中抽出越多，烘烤电流越大。若转子全部抽出，烘烤电流可增加到 1.5～2 倍。

如果电动机成批烘烤，可以将几台电动机的绕组串联后接于 380V 交流电源，省去低压电源。如果低压电源容量有余，也可将几台电动机并联接于低压电源变压器次级同时烘烤，这样可以提高工作效率。

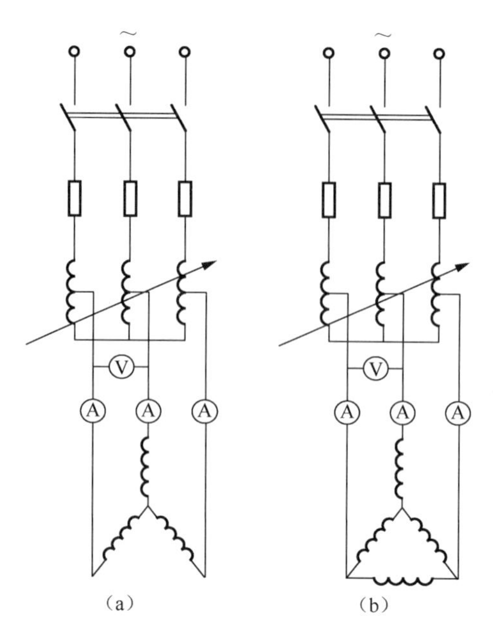

图 5.52　星形和三角形加热式的接线

在干燥中，若不具备上述烘烤条件的小型电动机，可将电动机的三相绕组接成开口三角形，送入 220V 交流电源，加变阻器来调节绕组的输入电压进行烘烤。其电流、电压的大小可参照用三相调压器烘烤电动机的数据，接线如图 5.53 所示。

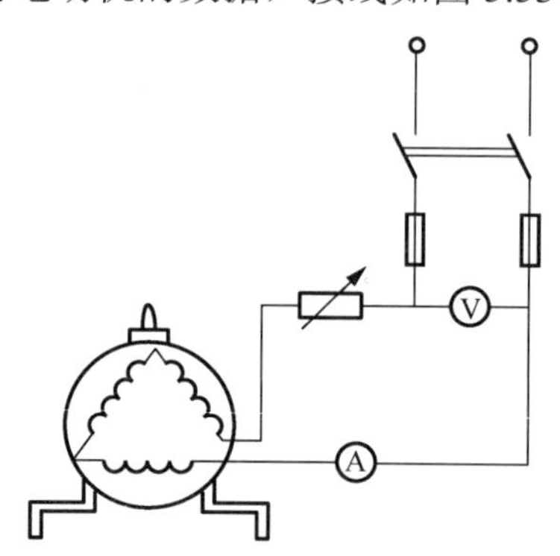

图 5.53　开口三角形加热式的接线

烘烤电动机时应注意以下事项：烘烤前必须将电动机清理干净，特别是黏在绕组漆膜上的杂物，干燥后就不易清除了；凡通电烘烤的电动机，外壳必须可靠接地，确保操作人员的人身安全；整个烘烤过程都要用温度计监测烘烤温度，以免造成烘烤质量不佳或烤坏绕组；烘烤封闭式电动机，必须拆开端盖，使其内部潮气散发，否则会使潮气侵入绕组内部导致绝缘电阻下降；烘烤时既要注意保温，减少能量损耗，又要使电动机潮气易于散发；烘烤过程要定时测量绕组的绝缘电阻并做好记录，开始时每隔 15min 记录一次，以后每 1h 记录一次。在烘烤的前段，由于绕组的温度升高和驱除潮气，绝缘电阻在一个不长的时间内有所下降，随后开始回升，若绝缘电阻已远大于规定值且能保持 3～5h 不变，说明烘烤已达到要求，即可停止烘烤，进行整机组装并进行检验。

任务 5.4　三相异步电动机试验

电动机试验项目有很多，按试验目的的不同可分为两类。一类是电动机的出厂试验和型式试验，另一类是电动机修理的检查试验。型式试验是制造厂对每种新产品按标准规定进行的全面试验。检查试验的目的是检查制造厂生产的成品和大修前、中、后的电动机质量。三相异步电动机的一般检查试验项目有以下五项：外观检查、测量绝缘电阻、测量每相绕组的直流电阻、耐压试验、空载试验。

5.4.1 绝缘电阻及直流电阻的测量

1. 绝缘电阻的测量

1）测量目的

绝缘电阻的测量主要是检查绕组对机壳及绕组相互间的绝缘状况。测量电动机绕组的绝缘电阻可以判断绕组的绝缘质量，还可以判断绝缘是否存在受潮、沾污及其他绝缘缺陷等情况。

2）测量要求

交接和大修时，额定电压 1000V 及以下的电动机，常温下绝缘电阻不低于 0.5MΩ；1000V 以上的电动机，定子绕组不低于 1MΩ/kV，转子绕组不低于 0.5MΩ/kV。

3）测量方法

（1）测量电动机绕组对机壳及绕组相互间的绝缘电阻。

（2）测量前，先根据电动机的额定电压，按表 5-9 所列规格选用绝缘电阻表。

表 5-9　绝缘电阻表规格的选择

电动机绕组额定电压/V	≤500	500～3300	≥3300
绝缘电阻表规格/V	500	1000	2500 以上

（3）对交流电动机，如果各相绕组的始末端均引出机壳外，则应分别测量每相绕组对机壳及其相互间的绝缘电阻；如果三相绕组已在电动机内部连接，且仅引出三个出线端，则测量三相绕组对机壳的绝缘电阻。

（4）测量时，绝缘电阻表的读数应在仪表指针稳定后读出。

（5）测量后，应将绕组对地放电。

2. 绕组在实际冷态下直流电阻的测量

1）测量目的

对修理后的电动机，测量绕组在实际冷态下直流电阻的主要目的是检查定子、转子绕组嵌线接头及焊接是否良好，选用线径和接线是否正确，三相绕组的三相电阻是否平衡。

2）测量要求

1000V 或 100kW 以上的电动机，各相绕组的差别不超过 2%。

3）测量方法

将电动机在室内放置一段时间，用温度计（或埋置检温计）测量电动机绕组端部或铁芯的温度。当所测温度与冷却介质温度之差不超过 2℃时，则所测温度即为实际冷态下绕组的温度。若绕组端部或铁芯的温度无法测量时，允许用机壳的温度代替。对大、中型电动机，温度计的放置时间应不少于 15min。

绕组的直流电阻，10Ω以上的可采用万用表测量或用伏安法测量；10Ω及以下的用双臂电桥或单臂电桥测量；电阻在 1Ω及以下时，必须采用双臂电桥测量。绕组的直流电阻也可采用自动检测装置或数字式微欧计等仪表测量。

测量时，电动机的转子应静止不动。电动机定子绕组的电阻，应在电动机的出线端上测量。

对三相异步电动机，如果电动机的每相绕组都有始末端引出时，应测量每相绕组的电阻。若三相绕组已在电动机内部连接且仅引出三个出线端时，可在每两个出线端间测量电阻，则各相电阻值（Ω）按下式计算。

对星形连接的绕组：

$$R_{\mathrm{U}} = R_{\mathrm{AV}} - R_{\mathrm{VW}}$$
$$R_{\mathrm{V}} = R_{\mathrm{AV}} - R_{\mathrm{WU}}$$
$$R_{\mathrm{W}} = R_{\mathrm{AV}} - R_{\mathrm{UV}}$$

对三角形连接的绕组：

$$R_{\mathrm{U}} = \frac{R_{\mathrm{VW}} R_{\mathrm{WU}}}{R_{\mathrm{AV}} - R_{\mathrm{UV}}} + R_{\mathrm{UV}} - R_{\mathrm{AV}}$$
$$R_{\mathrm{V}} = \frac{R_{\mathrm{WU}} R_{\mathrm{UV}}}{R_{\mathrm{AV}} - R_{\mathrm{VW}}} + R_{\mathrm{VW}} - R_{\mathrm{AV}}$$
$$R_{\mathrm{W}} = \frac{R_{\mathrm{UV}} R_{\mathrm{VW}}}{R_{\mathrm{AV}} - R_{\mathrm{WU}}} + R_{\mathrm{WU}} - R_{\mathrm{AV}}$$

式中，R_{UV}、R_{VW}、R_{WU}分别为出线端 U 与 V、V 与 W、W 与 U 间测得的电阻值（Ω）；R_{AV}为三个出线端电阻的平均值（Ω），$R_{\mathrm{AV}} = \frac{R_{\mathrm{UV}} + R_{\mathrm{VW}} + R_{\mathrm{WU}}}{3}$。

如果各出线端间的电阻值与三个出线端电阻的平均值之差，对星形连接的绕组，不大于平均值的 2%，对三角形连接的绕组，不大于平均值的 1%～5%时，各相电阻值可按下式计算。

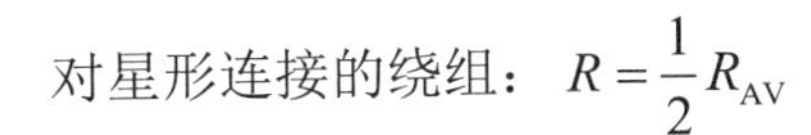

对星形连接的绕组：$R = \frac{1}{2}R_{AV}$

对三角形连接的绕组：$R = \frac{3}{2}R_{AV}$

测量的绕组电阻，应根据绕组的测量温度，换算为 15℃时的标准电阻值。

$$R_{15} = \frac{Rt}{1+\alpha(t-15)}$$

式中，R_{15} 为绕组在 15℃时的电阻值（Ω）；α 为导线的温度系数，可以查表得到；t 为测量电阻时的绕组温度。

4）测量绕组直流电阻的注意事项

测量绕组的直流电阻，可以用来校验绕组的实际电阻是否符合设计要求，检查绕组是否存在匝间短路、焊接不良或接线错误。此外，还可根据绕组的热态与冷态电阻之差确定绕组的平均温升。测量时应注意以下事项。

（1）测量绕组电阻时，应同时测量绕组温度。

（2）电路直接接到引线端，测转子绕组电阻时须把变阻器切除。

（3）采用同一仪表测量同一绕组的热、冷态电阻，应尽可能减小测量误差，测量仪表的精度不应低于 0.5 级。

（4）仪表的读数须在测量的同时记下。为了避免错误，测量可连续 3～4 次，从中求出平均值。

（5）测量时须特别注意测量仪表接线的触点质量。

绕组的直流电阻取决于导线的长度、截面积、电阻率及绕组温度。用相同工艺生产同样形状的线圈，其导线长度和线径几乎相同。故对同一台电动机而言，同样线圈的直流电阻值应相同，允许偏差为±2%。多相绕组的每相电阻，彼此相差也不超过 2%。

5）故障判别及处理方法

一般电动机各绕组的每相电阻与以前测得的数值或出厂数据相比较，其差别不应超过 2%～3%，平均值不应超过 4%。对三相绕组，其不平衡度以小于 5%为合格。如果电阻值相差过大，则焊接线质量有问题，尤其在多路并联的情况下，可能是一条支路脱焊。如果三相电阻值都偏大，则表明线径过细。

三相定子绕组如是星形连接且一相断线，则测得一相线电阻正常，其他两相线电阻无穷大；如是三角形连接且一相断线，则测得两相线电阻为正常值的 1.5 倍，断线一相线电阻为正常值的 3 倍；如是三角形连接误接成星形，则测得三相线电阻都比正常值大 3 倍。

若定子绕组电阻不合格，但阻值变化不大，又无上述规律，可通过空载试验分析原因。若三相电阻不平衡，测得三相空载电流也不平衡，电阻大而空载电流小的一相绕组，可能匝数过多。若三相空载电流平衡，则电阻不合格大多是绕组焊接不良或部分细导线在绕线时被拉伸所致。

转子绕组电阻不合格时，可通过测定转子开路电压来判别原因。电阻偏大而转子开路电压又偏高的一相，大多是匝数过多；若三相电阻不平衡，但转子三相开路电压正常，则大多是焊接不良；若转子三相开路电压也不平衡，则大多是绕组引出线头接线错误。

5.4.2 对地绝缘耐压试验及空载试验

1. 对地绝缘耐压试验

1）试验目的

试验的目的主要是考核绕组绝缘是否遭到损伤，发生电击穿。

2）耐压试验的一般要求

试验前，应先测定绕组的绝缘电阻。在冷态下测得的绝缘电阻，按绕组的额定电压计算应不低于 1MΩ/kV。

试验应在电动机静止状态下进行，试验时，电压应施加在绕组与机壳之间，其他不参与试验的绕组和铁芯均应与机壳连接。对额定电压在 1kV 以上的多相电动机，若每相的两端均单独引出，试验电压施加在每相与机壳之间，此时其他不参与试验的绕组和铁芯均应与机壳连接，其接线如图 5.54 所示。图中，T_1 为调压变压器，T_2 为高压变压器，R 为限流保护电阻，TV 为测量用电压互感器，R_0 为球隙保护电阻（低压电动机不接），V 为电压表。

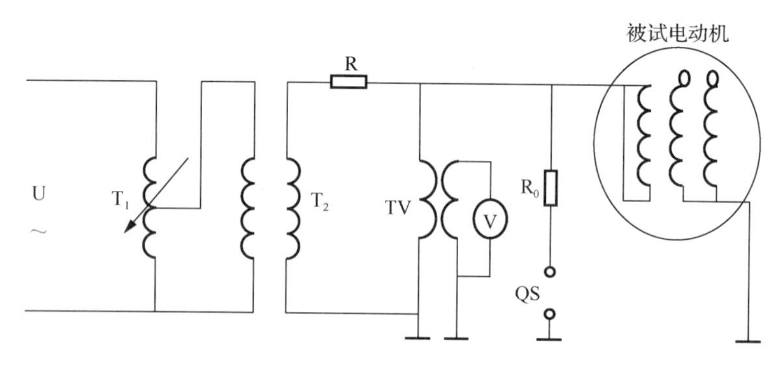

图 5.54 对地绝缘耐压试验接线

3）试验电压和时间

试验电压的频率为 50Hz，波形尽可能接近正弦波，异步电动机的交流耐压试验标准值按表 5-10 的规定。但是电动机在修理过程中，为了提高绕组绝缘的可靠性，应在每个工序（如线圈包扎、嵌线、接线、总装等）后，进行耐压试验，不同工序的耐压标准见表 5-11。如绝缘被击穿，可及时进行修补。

表 5-10 异步电动机的交流耐压试验标准值

电动机或部件	试验电压（有效值）
功率小于 1kW（或 kVA），U_N<100V 的电动机绝缘绕组	500V+2U_N
功率小于 10000kW（或 kVA）的电动机绝缘绕组，但上一项除外	1000V+2U_N，最低为 1500V

续表

电动机或部件		试验电压（有效值）
10000kW（或 kVA）及以上的电动机绝缘绕组	$U_N \leqslant 24000V$	$1000V+2U_N$
	$U_N>24000V$	按专门协议
非永久性短路（例如用变阻器起动）的异步电动机或同步感应电动机的次级绕组（一般为转子）	不逆转或仅在停止后才逆转的电动机	1000V+2 倍转子开路电压
	在运转时将电源反接而使之逆转或制动的电动机	1000V+4 倍转子开路电压
成套设备		对新的成套设备做试验，其每一组件已事先通过耐压试验，则试验电压应为成套装置任一组件中最低试验电压的 80%

表 5-11　不同工序的耐压标准

试验工序	电动机额定电压 U_N		
	<500V	<3300V	3300～6600V
嵌线前	—	$4500V+2.75U_N$	$4500V+2.75U_N$
嵌线后	$2500V+2U_N$	$2500V+2.5U_N$	$2500V+2.5U_N$
接线后	$2500V+2U_N$	$2500V+2.25U_N$	$2000V+2.25U_N$
装配后	$1000V+2U_N$（不低于 1500V）	$1000V+2U_N$	$2.5U_N$

试验时，施加的电压应从不超过试验电压全值的一半开始，然后以不超过全值的 5% 均匀地分段增加至全值。电压自半值增加至全值的时间不应少于 10s，全值电压试验时间应持续 1min。

4）重复耐压试验和重绕绕组试验

电动机应不重复进行本项试验。如有需要重复耐压试验，在试验前应将电动机烘干。试验电压应不超过表 5-10 中规定的 80%。

对绕组部分重绕的电动机，试验电压应不超过表 5-10 中规定的 75%。试验前，应对未重绕的部分进行清洁和干燥。

对拆装清理过的电动机，在清洁和干燥后用 1.5 倍的额定电压试验，但对额定电压为 100V 及以上的应不少于 1000V，额定电压为 100V 以下的应不少于 500V。

2. 空载试验

1）试验目的

（1）检查电动机运行情况。首先应注意定、转子是否有摩擦，运行是否平稳、轻快，正常的电动机运行声音均匀而不夹带杂音，轴承不应有过高的温升。

（2）观察电动机的空载电流。观察三相空载电流是否在正常范围内。

（3）观察试验过程中电流的变化。三相空载电流要保持平衡，任意一相电流的值与三相空载电流的平均值的偏差不应超过 10%。

（4）测定空载电流及空载损耗，并从空载损耗中分离出铁耗和机械损耗。判别空载电流及空载损耗是否合格，检查铁芯质量是否合格。

2）试验方法

空载试验时按图 5.55 接线，并在电动机的三个引线端加上额定频率的三相对称电压，电动机轴上不带任何负载，使电动机先稳定运行一段时间（30～60min）。额定功率较低（<10kW）的电动机，运行时间可适当减少。当电动机的机械损耗达到稳定状态之后，再测量额定电压时的空载电流及空载损耗。不同电动机的空载电流大致范围可见表 5-12 或按下式进行估算。

$$I_0 = K_0\left[(1-\cos\phi_N)\sqrt{1-\cos^2\phi_N}\right]I_N$$

式中，I_N 为电动机额定电流（A）；$\cos\varphi_N$ 为额定功率因数；K_0 为系数，按表 5-13 查取。

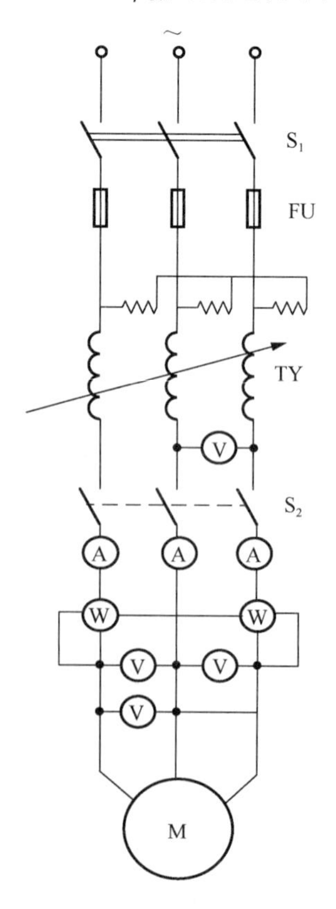

图 5.55　空载试验接线

表 5-12　不同电动机的空载电流大致范围

$2p$	0.5kW 以下	2kW	10kW	50kW	100kW
2	45～70	40～50	30～40	23～30	15～25
4	60～75	45～55	35～45	25～35	20～30
6	65～80	50～60	40～60	30～40	22～33
8	70～85	50～65	40～65	35～45	35～35

表 5-13　系数 K_0 与额定功率因数 $\cos\varphi_N$、极数 $2p$ 的关系

$\cos\varphi_N$	$2p$	K_0
>0.85	2、4	5.5
0.81～0.85	4、5、6	4.2
0.76～0.81	4、6、8	3.4
<0.76	6、8	3.0

3. 空载电流和空载损耗

当三相电源对称时，在额定电压下的三相空载电流，任何一相与平均值之差，不得大于平均值的 5%，空载电流不超过正常值的 10%。

（1）空载电流和空载损耗增大，而绕组直流电阻正常，一般是定子、转子铁芯压装配合差，净铁芯长度不足。

（2）空载电流过大而空载损耗正常，如果检查试验空载损耗与空载电流之比，大于同规格型式试验所对应之比，表明空载电流偏大是由于气隙过大或磁路饱和，反之，则表明电动机铁耗和机械损耗偏大。

（3）空载电流不平衡且空载损耗大，这表明绕组各并联支路的匝数不等，有少数线圈匝间短路。

任务 5.5　三相异步电动机典型控制电路的安装

5.5.1 三相异步电动机的起动

三相异步电动机点动控制电路的连接

1. 全压起动

对于小容量的电动机，把电动机接上电源直接起动的方式称为全压起动。全压起动的方式主要有三种。

1）单向点动控制电路

单向点动控制电路是使用按钮和接触器控制电动机最简单的控制电路，如

图 5.56 所示。

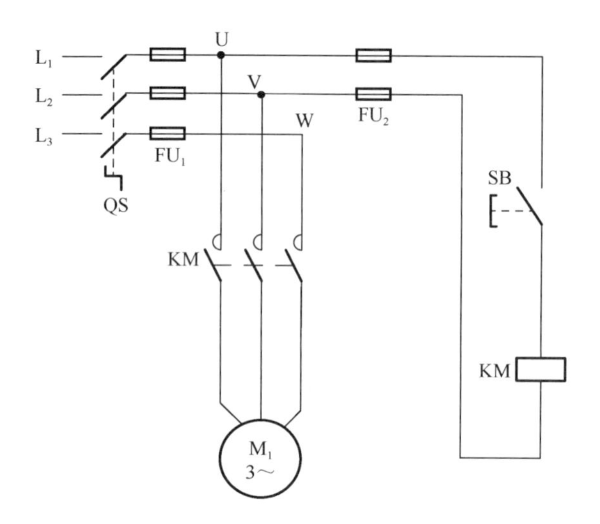

图 5.56　单向点动控制电路

单向点动控制电路分为主电路和控制电路，其动作原理如下。

起动：按下按钮SB → 接触器KM线圈得电 → 主电路中KM常开主触头闭合 → 电动机M起动运转

停止：松开按钮SB → 接触器KM线圈断电 → 主电路中KM常开主触头断开 → 电动机M断电停转

这种电路操作简单，但缺少对电路的欠压、失压及过载保护，可靠性不高。

2）具有自锁的单向控制电路

如果要使电动机经按钮按下起动后，松开按钮仍能连续运转，需要在电路中增加自锁部分电路，具有自锁的单向控制电路如图 5.57 所示。

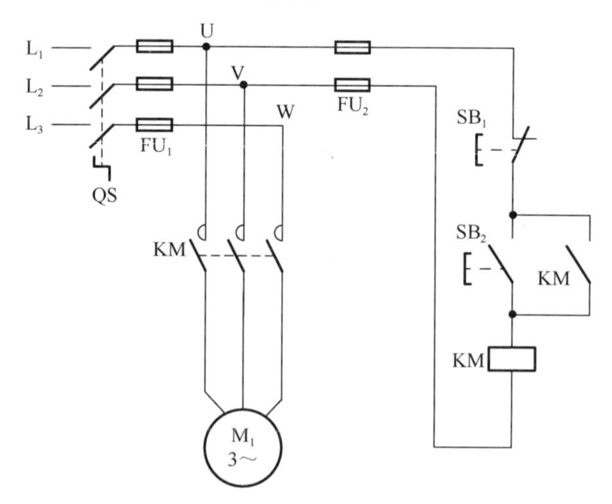

图 5.57　具有自锁的单向控制电路

具有自锁的单向控制电路的动作原理如下。

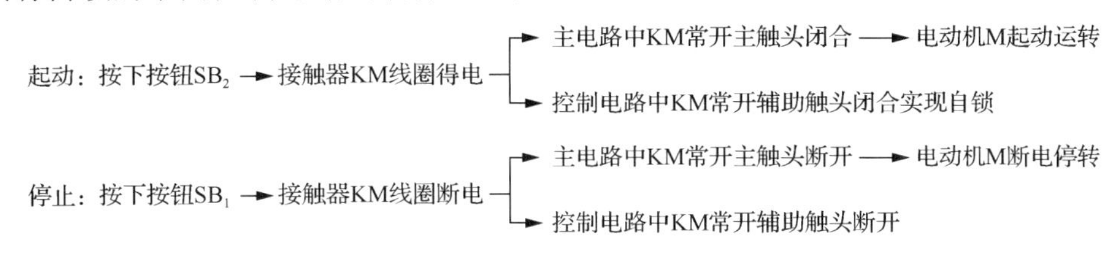

具有自锁的单向控制电路具有一定的保护作用。

（1）当线路电压下降时，接触器线圈磁通减弱，电磁吸力不足，会造成KM动合主触头吸合不了，使电路失去自锁，同时主触头也分断，可以实现电动机的欠压保护。

（2）当电源临时停电而恢复供电时，由于自锁触头已分断，控制回路不会接通，接触器线圈没有电流流过，主触头不会闭合，电动机不会自行起动运转，可避免意外事故发生，实现失压保护。

3）具有过载保护的单向控制电路

当电动机过载运行，或断相运行时会造成电动机绕组过热，若温度超过允许温升，会使电动机绝缘损坏，影响电动机的使用寿命，严重时甚至会烧坏电动机，因此必须对电动机采用过载保护。

具有过载保护的单向控制电路如图5.58所示。

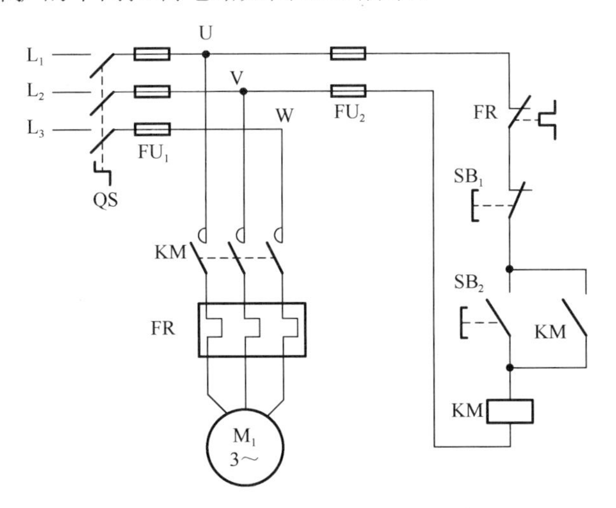

图5.58　具有过载保护的单向控制电路

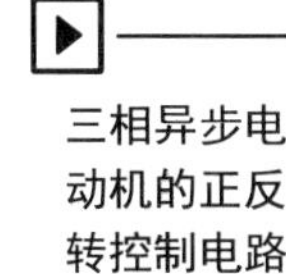

该电路的动作原理与具有自锁的单向控制电路相同，电路中FR为热继电器。当电动机过载运行时，串接在主电路中的FR的双金属片因受热而弯曲，使串接在控制电路中的动断触头分断，切断控制电路，接触器KM线圈断电，主触头分断，电动机M停转，从而达到了过载保护的目的。

2. 正反转运行控制电路

1）接触器联锁的正反转控制电路

接触器联锁的正反转控制电路如图5.59所示，其动作原理如下。

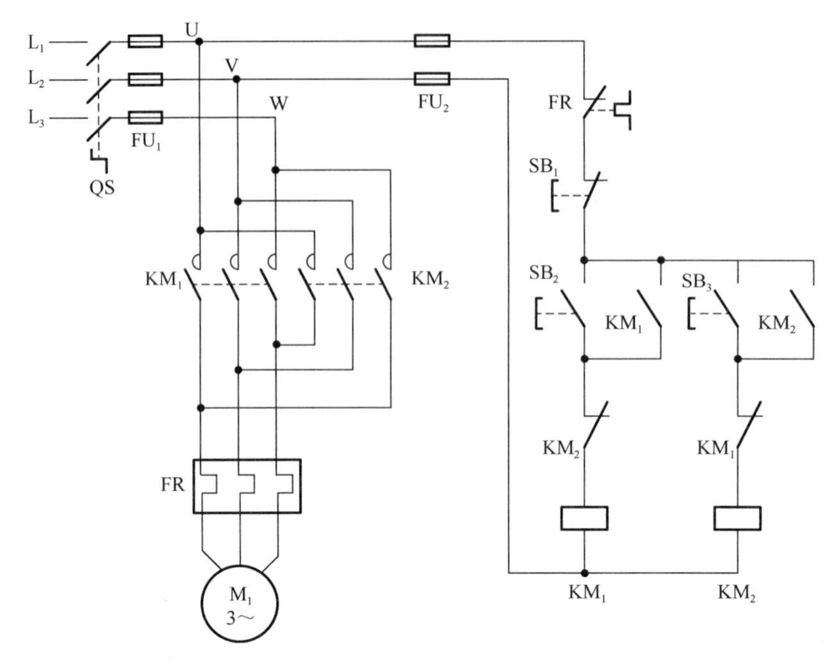

图 5.59　接触器联锁的正反转控制电路

三相异步电动机正反转控制电路的连接

（1）正转控制。合上开关 QS，按下按钮 SB_2，KM_1 线圈得电，KM_1 自锁触头闭合，KM_2 线圈支路的 KM_1 动断触头断开实现电气互锁，KM_1 主触头闭合，电动机 M 正转。

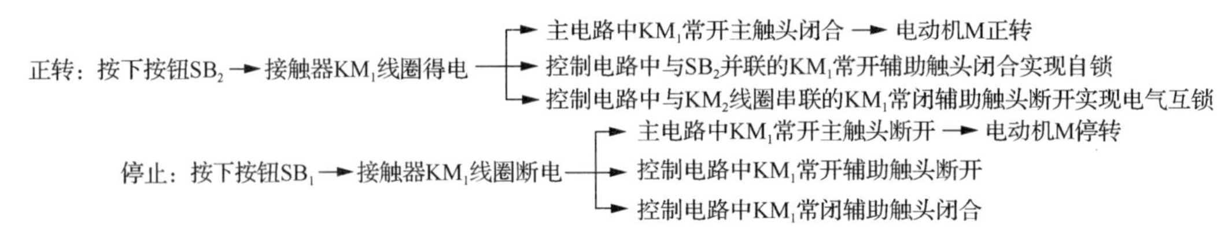

（2）反转控制。按下 SB_1，KM_1 线圈断电，KM_1 自锁触头分断，KM_1 互锁触头闭合，KM_1 主触头分断，电动机 M 停转。再按下 SB_3，KM_2 线圈得电，KM_2 自锁触头闭合，KM_2 互锁触头分断，KM_2 主触头闭合，电动机 M 反转。

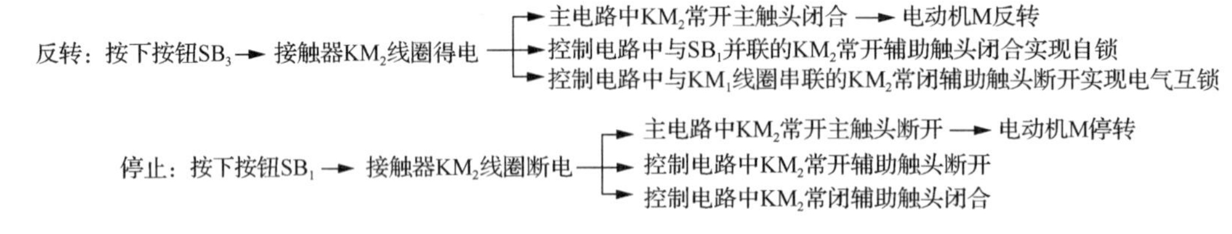

这种电路结构简单，但要改变电动机的转向需要先按下停止按钮 SB_1，再按反转按钮 SB_3，操作不方便。如果接触器辅助触点误动作，会造成电动机运行故障。

2）按钮联锁的正反转控制电路

按钮联锁的正反转控制电路如图 5.60 所示，其动作原理与接触器联锁的正反转控制电路相似，但在电路中增加了复合按钮。当按下反转按钮 SB_3 时，使接在正转控制电路中的 SB_3 动断触头先断开，实现机械互锁，正转接触器 KM_1 线圈断电，KM_1 主触头断开，电动机 M 停转；同时接在反转控制电路中的 SB_3 动合触头闭合，使反转接触器 KM_2 线圈得电，KM_2 主触头闭合，电动机 M 反转。

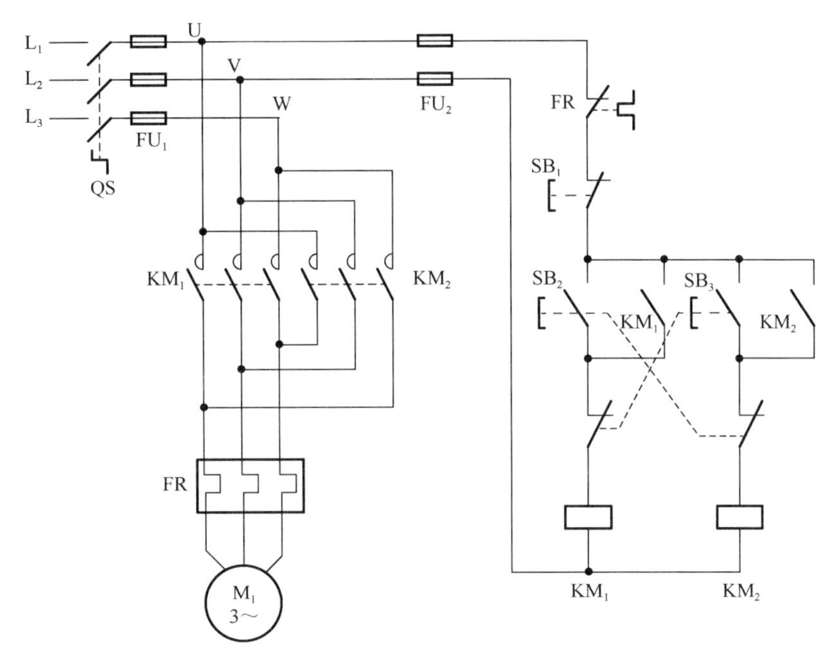

图 5.60　按钮联锁的正反转控制电路

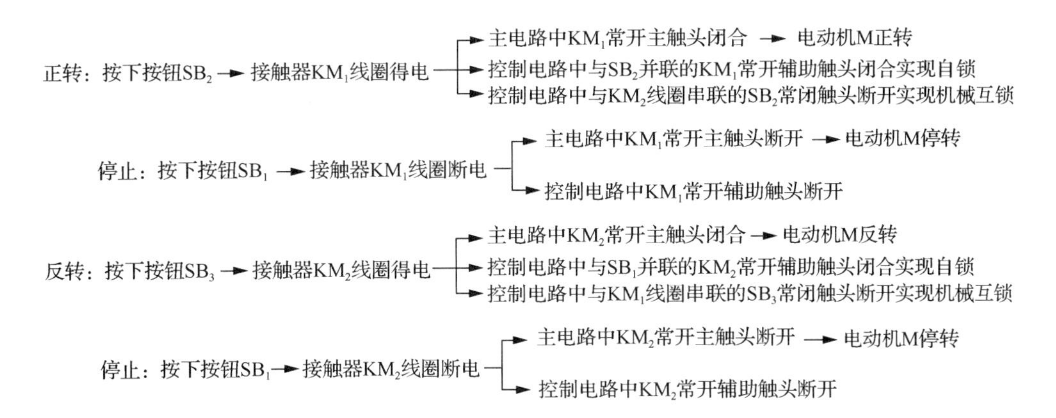

这种电路实现了直接通过对应的按钮操作即可进行正反转运行切换的功能，操作方便，但这种电路容易发生短路故障，如当接触器 KM_1 主触头发生熔焊故障而不分断时，若按下按钮 SB_3 进行切换会造成短路故障。

3）按钮、接触器复合联锁的正反转控制电路

按钮、接触器复合联锁的正反转控制电路如图 5.61 所示。这种电路结合接触器联锁的正反转控制电路和按钮联锁的正反转控制电路的优点，既可不按停止按钮而直接按反转按钮进行反向起动，又能保证当接触器故障时不会发生相间短路故障。

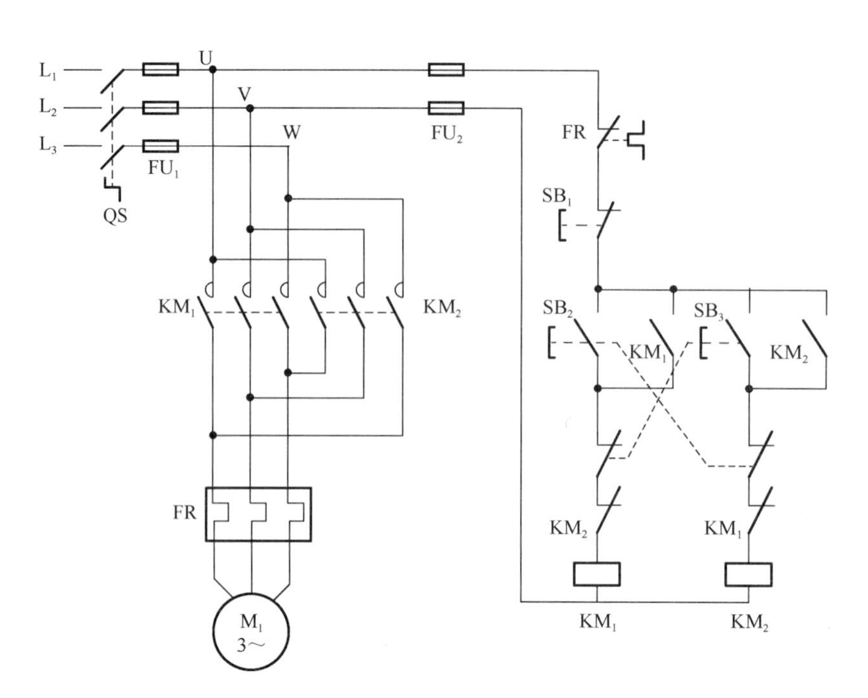

图 5.61　按钮、接触器复合联锁的正反转控制电路

按钮、接触器复合联锁的正反转控制电路动作原理如下。

（1）正转控制。合上开关 QS，按下正转复合按钮 SB_2，接触器 KM_1 线圈得电，KM_1 辅助动合触头闭合自锁，与 KM_2 线圈串联的 KM_1 动断触头断开实现电气互锁，与 KM_2 线圈串联的复合按钮 SB_2 动断触头断开实现机械互锁，主电路中 KM_1 主触头闭合，电动机 M 正转。

正转：按下按钮SB_2 → 接触器KM_1线圈得电
- → 主电路中KM_1常开主触头闭合 → 电动机M正转
- → 控制电路中与SB_2并联的KM_1常开辅助触头闭合实现自锁
- → 控制电路中与KM_2线圈串联的KM_1常闭辅助触头断开实现电气互锁
- → 控制电路中与KM_2线圈串联的SB_2常闭触头断开实现机械互锁

（2）反转控制。按下反转复合按钮 SB_3，接触器 KM_2 线圈得电，KM_2 辅助动合触头闭合自锁，与 KM_1 线圈串联的 KM_2 动断触头断开实现电气互锁，与 KM_1 线圈串联的复合按钮 SB_3 动断触头断开实现机械互锁，主电路中 KM_2 主触头闭合，电动机 M 反转。

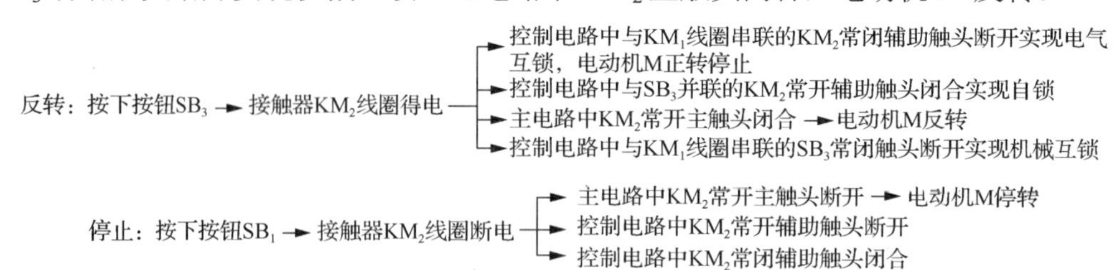

3. 减压起动

由于大容量异步电动机的起动电流很大，会引起电网电压降低，使电动机转矩减小，

甚至起动困难，而且还要影响同一供电网络中其他设备的正常工作，因此大容量异步电动机的起动电流应限制在一定的范围内，不允许直接全压起动，而是采用减压起动。常用的减压起动方式有三种。

1）定子绕组串电阻减压起动控制电路

电动机起动时，在电动机的定子绕组上串联电阻，由于电阻上产生电压降，使加在电动机定子绕组上的电压低于电源电压，待起动后，再将串联电阻短接，电动机便在额定电压下正常运行。

定子绕组串电阻减压起动控制电路如图 5.62 所示，其动作原理如下。

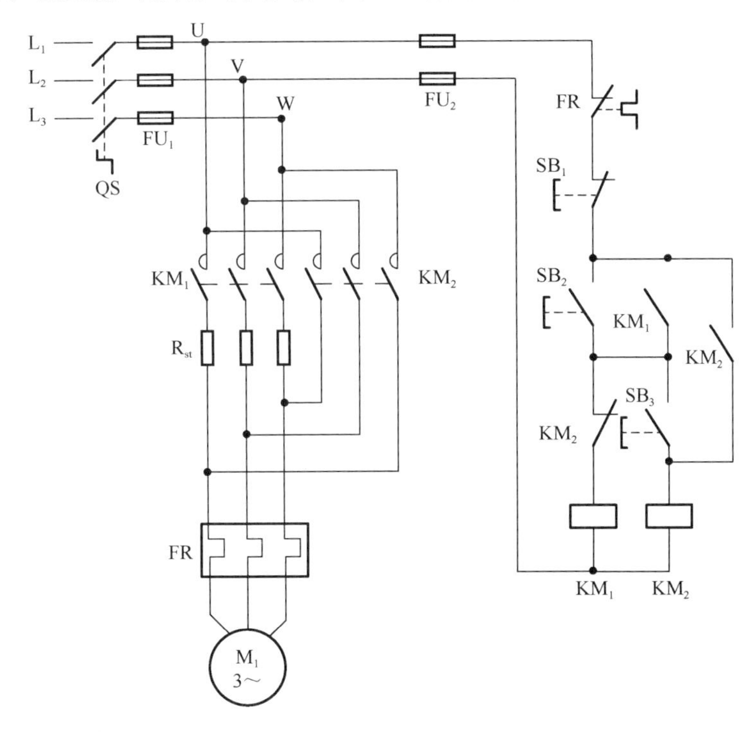

图 5.62　定子绕组串电阻减压起动控制电路

（1）减压起动。合上开关 QS，按下 SB_2，KM_1 线圈得电，KM_1 自锁触头闭合，KM_1 主触头闭合，电动机 M 串电阻 R_{st} 减压起动。

（2）全压运行。按下 SB_3，KM_2 线圈得电，KM_2 自锁触头闭合，KM_2 电气互锁触头分断，KM_1 线圈断电，KM_1 主触头闭合，电阻 R_{st} 短接，电动机全压运行。

三相异步电动机 Y-△控制电路的连接

2）Y-△减压起动控制电路

Y-△减压起动适用于正常工作时定子绕组为三角形连接的电动机。由于这种方法简便且经济，使用比较普遍，但起动转矩只有全压起动的 1/3，因此只适用于空载或轻载起动。

（1）接触器控制 Y-△减压起动。

接触器控制 Y-△减压起动控制电路如图 5.63 所示，其动作原理如下。

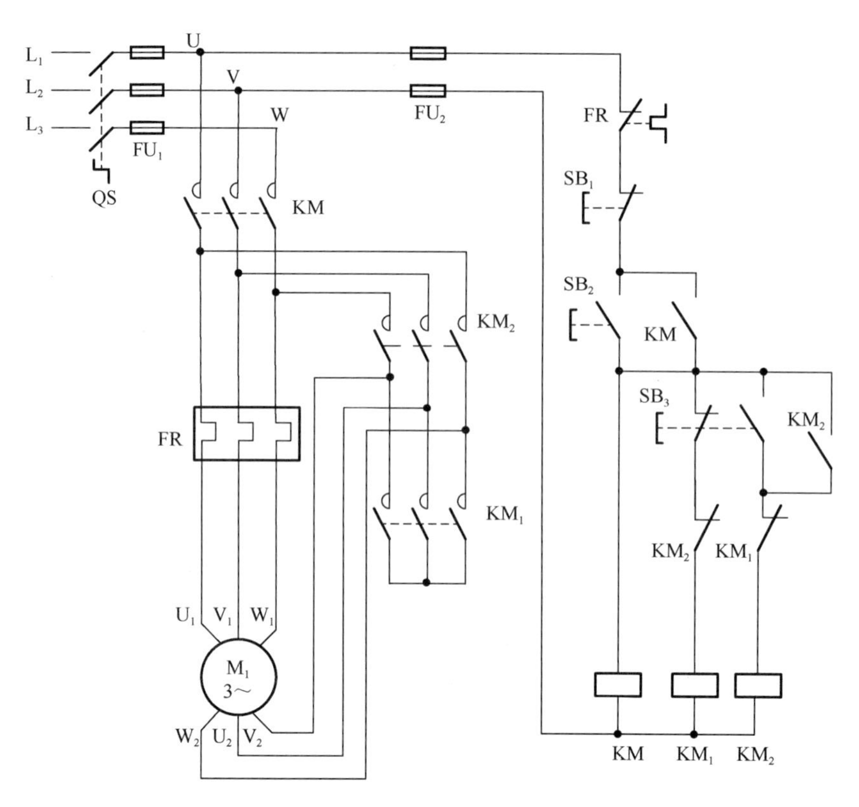

图 5.63　接触器控制 Y-△减压起动控制电路

Y 连接减压起动：合上 QS，按下 SB_2，KM 线圈得电，KM 自锁触头闭合，KM 主触头闭合，同时 KM_1 线圈也得电，KM_1 主触头也闭合，电动机 M 定子绕组接成 Y 形起动。此外，与 KM_2 线圈串联的 KM_1 电气互锁触头断开，确保 KM_2 线圈不会同时得电。

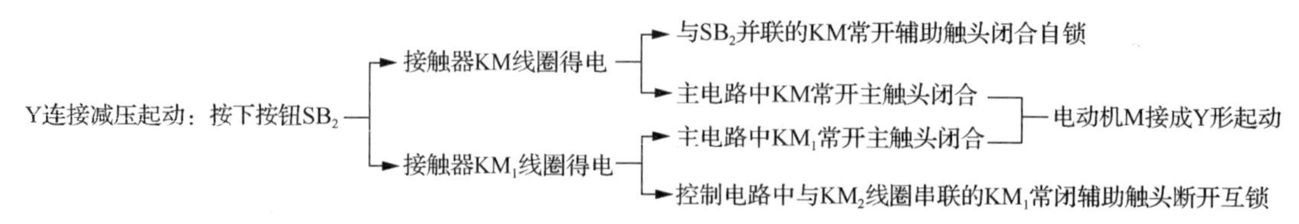

△连接全压运行：按下 SB_3，KM_1 线圈断电，KM_1 主触头断开，KM_1 电气互锁触头闭合，KM_2 线圈得电，KM_2 自锁触头闭合，KM_2 主触头闭合，电动机 M 定子绕组接成△形运行。此外，与 KM_1 线圈串联的 KM_2 电气互锁触头断开，确保 KM_1 线圈不会同时得电。

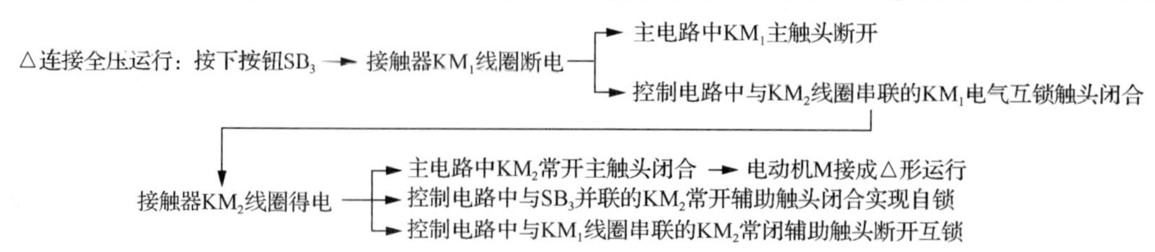

（2）时间继电器自动控制的 Y-△减压起动。

时间继电器自动控制的 Y-△减压起动控制电路如图 5.64 所示，其动作原理如下。

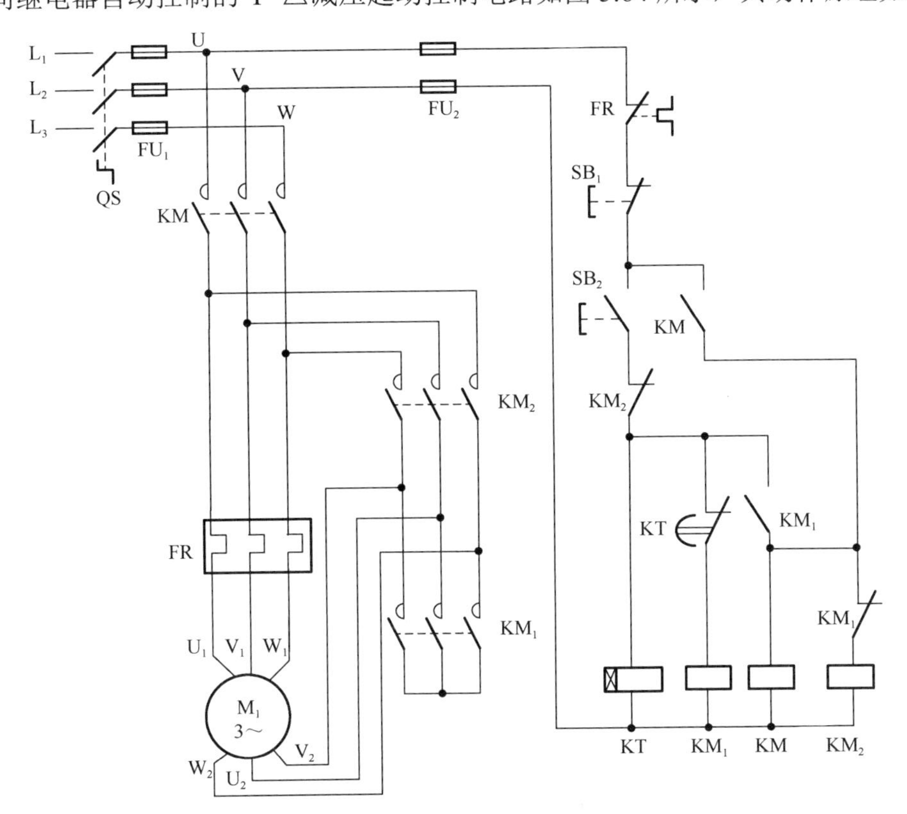

图 5.64　时间继电器自动控制的 Y-△减压起动控制电路

Y 连接减压起动：合上 QS，按下 SB_2，KM_1 线圈得电，KM_1 主触头闭合，同时与 KM 线圈串联的 KM_1 常开触头闭合，KM 线圈得电，KM 自锁触头闭合，KM 主触头闭合，电动机 Y 形起动。此外，与 KM_2 线圈串联的 KM_1 电气互锁触头断开。

△连接全压运行：按下 SB_2，KT 线圈也得电，KT 常闭触头延时断开，设定时间到时，KM_1 线圈断电，KM_1 常开触头断开，KT 线圈断电，KM_1 主触头断开，KM_1 电气互锁触头闭合，KM_2 线圈得电，KM_2 电气互锁触头断开，KM_2 主触头闭合，电动机△全压运行。

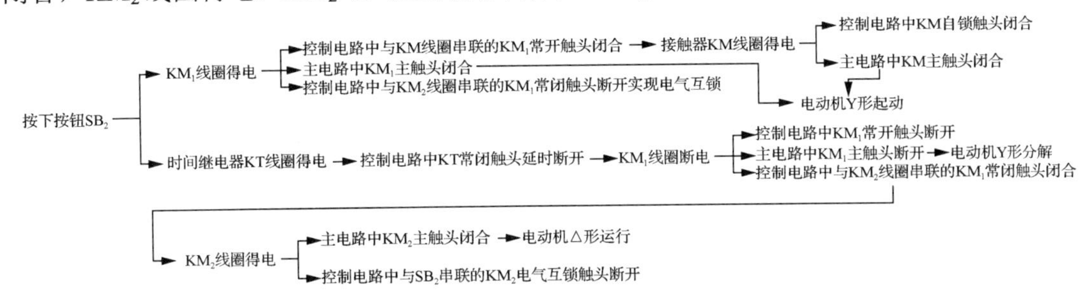

这种电路中与 SB_2 串联的 KM_2 常闭辅助触头可防止 KM_2 线圈得电时，SB_2 误动作造成 KM_1 线圈得电的故障，避免电源短路事故的发生。

（3）串自耦变压器的减压起动控制电路。

起动用自耦变压器有QJ_2和QJ_3两个系列。QJ_2型的三个抽头比分别为55%、64%和73%，QJ_3型的三个抽头比分别为40%、60%和80%。可根据电动机起动时负载的大小选择不同的起动电压。串自耦变压器的减压起动控制电路常采用时间继电器自动控制电路，如图5.65所示，其动作原理如下。

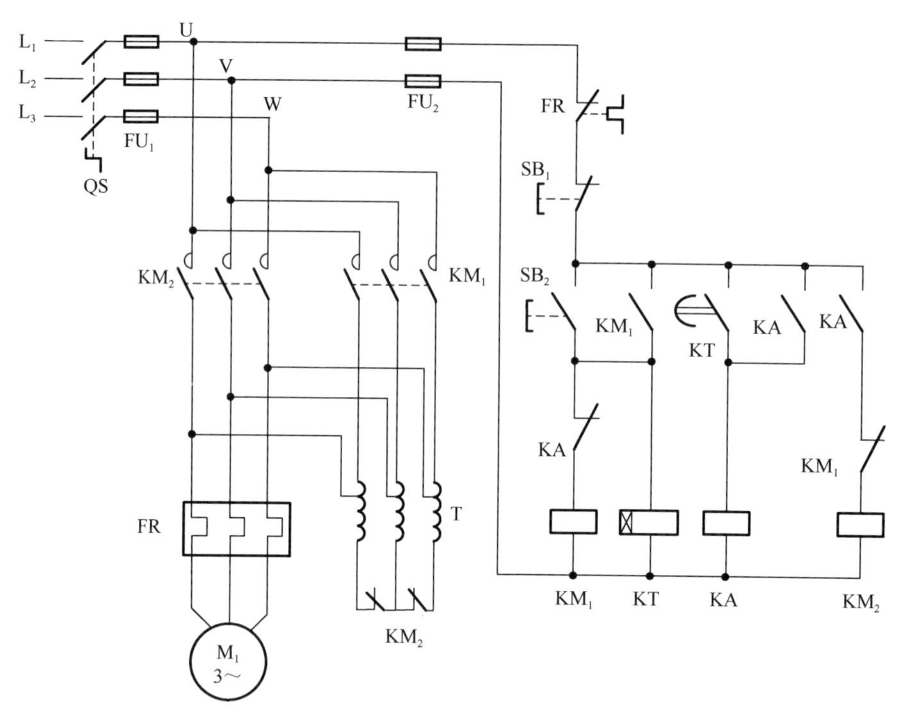

图5.65 串自耦变压器的减压起动控制电路

合上QS，按下SB_2，接触器KM_1线圈和时间继电器KT线圈同时得电，KM_1常开辅助触头闭合自锁，与KM_2线圈串联的KM_1电气互锁触头断开，确保KM_2线圈不会得电。主电路中KM_1常开主触头闭合，KM_2常闭辅助触头不动作闭合，电动机串自耦变压器减压起动。控制电路中当KT整定延时时间结束时，KT常开触头延时闭合，中间继电器KA线圈得电，KA常开触头自锁，与KM_1线圈串联的KA常闭触头断开，KM_1线圈断电，与KM_2线圈串联的KA常开触头闭合，KM_2线圈得电。主电路中，KM_1常开主触头断开，KM_2常闭主触头闭合，KM_2常闭辅助触头断开，电动机脱离自耦变压器进入全压运行。

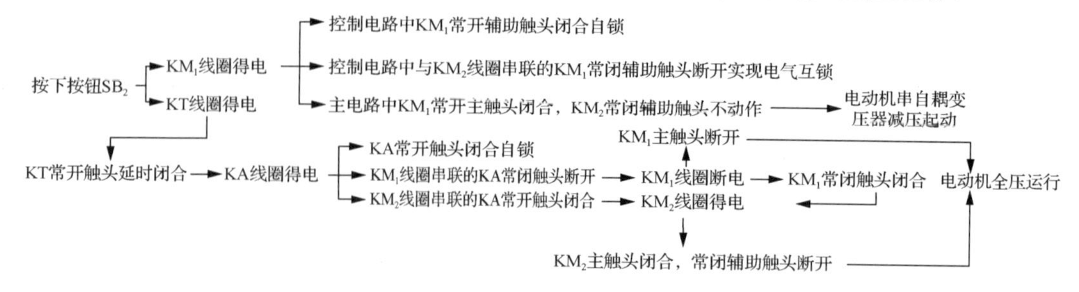

5.5.2 三相异步电动机的制动

三相异步电动机从定子绕组断电到完全停转，由于惯性总要运行一段时间，为了适应某些生产机械工业的要求、缩短制动时间、提高生产效率，要求电动机能制动停转。三相异步电动机的制动方法有机械制动和电气制动。

三相异步电动机的制动控制电路

1. 机械制动

机械制动是利用机械装置，使电动机在切断电源后迅速停转的方法。机械制动常采用的机械装置是电磁制动器，机械制动电路如图 5.66 所示，其动作原理如下。

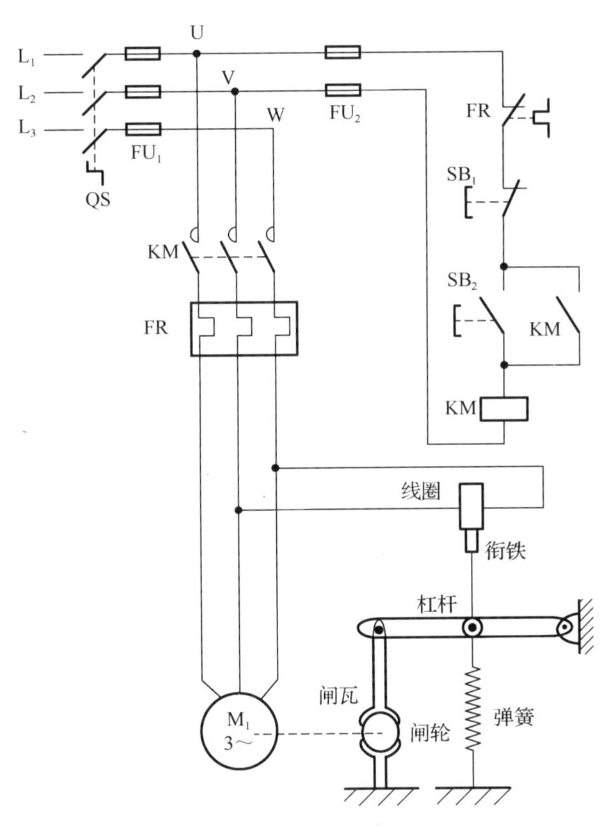

图 5.66　机械制动电路

起动：合上 QS，按下 SB_2，KM 线圈得电，KM 主触头闭合，电磁制动器线圈得电，衔铁被铁芯吸合，通过弹簧，杠杆使闸瓦松开闸轮，电动机起动运转。

制动：按下停转按钮 SB_1，接触器 KM 线圈断电，电动机和电磁制动器线圈同时断电，衔铁被释放，在弹簧拉力作用下，使闸瓦紧紧抱着闸轮，电动机迅速制动停转。

起动：按下SB_2 → KM线圈得电 → KM主触头闭合 → 电磁制动器YB线圈得电，衔铁被铁芯吸合，通过弹簧，杠杆使闸瓦松开闸轮 → 电动机起动运转

制动：按下SB_1 → KM线圈断电 → KM主触头断开 → 电动机断电停转；电磁制动器线圈断电 → 衔铁被释放，在弹簧拉力作用下，使闸瓦紧紧抱着闸轮 → 电动机迅速制动

这种制动方式在起重机械上被广泛采用，当重物被提升到一定高度时，线路突然发生故障，电动机和电磁制动器线圈同时断电，闸瓦立即抱住闸轮，使电动机迅速制动停转，从而防止重物掉下发生事故。

2. 电气制动

电气制动是指电动机产生一个与其实际旋转方向相反的电磁转矩，即制动转矩，使电动机迅速制动停转。电气制动常用的有反接制动和能耗制动。

（1）反接制动。反接制动控制电路如图 5.67 所示，其动作原理如下。

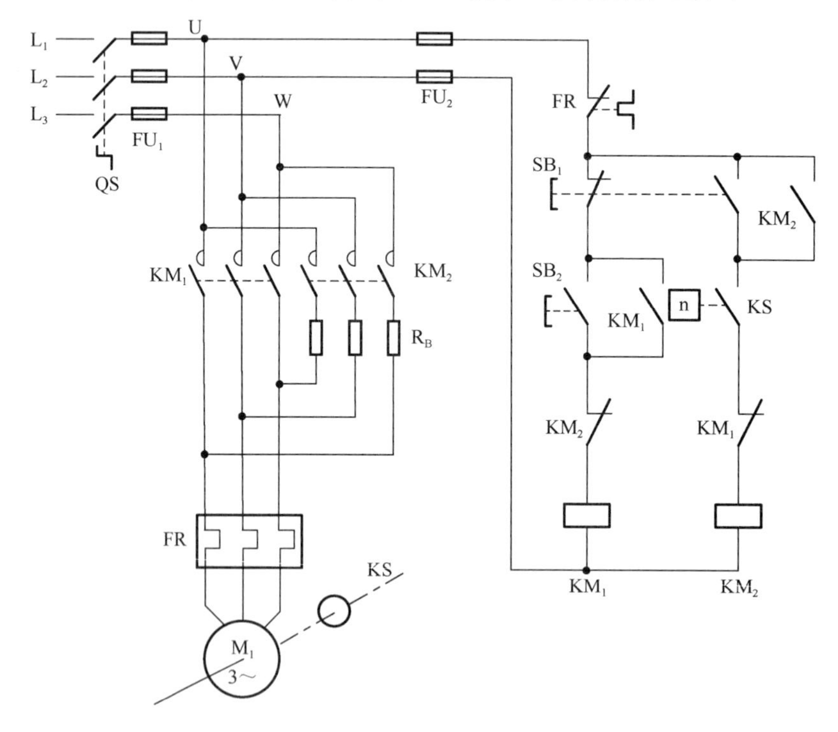

图 5.67　反接制动控制电路

起动：合上 QS，按下 SB_2，KM_1 线圈得电，KM_1 主触头闭合，电动机起动运转，当电动机转速升高到 120r/min 时，速度继电器 KS 的常开触头闭合，为反接制动做准备。

制动：按下 SB_1，KM_1 线圈断电，KM_2 线圈得电，KM_2 主触头闭合，串入电阻 R_B 进行反接制动，电动机产生一个反向电磁转矩，迫使电动机转速迅速下降，当转速降至 120r/min 以下时，速度继电器 KS 的常开触头断开，KM_2 线圈断电，电动机断电，防止了反向起动。

起动：按下SB_2 → KM_1线圈得电 → KM_1主触头闭合 → 电动机起动运转 → 当电动机转速升高到一定数值时，速度继电器KS的常开触头闭合，为反接制动做准备

制动：按下SB_1 → KM_1线圈断电 → KM_2线圈得电 → KM_2主触头闭合 → 串入电阻R_B进行反接制动 →（速度降至120r/min以下）→ KS的常开触头断开 → KM_2线圈断电 → KM_2主触头断开 → 电动机断电

反接制动设备简单、调整方便、制动迅速，但制动冲击大，制动能耗大，不宜频繁制动，且制动准确度不高，适用于制动要求迅速，系统惯性大、制动不频繁的场合。

（2）能耗制动。

能耗制动的方法是在电动机脱离电源后，在定子绕组中加入一个直流电源，以产生一个恒定磁场，惯性运转的转子绕组切割恒定磁场而产生制动转矩，使电动机迅速制动停转。

直流电源采用整流电路获得。能耗制动控制电路如图 5.68 所示，其动作原理如下。

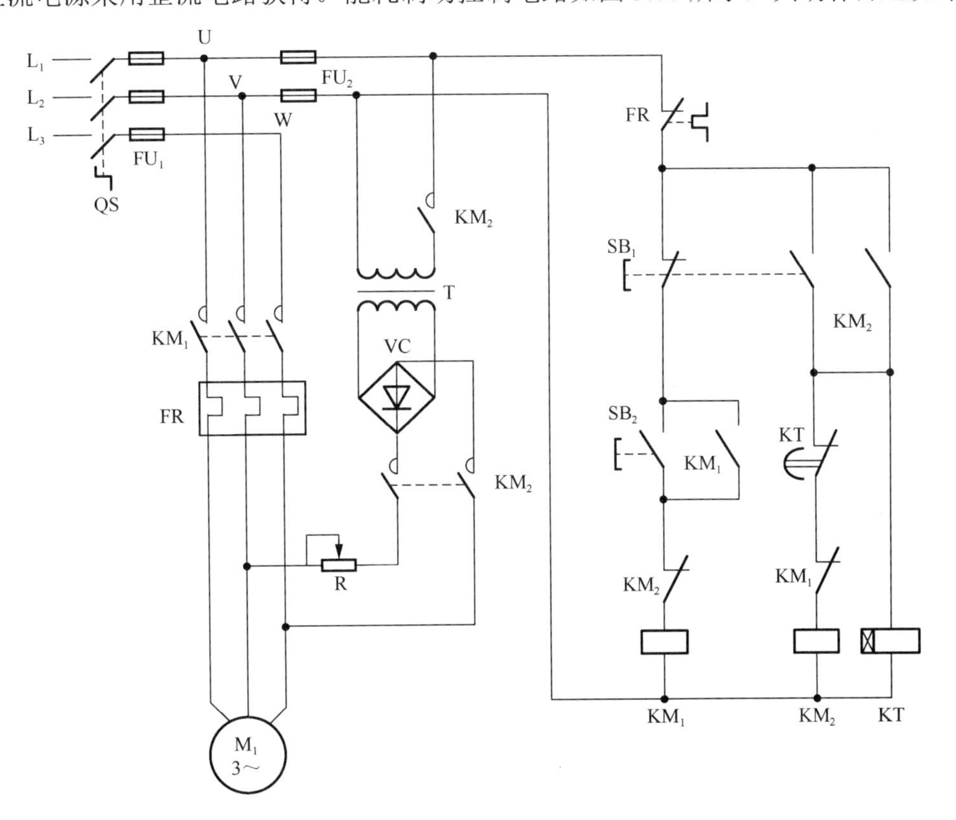

图 5.68　能耗制动控制电路

起动：合上 QS，按下 SB_2，KM_1 线圈得电，KM_1 主触头闭合，电动机起动运转。

制动：按下 SB_1，KM_1 线圈断电，KM_1 主触头断开，电动机由于惯性继续运转；KM_2 和 KT 线圈同时得电，KM_2 主触头闭合，电动机定子绕组通入全波整流脉动直流电进行能耗制动；能耗制动结束后，KT 常闭触头延时断开，KM_2 线圈断电，KM_2 主触头断开全波整流脉动直流电。

起动：按下SB_2 → KM_1线圈得电 → KM_1主触头闭合 → 电动机起动运转

制动：按下SB_1 → KM_1线圈断电 ─┬─ KM_1主触头断开 → 电动机断电惯性运转
├─ KM_2线圈得电 → KM_2主触头闭合 → 脉动直流电接入电路 → 电动机能耗制动
└─ KT线圈得电 → KT常闭触头延时断开 → KM_2线圈断电 → KM_2主触头断开直流电

能耗制动的优点是制动准确、平稳，但需附加直流电源装置，制动力量较弱。能耗制动一般用于制动要求准确、平稳的场合，如磨床、龙门刨床等控制电路。

5.5.3 电动葫芦控制电路的安装

1）结构

电动葫芦是用来提升或下降重物，并能在水平方向移动的起重运输机械。它具有起重量小、结构简单、操作方便等特点，可以独立固定在高处，垂直提升重物；也可以悬挂在沿单轨行走的小车上，构成单轨吊车，提升重物；还可以构成双梁简易桥式起重机，提升重物。其提升质量范围为5～100t，广泛应用于工矿企业中小型设备的安装、吊运和维修。电动葫芦结构如图5.69所示。

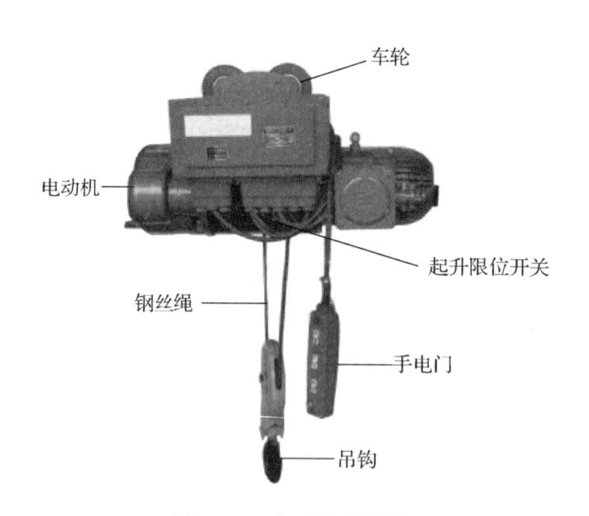

图5.69　电动葫芦结构

2）控制原理

（1）主电路分析。

电动葫芦将电动机、卷筒、制动器和运行小车等紧凑地合为一体，其电气控制电路如图5.70所示。该控制电路中主电路的三相电源通过开关QS、熔断器FU_1后分成两条支路。第一条支路通过接触器KM_1和KM_2的主触头到电动机M_1，完成吊钩悬挂重物时的升、降动作。第二条支路通过接触器KM_3和KM_4的主触头到电动机M_2，完成运行小车在水平面内沿导轨的左右移动。

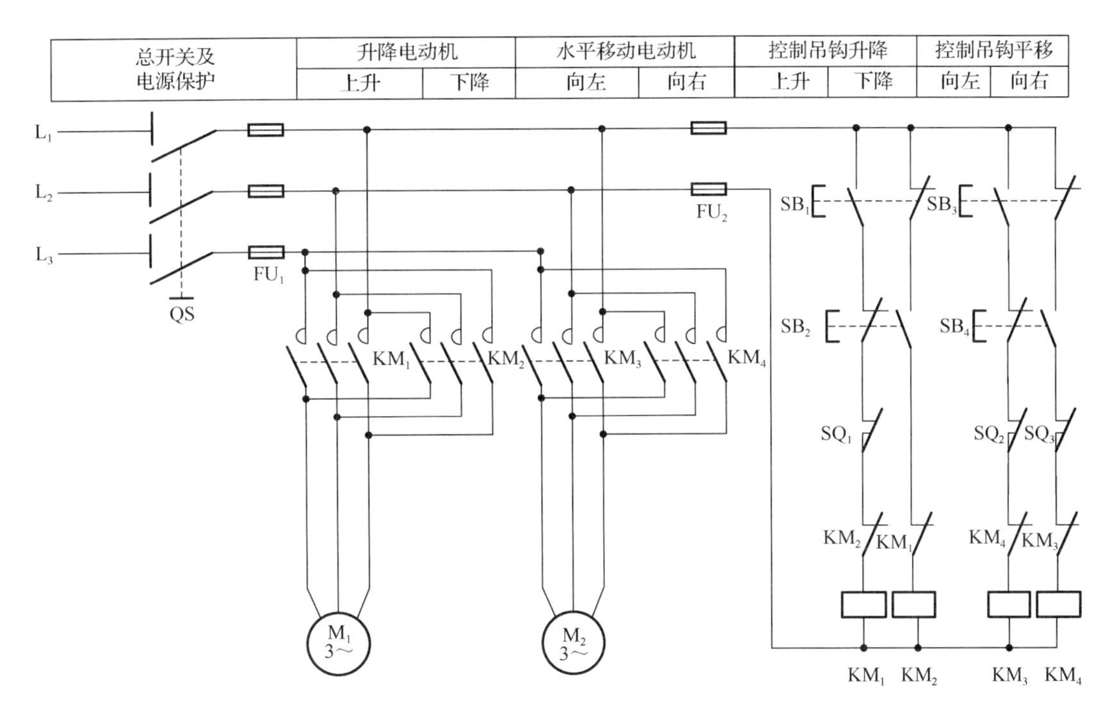

图 5.70　电动葫芦电气控制电路

（2）控制电路分析。

① 升降机构动作过程。

上升起动过程：按下上升按钮 SB_1，接触器 KM_1 线圈得电，KM_1 主触头闭合，接通电动机 M_1，M_1 通电正转，提升重物。同时，SB_1 动断触头断开，KM_1 动断辅助触头断开，与控制吊钩下降的 KM_2 控制电路联锁。

上升制动过程：当重物提升到指定高度时，松开 SB_1，KM_1 断电释放，主电路断开 M_1 的电源，电动机停转。

下降起动过程：按下按钮 SB_2，接触器 KM_2 线圈得电，KM_2 主触头闭合，电动机 M_1 反转，吊钩下降。

下降制动过程：当下降到要求高度时，松开 SB_2，KM_2 断电释放，主电路断开 M_1 的电源，电动机停转。

② 移动机构动作过程。

向左起动过程：按下前进按钮 SB_3，接触器 KM_3 线圈得电，KM_3 主触头闭合，电动机 M_2 通电正转，电动葫芦前进。

向左停止过程：松开 SB_3，KM_3 断电释放，电动机 M_2 断电，移动机构停止运行。

向右起动过程：按下 SB_4，接触器 KM_4 线圈得电，KM_4 主触头闭合，接通电动机 M_2 的反转电路，M_2 反转，电动葫芦后退。

向右停止过程：松开 SB_4，接触器 KM_4 线圈断电，电动机 M_2 停止转动，电动葫芦停止后退。

③ 安全保护机构动作过程。

在 KM_1 线圈供电线路上串接了 SB_2 和 KM_2 的动断触头，在 KM_2 线圈供电线路上串接了 SB_1 和 KM_1 的动断触头，它们对电动葫芦的上、下运动构成了复合联锁关系。在 KM_3 线圈供电线路上串接了 SB_4 和 KM_4 的动断触头，在 KM_4 线圈供电线路上串接了 SB_3 和 KM_3 的动断触头，它们对电动葫芦的左、右运动构成了复合联锁关系。行程开关 SQ_1 安装在电动葫芦的上升行程终点位置，一旦升降机构上升到该点，其撞块碰触行程开关滚轮，使串入控制电路中的动断触头断开，电动机 M_1 停止转动，钢丝绳过卷扬机被拉断。限位保护行程开关 SQ_2、SQ_3 分别安装在左、右行程终点位置，一旦移动机构运动到该点，其撞块碰触行程开关滚轮，使串入控制电路中的动断触头断开，电动机 M_2 停止转动，避免电动葫芦超越行程而造成事故。

3）控制电路的安装

（1）核对各元器件的型号、规格、数量。

（2）检测断路器、接触器、熔断器、按钮、行程开关等控制设备外观是否良好，操作是否准确灵活。

（3）检查机电设备是否良好。检查钢丝绳有无锈蚀损伤、弯折、打环、扭结、裂嘴和松散现象。

（4）按照轨道、车档、悬挂行车、电动葫芦、控制电器部分的顺序依次安装各部件。

（5）检查各连接部位连接是否牢固，装配是否符合要求，电源是否符合规定，电路是否正确，限位装置是否灵敏可靠，运行小车是否跑偏，车轮踏面与导轨接触是否良好等。

（6）检查结束后进行试车，先做空载点动试验，用手按下相应按钮，检查各机构动作是否与标定的相一致，将吊钩上升到限位位置，检查限位器是否可靠；然后做静荷试验，在额定电压下以 1.25 倍的额定载荷起升离地面 100mm 静止 10min 后卸载，无异常现象为合格；最后做动载试验，在额定电压下以 1.1 倍的额定载荷进行动载试验，试验周期为 40s，升降 6s，停 14s，如此进行 15 个周期，无异常现象为合格。

（7）电动葫芦运行过程中如有异常响声，应检查、排除故障后再开车。

5.5.4 车床控制电路的安装

1. 结构

车床是一种应用极为广泛的金属切削机床，能够车削外圆、内圆、端面、螺纹、切断及割槽等，并可以装上钻头或铰刀进行钻孔和铰孔等加工操作。普通车床主要由床身、主轴变速箱、进给箱、溜板箱、溜板与刀架、尾架、光杠、丝杠等部分组成。C620 车床基本结构如图 5.71 所示。

2. 控制原理

（1）主电路分析。

车床控制电路如图 5.72 所示，主电路共有两台电动机，分别为带动主轴旋转和刀架做进给运动的主轴电动机 M_1 和用以输送切削液的冷却泵电动机 M_2。

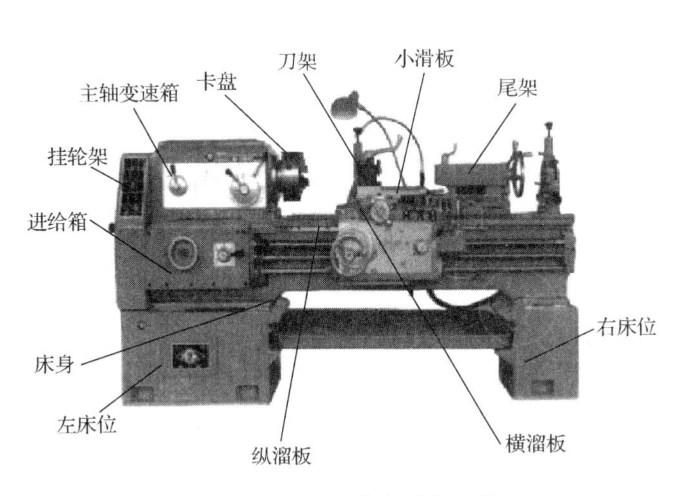

图 5.71　C620 车床基本结构

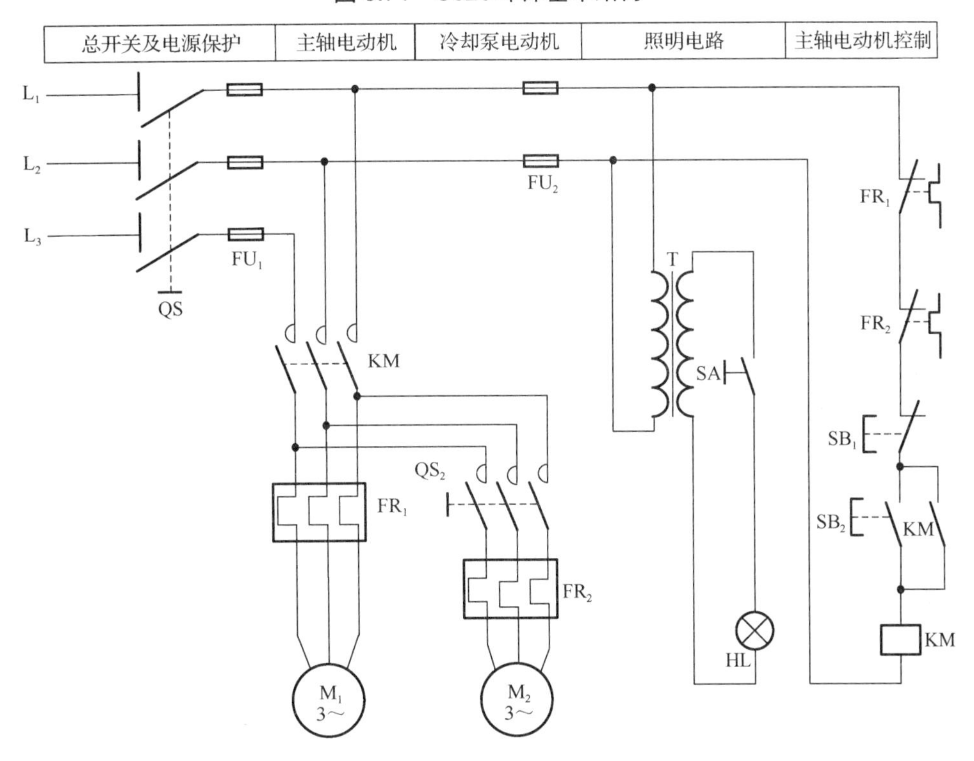

图 5.72　车床控制电路

（2）控制电路分析。

主轴电动机的控制：按下起动按钮 SB_2，接触器 KM 线圈得电，KM 主触头闭合，主轴电动机 M_1 起动运转，KM 的辅助动合触头闭合并自锁，按下停止按钮 SB_1，接触器 KM 线圈断电，KM 主触头断开，电动机 M_1 停转。

冷却泵电动机的控制：按下 QS_2，冷却泵电动机运转，输送切削液。

（3）照明电路分析。

控制变压器 T 的二次侧输出 24V 电压作为车床低压照明灯电源，HL 作为车床的低压照明灯，由开关 SA 控制。

（4）保护电路分析。

主轴电动机 M_1 由接触器 KM 控制，热继电器 FR_1 做过载保护，熔断器 FU_1、FU_2 做短路保护，接触器 KM 做失压和欠压保护。冷却泵电动机 M_2 由断路器 QS_2 控制，热继电器 FR_2 作为它的过载保护。

3. 控制电路的安装

（1）检查各电气设备元件的规格、质量是否合格。

（2）根据电动机容量、线路走向及要求和各元件的安装尺寸，正确选配导线的规格数量、控制板、紧固件等。

（3）根据安装工艺要求进行电路的正确安装、布线。

（4）安装完成后检查电路的接线是否正确和接地通道是否具有连续性。

（5）检查各保护器件是否符合要求，检查电动机及线路的绝缘电阻是否符合要求。

（6）接通电源开关，点动控制各电动机起动，以检查各电动机的转向是否符合要求。

（7）通电空转试验时，应认真观察各电器元件、线路的工作情况是否正常，如不正常，应立即切断电源进线检查，在调整或修复后方能在此通电试车。

5.5.5 磨床控制电路的安装

磨床是利用砂轮的周边或端面进行加工的精密机床，砂轮的旋转是主运动，工件或砂轮的往复运动为进给运动，而砂轮箱的快速移动及工作台的移动为辅助运动。磨床的种类很多，按其工作性质可分为圆磨床、内圆磨床、平面磨床、工具磨床及一些专业磨床等，其中平面磨床应用较为广泛。M7120 平面磨床结构如图 5.73 所示。

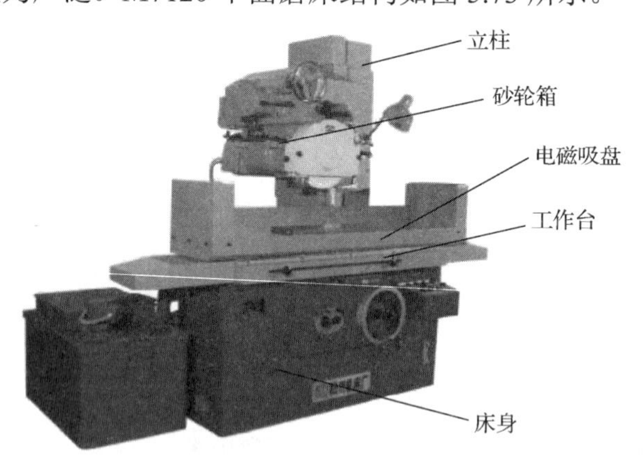

图 5.73　M7120 平面磨床结构

平面磨床由床身、工作台、电磁吸盘、砂轮箱、立柱等部分组成。工作台上装有电磁吸盘，用以吸持工件，工作台在液压传动机构作用下，沿着床身的导轨做往返（纵向）运动，砂轮箱可在床身的横向导轨上做横向运动，也可在立柱导轨上做垂直运动。平面磨床的主运动是砂轮的快速旋转运动，辅助运动是工作台的纵向往复运动和砂轮箱的横向及垂直运动。工作台每完成一次纵向往复运动，砂轮箱横向进给一次，从而能连续地加工整个平面。当整个平面加工磨完一遍后，砂轮箱在垂直于工件表面的方向移动一次，称为吃刀运动。通过吃刀运动，可将工件尺寸磨到所需的尺寸。

平面磨床控制按钮安装在床身前部的电气操纵盒上。电气控制电路可分为主电路、控制电路、电磁吸盘控制电路和照明电路等部分。

平面磨床的控制采用分散拖动，液压泵电动机、砂轮电动机、砂轮箱升降电动机和冷却泵电动机全部采用普通鼠笼式异步电动机。

磨床的砂轮电动机、砂轮箱升降电动机和冷却泵电动机不要求调速，换向是通过工作台上的撞块碰撞床身上的液压换向开关来实现的。

为减小在磨削加工中的热变形并冲走磨屑，以保证加工精度，需用冷却液。

为适应磨削小工件的需要，也为了工件在磨削过程中受热能自由伸缩，采用电磁吸盘来吸持工件。

砂轮电动机、液压泵电动机和冷却泵电动机只要求单方向旋转，并采用直接起动。

砂轮箱升降电动机要求能正反转，并且冷却泵电动机与砂轮电动机具有顺序联锁关系，在砂轮电动机起动后才可开动冷却泵电动机。

整个控制电路应具有完善的保护环节，如电动机的短路保护、过载保护、零电压保护、电磁吸盘欠电压保护等。除此之外，还应有必要的信号指示和局部照明。

1. 控制原理

M7120 磨床的控制电路如图 5.74 所示。工作时，合上 QS，将电源引入，照明电路中指示灯 HL 亮。控制电路中整流器工作，限电流继电器 KA 线圈得电，若电源电压正常，液压泵控制电路中 KA 动合触头闭合。合上照明电路中开关 SA，照明灯 EL 亮。

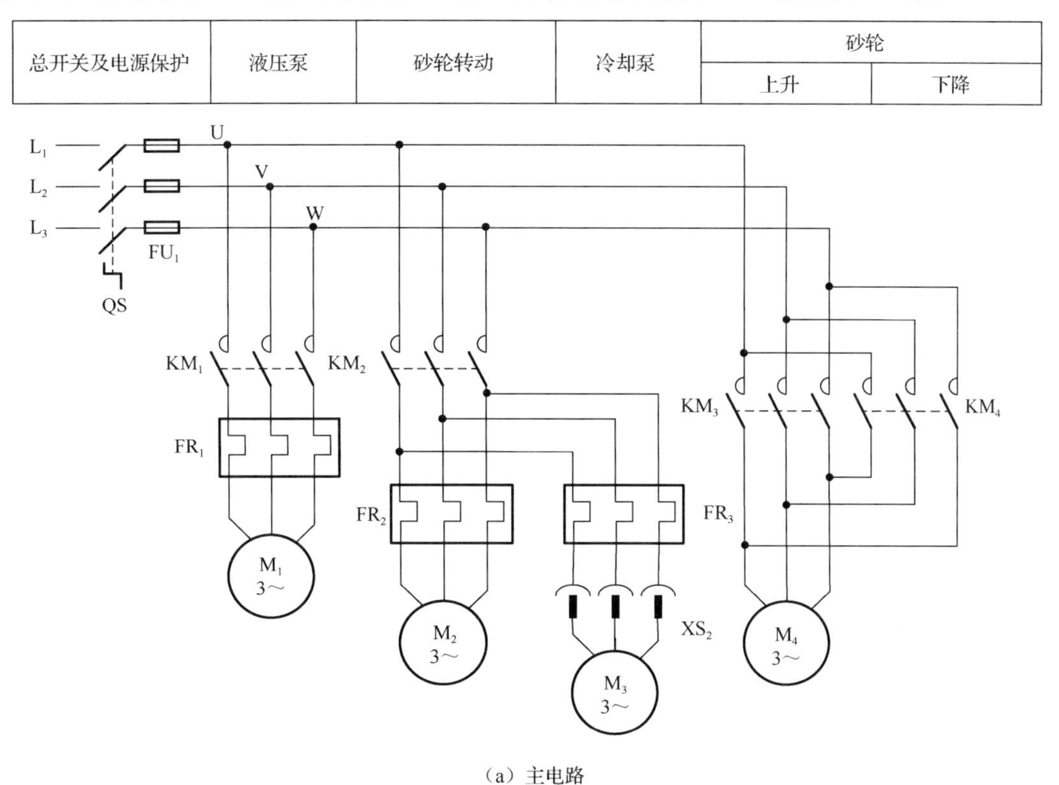

（a）主电路

图 5.74　M7120 磨床的控制电路

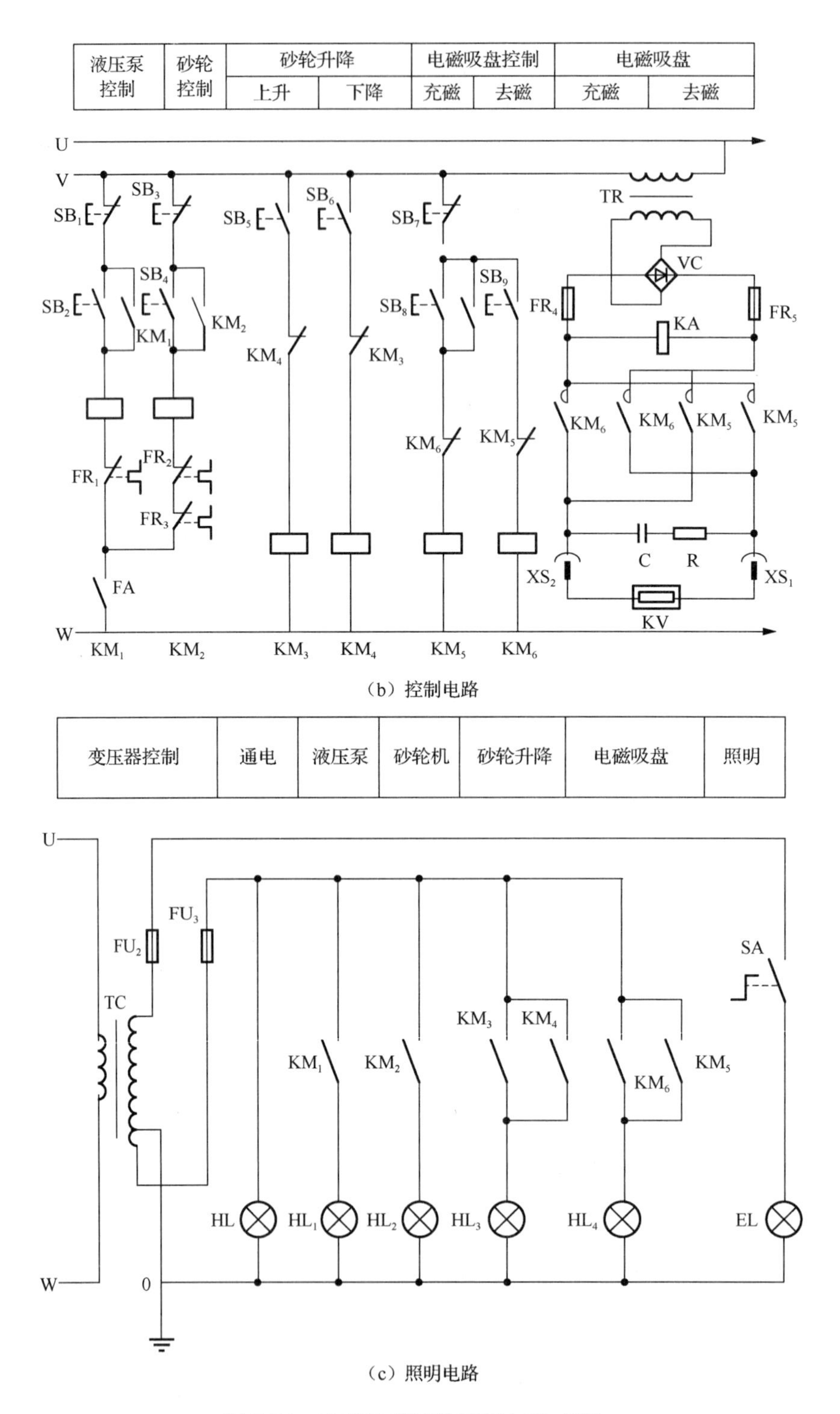

（b）控制电路

（c）照明电路

图 5.74　M7120 磨床的控制电路（续）

（1）液压泵控制电路工作原理。

工作时，按下按钮 SB_2，接触器 KM_1 线圈得电，与 SB_2 并联的 KM_1 辅助动合触头闭合自锁，主电路中 KM_1 动合主触头闭合，电动机 M_1 转动，液压泵工作。照明电路中 KM_1 辅助动合触头闭合，液压泵工作指示灯 HL_1 亮。按下 SB_1，KM_1 线圈断电，液压泵主电路、控制电路和照明电路中的 KM_1 动合触头都断开，电动机 M_1 停止转动，指示灯 HL_1 灭。

（2）砂轮转动控制电路工作原理。

工作时，按下按钮 SB_4，接触器 KM_2 线圈得电，与 SB_4 并联的 KM_2 辅助动合触头闭合自锁，主电路中 KM_2 动合主触头闭合，电动机 M_2 转动，砂轮工作。照明电路中 KM_2 辅助动合触头闭合，砂轮工作指示灯 HL_2 亮。按下 SB_3，KM_2 线圈断电，砂轮主电路、控制电路和照明电路中的 KM_2 动合触头都断开，电动机 M_2 停止转动，指示灯 HL_2 灭。

（3）砂轮升降控制电路工作原理。

① 砂轮上升。按下 SB_5，接触器 KM_3 线圈得电，KM_4 线圈支路的 KM_3 辅助动断触头断开，实现互锁，主电路中 KM_3 动合主触头闭合，砂轮上升。照明电路中 KM_3 辅助动合触头闭合，砂轮升降工作指示灯亮。松开 SB_5，KM_3 线圈断电，砂轮升降主电路、控制电路和照明电路中的 KM_3 触头动作，砂轮上升停止，指示灯灭。

② 砂轮下降。按下 SB_6，接触器 KM_4 线圈得电，KM_3 线圈支路的 KM_4 辅助动断触头断开，实现互锁，主电路中 KM_4 动合主触头闭合，砂轮下降。照明电路中 KM_4 辅助动合触头闭合，砂轮升降工作指示灯亮。松开 SB_6，KM_4 线圈断电，砂轮升降主电路、控制电路和照明电路中的 KM_4 触头动作，砂轮下降停止，指示灯灭。

（4）冷却泵控制电路工作原理。

工作时，若需冷却泵工作，只要插上插头 XS_2，电动机 M_3 就通电工作。停止时，拔下插头 XS_2 即可。

（5）电磁吸盘控制电路工作原理。

磨床的电磁吸盘装在工作台上，用于固定加工工件，当电磁铁线圈通电时，电磁铁芯就产生磁场，吸住铁磁材料工件，便于磨削加工。

① 充磁过程。工作时，按下 SB_8，接触器 KM_6 线圈得电，与 SB_8 并联的 KM_6 辅助动合触头闭合实现自锁，KM_5 线圈支路的 KM_6 辅助动断触头断开实现互锁。电磁吸盘控制电路中 KM_6 动合主触头闭合，充磁电路接通。照明电路中 KM_6 辅助动合触头闭合，电磁吸盘指示灯 HL_4 亮。按下 SB_7，KM_6 线圈断电，电磁吸盘控制电路中 KM_6 动合主触头、照明电路中 KM_6 辅助动合触头都断开，充磁电路断开。

② 去磁过程。按下 SB_9，接触器 KM_5 线圈得电，KM_6 线圈支路的 KM_5 辅助动断触头断开实现互锁。电磁吸盘控制电路中 KM_5 动合主触头闭合，去磁电路接通。照明电路中 KM_5 辅助动合触头闭合，工作指示灯 HL_4 亮。松开 SB_9，KM_5 线圈断电，去磁电路电压断开，电磁吸盘中的 FV、R、C 构成放电回路，释放充磁过程中电磁吸盘线圈储存的磁场能量。

结束工作时，断开照明电路中的 SA，指示灯 EL 灭，按下 QS，电路断电，磨床工作结束。

（6）保护电路工作原理。

欠电压继电器 FA 是防止电源电压过低时，吸盘吸力不足，导致工件飞离吸盘事故的发生。当电压过低时，FA 串联在 KM_1、KM_2 控制电路中的常开触头断开，使线圈断电，液压泵电动机 M_1、砂轮电动机 M_2 停止工作，避免事故的发生。

在吸盘线圈两端并联的电阻 R 和电容 C，形成过电压吸收回路，因为电磁吸盘的电感很大，在其从吸合状态转变为放松状态的瞬间，线圈两端将产生很大的自感电动势，易使线圈或其他的电器由于过电压而被损坏，而此回路可以消除线圈两端产生的感应电压的影响。

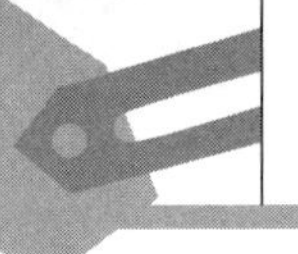

2. 控制电路的安装

（1）检查各元器件是否齐备，并对各元器件进行检测。

（2）按照编号原则在电气线路图上给主电路、控制电路、照明和指示电路及电磁吸盘电路进行编号。

（3）给各电气元件和元件的接线端做上与电气线路图相对应的文字和号码标志。

（4）选配合适的导线，并在线头两端做好与电气线路图中编号相同的号码。

（5）安装各元器件并进行正确接线，按原理图接线的同时，应在导线的线头上套有与原理图一致线号的编码套管。安装时要做好线号的安置工作，不得产生差错。

（6）安装整流电路时，不可将整流二极管的极性接错，否则会发生二极管和控制变压器因短路而被损坏。

（7）安装结束后清理现场，按照电气线路图逐线进行检查，检查布线的正确性和接点的可靠性，同时进行绝缘电阻测量和接地通道是否连续的试验。

（8）通电试车，试车时要密切关注各电动机和电器元件有无异常现象。如果发现异常现象应立即断开电源开关，进行检查处理，找出原因排除故障后再通电试车。

5.5.6 钻床控制电路的安装

1. 结构

钻床是一种用途广泛的万能机床，可以进行钻孔、扩孔、铰孔、攻螺纹及修剖面等多种形式的加工，钻床按结构形式可以分为立式钻床、卧式钻床、摇臂钻床、深孔钻床等。在各种钻床中，摇臂钻床操作方便、灵活，适用范围广，特别适用于单件或成批生产工件的孔加工，是机械加工中常用的机床设备。Z535 摇臂钻床结构如图 5.75 所示。

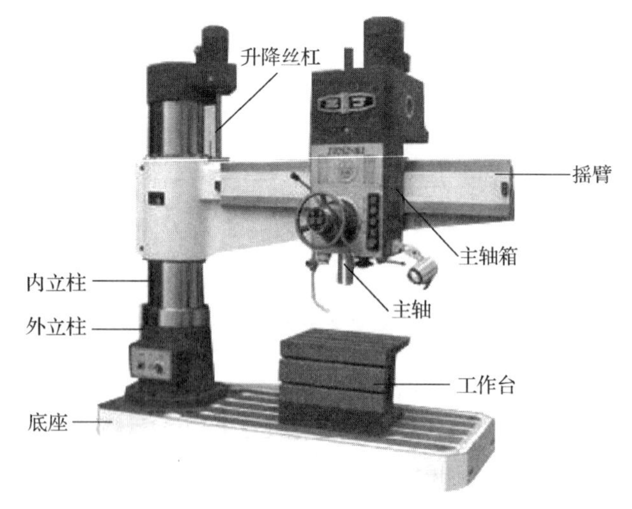

图 5.75 Z535 摇臂钻床结构

2. 控制原理

钻床的控制电路如图 5.76 所示。主电路中 4 台电动机分别以不同的转速运行，冷却泵

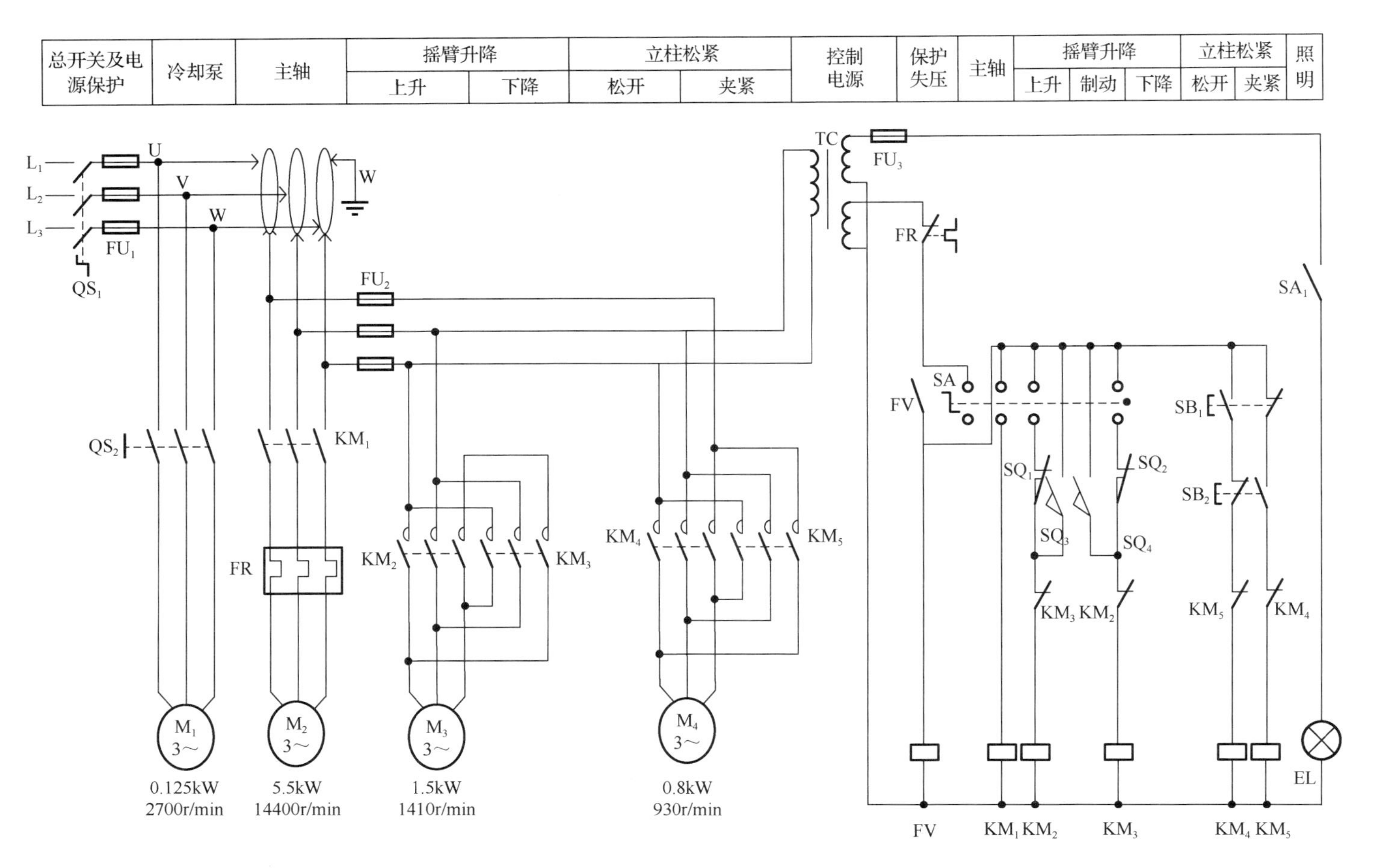

图 5.76　钻床的控制电路

电动机 M_1 供给冷却液，主轴电动机 M_2 拖动钻削及进给运动，摇臂升降电动机 M_3 拖动摇臂升降，立柱松紧电动机 M_4 拖动内外立柱及主轴箱夹紧与放松。控制电路中 SA 是一个十字形功能选择开关，其外形如图 5.77 所示，它有上、下、左、右、中 5 个位置，拨到不同的位置，连接到不同的线路中。

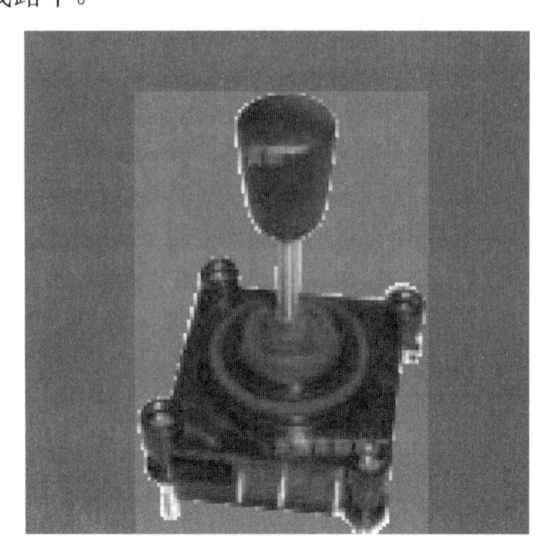

图 5.77　十字形功能选择开关外形

工作时，合上 QS_1，将电源引入，先将 SA 拨向左边，接通限电压继电器 FV 线圈，FV 动合触头闭合自锁，接通控制电路电源。

（1）主轴电动机 M_2 控制原理。

将 SA 拨向右边，接触器 KM_1 线圈得电，主电路中 KM_1 动合主触头闭合，电动机 M_2 转动。实际工作中电动机 M_2 的反转是通过操作主轴箱上的双向摩擦器手柄实现的。将 SA 拨到中间位置，电动机 M_2 停转。

（2）摇臂升降电动机 M_3 控制原理。

在摇臂升降前要完成摇臂松开和夹紧工作。

① 摇臂上升中的摇臂放松。摇臂上升前，将 SA 拨到向上位置，KM_2 线圈得电，与 KM_3 线圈串联的 KM_2 动断触头断开互锁，主电路中 KM_2 主触头闭合，电动机 M_3 正转，带动传动机构将摇臂的夹紧装置放松，在放松的同时，行程开关 SQ_4 被压合，为夹紧摇臂做好准备。当摇臂完全放松后，电动机 M_3 继续转动，带动摇臂上升，达到预定位置时，将 SA 拨向中间位置，KM_2 线圈断电，KM_2 主触头断开，电动机 M_3 停转，摇臂停止上升。

② 摇臂夹紧。当 KM_2 线圈断电，KM_2 动断触头闭合，KM_3 线圈得电，与 KM_2 线圈串联的 KM_3 动断触头断开互锁，主电路中 KM_3 主触头闭合，电动机 M_3 通电反转，带动传动机构使摇臂自动夹紧。摇臂夹紧后，SQ_4 断开，KM_3 线圈断电，电动机 M_3 停转，摇臂上升过程结束。

③ 摇臂下降过程。摇臂下降时，将 SA 拨到向下位置，KM_3 线圈得电，电动机 M_3 反转，将夹紧装置松开，并将行程开关 SQ_3 压合，然后拖动摇臂下降，到位后，将 SA 拨到

中间位置，KM_3 的动断触头接通 KM_2 线圈，电动机 M_3 正转，将摇臂夹紧，断开 SQ_3，电动机 M_3 断电停转。

电路中使用了行程开关 SQ_1、SQ_2 分别对摇臂的上升和下降进行限位保护。

（3）立柱松紧电动机 M_4 控制原理。

立柱平时是夹紧状态，松开后才能完成回转。

① 立柱松开。按下 SB_1，KM_4 线圈得电，与 KM_5 线圈串联的 KM_4 动断辅助触头互锁，KM_4 主触头闭合，电动机 M_4 正转，将立柱松开。松开 SB_1，KM_4 线圈断电，立柱的松开控制过程结束。

② 立柱夹紧。立柱松开后，人力推动摇臂转动到指定位置后，需将立柱夹紧才可进行下一步操作。按下立柱夹紧按钮 SB_2，KM_5 线圈得电，与 KM_4 线圈串联的 KM_5 动断辅助触头互锁，KM_5 主触头闭合，电动机 M_4 反转，将立柱夹紧。松开 SB_2，KM_5 线圈断电，立柱的夹紧控制过程结束。

（4）冷却泵电动机 M_1 控制原理。

电动机 M_1 由手动开关 QS_2 控制，在加工时提供冷却液。

（5）照明控制原理。

照明装置 EL 由手动开关 SA_1 控制。

3. 控制电路的安装

（1）根据电气线路图正确选择电器元件、安装工具、控制板，并检验元器件的好坏，填写材料及工具清单。

（2）根据电气线路图绘制布置图和接线图，按照编号原则在电气线路图上给主电路、控制电路进行编号。

（3）给各电气元件和元件的接线端做上与电气线路图相对应的文字和号码标志。

（4）选配合适的导线，并在线头两端做好与电气线路图中编号相同的号码。

（5）安装各元器件并进行正确接线，按原理图接线的同时，应在导线的线头上套有与原理图一致线号的编码套管。保证布线安装的正确性。

（6）安装结束后清理现场，按照电气线路图逐线进行检查，检查布线的正确性，用万用表检测接点连接的可靠性，进行绝缘电阻测量和接地通道是否连续的试验。

（7）通电试车，试车时要密切关注各电动机和电器元件有无异常现象。如果发现异常现象应立即断开电源开关，进行检查处理，找出原因排除故障后再通电试车。

综合实训一　三相异步电动机的拆、装、保养

一、工具、仪器和器材

旋具、木榧、活扳手、套筒扳手、卡尺、拉具、吹尘器、钳形电流表、绝缘电阻表、煤油、汽油、油刷、抹布、铜棒、铜板块、润滑脂等。

二、工作程序及要求

1. 拆卸

（1）切断电源。拆开电动机与电源的连线，并对电源线线头做绝缘处理。

（2）脱开皮带轮或联轴器，松掉地脚螺钉和接地螺栓。

（3）拆卸皮带轮或联轴器。首先在皮带轮或联轴器的轴伸端做好定位标记，然后将皮带轮或联轴器的紧固螺钉或销子松开，用拉具把皮带轮或联轴器慢慢拉下来。拆卸过程中不用木榧直接敲击皮带轮或联轴器，防止联轴器碎裂、轴变形和端盖受损等。

（4）拆卸风扇罩、风扇叶。封闭式电动机在拆卸皮带轮或联轴器后，就可以把外风扇罩的螺栓松脱，取下风扇罩，然后松脱或取下转轴尾端风扇叶上的定位螺钉或销子，用木榧在风扇叶四周均匀轻敲，风扇叶就可以取下。小型电动机的风扇叶一般可不用取下，可随转子一起抽出，如果后端盖内的轴承需要加油或更换时就必须拆卸。

（5）拆卸轴承盖和端盖。首先把轴承外盖的螺栓松下，拆下轴承外盖。为了方便装配时复位，应在端盖与机座接缝处的任意位置上做一个标记，然后松开端盖的紧固螺栓，最后用木榧均匀敲打端盖四周，取下端盖。对于小型电动机，可以先把轴伸端的轴承外盖卸下，再松开后端盖的紧固螺栓（如风扇叶装在轴伸端，则需先把端盖的轴承外盖取下），然后用木榧轻敲轴伸端，就可以把转子和后端盖一起取下。

（6）抽出或吊出转子。小型电动机的转子可以连同后端盖一起取出，抽出转子时应小心缓慢，不能歪斜，防止碰伤定子绕组。大、中型电动机的转子较重，要用起重设备将其吊出。

2. 保养

（1）清尘。用吹尘器（或压缩空气）吹去定子绕组中的积尘，并用抹布擦净转子，并检查定子和转子有无损伤。

（2）轴承清洗。将轴承和轴承盖先用煤油浸泡后，再用油刷清洗干净，最后用棉布擦净。

（3）轴承检查。检查轴承有无裂纹，再用手旋转轴承，观察其转动是否灵活、均匀。如发现轴承有卡阻或过松现象，要用塞尺检查轴承的磨损情况。磨损情况如超过表 5-14 的允许值，应考虑更换轴承。

表 5-14　轴承的允许磨损值

轴承内径/mm	最大磨损/mm	轴承内径/mm	最大磨损/mm
20～30	0.1	85～120	0.3～0.4
35～80	0.2	120～150	0.4～0.5

（4）更换轴承。如更换轴承，应将其放于 70～80℃的变压器油中加热 5min 左右，待全部防锈脂熔去后，再用煤油清洗干净，并用棉布擦净待装。

3. 装配

电动机的装配顺序按拆卸时的逆顺序进行。装配前，各配合处要先清理除锈，装配时应按各部件拆卸时所做标记复位。

1）滚动轴承的安装

（1）冷套法。把轴承套到轴上，对准轴颈，用一段内径略大于轴径而外径略小于轴承内圈的铁管，将其一端顶在轴承内圈上，用木榧敲打铁管的另一端，将轴承推进去。有条件的可用压床压入法。

（2）热套法。把轴承置于 80～100℃的变压器油中加热 30～40min。加热时轴承要放在浸于油内的网架上，不与箱底或箱壁接触。为防止轴承退火，加热要均匀，温度和时间不宜超过要求。热套时，要趁热迅速把轴承一直推到轴颈。如套不进，应检查原因，若无外因，可用套筒顶住轴承内圈，用木榧轻敲入，并用棉布擦净。

（3）注润滑脂。已装的轴承要加注润滑脂于其内外套之间。塞装要均匀洁净，不要塞装过满。轴承内外盖中也要注入润滑脂，一般使其占盖内容积的 1/3～1/2。

2）后端盖的安装

将轴伸端朝下垂直放置，在其端面上垫上木板，将后端盖套在后轴承上，用木榧敲打，把后端盖敲进去后，装轴承外盖，紧固轴承内外盖的螺栓时要逐步拧紧，不能先紧一个，再紧另一个。

3）转子的安装

把转子对准定子孔中心，小心地往里送放，后端盖要对准机座的标记，旋上后端盖螺栓，暂不要拧紧。

4）前端盖的安装

将前端盖对准机座的标记，用木榧均匀敲击端盖四周，不可单边着力，并拧上端盖的紧固螺栓。拧紧前后端盖的螺栓时，要按对角线上下左右逐步拧紧，使四周均匀受力，否则易造成断裂或转子的同心度不良等。然后装前轴承外盖，先在轴承外盖孔内插入一根螺栓，一手顶住螺栓，另一手缓慢转动转轴，轴承内盖也随之转动，当手感觉到轴承内外盖的螺孔对齐时，就可以将螺栓拧入轴承内盖的螺孔内，再装另外几根螺栓。紧固时，也要逐步均匀拧紧。

4. 风扇叶和风扇罩的安装

先安装风扇叶，对准键槽或止紧螺钉孔，一般可以推入或轻轻敲入，然后按机体标记，

推入风扇罩，转动机轴，风扇罩和风扇叶应无摩擦，最后拧紧螺钉。

5. 皮带轮的安装

皮带轮安装时要对准键槽或止紧螺钉孔。小、中型电动机可在皮带轮的端面上垫上木块或铜板，用木棰打入。若打入困难，可将轴的另一端也垫上木块或铜板顶在坚固的止挡物上，打入皮带轮。安装大型电动机的皮带轮（或联轴器），可用千斤顶将其顶入，但要用坚固的止挡物顶住轴另一端和千斤顶底座。

6. 装配后的检验

（1）一般检查。检查所有螺栓是否拧紧，转子转动是否灵活，轴伸端径向是否有偏摆现象。

（2）绝缘电阻测定。用 500V 绝缘电阻表，测电动机定子绕组的相与相、相与机壳的绝缘电阻，其值不得小于 0.5MΩ。

（3）三相空载电流测量。按电动机铭牌的技术要求正确接线，机壳接好保护线，接通电源，用钳形电流表分别测量三相空载电流的大小及平衡情况。

（4）温升检查。检查铁芯、轴承的温度是否过高，轴承在运行时是否有异常声音等。

7. 注意事项

（1）在拆卸端盖前，不要忘记在端盖和机座接缝处做好标记。

（2）抽出转子和安装转子时，注意不要碰伤定子绕组。

（3）在拆卸和装配时要小心仔细，不要损坏零件。

（4）竖立转子时，地面上必须垫木板。

（5）紧固端盖螺栓时，要按对角线方向上下左右逐步拧紧。

（6）在拆卸和装配时，不能用木棰直接敲打零部件，必须垫上木块或铜板。

（7）操作时注意安全。

三、评分标准

1. 主要考核项目

（1）拆卸、保养、装配的工艺和技能水平。

（2）检验能力。

（3）按时完成。

（4）安全生产和文明生产。

评分标准见表 5-15。

表 5-15 评分标准（一）

项目内容	评分标准	配分	扣分	得分
拆卸	步骤不对，每步扣 5 分	30		
	方法不对，工具使用不当，每次扣 5 分			
	损坏零件，每只扣 5 分			

续表

项目内容	评分标准			配分	扣分	得分
清洗保养	定子清尘不彻底，每处扣2～10分			30		
	轴承等清洗不洁净，每处扣2～10分					
	轴承检查，每处扣2～10分					
	轴承更换程序或方法不对，每处扣2～10分					
装配	装配步骤不对，每次扣5分			30		
	装配方法有错，每次扣5分					
	损坏零件，每只扣10分					
	螺钉未拧紧，每只扣10分					
	转动不灵活，扣20分					
测试	仪表使用方法不对，每次扣5～10分			10		
	漏测项目，每项扣5分					
	温升及一般检查漏项，每项扣2～5分					
定额时间	90min	不得超时检查。若在故障修复过程中允许超时，但以每超1min扣5分计算				
起始时间		结束时间		实际时间		
备注	除超时扣分外，各项内容的最高扣分不得超过配分数			成绩		

2. 数据记录

相关数据记录见表5-16～表5-19。

表5-16　三相异步电动机拆卸训练记录

步骤	内容	工艺要点
1	拆卸前的准备工作	1. 拆卸地点____________。 2. 拆卸前所做标记： （1）皮带轮或联轴器与轴台的距离____________mm； （2）端盖与机座间标记做于________方位； （3）前后轴承标记的形状为______； （4）机座在基础上的准确位置标记为______
2	拆卸顺序	1. ______。2. ______。3. ______。4. ______。5. ______。 6. ______
3	拆卸皮带轮或联轴器	1. 使用工具____________。 2. 工艺要点____________
4	拆卸轴承盖	1. 使用工具____________。 2. 工艺要点____________
5	拆卸端盖	1. 使用工具____________。 2. 工艺要点____________
6	检测数据	1. 定子铁芯内径______mm，铁芯长度______mm； 2. 转子铁芯外径______mm，铁芯长度______mm； 3. 转子总长______mm； 4. 轴承内径______mm，外径______mm

表 5-17　三相异步电动机运行情况登记表

步骤	内容	巡视结果记录			
1	电压检测	线电压	额定值		
			实测值	U_{UV}/V	
				U_{VW}/V	
				U_{WU}/V	
2	电流检测	线电流	额定值		
			实测值	I_U/A	
				I_V/A	
				I_W/A	
3	是否出现故障	故障现象			
		可能原因			
		处理方法与结果			

表 5-18　三相异步电动机解体前的检测记录

步骤	内容	检查结果		
1	用绝缘电阻表检查绝缘电阻/MΩ	对地绝缘	U 相绕组对机壳	
			V 相绕组对机壳	
			W 相绕组对机壳	
		相间绝缘	U、V 相绕组间	
			V、W 相绕组间	
			W、U 相绕组间	
2	用万用表检查各相绕组直流电阻/Ω	U 相		
		V 相		
		W 相		
3	检查各紧固件是否符合要求（按紧固、松动、脱落三级填写）	端盖螺钉		
		地脚螺钉		
		轴承盖螺钉		
		处理情况		
4	检查传动装置的装配情况（联轴器、皮带轮、皮带等）	是否校正		
		是否松动		
		传动是否灵活		
		处理情况		

表 5-19　三相异步电动机解体后的检测记录

步骤	内容	检查结果
1	外观检查	有损伤的零部件______ 处理情况______
2	解体步骤	1.______。2.______。3.______。4.______。5.______。6.______
3	零部件的清洗与检查	已清洗的零部件______ 零部件的故障______ 处理情况______
4	检查定子、转子、铁芯及转轴有无故障	故障现象
		故障部位
		处理情况
5	检查三相空载电流/A	I_U______ I_V______ I_W______ 三相空载电流之间最大差距______ 三相空载电流占额定电流比例为______% 处理情况______

综合实训二　三相异步电动机绕组故障的排除

一、工具、仪器和器材

划线板、清槽片、压脚、划针。

二、工作程序及要求

1. 绕组断路故障的检查与排除

1）绕组断路的原因

导致绕组断路的主要原因有绕组受机械损伤或碰撞后发生断裂；接头焊接不良在运行中脱落；绕组短路，产生大电流烧断导线；在并绕导线中，由于其他导线断路，造成三相电流不平衡、绕组过热，时间稍长将冒烟烧毁。

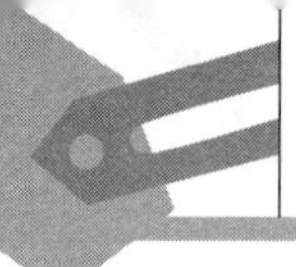

2）绕组断路故障的检查

电动机绕组接法不同，检查绕组断路的方法也不一样。

对于星形连接且在机内无并联支路和并绕导线的小型电动机，可将万用表置于相应电阻挡，一支表笔接星形接法的中点，另一支表笔分别接三相绕组端头 U_1、V_1、W_1，如果某一相不通，电阻为∞，则该相断路。

星形连接中性点未引出到接线盒时，将万用表置于相应电阻挡，分别测量 UV、VW、WU 各对端子，若 UV 通，VW 和 WU 不通，说明 W 相两次不通，则断路点在 W 相绕组。

三角形连接时，如果只有三个线端引出到接线盒，仍用万用表检测每两个线端之间的电阻。设每相绕组实际电阻为 r，万用表测得 UV 间的电阻为 R_{UV}，若三相绕组完好，则 $R_{UV}=2/3r$。若 UV 间有开路，则 $R_{UV}=2r$。若 VW 或 WU 任意一相开路，则 $R_{UV}=r$。

三角形连接时，如果有六个线端引出到接线盒，先拆开三角形连线之间的连接片，使三相绕组互相独立，可直接测各相绕组首尾端电阻，不通的即为断路的一相。

3）绕组断路的修理

若断路点在铁芯槽外，又只是一股导线断开，可重新焊牢并处理好绝缘。若是两股以上断开，则应仔细判断断点处的线头和线尾，否则接通后容易造成人为短路。若断路是因为桥线或引线焊得不牢，可套上套管，重新焊接。若断路点在铁芯槽内，只好更换故障线圈。若绕组断路严重必须更换整个绕组。若电动机有急用，一时不能停下，也可采用应急修理法——跳接法，即将某个故障绕组首尾端短接，暂时使用。

2. 绕组绝缘电阻下降后的检修

长期在恶劣环境中使用或停放的电动机，由于潮气、水滴、灰尘、油污、腐蚀性气体的侵蚀，将导致绕组绝缘电阻下降。使用前若不及时检查处理，通电运行后，有可能引起电动机绕组击穿烧毁。

1）绕组绝缘电阻下降的检查

参照绝缘电阻的检测方法进行。

2）绕组绝缘电阻下降后的修理

绕组绝缘电阻下降的直接原因，除一部分是绝缘老化外，主要是受潮，一般进行干燥处理。电动机绕组的干燥方法采用外部干燥法和内部干燥法两种。

3. 绕组接地故障的检查与排除

1）绕组接地故障的原因

绕组接地又叫绕组对地短路，它是指绕组导电部分直接与机壳相通，使机壳带电。其原因可能是电动机运转中发热、振动、受潮或受腐蚀性气体侵蚀使绝缘性能变坏，在绕组通电时被击穿；也可能由于转子扫膛产生高热，使绝缘炭化造成短路；还可能是在嵌线时槽内绝缘层被铁芯毛刺刺破，或在嵌线、整形时槽绝缘被压破裂，使绕组碰触铁芯；还可能因绕组端部过长，碰触端盖等。

2）绕组接地故障的检查

绕组接地故障通常用绝缘电阻表检查。若某相绕组对地绝缘电阻为零，则该相绕组有接地故障。

3）绕组接地故障的排除

由于绕组接地故障的部位不同，排除方法也不一样。若绕组绝缘老化变质，必须重换。若短路点在槽口附近，可将绕组加热软化，用划线板撬开槽绝缘，插入大小及厚度适当的绝缘材料。如果两根以上的导线绝缘损坏，在处理好槽绝缘后，可在导线间绝缘损坏部位插入黄蜡布隔离，最后涂上绝缘漆，烘干后重新用绝缘电阻表复测。如果故障线圈有较多的导线绝缘损坏，只好另换新线圈，若干绕组接地严重者，必要时可拆换整个绕组。

4．绕组短路故障的检查与排除

1）故障原因

造成绕组短路故障的原因通常是电动机电流过大，电源电压偏高或波动太大，机械损伤，绝缘老化，使用维修中碰伤绝缘等。绕组短路使各相绕组串联匝数不等，各相磁场分布不均匀，使电动机运行时振动加剧，噪声加大，温升偏高甚至烧毁。绕组短路有三种类型：匝间短路——同一个线圈内匝与匝之间短路；极相组短路——极相组引线间或相邻线间短路；相间短路——异相绕组间短路。

2）绕组短路故障的检查

（1）外观检查法。短路比较严重时，在短路点往往能直接观察出发过高热的痕迹，如绝缘漆焦脆变色，甚至散发出焦糊味。也有的故障用肉眼观察不明显，可使电动机通电20min左右，迅速拆开端盖，用手探测，凡是发生短路的地方，温度往往比其他地方要高。

（2）直流内部匝间短路可用万用表低阻挡或电桥检查，将电动机接线盒中三相绕组之间的连接片拆去，分别检查各相绕组的冷态直流电阻，直流电阻明显偏小的一相有短路故障存在。若要具体找出是哪个极相组或线圈有短路，可在万用表表笔或电桥引线上连接接尖针，先后分别刺进极相组或线圈之间的过桥线进行测量，凡是电阻明显偏小的极相组或线圈多有短路故障存在。

（3）测量相间短路，使用绝缘电阻表比较方便。若该电阻值明显小于正常值或为零，则有相间绝缘不良或短路故障存在。

3）绕组短路故障的排除

（1）匝间短路。发生匝间短路时，由于短路电流大，在短路部位的电磁线上，通常有发生高热的痕迹，如绝缘漆变色、烧焦乃至剥落，若绝缘损坏不严重，可对绕组加热，使绝缘层软化，用划线板撬起坏导线，塞入新的绝缘材料，并趁热浇上绝缘漆，烘干即可。如果有少数导线绝缘损坏严重，在加热使绝缘层软化后，剪断坏导线端部，将其抽出铁芯槽，再用穿绕法换上同规格的新漆包线并处理好接头。若电动机急需使用，也可采用跳接法，将短路线圈一端断开，用绝缘材料包缠好断头，再将该线圈首尾端短接即可。采用了这种应急措施的电动机，使用中应减轻负荷，一旦条件许可，应及时彻底修理。

（2）极相组短路。极相组短路的原因是极相组之间连接头的绝缘套管过短、破损或被接头的毛刺刺穿等。这种故障在同心式绕组中发生较多。修理时可先对绕组加热，软化绝缘层、重新拆换套管或在短路部位用绝缘织物包缠、扎牢，再浇绝缘漆。

（3）相间短路。相间短路多由于各相绕组引线套管处理不当或绕组两个端部相间绝缘纸破裂或未嵌到位。这种情况下，只需处理好引线绝缘套管，或者在绕组长端部短路部位塞入完好的相间绝缘材料即可消除故障（在塞入相间绝缘材料前应将绕组加热，软化绝缘层）。

5. 定子绕组接错后的检修

1）绕组接错的故障现象及类型

定子绕组接错后，将造成电动机起动困难、转速低、振动大、响声大、三相电流严重不平衡，严重时将使绕组烧毁。

定子绕组接错的常见类型有：某极相组中一只或几只线圈嵌反或首尾端接错，极相组首尾端接反；多路并绕支路接错，星形误接成三角形或相反等。

2）绕组接错的检查

（1）极相组首尾端接反的检查。

将三相绕组接成星形，从一相中通入36V交流电源。在另外两相之间接入已置于10V交流挡的万用表，交换任意两相，测两次，若两次万用表指针均不动，说明绕组首尾端接线正确，若两次万用表指针都偏转，则两次均未接电源的那一相绕组首尾端接反。若只有一次指针偏转，而另一次指针不动，则指针不动那一次接电源的一相首尾端接反。若无36V交流电源，可用干电池或蓄电池等低压直流电源配合万用表检测，万用表置于直流毫安挡，量程尽量选小，将三相绕组中任意两相串联，两端与万用表表笔相连。另一相通过开关低压直流电源，接通或分断开关的瞬时，若万用表指针不摆动，表明两相绕组相连的两个线头同为首端或同为尾端，若指定这两个线头为首端，则用同样方法亦可找出第三相绕组首尾端。

（2）极相组之间接错的检查。

极相组内线圈接反、嵌反等故障用上述方法是不能判断的，用指南针法则可较为准确地查出，将3～6V低压直流电源输入待测相绕组，然后将指南针沿着定子内圆周移动，若该相各极相组、各线圈的嵌线和接线正确，指南针经过各极相组时，其指向呈南北交替变化。若指南针经过两个相邻的极相组时，指向不变，则指向应该变而不变的极相组内有线圈接反或嵌反。按此方法可依次检测其余两个相绕组。若三相绕组为三角形连接，应拆三个节点。如果为星形连接，可不必拆开，只需要将低压直流电源从中性点和待测相绕组首端输入，再配合指南针用上述方法检测。

三、评分标准

1. 评分标准

评分标准见表5-20。

表5-20　评分标准（二）

项目内容	评分标准	配分	扣分	得分
正常运行电动机分析	三相电压测试与记录，每错一处扣5分	20		
	三相绕组电阻及绝缘电阻检测与记录，每错一处扣5分			
	三相电流检测，每错一处扣5分			

续表

<table>
<tr><th>项目内容</th><th colspan="3">评分标准</th><th>配分</th><th>扣分</th><th>得分</th></tr>
<tr><td rowspan="3">电动机故障现象与分析</td><td colspan="3">故障现象分析不清，每处扣 2～10 分</td><td rowspan="3">30</td><td></td><td></td></tr>
<tr><td colspan="3">三相电流、三相电压及转速记录，每错一处扣 5 分</td><td></td><td></td></tr>
<tr><td colspan="3">比较结果分析，每错一处扣 2～10 分</td><td></td><td></td></tr>
<tr><td rowspan="4">定子绕组局部故障分析与排除</td><td colspan="3">故障检查方法错误，每错一处扣 5 分</td><td rowspan="4">40</td><td></td><td></td></tr>
<tr><td colspan="3">检修方法错误，每错一处扣 20 分</td><td></td><td></td></tr>
<tr><td colspan="3">检修结果分析错误，每错一处扣 10 分</td><td></td><td></td></tr>
<tr><td colspan="3">损坏绕组，每处扣 20 分</td><td></td><td></td></tr>
<tr><td>定额时间</td><td>10min</td><td colspan="2">不得超时检查。若在故障修复过程中允许超时，但以每超 1min 扣 5 分计算</td><td>10</td><td></td><td></td></tr>
<tr><td>起始时间</td><td></td><td>结束时间</td><td></td><td>实际时间</td><td colspan="2"></td></tr>
<tr><td>备注</td><td colspan="3">除超时扣分外，各项内容的最高扣分不得超过配分数</td><td>成绩</td><td colspan="2"></td></tr>
</table>

2. 数据记录

相关数据记录见表 5-21～表 5-23。

表 5-21　正常运行电动机有关数据记录

<table>
<tr><td>电动机铭牌额定值</td><td colspan="5">电压_______V，电流_______A，转速_______r/min，功率_______kW，连接______</td></tr>
<tr><td rowspan="7">实际检测</td><td colspan="2">三相电源电压</td><td colspan="3">U_{12}_______V，U_{13}_______V，U_{23}_______V</td></tr>
<tr><td colspan="2">三相绕组电阻</td><td colspan="3">U 相_______Ω，V 相_______Ω，W 相_______Ω</td></tr>
<tr><td rowspan="2">绝缘电阻</td><td>对地绝缘</td><td colspan="3">U 相绕组对地_______MΩ，V 相绕组对地_______MΩ，W 相绕组对地_______MΩ</td></tr>
<tr><td>相间绝缘</td><td colspan="3">UV 绕组间_______MΩ，VW 绕组间_______MΩ，WU 绕组间_______MΩ</td></tr>
<tr><td>三相电流/A</td><td>空载</td><td></td><td>满载</td><td></td></tr>
<tr><td>转速/(r/min)</td><td>空载</td><td></td><td>满载</td><td></td></tr>
</table>

表 5-22　电动机故障有关情况及数据记录

<table>
<tr><th rowspan="2">预设故障部位</th><th rowspan="2">直观故障现象</th><th colspan="3">检测情况</th><th rowspan="2">与正常值比较（用>或<表示）</th></tr>
<tr><th>项目</th><th>仪表</th><th>数据（带单位）</th></tr>
<tr><td rowspan="3">在运行中一相熔体断路</td><td rowspan="3"></td><td rowspan="3">空载电流</td><td rowspan="3">钳形电流表</td><td>I_U____A</td><td></td></tr>
<tr><td>I_V____A</td><td></td></tr>
<tr><td>I_W____A</td><td></td></tr>
</table>

续表

预设故障部位	直观故障现象	检测情况			与正常值比较（用＞或＜表示）
		项目	仪表	数据（带单位）	
在运行中一相熔体断路		相绕组端电压	万用表	UV 间____V	
				VW 间____V	
				WU 间____V	
		转速	转速表	____r/min	
一相绕组接反		空载电流	钳形电流表	I_{U}____A	
				I_{V}____A	
				I_{W}____A	
		转速	转速表	____r/min	
一相绕组碰壳（在接线盒中设置）		空载电流	钳形电流表	I_{U}____A	
				I_{V}____A	
				I_{W}____A	
		相绕组端电压	万用表	U_{UV}____V	
				U_{VW}____V	
				U_{WU}____V	
		对地绝缘电阻	绝缘电阻表	U 相___MΩ	
				V 相___MΩ	
				W 相___MΩ	
		转速	转速表	____r/min	
将三角形连接改成星形连接		负载电流	钳形电流表	I_{U}____A	
				I_{V}____A	
				I_{W}____A	
		负载转速	转速表	____r/min	
		空载电流	钳形电流表	I_{U}____A	
				I_{V}____A	
				I_{W}____A	
		空载转速	转速表	____r/min	
将星形连接改成三角形连接		负载电流	钳形电流表	I_{U}____A	
				I_{V}____A	
				I_{W}____A	
		负载转速	转速表	____r/min	
		空载电流	钳形电流表	I_{U}____A	
				I_{V}____A	
				I_{W}____A	
		空载转速	转速表	____r/min	

表 5-23　定子绕组局部故障检修记录

步骤	内容	检测工艺要点与数据
1	定子绕组绝缘电阻下降故障的排除（一相绕组人为受潮）	1．检查方法与工具：________ 2．检查结果： （1）绕组对地绝缘电阻 R_U______MΩ，R_V______MΩ，R_W______MΩ; （2）绕组冷态直流电阻 R_U______Ω，R_V______Ω，R_W______Ω
2	定子绕组接地故障的排除（一相绕组人为接地）	1．检修方法与工具：________。 2．检修结果：绕组对地绝缘电阻 R_U______MΩ，R_V____MΩ，R_W____MΩ
3	定子绕组断路故障的排除（一相绕组人为开路）	（1）Y 连接，中心点在机外，R_U____Ω，R_V____Ω，R_W____Ω，断路点在______相; （2）Y 连接，中心点在机内，R_{UV}____Ω，R_{VW}____Ω，R_{WU}____Ω，断路点在______相; （3）Δ连接，R_{UV}____Ω，R_{VW}____Ω，R_{WU}____Ω，断路点在______相
4	定子绕组短路故障的排除（一相绕组人为相间短路）	（1）电流平衡法：I_U____A，I_V____A，I_W____A，故障点在______相; （2）直流电阻法：R_U____Ω，R_V____Ω，R_W____Ω，故障点在______相; （3）电压降法：U_U_____V，U_V_____V，U_W____V，故障点在______相
5	定子绕组接错故障的排除（绕组端子人为接错）	在 U 相绕组加 36V 交流电源，用万用表测 V、W 两端，其指针动作为______，V、W 接头处为______端；36V 交流电源加在 W 相，测 U、V 两端，其指针动作为______，U、V 接头处为______端。其三相绕组首尾端即可肯定

习　　题

1．三相异步电动机主要由哪几部分组成？

2．简述三相异步电动机的拆卸步骤。

3．运行中的电动机过热主要原因有哪些？

4．在三相异步电动机控制电路中，接触器的主触头、辅助触头和线圈各接在什么电路中？如何连接？

5．新安装或大修后异步电动机起动前应检查哪些项目？

6．说明三相异步电动机两种正反转线路的不同点，分别使用于什么场合？

7．简要说明 CA6140 车床的电气保护环节有哪些？

8．三相异步电动机本身常见的电气故障主要有哪些？

9．在三相异步电动机控制电路中，中间继电器和接触器有什么异同？在什么条件下可以用中间继电器来代替接触器？

10．修理或重缠三相异步电动机的定子绕组时，有何要求？

工作任务6 防雷和接地装置的安装与调试

思维导图

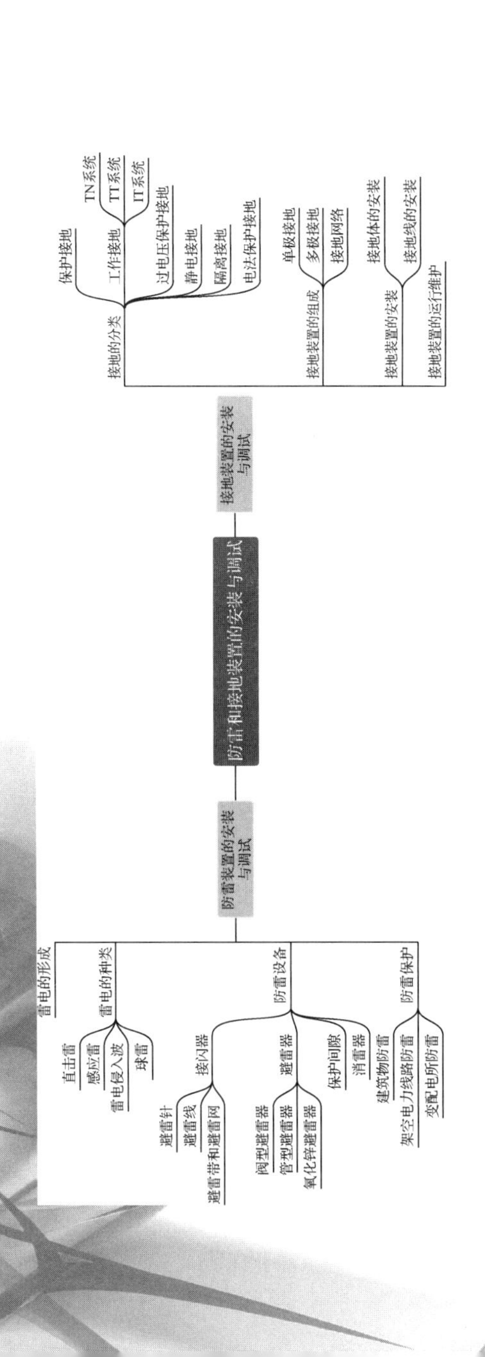

任务 6.1　防雷装置的安装与调试

6.1.1 雷电的形成

雷电是雷云之间或雷云对地面放电的一种自然现象。在雷雨季节里，地面上的水受热变成水蒸气，并随热空气上升，在空气中与冷空气相遇，使上升气流中的水蒸气凝成冰晶，形成积云。冰晶受到上升气流的冲击而破碎分裂，气流挟带一部分带正电的小冰晶上升，形成正雷云，而另一部分较大的带负电的冰晶则下降，形成负雷云。由于高空气流的流动，正雷云和负雷云均在空中飘浮不定。据观测，在地面上产生雷击的雷云多为负雷云。由于静电感应，带电的云层在大地表面会感应出与云块异性的电荷，当电场强度达到一定值时，即发生雷云与大地之间的放电。在两块异性电荷的雷云之间，当电场强度达到一定值时，便发生云层之间的放电，放电时伴随着强烈的电光和声音，这就是雷电现象。雷云放电时，电压可达百万伏，电流可达数万安。

6.1.2 雷电的种类

雷电按照危害方式可分为直击雷、感应雷、雷电侵入波和球雷四种。

1. 直击雷

雷电直接击中建筑物或其他凸起物体，对其放电，强大的雷电流通过这些物体入地，产生破坏性很大的热效应和机械效应，造成建筑物、电气设备及其他被击中的物体损坏。当击中人、畜时会造成人、畜伤亡。雷电的这种破坏形式称为直击雷。当空中的雷云靠近大地时，雷云与大地之间形成一个很大的雷电场，由于静电感应作用，使地面出现与雷云的电荷极性相反的电荷。当雷云与大地之间在某一个方位的电场强度达到25～30kV/cm时，雷云就开始向这一方位放电，形成一个导电的空气通道，称为雷电先导。当其下行到离地面100～300m时，就引起一个上行的迎雷先导。当上下行先导相互接近时，正、负电荷强烈吸引、中和而产生强大的雷电流，并伴有雷鸣电闪。这就是直击雷的主放电阶段，这阶段的时间极短。主放电阶段结束后，雷云中的剩余电荷会继续沿主放电通道向大地放电，形成断续的隆隆雷声。这就是直击雷的余辉放电阶段，时间一般为0.03～0.15s，电流较小，约为几百安。全部放电时间一般不超过0.5s。

2. 感应雷

感应雷是地面物体附近落雷而造成的间接雷击，可分为静电感应雷和电磁感应雷。

1）静电感应雷

由于云层中发生的静电感应，使地面物体表面积聚起极性相反的电荷。当云层在附近开始放电后，电荷被迅速中和，但地面一些物体的感应电荷来不及流散，因而形成很高的电位，故在物体上产生雷击效果，这就是静电感应雷。

2）电磁感应雷

当雷电流流过导体时，形成迅速变化的强磁场，此磁场又在附近的导体内感应出高电位，进而可在物体上产生雷击效果，这就是电磁感应雷。

感应雷最终通过电阻性或电感性两种方式耦合到电子设备的电源线、控制信号线或通信线上，损坏家用电器和电气设备。

3. 雷电侵入波

输电线路上遭受直击雷或发生感应雷，如果大量电荷不能迅速入地，就会沿着导线传播，这就是雷电侵入波。雷电波沿着输电线侵入变配电所或电气设备。强大的高电位雷电波如果不采取防范措施，就将造成变配电所及线路的电气设备损坏，造成火灾或人员伤亡。

4. 球雷

在雷雨季节偶尔会出现橙黄色球状发光气团，偶尔也有黄色、蓝色或绿色的火球，称为球雷。球雷的直径为 10～100cm。它多出现在强风暴时空中闪电最频繁的时候，在空间通常仅维持数秒。球状闪电的危害较大，它可以随气流起伏在近地空中自在飘飞或逆风而行。它可以通过开着的门窗进入室内，常见的是穿过烟囱后进入建筑物。它甚至可以在导线上滑动，有时会悬停，有时会无声消失，有时又会因为碰到障碍物而爆炸。球雷出现的概率约为雷云放电次数的 2%。

6.1.3 雷电的破坏作用

雷电具有雷电流幅值大，可达数十千安至数百千安；放电时间短，通常只有 50～100μs；雷电流陡度大，可达 50kA/μs，冲击性强，冲击过电压高，高达 300～400kV，低压可达 100kV 的特点。这些特点使雷电具有很大的破坏力和电性质、热性质、机械性质等多方面的破坏作用。

1. 电性质的破坏作用

雷电电性质的破坏作用表现在数十万至数百万伏的冲击电压可能毁坏发电机、电力变压器、断路器、绝缘子等电气设备的绝缘，烧断电线或劈裂电杆，造成大面积停电，绝缘损坏可能引起短路，导致火灾或爆炸；还会造成高压窜入低压，引起严重触电事故；极大的雷电流流入地下时，会在雷击点及其连接的金属部分产生很高的接触电压或跨步电压，造成触电危险。

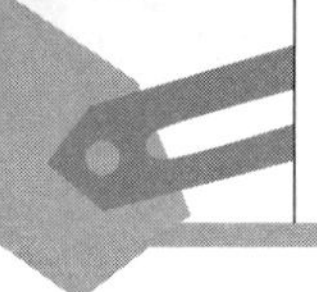

2. 热性质的破坏作用

雷电热性质的破坏作用表现在巨大的雷电流通过导体时，会在极短的时间内产生大量热量，造成易燃品燃烧或金属熔化、飞溅，引起火灾或爆炸。如果易燃品直接遭到雷击，则容易引起火灾或爆炸。

3. 机械性质的破坏作用

雷电机械性质的破坏作用表现为被击物遭到破坏，甚至爆裂成碎片。这是因为雷电流通过被击物时，在被击物缝隙中的气体剧烈膨胀，缝隙中的水分也急剧蒸发为大量气体，致使被击物破坏或爆炸。

6.1.4 防雷设备

常用的防雷设备根据保护对象和作用原理的不同，主要包括接闪器、避雷器、保护间隙和消雷器等。

1. 接闪器

在防雷装置中用以接收雷云放电的金属导体称为接闪器。接闪器有避雷针、避雷线、避雷带和避雷网等。所有接闪器都要经过引下线与接地体相连，实现可靠接地。防雷装置的工频接地电阻一般要求不超过 10Ω。

1）避雷针

避雷针利用尖端放电原理，将雷云放电的通路，由原来可能从被保护物通过的方向吸引到避雷针本身，使雷云向避雷针放电，然后由避雷针经引下线和接地体把雷电流泄放到大地中去，避免被保护物遭受直击雷的破坏。避雷针一般用于各级变电站，作为输变电设备和建筑物的防雷保护。避雷针的一般结构和安装形式如图 6.1 所示。避雷针的接地体与其他接地装置相隔的直线垂直距离应在 3m 以上，与地下电缆相隔应在 10m 以上。

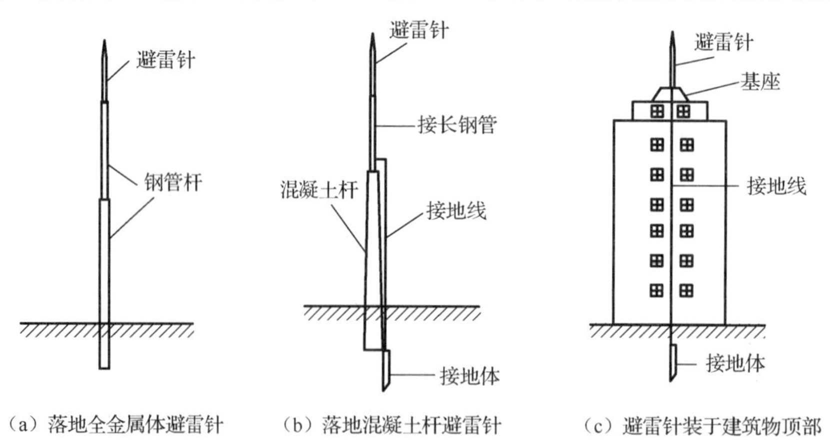

图 6.1 避雷针的一般结构和安装形式

（1）避雷针的保护范围。

避雷针的保护范围以它对直击雷保护的空间来表示。单支避雷针的保护范围可以用一个以避雷针为轴的圆锥形来表示，如图 6.2 所示。

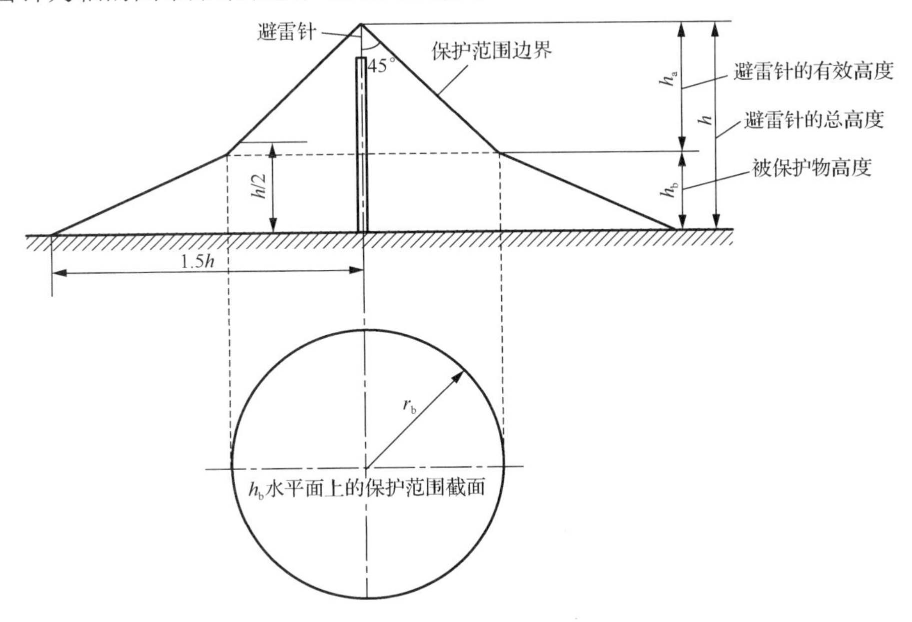

图 6.2　单支避雷针的保护范围

避雷针在地面上的保护半径按下式计算。

$$r = 1.5h$$

式中：r——避雷针在地面上的保护半径（m）；

h——避雷针的总高度（m）。

避雷针在被保护物高度 h_b 水平面上的保护半径 r_b 按下式计算。

① 当 $h_b \geqslant 0.5h$ 时，$r_b = (h - h_b)P = h_a P$；

② 当 $h_b < 0.5h$ 时，$r_b = (1.5h - 2h_b)P$。

式中：r_b——避雷针在被保护物高度 h_b 水平面上的保护半径（m）；

h_b——避雷针的有效高度（m）；

P——高度影响系数，$h \leqslant 30$m 时，P=1；30m<h<120m 时，$P = 5.5/\sqrt{h}$。

两支或两支以上等高和不等高避雷针的保护范围可参照《民用建筑电气设计标准（共二册）》（GB 51348—2019）计算。

在山地和坡地，应考虑地形、地质、气象及雷电活动的复杂性对避雷针降低保护范围的作用，因此避雷针的保护范围应适当缩小。

（2）避雷针的制作材料。

避雷针采用镀锌圆钢或镀锌钢管制成（一般采用圆钢），上部制成针尖形状。所采用的圆钢或钢管的直径不应小于下列数值。

针长 1m 以下：圆钢为 12mm；钢管为 16mm。

针长 1～2m：圆钢为 16mm；钢管为 25mm。

烟囱顶上的针：圆钢为 20mm；钢管为 40mm。

避雷针较长时，针体可由针尖和不同管径的钢管段焊接而成。避雷针一般安装在支柱（电杆）上或其他构架、建筑物上，必须经引下线与接地体可靠连接。

（3）避雷针安装注意事项。

① 在选择独立避雷针的装设地点时，应使避雷针及其接地装置与配电装置之间保持以下规定的距离。

a. 在地面上，由独立避雷针到配电装置的导电部分，以及到变配电所电气设备和构架接地部分的空间距离不应小于 5m。

b. 在地下，独立避雷针本身的接地装置与变配电所接地网间最近的地中距离一般不小于 3m，“地中距离”是指独立避雷针的接地装置的接地网与变配电所的主接地网间在地下的最近距离。

c. 独立避雷针及其接地装置与道路或建筑物出入口的距离应大于 3m。

② 独立避雷针的接地电阻一般不宜超过 10Ω。

③ 为了防止雷击避雷针时，雷电波由电线传入室内，危及人身安全，所以不得在避雷针构架上架设低压线路或通信线路。装有避雷针的构架上的照明灯电源线，必须采用直埋于地下的带金属保护层的电缆或穿入金属管的导线。金属保护层或金属管必须接地，埋地长度应在 10m 以上，可与配电装置的接地网连接，或与电源线、低压配电装置相连接。

④ 装有避雷针的金属筒体（如烟囱），当其厚度大于 4mm 时，可作为避雷针的引下线，筒体底部应有对称两处与接地体相连。

⑤ 避雷针、引下线及接地体的连接必须用焊接，焊接处应涂沥青防腐漆。

2）避雷线

由于避雷线是架空敷设而且接地，因此避雷线又称为架空地线，用以保护架空电力线路免受雷击。避雷线一般用截面积不小于 35mm^2 的镀锌钢绞线制作而成，通常应用在 35kV 以上的架空线路中。在 35kV 线路上，一般只在进出站 1km 范围内架设避雷线。避雷线与电力线同杆架设，直接敷设在电杆的顶端（不用绝缘子隔开），起到有效的引雷作用。每根电杆与避雷线的连接处必须进行独立的接地，接地电阻不应超过 10Ω，如图 6.3 所示。避雷线的作用原理与避雷针相似，但其保护范围较小。避雷线也可用来保护狭长的设施。单根避雷线保护范围的长度与线路等长，而且两端还有其保护的半个圆锥体空间，如图 6.4 所示。

单根避雷线保护范围按下式计算。

① 当 $h_b \geqslant 0.5h$ 时，$r_b = aP(h - h_b)$；

② 当 $h_b < 0.5h$ 时，$r_b = P(h - bh_b)$。

式中：h——避雷线的高度（m）；

h_b——被保护平面的高度（m）；

h_a——避雷线的有效高度（m）；

a、b——计算系数，保护角为 25° 时，a=0.47、b=1.53；

P——高度影响系数，$h \leqslant 30$m 时，P=1；$h > 30$m 时，$P = 5.5/\sqrt{h}$。

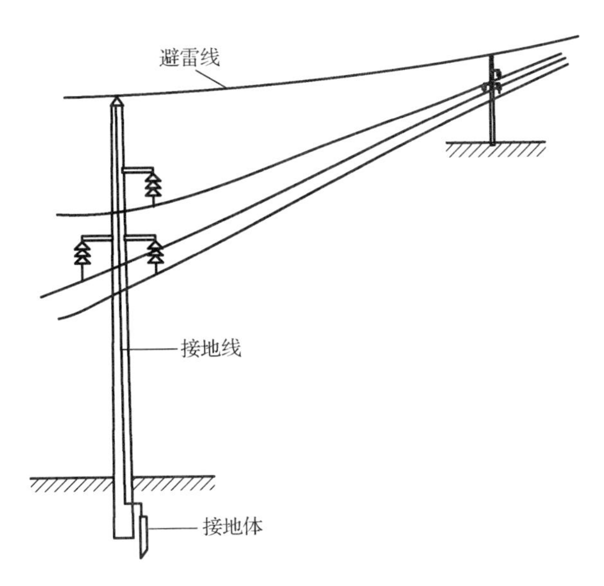

图 6.3　避雷线的接地图

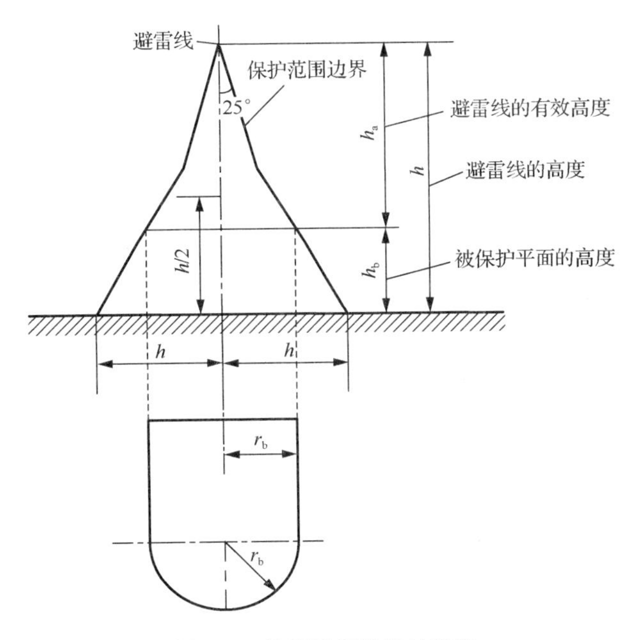

图 6.4　单根避雷线保护范围

两根或两根以上避雷线的保护范围可参照《建筑物防雷设计规范》(GB 50057—2010)、《交流电气装置的过电压保护和绝缘配合》(DL/T 620—1997）计算。

3）避雷带和避雷网

避雷带和避雷网普遍用来保护建筑物免受直击雷和感应雷。

避雷带是沿建筑物易受雷击的部位（如屋脊、屋檐、屋角等处）装设的带形导体。

避雷网是屋面上纵横敷设的避雷带组成的网络。网格大小按有关规程确定，可参见GB 50057—2010，对于防雷等级不同的建筑物，其要求不同。

避雷带和避雷网可以采用镀锌圆钢或镀锌扁钢，优先采用圆钢。其尺寸规格不应小于下列数值。圆钢直径为 8mm；扁钢截面积为 $48mm^2$，厚度为 4mm。

避雷带和避雷网距屋面为 100～150mm，支持卡间距离一般为 1～1.5m。避雷带在房屋的沉降缝处弯曲，需留有 100～200mm 的伸缩空间。

2. 避雷器

1）避雷器的类型

避雷器是用来防止高压雷电波沿线路侵入变配电所或其他建筑物内，损坏电气设备绝缘的保护设备。它与被保护设备并联连接，如图 6.5 所示。

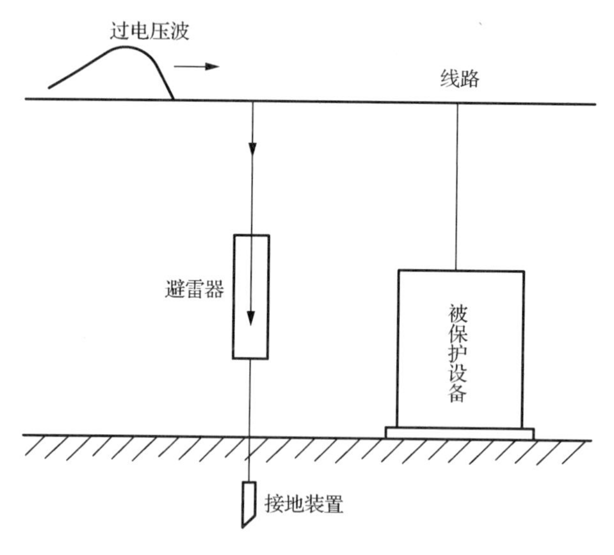

图 6.5 避雷器的连接

当线路上出现危及设备绝缘的雷电过电压时，避雷器就对地放电，从而保护了设备的绝缘，避免设备遭受高压雷电波袭击而被损坏。避雷器分为管型避雷器、阀型避雷器、氧化锌避雷器等。

避雷器的结构如图 6.6 所示。每种类型避雷器的主要工作原理是不同的，但是它们的工作实质是相同的，都是为了保护线缆和设备不受损害。

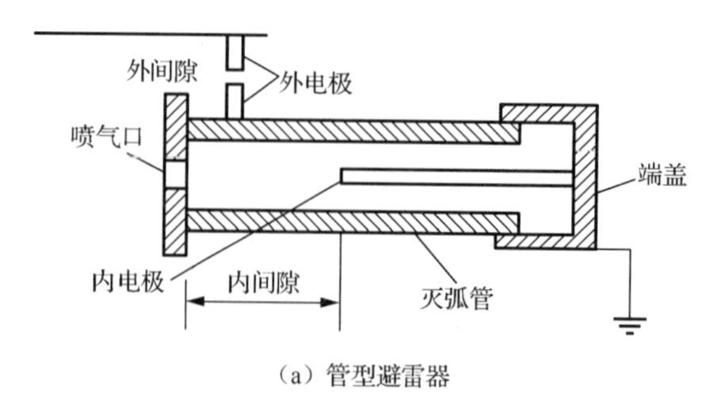

（a）管型避雷器

图 6.6 避雷器的结构

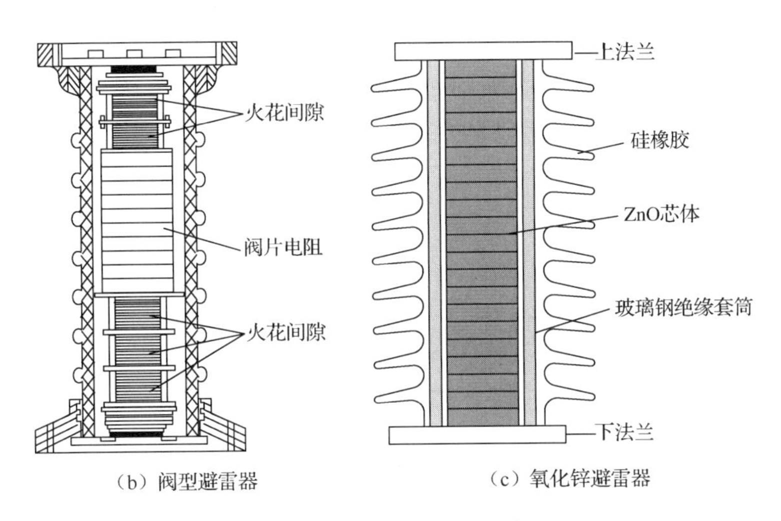

（b）阀型避雷器　　（c）氧化锌避雷器

图 6.6　避雷器的结构（续）

管型避雷器实际上是一种具有较高熄弧能力的保护间隙，它由两个串联间隙组成。一个间隙在大气中，称为外间隙，它的任务就是隔离工作电压，避免产气管被流经管子的工频泄漏电流所烧坏。另一个装设在气管内，称为内间隙或者灭弧间隙，管型避雷器的灭弧能力与工频续流的大小有关。这是一种保护间隙型避雷器，大多用在供电线路上作避雷保护。

阀型避雷器由火花间隙及阀片电阻组成，阀片电阻的制作材料是特种碳化硅。利用碳化硅制作的阀片电阻可以有效地防止高压雷电波，对设备进行保护。当有高压雷电波时，火花间隙被击穿，阀片电阻的电阻值下降，将雷电流引入大地，这就保护了线缆或电气设备免受雷电流的危害。在正常的情况下，火花间隙是不会被击穿的，阀片电阻的电阻值较高，不会影响线路的正常运行。

氧化锌避雷器是一种保护性能优越、质量轻、耐污秽、性能稳定的避雷设备。它主要利用氧化锌良好的非线性伏安特性，使在正常工作电压下流过避雷器的电流极小（微安或毫安级），当过电压作用时，电阻急剧下降，泄放过电压的能量，达到保护的效果。氧化锌避雷器中的芯体由多片氧化锌阀片堆叠而成，玻璃钢绝缘套筒起到承担机械负荷的作用，硅橡胶承担外绝缘。这种避雷器和传统避雷器的差异是它没有放电间隙，利用氧化锌的非线性伏安特性起到泄流和开断的作用。

避雷器安装前应进行检查，瓷件应无裂纹、破损，瓷套与法兰之间黏合应牢固可靠。阀型避雷器的防爆片应无破损、裂纹。金属氧化物避雷器的安全装置应完整无损，垂直立放，接地线应短而直。避雷器内充有洁净氮气具有可靠的密封，未经厂家允许不得随意拆卸。

2）避雷器的安装位置

（1）安装在变压器中性点接地系统中。

大电流接地系统中的中性点不接地或经消弧线圈接地的变压器，为防止因断路器非同期操作，或因继电保护造成中性点不接地的孤立系统带单相接地运行，应在中性点装设避雷器，将变压器保护间隙与避雷器并接。

（2）安装在配电变压器高压侧。

配电变压器高压侧应安装避雷器，与变压器并联，上端接线路，下端接地，避雷器装置也应尽量靠近变压器安装，一般认为距离不超过10m即可，如图6.7所示。

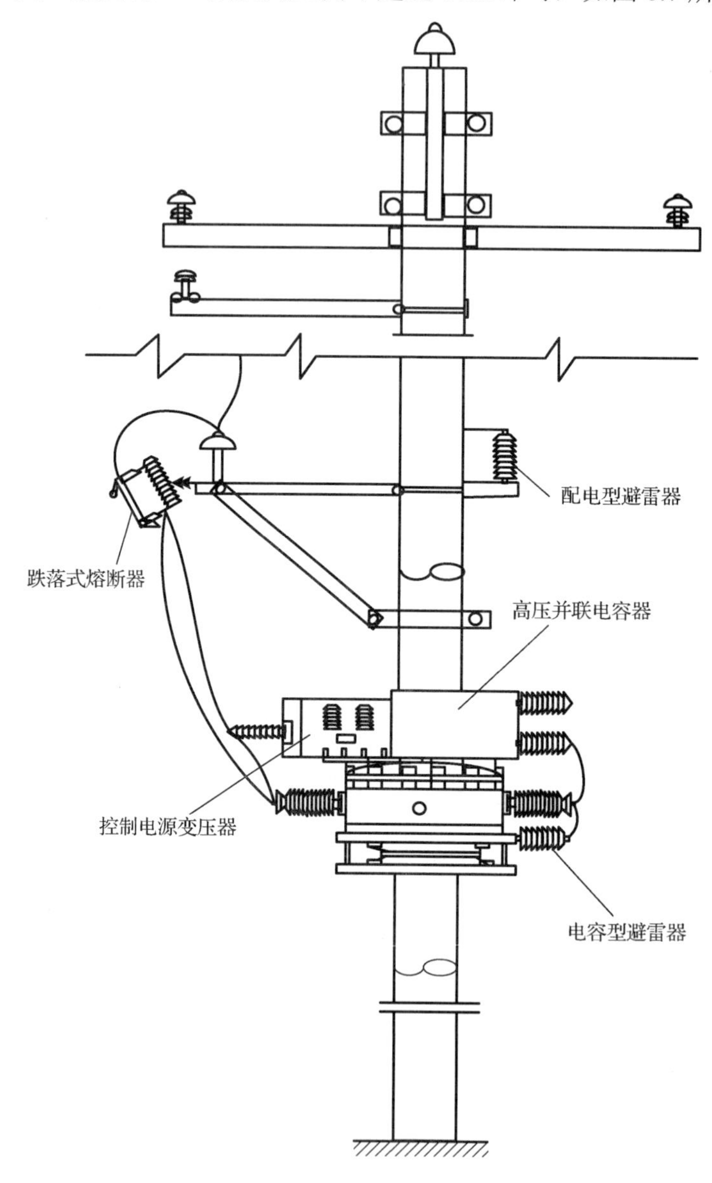

图6.7　安装在配电变压器高压侧

（3）安装在配电变压器低压侧。

在配电变压器低压侧也需安装避雷器，当高压侧避雷器放电使接地装置的电位升高到一定值时，低压侧避雷器开始放电，使低压侧绕组出线端与其中性点及外壳的电位差减小。

（4）安装在配电箱的低压侧。

低压避雷器应选择安装在配电箱低压侧的交流接触器与出线熔断器之间为宜，且引下线应穿过剩余电流动作保护器的零序互感器的探头。

（5）其他。

对于重要用户，宜在低压线路引入室内前 50m 处，安装一组低压避雷器，线路避雷器的安装如图 6.8 所示，入室后再装一组低压避雷器。对于一般用户，可在低压进线第一支持点处，装一组低压避雷器。对于易受雷击的地段，直接与架空线路相连接的电动机或电度表，宜加装低压避雷器，如图 6.9 所示。

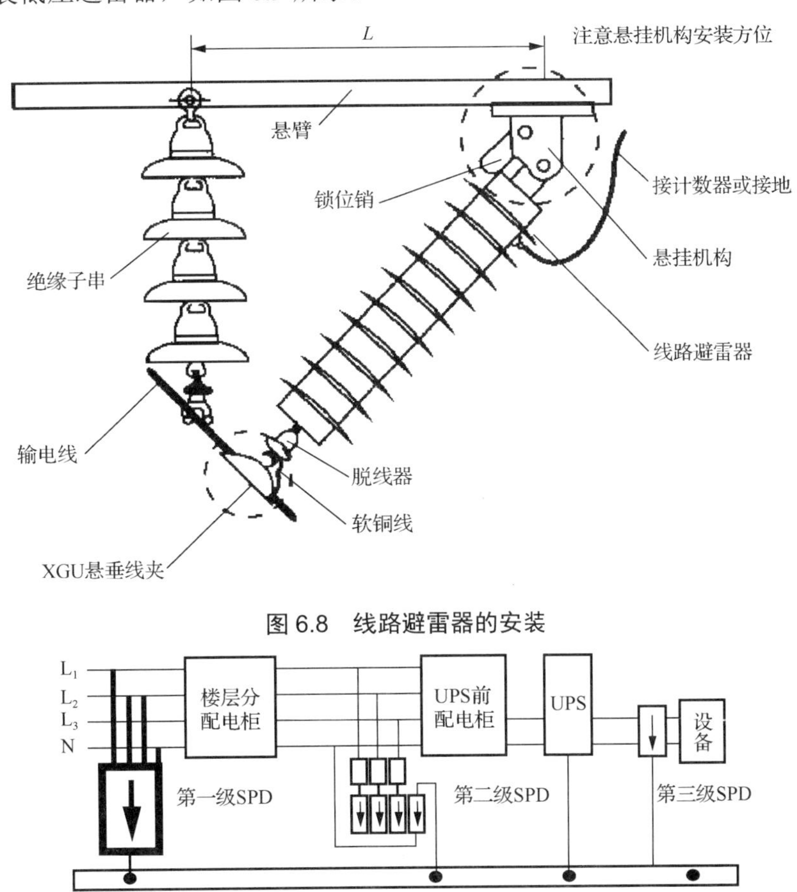

图 6.8　线路避雷器的安装

图 6.9　用户侧避雷器的安装

3. 保护间隙

保护间隙是由两个金属电极构成的一种简单的防雷保护装置，结构简单，维护方便，但保护性能差，灭弧能力小，容易造成接地短路故障，所以在装有保护间隙的线路上，一般都装有自动重合闸装置，以提高供电可靠性。保护间隙一个电极固定在绝缘子上，与带电导线相接，另一个电极通过辅助间隙与接地装置相接，两个电极之间保持规定的间隙距离。保护间隙按形状可分为角型、棒型、环型等，最常见的角型保护间隙结构如图 6.10 所示。为了防止间隙被外物短接而发生接地故障，在其引下线中还串联一个辅助间隙，如图 6.11 所示。

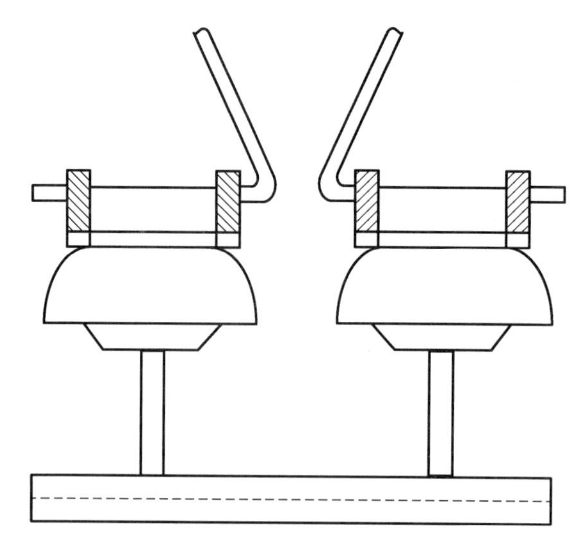

图 6.10　角型保护间隙结构

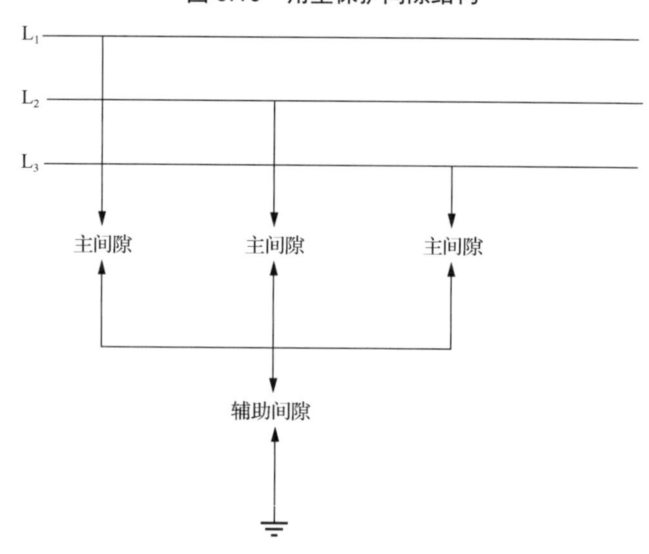

图 6.11　串联辅助间隙

保护变压器的角型保护间隙要求装在高压熔断器的内侧，即靠近变压器的一侧，当间隙放电后，熔断器能迅速熔断以减少变配电所、线路断路器的跳闸次数，并缩小停电范围。保护间隙在放电时其电弧可能引起周围易燃物体的燃烧，因此，在安装时，应注意各相间隙之间及间隙与周围物体之间需有足够的距离。

保护间隙在运行中要加强维护检查，特别要注意检查间隙是否完好、间隙距离有无变动、接地是否完好。

4. 消雷器

消雷器利用金属针状电极的尖端放电原理，使雷云电荷被中和，从而不致发生雷击现象，如图 6.12 所示。

当雷云出现在消雷器及其保护设备、建筑物上方时，消雷器及其附近大地都能感应出与雷云电荷极性相反的电荷。绝大部分靠近地面的雷云是带负电荷的，因此大地上感应的是正电荷，由于消雷器浅埋地下的接地装置（又称地电收集装置），通过引下线与消雷器顶端许多金属针状电极的“离子化装置”相连，因此大地的大量正电荷在雷电场作用下，由针状电极发射出去，向雷云方向运动，使雷云电荷被中和，雷电场便减弱，从而防止雷击的发生。

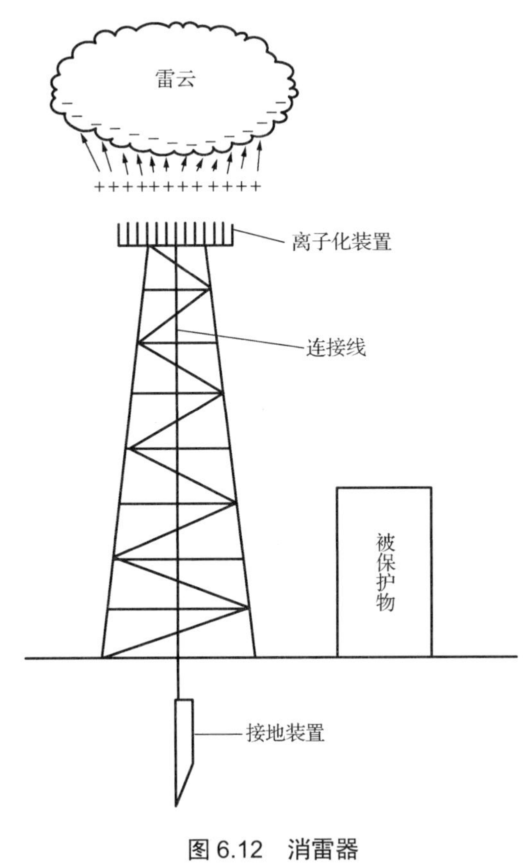

图 6.12　消雷器

6.1.5 防雷保护

为了防止雷电过电压造成电气设备和电气线路损坏，影响电力系统安全运行，电力系统中采取了很多防止雷害事故的措施。一般防止直击雷破坏常采用避雷针、避雷线、避雷网、保护间隙等措施；防止感应雷破坏采用电气设备金属外壳和建筑物、构筑物金属部分接地等措施；防止高压雷电波侵入破坏采用避雷器等装置。

1. 架空电力线路防雷措施

1）架设避雷线

在电杆的顶部装设避雷线，用引下线将避雷线和接地装置连在一起，使雷电流经避雷线和接地装置流入大地。根据我国目前电网的情况，因为全线装设避雷线造价很高，所以

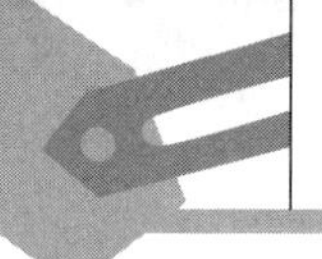

只有重要的 110kV 线路和 220kV 及以上的电力线路才沿全线装设避雷线，35kV 及以下的架空线路，一般只在变配电所的 1～2km 进出线上装设避雷线。

2）装设保护间隙

在 3～60kV 线路上，将铁横担改用瓷横担或高一等级绝缘子加强绝缘，或在绝缘较弱处的顶线绝缘子上装设保护间隙，如图 6.13 所示。在线路顶线遭受雷击，出现高压雷电波时，间隙被击穿，雷电流便畅通地对地泄放，从而保护了线路。

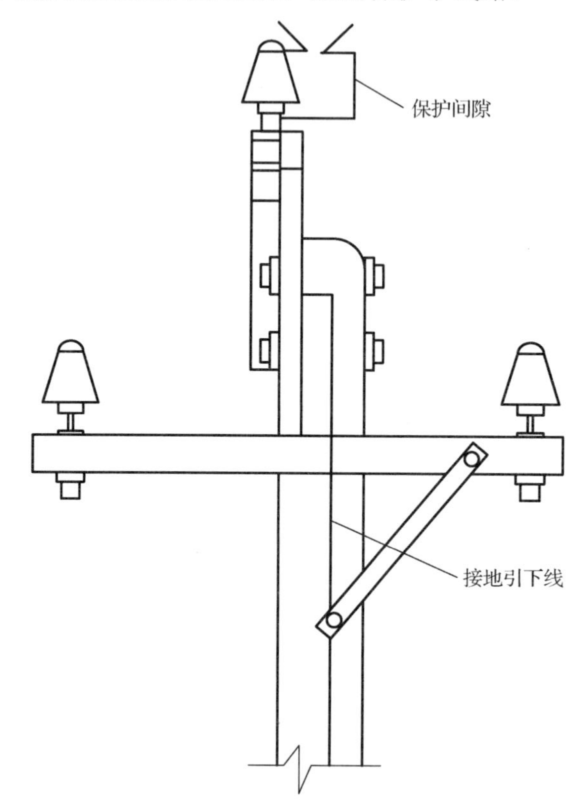

图 6.13　顶线绝缘子装设保护间隙

3）电杆接地

将铁横担线路的铁横担接地，当线路遭受雷击发生对铁横担的闪络时，雷电流通过引下线入地。

2. 变配电所防雷措施

1）装设避雷针

对变配电所的构筑物可采用单独装设或利用户外配电装置的构架或电杆装设避雷针，以保护整个变配电所的构筑物免遭直接雷击。但变压器的门型构架不能用来装设避雷针，以免雷击产生的过电压对变压器放电。

2）变配电所高、低压侧装设阀型避雷器或保护间隙

在变配电所的高压侧应装设阀型避雷器或保护间隙用来保护主变压器，阀型避雷器应尽量靠近变配电所安装，其引下线应与变压器低压中性点及金属外壳连在一起接地。在变

配电所低压侧装设阀型避雷器或保护间隙，以防止雷电波由低压侧侵入而击穿变压器绝缘。当变压器低压中性点为不接地的运行方式时，其中性点也应加装避雷器或保护间隙。

3）变配电所线路上装设阀型避雷器

10kV变配电所应在每组母线和每回路架空线路上装设阀型避雷器，其保护接线如图6.14所示。对于具有电缆进线线段的架空线路，阀型避雷器应装设在架空线路与连接电缆的终端头附近。避雷器应以最短的引下线与变配电所的主接地网连接。

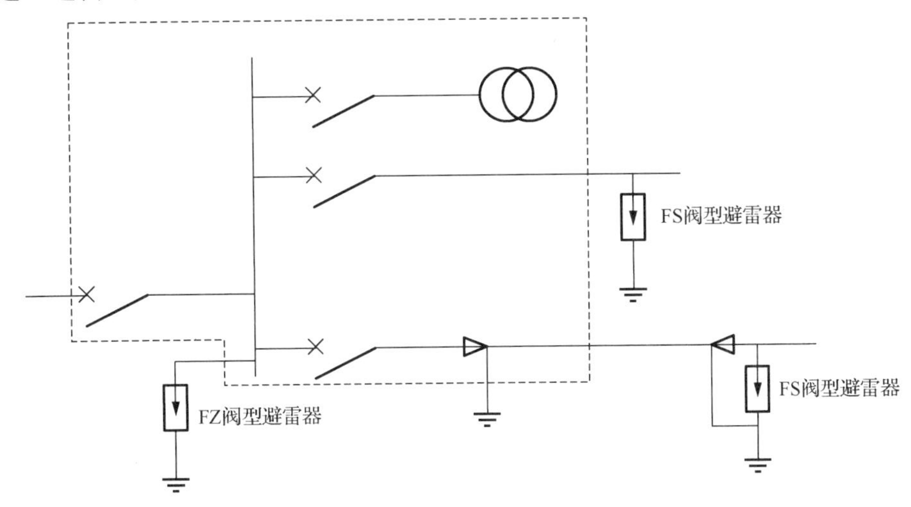

图 6.14　10kV 变配电所装设阀型避雷器保护接线

3. 建筑物防雷措施

1）装设避雷针或避雷带、避雷网

在建筑物的屋顶上装设避雷针或避雷带、避雷网作为防雷措施。钢筋混凝土屋面，可利用其钢筋作为引下线，但钢筋直径不得小于4mm。每座建筑物至少有两根引下线，引下线间距为30～40m，接地电阻小于10Ω。对于高层建筑物，要避免雷电的侧击，应设置多层避雷带、均压环和在外墙的转角处设引下线，一般在高层建筑物的边沿和凸出部分，多用避雷带，少用避雷针。

2）安装保护间隙或将绝缘子铁脚接地

在进户线墙上安装保护间隙或将绝缘子铁脚接地，以防高电压侵入，其接地电阻应小于20Ω，允许与防护直击雷的接地装置连在一起。

6.1.6 防雷装置的安装

1. 避雷针的安装

避雷针的安装工艺按照避雷针制作→避雷针安装→验收的流程进行。

1）避雷针制作与安装

（1）所有金属部件必须镀锌，操作时注意保护镀锌层。

（2）采用镀锌管制作针尖，管壁厚度不得小于3mm，针尖刷锡长度不得小于70mm。

（3）避雷针应垂直安装牢固，垂直度允许偏差为 3/1000。

2）避雷针的安装方法

按设计要求材料所需的长度分上、中、下三节进行下料。如针尖采用钢管制作，可先将上节钢管一端锯成锯齿形，用手锤收尖后，进行焊缝磨尖、刷锡，然后将另一端与中、下二节钢管找直、焊好，如图 6.15 所示。

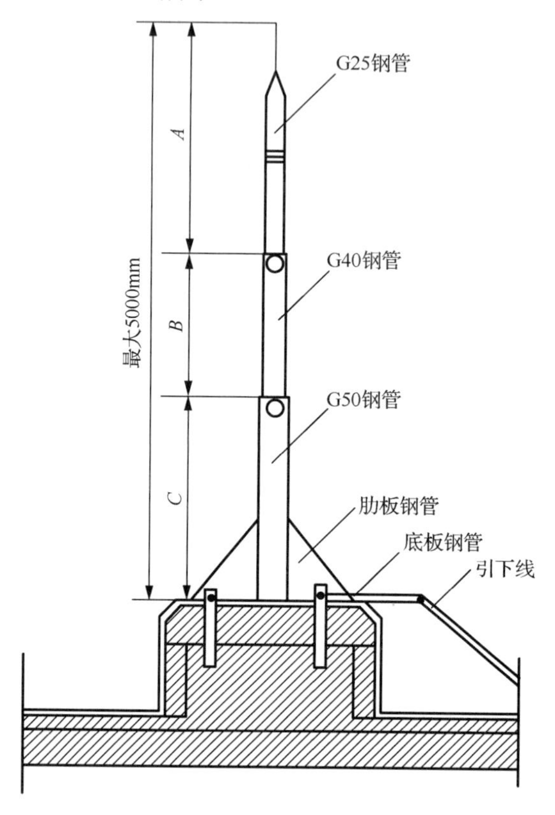

图 6.15 避雷针的安装方法

先将支座钢板的底板固定在预埋的地脚螺栓上，焊上一块肋板，再将避雷针立起，找直、找正后，进行点焊，然后加以校正，焊上其他三块肋板。最后将引下线焊在底板上，清除焊渣刷防锈漆。

2. 避雷带（线、网）的安装

避雷带（线、网）的安装工艺按照避雷带（线、网）预制加工→测量弹线定位→支架埋设→安装固定连接避雷带（线、网）→防腐处理→检测验收的流程进行。

1）避雷带（线、网）的安装

（1）避雷线应平直、牢固，不应有高低起伏和弯曲现象，距离建筑物应一致。平直度每 2m 检查段允许偏差为 3/1000，但全长不得超过 10mm。

（2）避雷线弯曲处不得小于 90°，弯曲半径不得小于圆钢直径的 10 倍。

（3）避雷线如用扁钢，截面积不得小于 100mm^2 且厚度不小于 4mm，如为圆钢直径不得小于 8mm。

（4）遇变形缝处应作煨弯补偿。

（5）避雷带位置正确，平正顺直，焊接长度不得小于圆钢直径的 6 倍，且双面施焊，符合规范要求，焊缝饱满无遗漏，镀锌层破坏处补刷防腐漆完整，并补刷银粉漆，支持件间距均匀、固定可靠、防松零件齐全，每个支持件应能承受大于 5kg 的质量，并作记录。

（6）建筑物顶部外露的其他金属物体必须与避雷带及引下线可靠连接。

2）避雷带（线、网）的安装方法

（1）避雷线如为扁钢，可放在平板上用手锤调直；如为圆钢，可将圆钢放开，一端固定在地锚的夹具上，另一端固定在绞磨（或倒链）的夹具上，进行冷拉调直。

（2）将调直的避雷线运到安装地点，将避雷线用大绳提升到顶部，顺直、敷设、卡固、焊接连成一体，同引下线焊好。焊接处的焊渣应敲掉，进行局部调直后刷防锈漆及银粉漆。

（3）建筑物屋顶上有凸出金属物，如金属旗杆、透气管、金属天沟、铁栏杆、爬梯、冷却水塔、电视天线等都必须与避雷带焊接成一体。顶层的烟囱应做避雷带或避雷针。

（4）在建筑物的变形缝处应做避雷带补偿跨越处理。屋顶需做避雷网时，网格的密度应视建筑物的防雷等级而定，如果设计有特殊要求应按设计要求执行。避雷带明敷时，高度不小于 10cm，其支持件间距应均匀，水平直线部分不大于 1m，垂直直线部分不大于 2m，弯曲部分不大于 0.3m。

3. 避雷器的安装

避雷器的安装工艺按照开箱检查→搬运→避雷器安装→引下线连接补漆的流程进行。

1）开箱检查

（1）瓷件应无裂纹、破损，瓷套与法兰之间黏合应牢固可靠。

（2）阀型避雷器的防爆片应无裂纹、破损。

（3）金属氧化物避雷器的安全装置应完整无损。

（4）运输时避雷器必须“立置”，不得放倒或倒运，必须摆放平稳，固定牢靠，避免受冲击和碰撞。

2）避雷器的安装

（1）阀型避雷器的安装。

① 避雷器各连接处的金属接触表面，应除去氧化膜及油漆，并涂一层电力复合脂。

② 并列安装的避雷器三相中心应在同一条线上，铭牌应位于易于观察的同一侧。避雷器应安装垂立，其垂直度应符合制造厂的规定，如有歪斜，可在法兰间加金属片校正，但应保证其导电良好，并将其缝隙用腻子抹平后涂以油漆。

③ 拉紧绝缘子串必须紧固，弹簧应能伸缩自如，同相各拉紧绝缘子串的拉力应均匀。

④ 均压环应安装水平，不得歪斜。

⑤ 放电计数器应密封良好、动作可靠，并应按产品的技术规定连接。安装位置应一致，且便于观察。接地应可靠，放电计数器应恢复至零位。

⑥ 避雷器引下线的连接不应使端子受到超过允许的外加应力。

（2）金属氧化物避雷器的安装。

① 安装前应校对铭牌，避雷器的系统额定电压应与安装点的系统电压相符。

② 氧化锌避雷器固定在支架上，其上端子与高压线相连接，下端子要可靠接地。

③ 不能将氧化锌避雷器作为承力支持绝缘使用，避雷器应尽量靠近被保护设备安装，

以减少距离对保护效果的影响。

④ 终端避雷器宜安装在跌落式熔断器之后，以利于开断时起保护作用，变压器低压侧应装低压避雷器，以防止正反变换引起的过电压损坏变压器。

⑤ 使用避雷器应注意使用地点的环境温度，金属氧化物避雷器不适合安装在有振动或严重污秽的地方及有严重腐蚀气体的场所。

⑥ 避雷器接地应符合接地规程要求。

3）接地连接

引下线用 50mm×6mm 镀锌扁钢连接，焊接要牢固可靠，形成良好的电气通路，并将所有焊接处补刷防锈漆。

4. 防雷装置安装的注意事项

（1）避雷器应装于跌落式熔断器之后，安装点应尽量靠近配电变压器，其电气距离不得大于 5m。

（2）避雷器的电源引下线应短而直，与导线连接要牢靠、紧密，对地和对带电导线的距离，6kV 时不小于 20cm，10kV 时不小于 25cm。其截面积要求，铜线不小于 25mm^2，铝线不小于 35mm^2。

（3）避雷器引下线不允许串联，不得穿入金属管内，不得使用绝缘线和铝线。引下线对地距离不小于 3m，与接地网连接处应牢固可靠。

（4）从运输到安装，避雷器都必须垂直放置，并且上、下方向不得颠倒。

（5）在条件许可的情况下，应尽可能装置放电计数器与避雷器配合使用，以记录避雷器运行中动作次数。

（6）避雷器的接地应连接在电气设备的接地装置上，其接地电阻应小于 10Ω。

拓展讨论

党的二十大报告对推进国家安全体系和能力现代化，坚决维护国家安全和社会稳定进行了专题部署，而电力系统的防雷接地是防雷减灾、保障安全的重点工作，为提升电力系统防雷质量，从安装与调试角度，应采取哪些防范措施？

任务 6.2 接地装置的安装与调试

接地就是利用接地装置将电力系统中性点或电力系统中各种电气设备在正常情况下不带电的金属部分的某一点与大地直接构成回路，使电力系统在正常运行、遭受雷击或发生故障的情况下形成对地电流和泄放雷电流，从而保证整个电力系统的安全运行和人身安全。因此，所有电气设备、装置的接地连接点与大地之间必须有可靠和符合技术要求的电连接。所以，接地是关系到整个电力系统安全运行的重要技术措施。

6.2.1 接地系统

在三相交流电力系统中，作为供电电源的发电机和变压器的中性点有三种运行方式，第一种是中性点直接接地，第二种是中性点不接地，第三种是中性点经消弧线圈或阻抗接地。前一种中性点直接接地系统，称为大电流接地系统，又称为中性点有效接地系统。后两种称为小电流接地系统，又称为中性点非有效接地系统或中性点非直接接地系统。

国际电工委员会（IEC）第 64 技术委员会（TC64）将配电网接地方式分为 TN、TT、IT 三种类型。

1. TN 系统

TN 系统是指电源系统中性点接地，而设备的外露可导电部分（如金属外壳）通过保护线连接到此接地点的低压配电系统。依据中性线（零线）和保护线的不同组合情况，TN 系统又分为 TN–C、TN–S、TN–C–S 三种形式。

1）TN–C 系统

TN–C 系统内中性线（零线）和保护线是合用的，且标为 PEN，如图 6.16 所示。TN–C 系统中，当三相负载不平衡时，工作零线上有不平衡电流，对地有电压，所以与保护线相连接的电气设备金属外壳有一定的电压。如果工作零线断线，则保护接零的漏电设备外壳带电。如果电源的相线碰地，则设备的外壳电位升高，使中性线上的危险电位蔓延。所以，TN–C 系统干线上要使用漏电保护器，而且工作零线在任何情况下都不得断线。

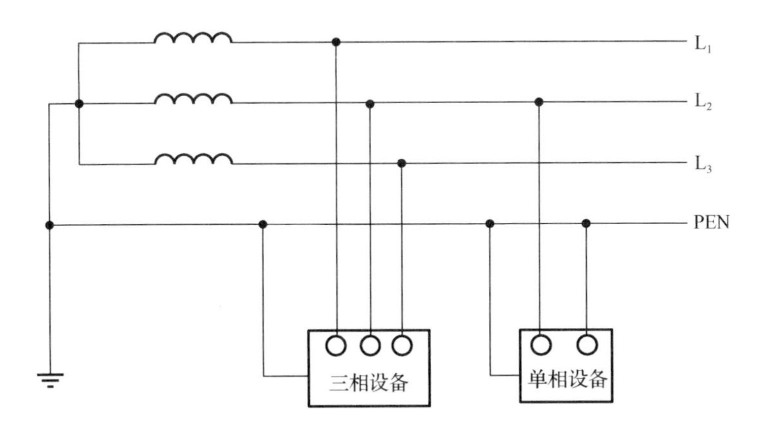

图 6.16　TN–C 系统

2）TN–S 系统

TN–S 系统内中性线（零线）和保护线是分开的，如图 6.17 所示。TN–S 系统正常运行时，专用保护线上没有电流，只是工作零线上有不平衡电流。保护线对地没有电压，所以电气设备金属外壳接零保护是接在专用保护线上，安全可靠。

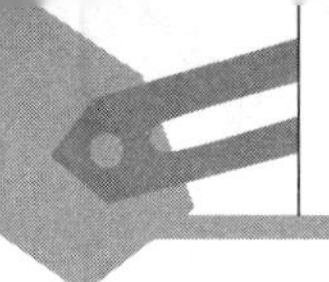

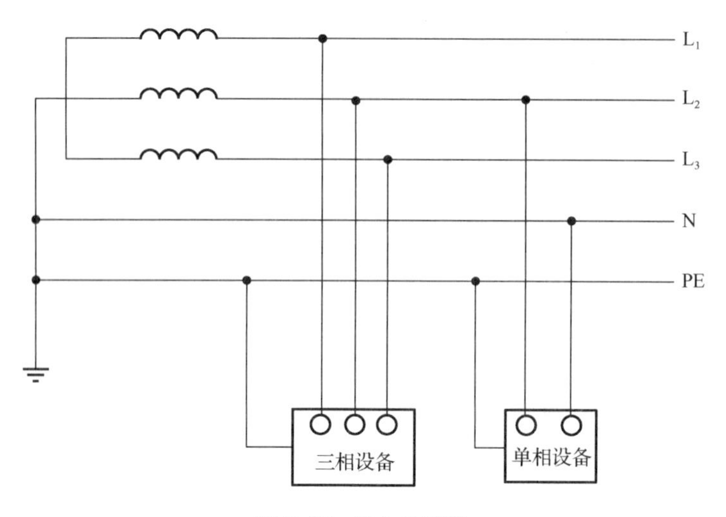

图 6.17　TN-S 系统

3）TN-C-S 系统

TN-C-S 系统内中性线（零线）和保护线是部分合用的，即前边为 TN-C 系统，后边为 TN-S 系统，如图 6.18 所示。TN-C-S 系统是在 TN-C 系统上临时变通的做法，对保护线除了在总箱处必须和中性线（零线）相接外，其他各分箱处均不得把中性线（零线）和保护线相连，保护线上不允许安装开关和熔断器。当三相电力变压器工作接地情况良好、三相负载平衡时，TN-C-S 系统在施工用电实践中效果还是可行的。但是，在三相负载不平衡、建筑施工工地有专用的电力变压器时，必须采用 TN-S 系统。

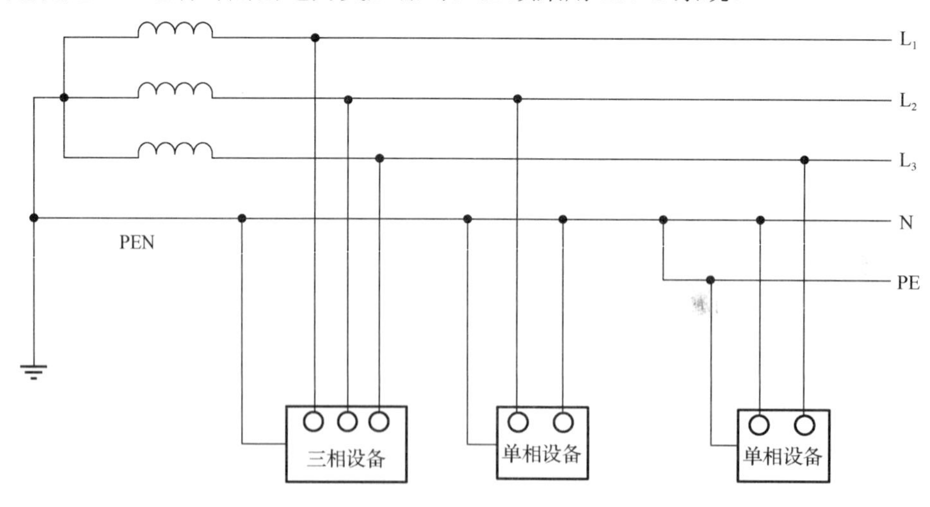

图 6.18　TN-C-S 系统

2. TT 系统

TT 系统是指电源系统中性点直接接地，而设备的外露可导电部分经各自的保护线分别直接接地的三相四线制低压配电系统，如图 6.19 所示。TT 系统当电气设备的金属外壳带电（相线碰壳或设备绝缘损坏而漏电）时，由于有接地保护，可以大大降低触电的危险性。但是当漏电电流比较小时，即使有熔断器也不一定能熔断，所以还需要漏电保护器作保护。

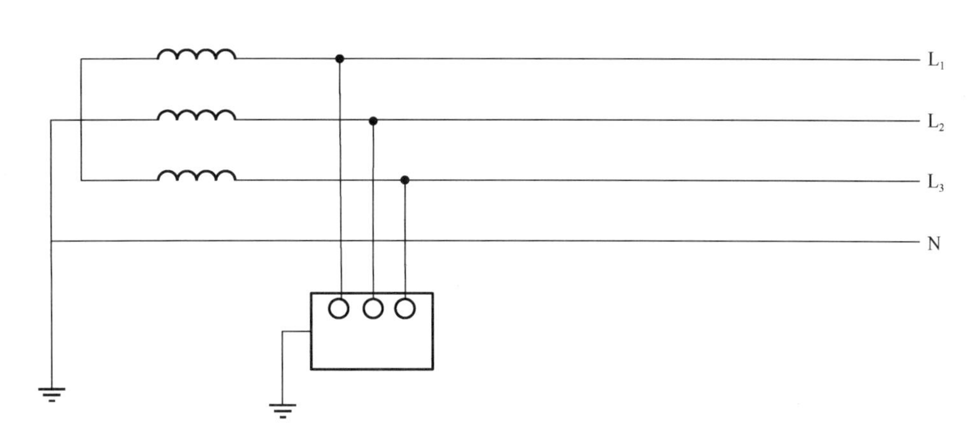

图6.19 TT系统

3. IT系统

IT系统是指电源系统中性点不接地或经足够大阻抗（约1000Ω）接地，电气设备的外露可导电部分（如电气设备外壳）经各自的保护线分别直接接地的三相三线制低压配电系统，如图6.20所示。运用IT系统，即使电源系统中性点不接地，一旦设备漏电，单相对地漏电电流仍小，不会破坏电源电压的平衡，所以IT系统供电的可靠性高、安全性好。

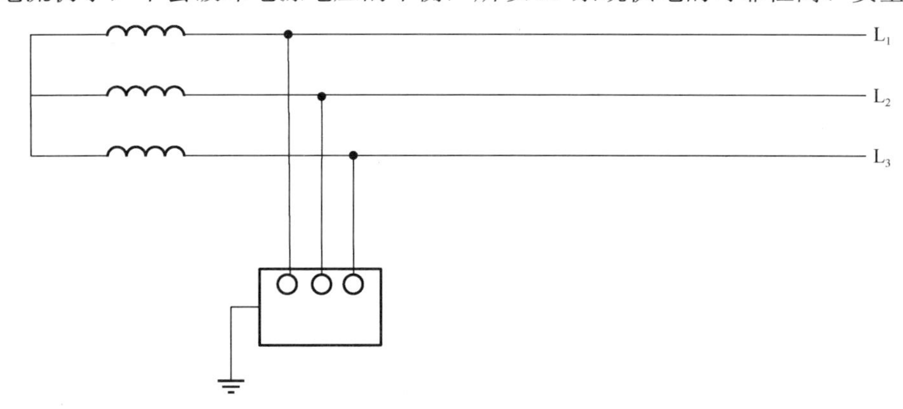

图6.20 IT系统

我国1～35kV系统一般采用中性点不接地的运行方式。如单相接地电流大于一定数值（10kV系统中接地电流大于30A、20kV及以上系统中接地电流大于10A）时，应采用中性点经消弧线圈接地的运行方式。110kV及以上的系统和380/220V的低压系统，都采用中性点直接接地的运行方式。

6.2.2 接地与接地装置

电气设备的任何部分与大地之间做良好的电气连接称为接地。埋入地中并直接与大地接触的金属导体，称为接地体（或接地极）。专门为接地而人为装设的接地体，称为人工接地体。间接作接地体用的直接与大地接触的各种金属构件、金属管道及建筑物的钢筋混凝土基础等，称为自然接地体。连接于接地体与电气设备接地部分之间的金属导线，称为接

地线。接地线与接地体合称为接地装置。由若干接地体在大地中相互用接地线连接起来的一个整体，称为接地网。

1. 接地的分类

在电力工程中，接地技术应用极多，通常按接地的作用来分类，常用的有下列几种。

1）保护接地

在电力系统中，凡是为了防止电气设备及装置的金属外壳因发生意外带电而危及人身和设备安全的接地，叫作保护接地。

2）工作接地

在电力系统中，凡因设备运行需要而进行的接地，叫作工作接地，如配电变压器低压侧的中性点接地，发电机输出端的中性点接地等。

3）过电压保护接地（防雷接地）

为了使电气设备及装置的金属结构免遭大气或操作过电压危险的接地，叫作过电压保护接地。

4）静电接地

为了防止可能产生或聚集静电荷而对设备或设施构成威胁进行的接地，称为静电接地。

5）隔离接地

把不能受干扰的电气设备或干扰源用金属外壳屏蔽起来并进行的接地，称为隔离接地，能避免干扰信号影响电气设备正常工作，隔离接地也叫作金属屏蔽接地。

6）电法保护接地

为了保护管道，采用阴极保护或牺牲阳极保护等的接地，叫作电法保护接地。

在以上各种接地中，保护接地应用最多最广。

2. 接地装置的组成

接地装置以接地体数量分，有以下三种组成形式。

1）单极接地装置

单极接地装置由一支接地体构成，适用于接地要求不太高而设备接地点较少的场所，它的具体组成是，接地线一端与接地体连接，另一端与设备接地点直接连接，如图 6.21（a）所示；如果有几个接地点时，可用接地干线逐一将每一分支接地线连接起来，如图 6.21（b）所示。

2）多极接地装置

多极接地装置由两支或两支以上接地体构成，适用于接地要求较高而设备接地点较多的场所，用来达到进一步降低接地电阻的目的。

多极接地装置的可靠性较强，应用较广。有些供电部门规定，用户的低压保护接地装置一律用这种结构，不准采用单极接地装置。

多极接地装置是将各接地体之间用扁钢或圆钢连成一体，使每支接地体形成并联状态，从而减少整个接地装置的接地电阻。多极接地装置的组成形式如图 6.22 所示。

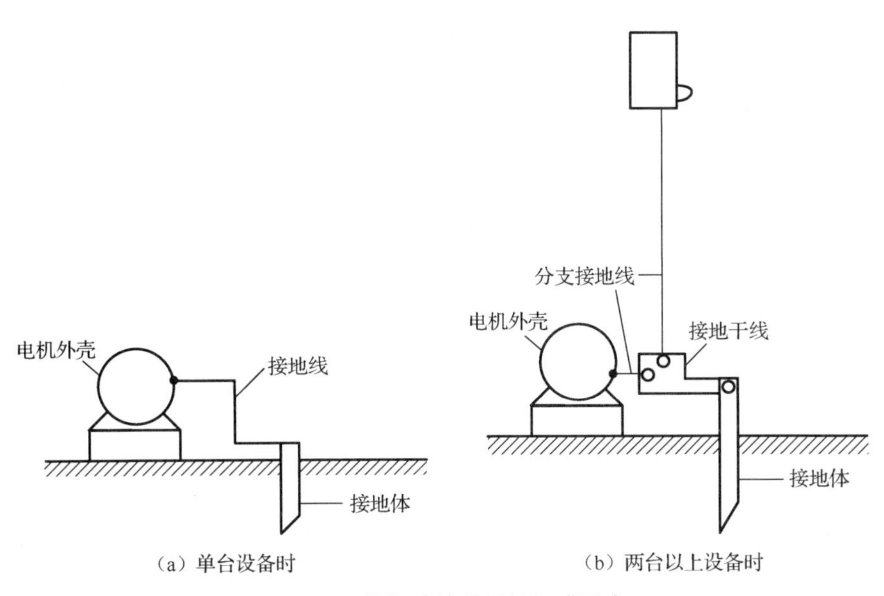

图 6.21　单极接地装置的组成形式

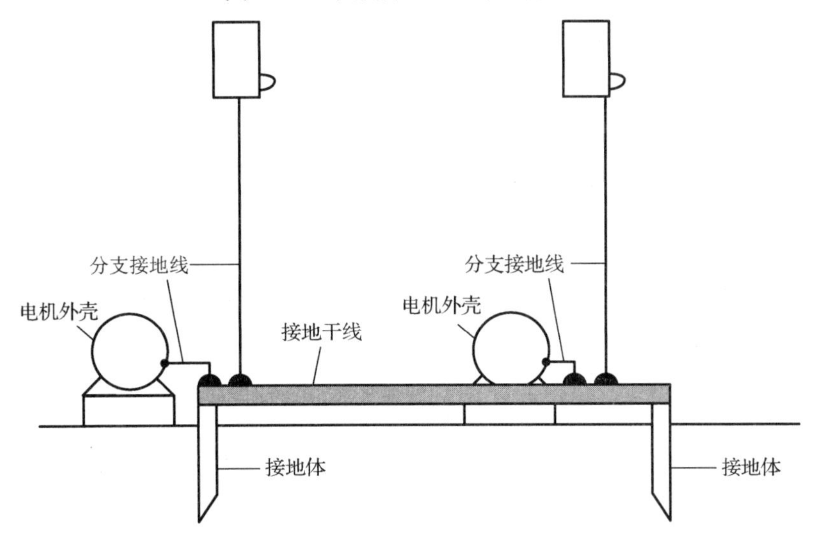

图 6.22　多极接地装置的组成形式

3）接地网络

接地网络简称接地网，是由多支接地体按一定的排列相互连接所成的网络。接地网络的组成形式很多，常见的有方孔接地网和长孔接地网两种，如图 6.23 所示。

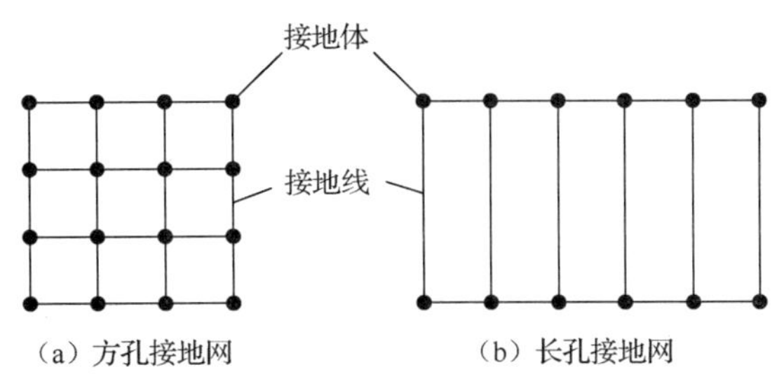

图 6.23　接地网的组成形式

接地网应用于发电厂、变电站和配电所及机床设备较多的车间、工厂或露天加工厂等场所。接地网既方便设备群的接地需要，又加强了接地装置的可靠性，也降低了接地电阻。

4）接地装置的技术要求

接地电阻是接地装置的技术要求中最基本也是最重要的技术指标。对接地电阻的要求，一般根据以下几个因素决定。

（1）需接地的设备容量：容量越大，接地电阻应越小。

（2）需接地的设备所处位置：凡所处位置越重要的设备，接地电阻就应越小。

（3）需接地的设备工作性质：工作性质不同，要求也不同。如配电变压器低压侧中性点工作接地的接地电阻就比避雷器工作接地的要小些。

（4）需接地的设备数量或造价：接地设备的数量越多或者造价越高，要求接地电阻也就越小。

（5）几个设备共用的接地装置：它的接地电阻应以接地要求最高的一台设备为标准。

总之，原则上要求接地装置的接地电阻越小越好，但也应考虑经济合理，以不超过规定的数值为准。

6.2.3 接地装置的安装

1．接地装置的敷设要求

（1）为减少相邻接地体的屏蔽作用，垂直接地体的间距不宜小于其长度的两倍，水平接地体的间距不应小于 5m。

（2）接地体与建筑物的距离不应小于 1.5m。

（3）围绕屋外配电装置、屋内配电装置、主控制楼、主厂房及其他需要装设接地网的建筑物，敷设环形接地网。这些接地网之间的相互连接不应少于两根干线。对大电流接地系统的发电厂和变配电所，各主要分接地网之间应多根连接。为了确保接地的可靠性，接地干线至少应在两点与接地网相连接。自然接地体至少应在两点与接地干线相连接。

（4）接地线沿建筑物墙壁水平敷设时，离地面应保持 250～300mm 的距离。接地线与建筑物墙壁间应有 10～15mm 的间隙。

（5）接地线应防止发生机械损伤和化学腐蚀。与公路、铁道或化学管道等交叉或有可能发生机械损伤的地方，对接地线应采取保护措施。在接地线引进建筑物的入口处，应设标志。

（6）接地网中均压环的间距应考虑设备布置的间隔尺寸，尽量减少埋设接地网的土建工程量及节省钢材。

（7）接地线的连接需注意以下几点。

① 接地线连接处应焊接，如采用搭接焊，其搭接长度必须为扁钢宽度的两倍或圆钢直径的 6 倍。在潮湿和有腐蚀性蒸气或气体的房间内，接地装置的所有连接处应焊接。该连接处如不宜焊接，可用螺栓连接，但应采取可靠的防锈措施。

② 直接接地或经消弧线圈接地的主变压器、发电机的中性点与接地体或接地干线连接，应采取单独的接地线，其截面及连接应适当加强。

③ 电力设备每个接地部分应以单独的接地线与接地干线相连接，严禁在一个接地线中串接几个需要接地的部分。

2. 接地装置的安装

接地装置的安装分为接地体的安装和接地线的安装。

1）接地体的安装

（1）自然接地体的利用。

在设计和安装接地装置时，首先应充分利用自然接地体，以节省投资，节省钢材。自然接地体是用于其他目的，但与土壤保持紧密接触的金属导体。如果实地测量所利用的自然接地体电阻已能满足要求，而且这些自然接地体又满足热稳定条件，就不必再装设人工接地体，否则应装设人工接地体。对于大电流接地系统的发电厂和变配电所则不论自然接地体的情况如何，仍应装设人工接地体。自然接地体至少应由两根导体在不同地点与接地网相连。

用来作为自然接地体的有上下水的金属管道，与大地有可靠连接的建筑物和构筑物的金属结构，敷设于地下数量不少于两根的电缆金属外皮及敷设于地下的非可燃可爆的各种金属管道，非绝缘的架空地线等。对于变配电所来讲，可利用建筑物的钢筋混凝土基础作为自然接地体。

利用自然接地体时，一定要保证良好的电气连接，在建筑物结构的结合处，除已焊接的外，凡是用螺栓连接或其他连接的，都要采用跨接焊接。

（2）人工接地体的装设。

人工接地体分为水平接地体和垂直接地体，它包括铜包钢接地棒、铜包钢接地极、铜包扁钢等。接地体的布置根据安全、技术要求，因地制宜安排，可以组成环形、放射形或单排布置。水平接地体一般采用圆钢或扁钢，垂直接地体一般采用角钢或钢管。接地体圆钢直径一般采用 19mm 或 25mm，扁钢截面积不小于 48mm^2，厚度不小于 4mm。角钢用 40mm×40mm×4mm 或 50mm×50mm×5mm，钢管用 SC50。通常 2～5 根为一组，每根长 2.5m，每两根之间的距离为 5m。

水平接地体和垂直接地体的复合接地如图 6.24 所示。

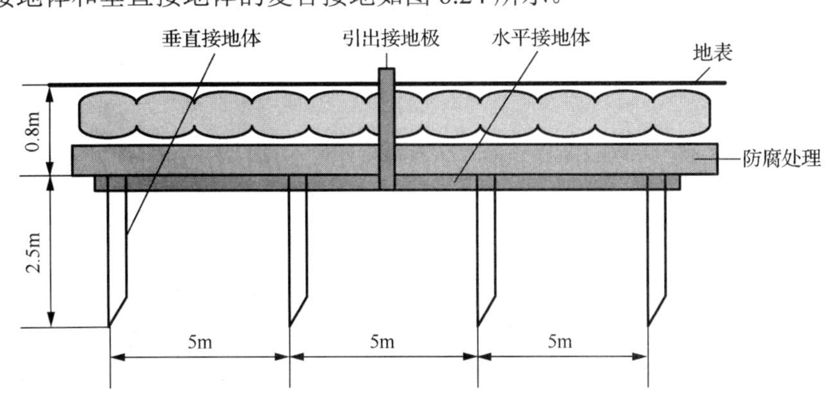

图 6.24　水平接地体和垂直接地体的复合接地

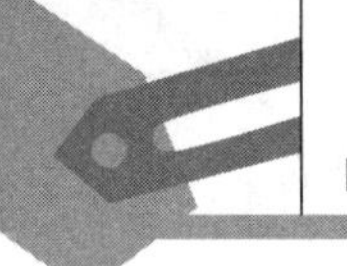

在普通沙土壤地区，因地电位分布衰减较快，可以采用以棒形垂直接地体为主的棒带接地装置。为了减小接地体相互间的散流屏蔽作用，相邻垂直接地体之间的距离为 2.5～3m，垂直接地体的顶部采用圆钢或扁钢相连，上端距离地面不应小于 0.6m，通常取 0.6～0.8m。

多岩石地区和土壤电阻高的地区，因地电位衰减较慢，接地体宜采用水平接地体为主的棒带接地装置。水平接地体通常采用圆钢或扁钢，水平接地体应立面竖放，这样有利于减小流散电阻。

发电厂和变配电所常采用以水平接地体为主的复合接地体，即人工接地网，对面积较大的接地网，降低接地电阻靠大面积水平接地体。复合接地体既有均压、减小接触电压和跨步电压的作用，又有散流作用。复合接地体的外缘应闭合，并做成圆弧形。

埋入土中的接地棒之间用扁钢带焊接相连，形成地下接地网，扁钢带敷设在地下深度不小于 0.3m，扁钢带截面积不得小于 48mm^2，厚度不得小于 4mm。

装设保护接地时，为尽量降低接触电压和跨步电压，应使装置地区内的电位分布尽可能均匀，因此，可在装置区域内适当地布置钢管、角钢和扁钢等，形成环网接地网。

当埋设接地体时，先挖一个地沟，如图 6.25 所示，然后将接地体打入地下，接地体上面的端部离开沟底 100～200mm，以便连接接地线。

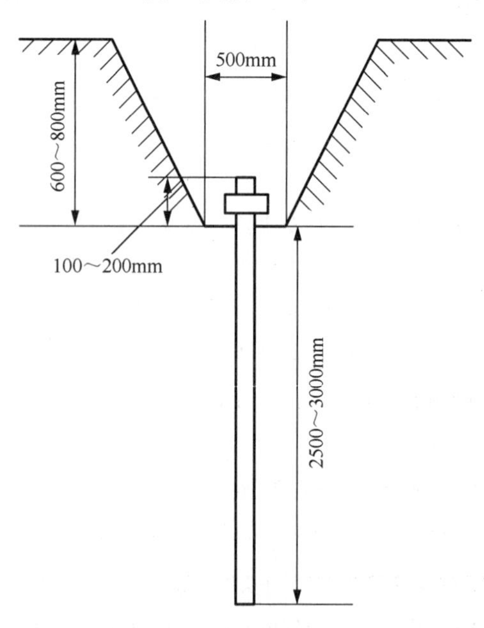

图 6.25　接地体埋设

2）接地线的安装

（1）自然接地线的安装。

接地线是接地装置中的另一组成部分。为节约有色金属、减少施工费用，应尽量选择自然导体作为接地线。只有当自然导体在运行中电气连续性不可靠或有发生危险的可能，以及阻抗较大不能满足接地要求时，才考虑采用人工接地线或增设辅助接地线，并应检验其热稳定性及机械强度。

用来作自然接地线的有数量为两根的电缆金属外皮，若只有一根，则应敷设辅助接地线；各种金属构件、金属管道、钢筋混凝土基础等，其全长应为完好电气通路。若金属构件、金属管道串联后作接地线时，应在其串接部位焊接金属跨接线。

（2）人工接地线的安装。

为连接可靠并有一定的机械强度，人工接地线一般采用钢质扁钢或圆钢。只有当采用钢质线施工安装困难时，或移动式电气设备和三相四线制照明电缆的接地芯线，才可采用有色金属作为人工接地线，但铝线不能作为地下的接地线。

为防止机械损伤及锈蚀情况，接地线要有足够大的尺寸，对于 1000V 以上的系统一般要根据单相短路电流来校验其热稳定性。对于 1000V 以下中性点不接地系统，其接地干线的截面，根据载流量来说不应小于相线中最大负荷相负荷的 50%，在任何情况下，钢质接地线的截面积不应大于 100mm^2，铝质接地线则为 35mm^2。

接地线应敷设在易于检查的地方，并须有防止机械损伤及化学作用的保护措施。从接地体或接地体连接干线引出的接地干线应明敷，并涂漆标明，一般涂成紫色；穿越楼板或墙壁时，应穿管保护；接地干线要支持牢固；若采用多股导线连接时，要采用接线耳。从接地干线敷设到用电设备的接地支线距离愈短愈好。

接地线之间及接地体之间的连接应采用焊接，并无虚焊。接地线与电气设备的连接方法可采用焊接或螺栓连接。接地线与接地体之间的连接应采用焊接或压接，连接应牢固可靠。电气装置中的每一个接地元件，应采用单独的接地线与接地体或接地干线相连接。

（3）接闪器引下线的安装。

避雷针、避雷带、避雷网与接地极之间由引下线连接，引下线可专门敷设，也可用建筑物的结构柱钢筋作暗装引下线，钢筋直径不小于 12mm，暗装引下线引出时应引出明显测量接点，以备检测。

目前高层建筑物中采用专门的镀锌圆钢或扁钢作为明装引下线，圆钢直径不小于 8mm，扁钢截面积不小于 48mm^2，厚度不小于 4mm，支持卡子的间距要均匀，并需将靠近地面 2m 段加以保护，以防破坏。这种方法由于专用引下线的数量较少，流过的雷电流较大，容易因高电压引起反击事故。因此，高层建筑物常采用建筑物固有的金属构件作为接地引下线。

设置防雷引下线的数量关系到雷电分流和反击电压的大小，引下线的根数以适当多些为宜。高层建筑物在屋顶装设的避雷网和防侧击的接闪环应和引下线连接成一体，引下线与各楼层的等电位连接母线连接。

明装引下线应镀锌，焊接处应涂防腐漆，靠近地面的一般应盖以角钢或套塑料管以防机械损伤。但是，引下线不应套钢管，以免接闪时感应涡流和增加引下线的电感，影响雷电流的泄放。

6.2.4 接地装置的运行维护

（1）接地装置的接地电阻必须定期复测，其规定是工作接地每隔半年至一年复测一次，保护接地每隔一年至二年复测一次，接地电阻增大时，应及时修复，切不可勉强使用。

（2）接地装置的每个连接点，尤其是采用螺钉压接的连接点，应每隔半年至一年检查一次。连接出现松动时，必须及时拧紧，采用焊接的连接点，也应定期检查焊接是否保持完好。

（3）对接地线的每个支持点，应定期进行检查，发现有松动或脱落的，及时重新修好。

（4）应定期检查接地体和接地体连接干线是否出现严重锈蚀，若有严重锈蚀，应及时修复或更换，不可勉强继续使用。

综合实训一　输电线路电杆接地电阻的测量

一、工具、仪器和器材

接地电阻测量仪、接地棒、绝缘手套、绝缘鞋、安全帽、扳手、工具包。

二、工作程序及要求

输电杆塔接地电阻的测试

（1）测试前首先打开电杆接地线与电杆的连接螺栓，然后将接地电阻测量仪的E端连接到接地极，P端和C端分别与20m长导线的电压探针、40m长导线的电流探针相连接。根据规定，电流、电压探针距被测电杆的距离应大于4倍接地极长度和2.5倍接地极长度。施放测试线尽量沿输电线路垂直方向，基本位于两个放射接地体中间位置，一般为20m和40m。接地极插入深度为探针长度的3/4，一般约为400mm。

（2）测试时，按下测试按钮，开启接地电阻测量仪电源开关“ON”，选择合适挡位轻按一下键，该挡指示灯亮，表头显示的数值即为被测的地电阻。其测量电路如图6.26所示。

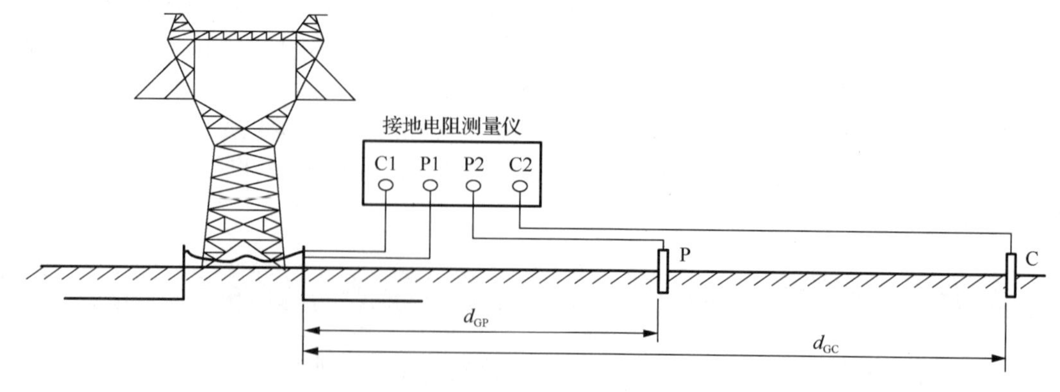

图6.26　输电线路电杆接地电阻测量电路

三、评分标准

评分标准见表 6-1。

表 6-1　评分标准（一）

序号	类别	项目	考核内容	配分	扣分	得分
1	准备工作	选择工器具、材料	仪表选错扣 2 分；其他漏选、错选扣 1 分，扣完为止	3		
		着装情况	着装不规范扣 2 分；不戴安全帽或未系帽带扣 2 分	4		
		仪表检查	不检查仪表合格证扣 2 分；不检查外表完好扣 2 分；动作不正确每项扣 2 分，扣完为止	8		
		安全措施	根据现场实际情况做好各项安全措施，未做到每项扣 3 分，扣完为止	5		
2	工作过程	查看图纸	不检查图纸扣 5 分	5		
		断开接地装置	不断开接地装置与设备引下线的连接扣 7 分；不戴绝缘手套扣 4 分	7		
		布线要求	布线方向应与地下接地体垂直，不正确扣 3 分；连接线、引下线接触不良、接线不正确，每项扣 4 分；深度不小于接地棒长度的 3/4，深度不够扣 3 分，扣完为止	10		
		接地极与仪器的连接	接地极清理不干净，接地端引下线与接地极接触不良扣 4 分，扣完为止	10		
		仪表使用	仪表使用不正确每项扣 2 分；速度过慢或过快扣 2 分；倍率选择不正确扣 2 分，扣完为止	8		
		读数	指示未稳定就读数扣 3 分，不会读数扣 4 分	7		
3	工艺及熟练程度	接线工艺	接线工艺未达要求每处扣 1 分，扣完为止	3		
		熟练程度	工器具使用或动作不规范每项扣 2 分，操作不熟练扣 3 分，扣完为止	10		
4	工作终结及检查	试验记录	试验结果未记录扣 2 分，未汇报扣 2 分，测试结果错误扣 6 分	10		
		安全文明生产	作业现场有遗留物、不清洁扣 1 分；物品摆放不整齐扣 1 分；存在不安全因素每项扣 2 分；未清理现场或未交还工器具及剩余材料扣 3 分，扣完为止	10		
5	考试时间	20min	每超出 1min，以上项目考试总成绩扣 1 分，最多不能超过 10min。30min 后终止该项目考核			
起始时间		结束时间		实际时间		
备注	除超时扣分外，各项内容的最高扣分不得超过配分数			成绩		

综合实训二　氧化锌避雷器绝缘电阻的测量

一、工具、仪器和器材

数字式绝缘电阻表（2500V）、验电棒、放电棒、连接线、绝缘手套、绝缘鞋、安全帽。

二、工作程序及要求

1）测量原理

测量氧化锌避雷器的绝缘电阻，可以初步了解其内部是否受潮，还可以检查低压氧化锌内部熔丝是否断掉，从而及时发现缺陷。对 35kV 及以下的氧化锌避雷器，用 2500V 绝缘电阻表测量，测得的绝缘电阻值不应低于 1000MΩ。对 35kV 以上的氧化锌避雷器，用 5000V 绝缘电阻表测量，测得的绝缘电阻值不应低于 2500MΩ。对 500kV 氧化锌避雷器还应用 2500V 绝缘电阻表测量其底座绝缘电阻，以检查瓷套座是否进水受潮，测得的绝缘电阻值不应低于 1000MΩ。测量氧化锌避雷器绝缘电阻的仪器，1kV 以下电压用 DMG2670 绝缘电阻表（500V），绝缘电阻值不小于 2MΩ，35kV 及以下的用 DMG2671 绝缘电阻表（2500V），35kV 以上的用 DMG2672 绝缘电阻表（5000V），绝缘电阻值不小于 2500MΩ、底座绝缘电阻值不低于 5MΩ。绝缘电阻表上的接线端子“L”是接高压端的，“E”是接被测物的接地端的，“G”是接屏蔽端的。

2）测量方法

（1）将无间隙氧化锌避雷器的一次端子解开，并与周围其他物体保持足够的安全距离，测量氧化锌避雷器本体绝缘电阻时，要保证避雷器底座的上端直接接地，并保持接触良好。

（2）然后将测试线的插头插入仪器负端插座和正端插座，将正端测试线接到氧化锌避雷器底座上端，负端测试线接到氧化锌避雷器上部的接线端子，并保持接触良好。

（3）选择合适的试验电压，按下高压开关按钮开始测量，同时查看显示屏的绝缘电阻值，并记录测量结果，再按下高压开关按钮，断开高压引线，为避免电击伤人，应关闭开关，切断电源，同时放电接地。

（4）本体绝缘电阻测量结束后，拆除接线，有绝缘底座的氧化锌避雷器还应使用 1000V 绝缘电阻表进行底座绝缘电阻测量，测量方法与本体绝缘电阻相同。

3）注意事项

按下高压开关按钮后，高压已接通，严禁触及 L 端的金属部分，以防高压对人体的伤害。测量结束，应再按下高压开关按钮，断开高压引线，然后将功能开关拨至 OFF 位置，切断电源。试验接地后，应对被测物进行放电接地。

三、评分标准

评分标准见表 6-2。

表 6-2　评分标准（二）

序号	类别	项目	考核内容	配分	扣分	得分
1	准备工作	选择工器具、材料	仪表选错扣 2 分；其他漏选、错选扣 1 分，扣完为止	3		
		着装情况	着装不规范扣 2 分；不戴安全帽或未系帽带扣 2 分	4		
		仪表检查	不检查仪表合格证扣 2 分；不检查外表完好扣 2 分；不做或不会做开路试验扣 4 分、不做或不会做短路试验扣 4 分；动作不正确每项扣 2 分，扣完为止	8		
		安全措施	根据现场实际情况做好各项安全措施，未做到每项扣 3 分，扣完为止	5		
2	工作过程	测试前检查	不验电，验电不戴绝缘手套，不放电，每项扣 10 分；不检查工作活动空间内有无带电设备，不检查避雷器接地线是否可靠，每项扣 2 分，扣完为止	10		
		测试避雷器接地线	一次端子不解开或解开不规范，各扣 5 分	10		
		测试仪表接线	绝缘电阻表“E”端接地，“L”端接高压端，测试现场空气湿度大时，或被测物表面污秽时需将“G”端接于避雷器表面层（护环）上。接线错误扣 5 分，测量引线不悬空扣 5 分，扣完为止	5		
		测量与读数	开启电源开关“ON/OFF”，选择所需电压挡位，选择错误扣 5 分；对应指示灯亮，轻按一下高压“启停”键，高压指示灯亮，显示屏显示的稳定数值即为避雷器的绝缘电阻值。关闭高压时只需再按一下高压“启停”键，关闭整机电源时按一下电源开关“ON/OFF”。不会选择电压挡位扣 3 分；不会操作扣 5 分，扣完为止	10		
		绝缘电阻表拆除及放电	绝缘电阻表退出工作状态后，在拆除接线前，仍必须人工放电，确保被测物放电完毕安全后，方可进行拆线操作。测量完毕不放电，扣 3 分；测量结束，应先按下测量仪的高压开关按钮，断开高压引线，再将功能开关拨至 OFF 位置，切断电源，操作顺序错误扣 3 分，扣完为止	10		
3	工艺及熟练程度	摇表技能	测试方法不熟悉，测试步骤不连贯，中间每停顿一次扣 2 分，扣完为止	20		

续表

序号	类别	项目	考核内容	配分	扣分	得分
4	工作终结及检查	判断计算结果	测试结果为________，说明该避雷器绝缘_________。 测试结果填写错误扣 10 分，判断结论错误扣 10 分，扣完为止	10		
		安全文明生产	作业现场有遗留物、不清洁扣 1 分；物品摆放不整齐扣 1 分；存在不安全因素每项扣 2 分，扣完为止	5		
5	考试时间	30min	每超出 1min，以上项目考试总成绩扣 1 分，最多不能超过 10min。40min 后停止考核			
起始时间		结束时间		实际时间		
备注	除超时扣分外，各项内容的最高扣分不得超过配分数			成绩		

1．简述避雷装置的基本结构。

2．避雷器有哪几种类型？使用范围是什么？

3．低压配电设施应采取哪些防雷措施?

4．何谓接地、接地体、接地线和接地装置？

5．电力系统中常见的中性点运行方式有哪几种？

6．按国际电工委员会的规定，配电网的接地有哪几种方式？各指什么？

7．利用建筑物钢筋混凝土中的结构柱钢筋作防雷网时，为什么要将电气部分的接地和防雷接地连成一体？

8．什么叫工作接地、保护接地、过电压保护接地？各有何作用？

9．什么叫接地电阻？接地电阻可用哪些方法测量？

10．简述人工接地体连接的方式及要求。

参 考 文 献

白玉岷，等，2012. 变配电装置及变配电所的安装调试[M]. 2 版. 北京：机械工业出版社.
白玉岷，2013. 电气工程安装及调试技术手册：上册[M]. 3 版. 北京：机械工业出版社.
单文培，单欣安，王兵，2008. 电气设备安装运行与检修[M]. 北京：中国水利水电出版社.
戴仁发，2011. 输配电线路施工[M]. 2 版. 北京：中国电力出版社.
盛国林，袁帅，2013. 电气安装与调试技术[M]. 2 版. 北京：中国电力出版社.
徐德淦，李祖明，林明耀，等，2009. 电机学[M]. 2 版. 北京：机械工业出版社.
朱照红，2014. 电气设备安装工：技师、高级技师[M]. 2 版. 北京：机械工业出版社.